“十二五”普通高等教育本科国家级规划教材

热　学

REXUE

（第三版）

李　椿　章立源　钱尚武　著
钱尚武　章立源　修订

高等教育出版社·北京

内容提要

本书是“十二五”普通高等教育本科国家级规划教材，是在李椿、章立源、钱尚武编写的《热学》（第二版）基础上，为了适应当前的教学需要，适当反映热学的一些新进展，在保持原书的主要特点和基本框架下，本着少而精的原则修订而成的，主要包括气体分子动理论、热力学和物性学这三部分内容。书中扼要叙述了热学中最基本的事实、概念、规律和重要应用，从现象和实验事实出发，由表及里形成物理图像，突出物理本质，确立物理规律。根据少而精和可接受性原则，使学生切实掌握基本内容并初步领会物理学的研究方法。

本书可作为高等学校物理类专业的教材，其他相关专业视需要也可选其作为热学方面的教材或参考书。

图书在版编目（CIP）数据

热学/李椿，章立源，钱尚武著.--3版.--北京：高等教育出版社，2015.12（2024.12重印）

ISBN 978-7-04-044065-2

Ⅰ.①热… Ⅱ.①李…②章…③钱… Ⅲ.①热学-高等学校-教材 Ⅳ.①O551

中国版本图书馆CIP数据核字（2015）第247497号

策划编辑 程福平　责任编辑 程福平　封面设计 赵 阳　版式设计 童 丹
插图绘制 杜晓丹　责任校对 窦丽娜　责任印制 刁 毅

出版发行	高等教育出版社	网　　址	http://www.hep.edu.cn
社　　址	北京市西城区德外大街4号		http://www.hep.com.cn
邮政编码	100120	网上订购	http://www.landraco.com
印　　刷	河北鹏远艺兴科技有限公司		http://www.landraco.com.cn
开　　本	787mm×1092mm 1/16		
印　　张	18	版　　次	1979年2月第1版
字　　数	340千字		2015年12月第3版
购书热线	010-58581118	印　　次	2024年12月第19次印刷
咨询电话	400-810-0598	定　　价	35.80元

本书如有缺页、倒页、脱页等质量问题，请到所购图书销售部门联系调换

物 料 号 44065-00

第三版前言

本书自第二版出版以来，历时将近8年，这期间热学不仅在学科内容上有一些新的进展，教学手段也越来越丰富，尤其是大型开放式网络课程（MOOC）的出现，对传统教学模式的改进起了积极的推动作用。

为了体现热学课程相关教学改革的最新成果，我们本着少而精的原则，在维持原书的基本框架和基本内容不变的条件下，对全书作了一些必要的增添，同时由出版社编辑加入了一些视频和演示动画，帮助读者理解相关的重点和难点。

由于编者水平有限，如有不妥之处，敬请读者批评指正。

编　者

2015年9月

第二版前言

本书第一版出版至今已历经三十春秋,这期间热学有一些新的进展,有必要在书中适当反映。恰逢本书的修订被列入了普通高等教育“十一五”国家级规划,我们本着少而精的原则,维持原书的基本框架和基本内容不变,对全书作了一些必要的修订和增删。对于在修订过程中提过宝贵意见的北京大学潘永祥研究员、兰州大学汪志诚教授和河南大学尹国盛教授,在此表示由衷的感谢。

编　者

2008 年 1 月

第一版前言

本书是根据1977年高等学校理科物理教材会议草拟的《分子物理学和热力学》教材编写大纲编写的，在1978年经教材审稿会议定名为《热学》。编写时，考虑到各院校对这门课程的教学要求不尽相同，所以除编写大纲中规定的基本内容外，还适当地增加了部分参考材料，提供一些略为丰富和深入的知识。这些材料用小字排印、用星号(＊)标明或写在附录中，供教学选用或参考。

本书绪论和第七至九章由钱尚武同志执笔；第五、六章由章立源同志执笔；第一至四章由李椿同志执笔，其中第四章§4由郭元恒同志执笔。在编写过程中，这三部分分别经甘子钊、黄韵和包科达同志审阅。本书部分思考题和习题由龚镇雄、陈仲生和李淑娴等同志提供。

本书由北京师范大学物理系主审，参加审稿会的还有武汉大学、云南大学、南开大学、山东大学、山西大学、吉林大学、新疆大学、中国科技大学、湘潭大学和西南师范学院物理系的同志。这些同志认真、细致地审阅了初稿，提出了许多宝贵的意见，编者对此表示感谢。

编　者

1978年9月

目　　录

绪　论

§0-1　热学研究的对象和方法

热学是物理学的一个重要部分，是研究热现象的理论.

通常用温度来表示物体的冷热程度.当物体的温度发生变化时，物体的许多性质也将发生变化.例如，物体受热以后，温度升高，体积膨胀；水被加热到 100 ℃，再继续加热，就变成水蒸气；软的钢件经过淬火（烧热后放入水中或油中迅速冷却），可提高硬度；硬的钢件经过退火（烧热后缓慢降温冷却），可以变软……这些与温度有关的物理性质的变化，统称为热现象.由观察和实验总结出来的热现象规律，构成热现象的宏观理论，叫做热力学.微观理论则是从物质的微观结构出发，即从分子、原子的运动及它们之间的相互作用出发，去研究热现象的规律.热现象的微观理论叫做统计物理学.

从微观上看，热现象是组成物体的粒子（分子、原子）热运动的结果.热运动是宏观物体内部诸微观粒子一种永不停息的无规则运动，它是由大量的微观粒子（分子、原子、电子等）所构成的宏观物体的基本运动形式.就单个粒子来看，由于它受到其他粒子的复杂作用，其具体运动过程变化万千，具有很大的偶然性，但在总体上，运动却遵循确定的规律.以气体为例，就单个分子来看，由于它极频繁地与其他分子碰撞（例如，在 0 ℃和一大气压下每秒约碰撞几十亿次），速度时大时小，其轨迹是一条无规则的复杂折线.但是，就总体来看，气体的温度越高，分子运动就越剧烈，平均平动动能就越大.而且，在一定的温度下，分子速度虽然有大有小，但在某一速度区间内分子数目占总数的百分比，却是确定的，并且由温度所决定.因此，虽然每一微观粒子的运动具有极大的偶然性，但在总体上却存在确定的规律性.正是这种特点，使热运动成为区别于其他运动形式的一种基本运动形式.

在各种实际变化过程中，热运动与机械的、电磁的等其他基本运动形式之间存在着极为广泛和深刻的内在联系.尤为重要的是，在实际过程中经常发生着各种运动形式之间的转化.如蒸汽机中，用加热的方法产生蒸汽，靠蒸汽膨胀对外做功而发生机械运动，从而实现了由热运动向机械运动的转化.又如在电灯中，电流通过灯丝使灯丝加热到炽热状态而发光，从而实现了由电磁运动向热运动，并进一步由热运动向光转化的双重转化过程.热运动和其他运动形式之间的相互转化具有十分重大的理论和实际意义，是热学所研究的一部分基本内容.

虽然热力学和统计物理学的研究对象是一致的,都是热现象,也就是说,都是物体内部热运动的规律性以及热运动对物体性质的影响,但是研究方法却截然不同.热力学不涉及物质的微观结构,只是根据由观察和实验所总结出来的热力学定律,用严密的逻辑推理方法,研究宏观物体的热的性质.统计物理学则是从物质的微观结构出发,依据每个粒子所遵循的力学规律,用统计的方法研究宏观物体的热的性质.热力学和统计物理学,在对热现象的研究上,起到了相辅相成的作用.热力学对热现象给出普遍而可靠的结果,可以用来验证微观理论的正确性;统计物理学则可深入热现象的本质,使热力学的理论获得更深刻的意义,并可求出宏观观测量的微观决定因素,从而为控制材料性质在理论上起指导作用.

气体分子动理论是统计物理学的一个方面,它从气体微观结构的一些简化模型出发,不仅可以研究气体的平衡态,而且可以研究气体中由不平衡态向平衡态的转变过程.本课程不全面讨论统计物理学,只限于讨论其中的分子动理论部分.

热力学与统计物理学的理论,曾有力地推动过产业革命,并在实践中获得广泛的应用.热机、制冷机的发展,化学、化工、冶金工业、气象学的研究,以及原子核反应堆的设计等,都与这些理论有极其密切的关系.

*§0-2 热学发展简述

虽然人们在远古时代就用火,在古代还用火制造出陶器、铜器和铁器,在生产和生活上接触到许多热现象,但是,由于古代和中世纪的生产发展比较缓慢,积累的知识还不够丰富,因而,从远古到18世纪初这个时期,热学还不能作为一门系统的科学建立起来,人们对于热的本质只有一些不成熟的想法.在古希腊,对于热的本质曾产生过两种不同的看法.一种看法是毕达哥拉斯(Pythagoras,公元前584?—前497?)在大约公元前500年提出的四元素(土、水、火、气)学说,他把火当做自然界的一个独立的基本要素.这种学说与我国古代的五行学说很相似,五行学说认为万事万物的根本是五样东西,即水、火、木、金、土,称为五行.另一种看法认为火是一种运动的表现形式,这是根据摩擦生热的现象由古希腊的柏拉图(Plato,公元前427—前347)提出来的.

16—17世纪以后,欧洲的航海和对外贸易发展迅速,手工工场逐渐转化为机器工业,蒸汽机成了工业生产的主要动力.从此,热现象的探讨就不仅是哲理上的思考,更成为社会实践的需要.18世纪初,产生了计温学和量热学,为热现象的研究开拓了实验科学的途程.但是,热究竟是什么这个问题依然困扰着人们.

持原子论观点的法国学者伽桑迪(P.Gassendi,1592—1655)认为,冷热现象是“热原子”和“冷原子”这两种非常细小的、能够渗透到一切物体中的原子所造成的，从此开了“热质说”的思路.其后荷兰学者波尔哈夫（H.Boerhaave，1668—1738）在实验中得出冷热不同的物体混合时热既不会增加也不会减少的结论，使他深信热质说的正确，他说的热质是一种非常细小的、没有质量的、可以穿越任何物体的、相互排斥的微粒.法国科学家拉瓦锡（A.L.Lavoisier，1743—1794）在研究燃烧现象时，虽然认识到火是物质氧化的一种表现，但他还是把热看做是自然界中的一种元素.热质说能够解释当时所知的大部分热现象，如：物体的温度变化是吸收或放出热质所引起的；热传导是热质在物体间的流动；热辐射是热质的向外散播；物体受热膨胀是热质相互排斥所致；摩擦或碰撞生热是潜藏的热质被挤压出来的缘故等，因而令许多学者深信不疑.

正当热质说形成以至盛行之时，一些学者也有另外的想法.法国学者笛卡儿（R.Descartes，1596—1650）从他的自然哲学出发猜想热是物质粒子的一种机械运动的表现.英国科学家玻意耳（R.Boyle，1627—1691）看到铁钉被敲打时产生热，认为应当是敲打使铁钉内部物质激烈运动所致.英国物理学家胡克（R.Hooke，1635—1703）提出热是物体内部物质的激烈运动的看法.俄国科学家罗蒙诺索夫（М.В.Ломоносов，1711—1765）明确地提出了热是分子运动的表现的想法.不过这些都只属猜测，还不可能动摇热质说的根基，而后来的一些实验研究则令热质说难以自圆其说了.美国物理学家伦福德（C.Rumford，原名B.Thompson，1753—1814）于1789年在英国皇家学会宣读了他的论文，他说他在兵工厂督导钻制大炮炮筒工作的时候，发现铜炮筒在钻了很短的时间后就会产生大量热，钻削下来的铜屑温度更高.依照热质说的观点，物体中的热质不会自行增加，而钻削所产生的热似乎是无穷无尽的.由此他断定这些热是由钻头与炮筒的激烈摩擦产生的.其后，1799年英国科学家戴维（H.Davy，1778—1829）的实验更具说服力.他把两小块冰置于真空的玻璃容器内，利用钟表机械使它们相互摩擦，冰块很快就熔化成水.真空容器已经阻隔了外界热质的传导，使冰块熔化的热源自机械运动.虽然伦福德和戴维的工作为许多学者所关注和认同，但热质说并没有就此终结.

19世纪以后，英国学者焦耳（J.P.Joule，1818—1889）从1843年到1878年间做过400多次实验，用不同的方法测定了热功当量.他的工作得到学术界的承认走过了艰难的历程.1843年他首次发表实验结果时就遭到许多学者的怀疑，次年他在英国皇家学会上宣读论文的要求被拒绝，1847年他在英国科学促进协会宣读论文的要求再次被拒绝.1850年焦耳终于被吸收为英国皇家学会会员，表明他的成就直到此时才为较多的英国科学家接受.他的实验技术与测量结果的可靠性在他持续不断的工作中使众多科学家信服.他的实验涉及电能、机械能和热能的转化，这就使能量守恒与转化定律即热力学第一定律建立在牢固的实验基础之上，机械能转化为热能有了定量的结果，成为定论.与焦耳不懈努力的同时，德国学者迈耶（J.R.Mayer，1814—1878）和亥姆霍兹（H.von Helmholtz，1821—1904）也为能量守恒与转化定律的建立做出了贡献.迈耶还是最早提出这个定律的学者,不过他们两人主要依靠的是推理,远不及焦耳的实验工作那样具有无可辩驳的说服力.

在焦耳奋力研究热功当量之前,着意研究热机效率的法国学者卡诺(S. Carnot,1796—1832)在1824年发表的论文中从热质说的观点出发提出了卡诺定理,这是热力学第二定律的先导.值得一说的是,我们从1878年才发表的他的遗稿里知道,他生前也得出了机械能与热能转化的数值关系,不过此时热力学第一定律早已确立了.热力学第二定律的建立除了卡诺的贡献之外,更应归功于德国物理学家克劳修斯(R.Clausius,1822—1888)和英国物理学家开尔文(Kelvin,原名W.Thomson,1824—1907)的努力,1850—1851年间他们略有先后分别完成了这项工作.热力学第二定律所说明的是热过程的不可逆性,它在实用上的重要意义在于寻求可能获得的热机效率的最大值.

热力学两个基本定律建立之后,热力学的进一步发展主要在于把它们应用到各种具体问题中去,在应用中找到反映物质各种性质的热力学函数,其中直接反映热力学第二定律的是熵,这是克劳修斯提出来的,它所表征的事实是,一个绝热过程总是朝着熵增加的方向进行的.

虽然热力学定律的发现表明人们已经找到了热现象的一般规律,但关于热的本质还是没有公认的答案.后来,分子动理论有了飞速的进展,许多学者都为此做出贡献,其中最重要的是克劳修斯、英国物理学家麦克斯韦(J.C.Maxwell,1831—1879)和奥地利物理学家玻耳兹曼(L.Boltzmann,1844—1906),他们是分子动理论的主要奠基者.克劳修斯第一次清楚地说明统计的概念,以分子动理论的观点正确地导出了玻意耳定律,并首先引进分子运动自由程的概念.麦克斯韦是第一位认识到分子的速度不相同而得到速度分布律的学者.玻耳兹曼则最初在速度分布律中引进重力场,又给予熵以统计意义.这样,气体分子动理论就从一些定性的论据发展成定量的理论.在1870年以后的几年里,玻耳兹曼和麦克斯韦都提出了研究宏观平衡性质的概率统计法,为统计力学奠定了基础.19世纪末到20世纪初,美国物理学家吉布斯(J.W.Gibbs,1839—1903)发表了一系列论文和著作,把玻耳兹曼和麦克斯韦所创立的统计方法加以推广,发展成为系统的理论即统计力学(也叫做统计物理学).统计力学的理论是很普遍的,它适用于任何微观粒子的体系,对于固体、液体和气体都同样适用,从而普遍地解决了热学上很多与平衡态相关的问题.至此,人们知道热现象不过是分子运动的宏观表现,热质说完全退出了历史舞台.

后来,人们将统计力学的理论应用到热辐射现象的研究,发现了微观领域的前所未知的规律性,即量子性.1900年德国物理学家普朗克(M.Planck,1858—1947)从热辐射的规律中发现,振动的能量不能连续变化,它只能是一个最小单位的整数倍.能量的量子化正确地解释了气体比热容和固体比热容随温度变化的规律.随后的一系列研究证明,量子性是微观世界的普遍规律,终于在1926年发展成为量子力学.与此相应,统计物理学就由经典统计物理学发展成为量子统计物理学.量子统计物理学对固体、液体(统称为凝聚态)和等离子体中各种物理现象的研究起到了主导作用,像航空和航天技术所需要的高强度金属材料,原子能技术所需要的特殊材料等,都逐渐由过去的盲目摸索状态走向在理论指导下有计划地研制的阶段了.

第一章 温 度

§1-1 平衡态 状态参量

一、平衡态

前面说过，热力学和气体动理论研究的是由大量分子、原子组成的物体或物体系（在热力学中称为热力学系统）的热运动形式．具体地讲，一般归结为研究热力学系统的宏观状态及其变化规律．我们首先研究宏观状态的一种较重要的特殊情形——平衡态．

设有一封闭容器，用隔板分成 A 和 B 两部分，A 部储有气体，B 部为真空（图 1-1）．当把隔板抽去后，A 部的气体就会向 B 部运动．在这个过程中，气体内各处的状况是不均匀的，而且随时间改变，一直到最后达到各处均匀一致的状态为止．在这以后，如果没有外界影响，则容器中的气体将始终保持这一状态，不再发生宏观变化．

又如，当两个冷热程度不同的物体互相接触时，热的物体变冷，冷的物体变热，直到最后两物体达到各处冷热程度均匀一致的状态为止．这时，如果没有外界影响，则两物体将始终保持这一状态，不再发生宏观变化．

再如，将水装在开口的容器中，则水将不断蒸发．但如果把容器封闭（图 1-2），则经过一段时间，蒸发现象将停止，即水和蒸汽达到饱和状态．这时，如果没有外界影响，也不再发生宏观变化．

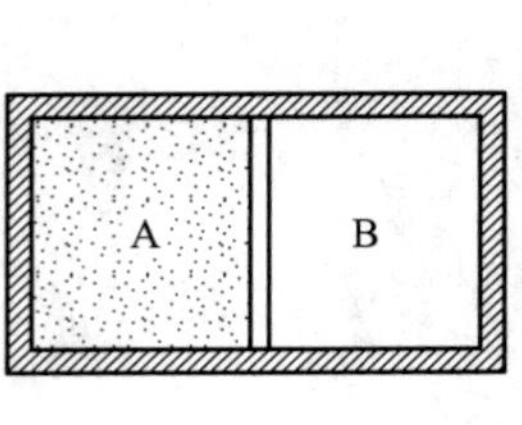

图 1-1

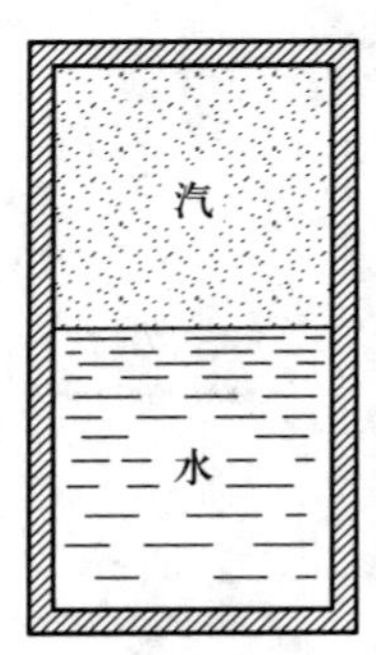

图 1-2

类似的现象还可举出许多.从这类现象中可以总结出一条结论,即处在没有外界影响条件下的热力学系统,经过一定时间后,将达到一个确定的状态,而不再有任何宏观变化.这种在不受外界影响的条件下,宏观性质不随时间变化的状态叫做平衡态.这里所说的没有外界影响,是指外界对系统既不做功又不传热.如果系统通过做功或传热的方式与外界交换能量,则它就不可能达到并保持在平衡态.

当然,在实际中并不存在完全不受外界影响,而且宏观性质绝对保持不变的系统,所以平衡态只是一个理想的概念,它是在一定条件下对实际情况的概括和抽象.以后将看到,在许多实际问题中,可以把实际状态近似地当做平衡态来处理.

应当指出,平衡态是指系统的宏观性质不随时间变化.从微观角度看,在平衡态下,组成系统的分子仍在不停地运动着,只不过分子运动的平均效果不随时间改变,而这种平均效果的不变在宏观上就表现为系统达到了平衡态.因此,热力学中的平衡是动态平衡,通常特别把这种平衡叫做热动平衡.

二、状态参量

经验告诉我们,系统处在平衡态时具有一些可以用确定的物理量来表征的属性.这样,我们就可以选择其中几个量作为描述系统状态的变量,称之为状态参量.下面举几个例子来说明怎样用状态参量描述系统的平衡态.

假设我们所研究的系统是储在汽缸中的一定质量的化学纯的气体.如果使气体的压强保持恒定,并对气体加热,则可发现气体的体积将膨胀.反之,若加热时使气体的体积保持不变,则气体的压强就会增大.由此可见,气体的体积和压强是可以独立改变的,所以需要用这两个参量才能完全描述系统的状态.这两个参量属于两种不同的类型,体积是几何参量,压强是力学参量.同样,对于液体和各向同性固体,也可以用体积和压强来描述它们的状态.

假设我们所研究的是混合气体(例如氧和氮的混合物),则要对系统的状态做完全的描述,除了上述的体积和压强外,还需要用到反映系统化学成分的参量.这是因为在一定的体积和压强下,各种化学组分的含量不同,系统仍处在不同的状态.每种组分的含量可用它的质量或物质的量①来表示.这些量表征系统的化学成分,是化学参量.

当有电磁现象出现时,除了上述三类参量外,还必须加上一些电磁参量,才能对系统的状态描述完全.例如,在研究电场中电介质的性质时,还需用电场强度和电极化强度来描述它的电状态;对于磁场中的磁介质,可用磁感应强度和磁

① 物质的量的单位叫摩尔(mol).一物系中所包含的结构粒子数,例如分子、原子、离子、电子或其他粒子与 12×10^{-3} kg 碳-12(^{12}C)的原子数相等,则称该物系的物质的量为1 mol.例如,已知氢的相对分子质量为 2.02,即 2.02×10^{-3} kg 氢所含的分子数与 12×10^{-3} kg ^{12}C 的原子数相等,所以 2.02×10^{-3} kg 氢的物质的量为1 mol;4.04×10^{-3} kg 氢的物质的量为 2 mol.而 2.02×10^{-3} kg/mol 则称为氢的摩尔质量.

化强度来描述它的磁状态.

总起来说,在一般情况下,我们需用几何参量、力学参量、化学参量和电磁参量等四类参量来描述热力学系统的平衡态.究竟用哪几个参量才能对系统的状态描述完全,是由系统本身的性质决定的.以后我们将结合实例具体说明.

§1-2 温 度

上节中提到的四类参量都不是热学所特有的,它们都不能直接表征系统的冷热程度.因此,在热学中还必须引进一个新的物理量来担当这个任务,这个物理量就是温度.

在生活中,通常用温度来表示物体的冷热程度;热的物体温度高,冷的物体温度低.这对我们每个人都是很清楚的.但是要分析和解决实际中提出的各种热学问题,对温度的概念只有这种建立在主观感觉基础上的、定性的了解是不够的,还必须进一步为它建立起严格的、科学的定义.

一、热力学第零定律

假设有两个热力学系统,原来各处在一定的平衡态,现使这两个系统互相接触,使它们之间能发生传热(这种接触叫做热接触).实验证明,一般说来,热接触后两个系统的状态都将发生变化,但经过一段时间后,两个系统的状态便不再变化,这反映出两个系统最后达到一个共同的平衡态.由于这种平衡态是两个系统在发生传热的条件下达到的,所以叫做热平衡.

一种特殊的情形是热接触后两个系统的状态都不发生变化,这说明两个系统在刚接触时就已达到了热平衡.根据这个事实,还可把热平衡的概念用于两个相互间不发生热接触的系统.这时是指,如果使这两个系统热接触,则它们在原来状态都不发生变化的情况下就可达到热平衡.

现在进一步取三个热力学系统 A、B、C 做实验.将 B 和 C 互相隔绝开,但使它们同时与 A 热接触,经过一段时间后,A 和 B 以及 A 和 C 都将达到热平衡.这时,如果再使 B 和 C 热接触,则可发现 B 和 C 的状态都不发生变化.这说明,B 和 C 也是处于热平衡的.由此可以得到结论:如果两个热力学系统中的每一个都与第三个热力学系统处于热平衡,则它们彼此也必定处于热平衡.这个结论通常叫做热平衡定律.

热平衡定律为建立温度概念提供了实验基础.这个定律反映出,处在同一热平衡状态的所有的热力学系统都具有共同的宏观性质[①].我们定义这个决定系统热平衡的宏观性质为温度,也就是说,温度是决定一系统是否与其他系统处于热平衡的宏观性质,它的特征就在于一切互为热平衡的系统都具有相同的温度.

实验证明,当几个系统作为一个整体已达到热平衡后,如果再把它们分开,

① 关于这个问题的严格论述见附录 1-1.

并不会改变每个系统本身的热平衡状态.这说明,热接触只是为热平衡的建立创造了条件,每个系统在热平衡时的温度仅仅取决于系统内部热运动状态.换句话说,温度反映了系统本身内部热运动状态的特征.以后我们会看到,温度反映了组成系统的大量分子的无规则运动的剧烈程度.

应当指出,以上关于温度的定义与我们日常对温度的理解(温度表示物体的冷热程度)是一致的.§ 1-1 中曾提到,根据日常经验,当两个冷热程度不同的物体相接触时,热的变冷,冷的变热,我们凭直觉认为最后两物体的冷热程度相同.

一切互为热平衡的物体都具有相同的温度,这是用温度计测量温度的依据.我们可以选择适当的系统为标准,用它作温度计.测量时使温度计与待测系统接触,只要经过一段时间等它们达到热平衡后,温度计的温度就等于待测系统的温度.而温度计的温度则可通过它的某一个状态参量标志出来.例如,用液体(水银或酒精)温度计测量室温时,温度计指示的是它与室内空气热平衡时自身的温度,而这个温度则由液体的体积来标志,并通过液面的位置显示出来.

热平衡定律是热力学中的一条基本实验定律,其重要意义在于它是科学定义温度概念的基础,是用温度计测量温度的依据.后面我们将见到,在热力学中,温度、内能和熵是三个基本的状态函数,内能是由热力学第一定律确定的;熵是由热力学第二定律确定的;而温度则是由热平衡定律确定的.因此,热平衡定律像第一、第二定律一样也是热力学的基本实验定律,其重要性并不亚于热力学第一、第二定律.由于人们是在充分认识到热力学第一、第二定律之后才看出这条定律的重要性,所以英国著名物理学家福勒(R.H.Fowler,1889—1944)称之为**热力学第零定律**.

二、温标

以上关于温度的定义是定性的,不完全的.完全的定义还应包括温度的数值表示法,温度的数值表示法叫做**温标**.

1. 经验温标　我们先结合常用的液体温度计来说明如何建立温标.液体温度计是利用液体的体积随温度改变的性质制成的,即用液体的体积来标志温度.这种温度计一般采用摄氏(Celsius)温标,历史上的摄氏温标规定冰点(指纯冰和纯水在一个标准大气压下达到平衡时的温度,而纯水中有空气溶解在内并达到饱和)为 0℃,汽点(指纯水和水蒸气在蒸气压为一个标准大气压下达到平衡时的温度)为 100℃,并认定液体体积随温度作线性变化,0℃ 和 100℃ 之间的温度按线性关系将温度计刻度进行等分.从这种摄氏液体温度计的例子可看出,建立一种温标需要包含:选择某种物质(叫做测温物质)的某一随温度变化属性(叫做测温属性)来标志温度;选定固定点;对测温属性随温度的变化关系作出规定.

当温度改变时,不仅液体的体积会随着变化,物质的许多其他物理属性,如一定容积气体的压强、一定压强气体的体积、金属导体的电阻、两种金属导体组成的热电偶的电动势……都会发生变化.一般说来,任一物质的任一物理属性,只要它随温度的改变而发生单调的、显著的变化,都可选用来标志温度,即制作温度计.表 1-1 中列出了几种常用的温度计及其选用的测温属性.

表 1-1 几种常用的温度计

温度计	测温属性
定容气体温度计	压强
定压气体温度计	体积
铂电阻温度计	电阻
铂-铂铑热电偶温度计	热电动势
液体温度计	液柱长度

温标的选择有相当的随意性,如历史上除摄氏温标外,还出现过华氏温标、兰氏温标等.这些温标的建立都是在经验上以某一物质属性随温度的变化为依据并用经验公式进行分度的,所以统称为**经验温标**.

显然,采用不同的经验温标将得到温度的不同表示.而且即使采用同一种温标,选取不同的测温物质(或同一种物质的不同测温属性)用来测量同一对象的温度时,所得的结果也并不严格一致.图 1-3 给出了几种摄氏温度计在 0 ℃和 100 ℃之间做实验所得的结果.图中横坐标 t 表示氢定容温度计的读数,纵坐标 Δt 表示其他温度计读数低于横坐标的值.由图中可看出,用不同的测温物质(或同一种物质的不同测温属性)所建立的摄氏温标,除冰点和汽点按规定相同外,其他温度并不严格一致.所以会发生这种现象,是因为不同物质或同一物质的不同属性随温度的变化关系不同.如果规定了某一物质的某种属性随温度作线性变化,从而建立了温标,则其他测温属性一般就不再与温度呈严格的线性关系.

2. 理想气体温标 为了使温度的测量统一,显然需要建立统一的温标,以它为标准来校正其他各种温标.在温度的计量工作中实际采用理想气体温标为标准温标.这种温标是用气体温度计实现的.

气体温度计有两种,一是定容气体温度计(气体的体积保持不变,压强随温度改变),一是定压气体温度计(气体的压强保持不变,体积随温度改变).图1-4是定容气体温度计的示意图,测温泡 B(材料由待测温度范围和所用气体决定)内储有一定质量的气体,经毛细管与水银压强计的左臂 M 相连.测量时,使测温泡与待测系统相接触,上下移动压强计的右臂 M′,使左臂中的水银面在不同的温度下始终固定在同一位置 O 处,以保持气体的体积不变.当待测温度不同时,气体的压强不同,这个压强可由压强计两臂水银面的高度差 h 和右臂上端的大气压强求得.这样,就可由压强随温度的改变来确定温度.实际测量时,还必须考虑到各种误差来源(如测温泡和毛细管的体积会随温度改变,毛细管中那部分气体的温度与待测温度不一致等)对测量结果进行修正.

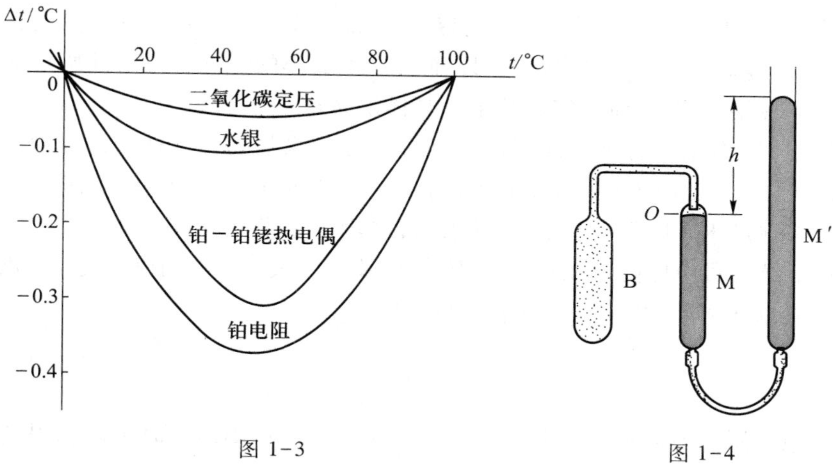

图 1-3　　　　图 1-4

定压气体温度计的结构比上述定容气体温度计复杂，操作和修正工作也麻烦得多.除在高温范围外，实际工作中一般都使用定容气体温度计.因此，对这种温度计不在这里具体介绍.

定容气体温度计和定压气体温度计分别用气体的压强（体积保持不变）和体积（压强保持不变）作为温度的标志.现在讨论如何用这两种测温属性建立另一种温标——理想气体温标.

设用 $T(p)$ 表示定容气体温度计与待测系统达到热平衡时的温度值，用 p 表示这时用温度计测得并经修正的气体压强值.规定 $T(p)$ 与 p 成正比，即令

$$T(p)=ap \tag{1.1}$$

式中的 a 是比例系数，它需要根据选定的固定点来确定.

1954 年以后，国际上规定只用一个固定点建立标准温标.这个固定点选的是水的三相点（指纯冰、纯水和水蒸气平衡共存的状态，详见 § 9-3）①，并严格规定它的温度为 273.16 度.需要指出的是，这里所说的“度”不是指前面提到的摄氏温标单位——摄氏度，而叫做开，用 K 表示（这样叫的理由将在下面说明）.

设用 p_{tr} 表示气体在三相点时的压强，则代入（1.1）式可得

$$273.16\ \text{K}=ap_{tr}$$

即

$$a=\frac{273.16\ \text{K}}{p_{tr}}$$

因此，（1.1）式可写作

$$T(p)=273.16\ \text{K}\,\frac{p}{p_{tr}} \tag{1.2}$$

利用上式就可由测得的气体压强值 p 来确定待测温度 $T(p)$.

定容气体温度计常用的气体有氢（H_2）、氦（He）、氮（N_2）、氧（O_2）和空气等.

① 附录 1-2 中介绍了实现水的三相点的实验装置.

实验表明,用不同的气体所确定的定容温标,除根据规定对水的三相点的读数相同外,对其他温度的读数也相差很少,而且这些微小的差别在温度计所用的气体极稀薄时逐渐消失.下面用实验结果来具体说明这一点.

设想用一定容气体温度计测量汽点的温度.假设最初温度计的测温泡内储有较多的气体,它在水的三相点时的压强 p_{tr} 为 1 000 mmHg[1 mmHg = 133.322 4Pa,mmHg(毫米汞柱)这种单位已不再采用,这里为了尊重历史上的定义,仍采用 mmHg,后续题目中也仍部分采用 mmHg].设用 $p_{s1\,000}$ 表示这时测得的气体在汽点时的压强值,则根据(1.2)式可确定汽点的温度为

$$T(p_s) = 273.16\ \mathrm{K}\,\frac{p_{s1\,000}}{1\ 000\ \mathrm{mmHg}}.$$

现在设想从测温泡内抽出一些气体,使 p_{tr} 减为 800 mmHg,这时重新测得汽点的温度为 $T(p_s) = 273.16\ \mathrm{K}\,\dfrac{p_{s800}}{800\ \mathrm{mmHg}}$.不断地从测温泡内抽出气体,使 p_{tr} 逐渐减小为 600 mmHg,400 mmHg,…,依次重复测量汽点的温度,就可得到一组对应的温度值 $T(p_s)$.最后取 $T(p_s)$ 为纵坐标、p_{tr} 为横坐标作图,就可得到一条直线.把这条直线外推到 $p_{tr}=0$,还可由它与纵坐标的交点确定压强 p_{tr} 趋于零时,汽点温度的极限值 $\lim\limits_{p_{tr}\to 0} T(p_s)$.图 1-5 中给出了用四种不同气体做上述实验所得的结果.从图中可看出,气体的压强 p_{tr} 越低,即测温泡内的气体越稀薄,不同气体定容温标的差别越小;当压强 p_{tr} 趋于零时,各种气体定容温标的差别完全消失,给出相同的温度值 $\lim\limits_{p_{tr}\to 0} T(p_s) = 373.15\ \mathrm{K}$.

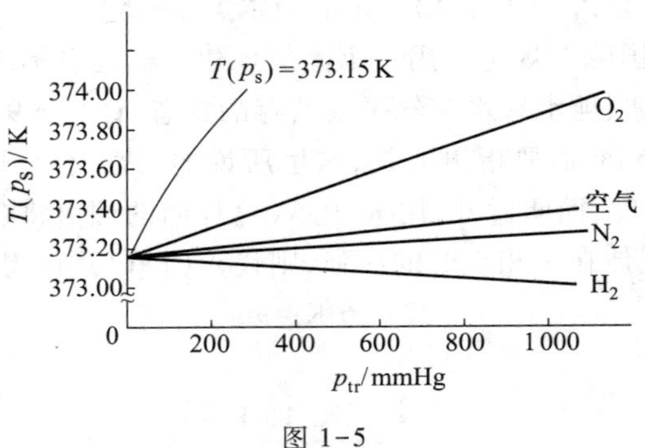

图 1-5

定压气体温度计是在保持压强不变的条件下,用气体的体积来标志温度的.与上面定义定容气体温标相似,可定义定压气体温标为

$$T(V) = 273.16\ \mathrm{K}\,\frac{V}{V_{tr}} \tag{1.3}$$

式中 V_{tr} 为气体在水的三相点时的体积,V 为气体在任一待测温度 $T(V)$ 时的体积.实验表明,定压气体温标具有定容气体温标相同的特点,即用不同气体建立的温标只有微小的差别,随着气体压强的降低这种差别逐渐消失,而且在压强趋

于零时不同的温标趋于一个共同的极限值$\lim\limits_{p\to 0}T(V)$（见图 1-6）.

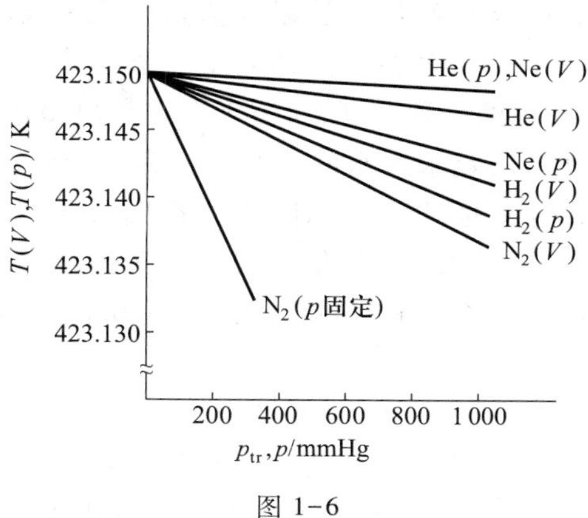

图 1-6

图 1-6 所示是用氢(H_2)、氦(He)、氖(Ne)、氮(N_2)等四种气体制成的八个定压和定容温度计测量同一对象所得到的图线.实验结果表明，无论用什么气体，无论是定容还是定压，所建立的温标在气体压强趋于零时都趋于一共同的极限值.这个极限温标叫做理想气体温标（简称气体温标），它的定义式为

$$T=\lim_{p_{\mathrm{tr}}\to 0}T(p)=273.16\ \mathrm{K}\lim_{p_{\mathrm{tr}}\to 0}\frac{p}{p_{\mathrm{tr}}}\text{（体积 }V\text{ 不变）}\tag{1.4}$$

或

$$T=\lim_{p\to 0}T(V)=273.16\ \mathrm{K}\lim_{p\to 0}\frac{V}{V_{\mathrm{tr}}}\text{（压强 }p\text{ 不变）}\tag{1.5}$$

理想气体温标不依赖于任何一种气体的个性，用不同气体时所指示的温度几乎完全一样（因为都要外推至压强为零），但它毕竟有赖于气体的共性.对极低的温度（气体的液化点以下）和高温（1 000 ℃是上限）就不适用.用这种温标所能测量的最低温度为 1 K，这时只能用氦作测温物质，因为它的液化点最低.更低的温度氦也变成了液体，就不再能用理想气体温标确定.这就是说，在理想气体的温标中，低于 1 K 的温度是没有物理意义的.

3. 热力学温标 是否可能建立一种温标，它完全不依赖于任何测温物质及其物理属性呢？在第六章中，我们将在热力学第二定律的基础上引入一种这样的温标.这种温标叫做热力学温标.它在历史上最先是由开尔文(Kelvin)引入的.用这种温标所确定的温度叫热力学温度，用 T 表示，它的单位因此也不叫"度"，而叫开尔文，简称开，用 K(Kelvin 的第一个字母)表示.根据定义，1 K 等于水的三相点的热力学温度的 1/273.16.

在第六章中，我们还将证明，在理想气体温标所能确定的温度范围内，理想气体温标和热力学温标是完全一致的.正是由于这个缘故，我们也可以用 T 表示理想气体温度，并用 K 作它的单位.实际上，我们在上面已经这样做了.

按照国际规定，热力学温标是最基本的温标.但是，理想气体温标仍有重要意义.热力学温标只是一种理想温标,理想气体温标由于在它所能确定的温度范围内等于热力学温标,所以它使热力学温标取得了现实意义.在温度计量工作中,在很大的温度范围内,都是用理想气体温度计来测量物体的热力学温度的.

摄氏温度是广泛使用的一种温度,在历史上它是由摄氏温标所定义的.1954年第10届国际计量大会决定采用水的三相点作为一个固定点来定义温度的单位,冰点已不再是温标定义的固定点了.因此,“摄氏温标”这一术语也就不再继续使用.考虑到人们长期的使用习惯,仍然保留摄氏温度这一名词,但规定它是由热力学温度导出的,若以 T 表示某一热状态的热力学温度,则该状态的摄氏温度 t 的定义为

$$t/℃ = T/\mathrm{K} - 273.15 \tag{1.6}$$

这说是说,规定热力学温度 273.15 K 为零摄氏度($t=0$ ℃).摄氏温度的单位仍叫**摄氏度**,写成 0 ℃,用摄氏度表示的温度差也可以用 K 表示,值得注意的是,在新的定义下,零摄氏度与冰点并不严格相等,但根据目前的实验结果两者在万分之一摄氏度内是一致的.汽点也不严格地等于 100 ℃,但差别不超过百分之一摄氏度.

某些说英语的国家,在商业和日常生活中,除摄氏温度外还沿用另一种温度——华氏(Fahrenheit)温度.华氏温度的单位叫做**华氏度**,写作℉.华氏温度 t_F 与摄氏温度 t 的换算关系为

$$t_F/℉ = 32 + \frac{9}{5}t/℃$$

根据这个关系可以确定冰点(0.0 ℃)为 32.0 ℉,汽点(100.0 ℃)为 212.0 ℉,而 1 ℉为 1 ℃的 $\frac{5}{9}$.

图 1-7 所示是热力学温度、摄氏温度和华氏温度的对应关系.

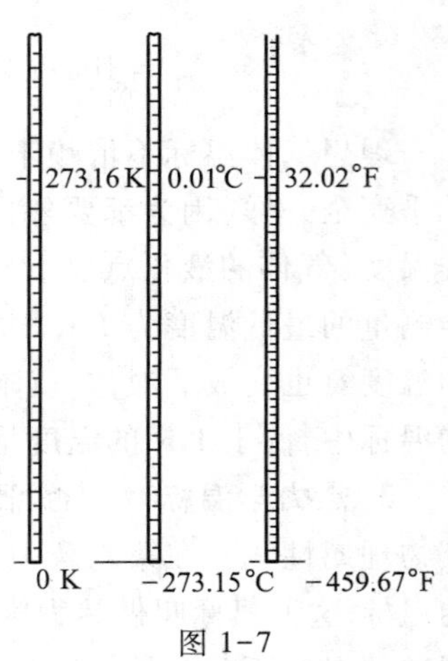

图 1-7

4. 国际实用温标 ITS-90　在理想气体温标所能确定的温度范围内,虽然可以用精密的气体温度计作为热力学温标的标准温度计,但气体温度计结构复杂、操作要求高,而且还需作许多复杂的修正,所以并不便于实际应用.为了克服这些困难,并且统一各国自行采用的国家级测温标准,经国际协商,1929 年国际计量大会通过了第一个国际实用温标(简称国际温标).以后为了使之完善,国际计量大会又在 1948 年、1960 年、1968 年及 1976 年作了多次修订.目前采用的是 1989 年修订的 1990 年国际温标(简称 ITS-90).

历届国际计量大会所确定的国际温标都包含三项基本内容,又称为国际温标三要素,它们是:① 定义固定点,即选择一些纯物质的三相点、凝固点或沸点作为固定点,并且给出它们的确定值.这些纯物质的相平衡温度都具有很好的重

复性,它们的温度值可由各国的温度计量单位用理想气体温标尽可能准确地测定.② 规定在不同的待测温度区内使用的标准测温仪器(如热电阻温度计、辐射高温计等).③ 给定在不同的固定点之间标准测温仪器读数与国际温标值之间关系的内插求值公式.同时,国际温标必须做到尽可能与作为基本温标的热力学温标一致,还要使各国都能以很高的准确度复现出同样的温标,而且所规定的测温仪器应尽可能使用起来方便.

与修订前的国际温度相比,ITS-90 有以下优点:① 它更接近于热力学温度.② 将最低温度扩展到了 0.65 K.③ 在整个温度范围内,改进了连续性、精度和再现性.④ 在某些温度范围内,对分区重复定义的处理方便了使用.⑤ 消除了大多数以沸点定义的固定点.因为沸点与压强有关,而压强的精确测量又较复杂,所以采用一些三相点或凝固点取代沸点可避免测量中的困难.

我国已从 1991 年 7 月 1 日起采用 ITS-90.

§ 1-3 气体的物态方程

在 § 1-1 中曾经讲过,热力学系统的平衡态可以用几何参量、力学参量、化学参量和电磁参量来描述,在一定的平衡态,这四类参量都具有一定的数值.在上一节中我们又看到,在一定的平衡态,热力学系统具有确定的温度.由此可知,温度与上述四类参量之间必然存在着一定的联系,或者说,温度一定是其他状态参量的函数.对于一定质量的气体,可以用压强 p 和体积 V 来描述它的平衡态,所以温度 T 就是 p 和 V 的函数,这个函数关系可写作

$$T=f(p,V)$$

或

$$F(T,p,V)=0$$

这个关系叫做气体的物态方程.它的具体形式需要由实验确定.

一、理想气体的物态方程

现在讨论如何根据实验结果来确定气体的物态方程.

1. 玻意耳定律 实验证明,当一定质量气体的温度保持不变时,它的压强和体积的乘积是一个常量:

$$pV=C \tag{1.7}$$

常量 C 在不同的温度时有不同的数值.这个关系叫做玻意耳定律,有时也叫玻意耳-马略特定律,因为玻意耳(R.Boyle,1627—1691)和法国物理学家马略特(E. Mariotte,1620—1684)曾经独立地发现了这个定律.

大量的实验结果表明,不论何种气体,只要它的压强不太高、温度不太低,都近似地遵从玻意耳定律;气体的压强越低,它遵从玻意耳定律的准确程度越高.

2. 理想气体物态方程 现在根据玻意耳定律和理想气体温标的定义来确定(1.7)式中的常量 C 与温度 T 的关系.设常量 C 在水的三相点时的数值为 C_{tr}.

假定用定压气体温度计测温，温度计中气体在水的三相点时的压强和体积分别为 p_{tr} 和 V_{tr}，在任一温度时体积为 V，则根据(1.7)式有

$$p_{tr}V_{tr}=C_{tr}$$

$$p_{tr}V=C$$

代入定压气体温标的定义式(1.3)式，可得

$$\begin{aligned}T(V)&=273.16\ \mathrm{K}\,\frac{V}{V_{tr}}\\&=273.16\ \mathrm{K}\,\frac{p_{tr}V}{p_{tr}V_{tr}}\\&=273.16\ \mathrm{K}\,\frac{C}{C_{tr}}\end{aligned}$$

所以

$$C=\frac{C_{tr}}{273.16\ \mathrm{K}}T(V)$$

再代入(1.7)式，即得

$$pV=\frac{C_{tr}}{273.16\ \mathrm{K}}T(V) \tag{1.8}$$

(1.8)式是气体的物态方程，其中的温度 $T(V)$ 是用这种气体的定压温度计测定的.前面曾提到，实验证明，不论用什么气体，不论是定压还是定容，所建立的温标在气体压强趋于零时都趋于一个共同的极限值——理想气体温标 T.因此，在气体压强趋于零的极限情形下，我们可用 T 代替上面的 $T(V)$，并把(1.8)式改写为

$$pV=\frac{C_{tr}}{273.16\ \mathrm{K}}T \tag{1.9}$$

在一定的温度和压强下，气体的体积与其质量 m 或物质的量 ν $\left(\nu=\frac{m}{M}\right.$，$M$ 为气体的摩尔质量$\left.\right)$成正比.如果用 V_m 表示 1mol 气体的体积，则 $V=\nu V_m$，而

$$C_{tr}=p_{tr}V_{tr}=\nu p_{tr}V_{m,tr}$$

这样，(1.9)式就可以进一步写作

$$pV=\nu\frac{p_{tr}V_{m,tr}}{273.16\ \mathrm{K}}T \tag{1.10}$$

根据阿伏伽德罗(Avogadro)定律，在气体压强趋于零的极限情形下，在相同的温度和压强下，1 mol 的任何气体所占的体积都相同.因此，在气体压强趋于零的极限情形下，(1.10)式中的 $\frac{p_{tr}V_{m,tr}}{273.16\ \mathrm{K}}$ 的数值对各种气体都是一样的，所以称为**普适气体常量**，并用 R 表示，即令

$$R=\frac{p_{tr}V_{m,tr}}{273.16\ K} \tag{1.11}$$

代入(1.10)式,即得

$$pV=\nu RT=\frac{m}{M}RT \tag{1.12}$$

物态方程(1.12)式是根据玻意耳定律、理想气体温标的定义和阿伏伽德罗定律求得的,而这三者所反映的都是气体在压强趋于零时的极限性质.因此,在通常的压强(几个大气压)下,各种气体都只近似地遵从(1.12)式,压强越低,近似程度越高;在压强趋于零的极限情形下,一切气体都严格地遵从它.

总结以上讨论可见,一切气体在压强、体积和温度的变化关系上都具有共性,这表现在它们都近似地遵从方程(1.12)(当然,不同的气体还有不同的个性,这表现在它们遵从这个方程的准确程度不同).不同气体表现出共同的性质并不是偶然的,而是反映了气体的一定的内在规律性(见§2-2).为了概括并研究气体的这一共同规律,我们引入理想气体的概念.我们称严格遵从方程(1.12)的气体为**理想气体**,称方程(1.12)为**理想气体物态方程**.理想气体是一个理想模型,在通常的压强下,可以近似地用这个模型来概括实际气体,压强越低,这种概括的精确度就越高.

视频:自动门

3. 普适气体常量 R　按照(1.11)式,普适气体常量为

$$R=\frac{p_{tr}V_{m,tr}}{273.16\ K}$$

它的数值可以由 1 mol 理想气体在水的三相点($T_{tr}=273.16$ K)及一个大气压(令上式中的 $p_{tr}=101\ 325$ Pa)下的体积 $V_{m,tr}$ 推算出来.根据物态方程(1.12),若设 1mol 理想气体在冰点($T_0=273.15$ K)时的压强和体积分别为 p_0 和 $V_{m,0}$,则有

$$\frac{p_0V_{m,0}}{273.15\ K}=\frac{p_{tr}V_{m,tr}}{273.16\ K}=R$$

因此,R 的数值也可以由 1mol 理想气体在冰点及一个大气压(令 $p_0=101\ 325$ Pa)下的体积 $V_{m,0}$ 来推算.实际上,目前一般是用 $V_{m,0}$ 来推算 R 的,因为 $V_{m,0}$ 的值已根据实验结果求得比较准确.1 mol 理想气体在 273.15 K 及 1 个大气压下的体积为

$$V_{m,0}=22.413\ 996\times10^{-3}\ m^3\cdot mol^{-1},$$

由此可算出

$$R=8.314\ 472\ J\cdot mol^{-1}\cdot K^{-1}①.$$

---

① 在国际单位制中,压强 p_0 的单位是 $N\cdot m^{-2}$,摩尔体积的单位是 $m^3\cdot mol^{-1}$,所以乘积 $p_0V_{m,0}$ 的单位是 $J\cdot mol^{-1}$.

[例题 1] 图 1-8 所示是化学中测定易挥发液态物质（如四氯化碳）相对分子质量的一种常用装置.将盛有适量四氯化碳的开口细颈玻璃容器放在热水中加热.四氯化碳急剧挥发把容器内的空气赶出.当四氯化碳刚刚全部汽化时，立即将细颈封死.这时容器内只有压强等于大气压的四氯化碳蒸气.如果称得封在容器内的蒸气的质量为 1.60×10^{-3} kg，已知容器的容积为 301×10^{-3} L，热水的温度为 80 ℃，求四氯化碳的相对分子质量.

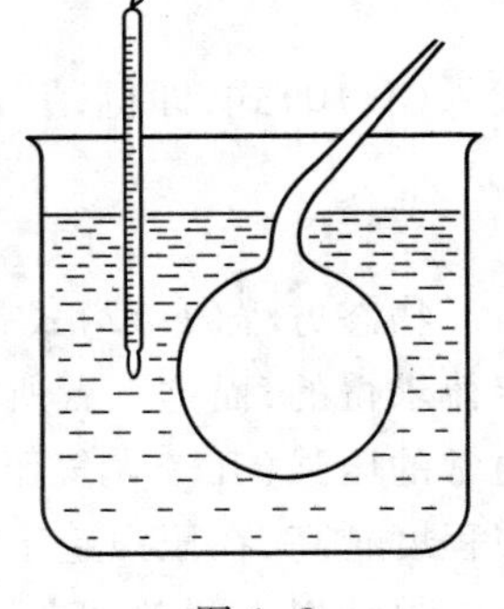
图 1-8

[解] 根据理想气体物态方程（1.12）式，四氯化碳的摩尔质量为

$$M=\frac{mRT}{pV}$$

$$=\frac{1.60\times10^{-3}\ \text{kg}\times8.31\ \text{J}\cdot\text{mol}^{-1}\cdot\text{K}^{-1}\times(273+80)\ \text{K}}{1.01\times10^{5}\ \text{Pa}\times301\times10^{-3}\ \text{L}}$$

$$\approx154\times10^{-3}\ \text{kg}\cdot\text{mol}^{-1}$$

因此，四氯化碳的相对分子质量为 154.

[例题 2] 一容器内储有氧气 0.100 kg，压强为 1.01×10^{6} Pa，温度为 47 ℃.因容器漏气，过一段时间后，压强减到原来的 5/8，温度降到 27 ℃.若把氧气近似看作理想气体，问：(1) 容器的容积为多大；(2) 漏了多少氧气.已知氧气的相对分子质量为 32.0.

[解] (1) 根据理想气体物态方程（1.12）式，可求得容器的容积为

$$V=\frac{mRT}{Mp}$$

$$=\frac{0.100\ \text{kg}\times8.31\ \text{J}\cdot\text{mol}^{-1}\cdot\text{K}^{-1}\times(273+47)\ \text{K}}{32.0\times10^{-3}\ \text{kg}\cdot\text{mol}^{-1}\times1.01\times10^{6}\ \text{Pa}}$$

$$\approx8.2\ \text{L}$$

(2) 容气漏气后，压强减为 p'，温度降为 T'.如果用 m' 表示容器中剩下的氧气的质量，则 m' 可用物态方程求出：

$$m'=\frac{Mp'V}{RT'}$$

$$=\frac{32.0\times10^{-3}\ \text{kg}\cdot\text{mol}^{-1}\times5/8\times1.01\times10^{5}\ \text{Pa}\times8.2\ \text{L}}{8.31\ \text{J}\cdot\text{mol}^{-1}\cdot\text{K}^{-1}\times(273+27)\ \text{K}}$$

$$\approx6.7\times10^{-2}\ \text{kg}$$

因此，漏掉的氧气的质量为

$$m-m'=0.100\ \text{kg}-0.067\ \text{kg}=0.033\ \text{kg}$$

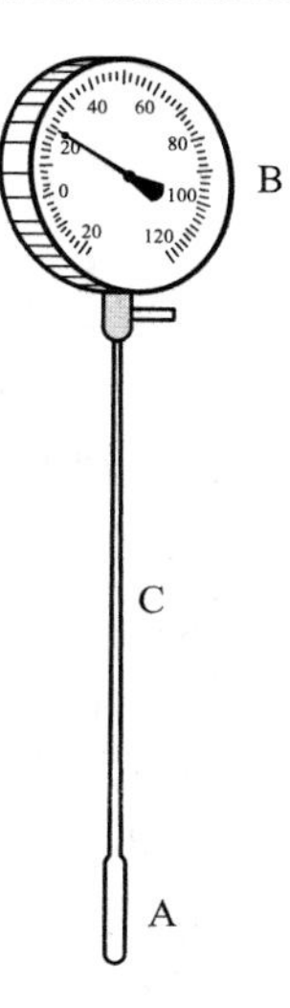

图 1-9

［**例题 3**］ 图 1-9 所示是低温测量中常用的一种气体温度计.下端 A 是测温泡,上端 B 是压强计,两者通过导热性能差的德银(German silver)毛细管 C 相连.毛细管很细,其容积比起 A 的容积 V_A 和 B 的容积 V_B 来可以忽略.

测量时,先把温度计在室温 T_0 下充气到压强 p_0,加以密封,然后将 A 浸入待测物质(通常是液化了的气体).设 A 内气体与待测物质达到热平衡后,B 的读数为 p,试求待测温度.V_A,V_B,p_0,T_0 是已知的.

［**解**］ 设待测温度为 T.由于毛细管 C 很长,德银材料的导热性能又很差,所以 A 中气体与待测物质达到热平衡,即温度降为 T 时,B 中气体的温度仍保持为室温 T_0.但这时 B 中气体和 A 中气体的压强却是相等的.设 A 中原有气体的质量为 m_A,B 中原有气体的质量为 m_B,当 A 浸入待测物质,压强降低时,将有一部分气体由 B 经毛细管 C 进入 A.压强达到平衡后,A 中气体的质量将为 $m_A+\Delta m$,而 B 中气体的质量将为 $m_B-\Delta m$.根据理想气体物态方程,可以列出以下各式:

	测 温 泡	压 强 计
测温前	$\frac{p_0V_A}{T_0}=\frac{m_A}{M}R$	$\frac{p_0V_B}{T_0}=\frac{m_B}{M}R$
测温后	$\frac{pV_A}{T}=\frac{m_A+\Delta m}{M}R$	$\frac{pV_B}{T_0}=\frac{m_B-\Delta m}{M}R$

将上行两式相加得

$$\frac{p_0(V_A+V_B)}{T_0}=\frac{m_A+m_B}{M}R$$

将下行两式相加得

$$p\left(\frac{V_A}{T}+\frac{V_B}{T_0}\right)=\frac{m_A+m_B}{M}R$$

所以

$$\frac{p_0(V_A+V_B)}{T_0}=p\left(\frac{V_A}{T}+\frac{V_B}{T_0}\right)$$

由此解出

$$T=\frac{pV_A}{\frac{p_0}{T_0}(V_A+V_B)-\frac{pV_B}{T_0}}=\frac{T_0pV_A}{p_0\left(V_A+V_B-\frac{p}{p_0}V_B\right)}$$

$$= \frac{p}{p_0} \frac{1}{1 + \frac{V_B}{V_A}\left(1 - \frac{p}{p_0}\right)} T_0$$

4. 混合理想气体的物态方程 上面的讨论只限于化学成分单纯的气体，但在许多实际问题中，往往遇到包含几种不同化学组分的混合的气体.

在处理混合气体问题时，需要用到一条实验定律——道尔顿（Dalton）分压定律.根据这个定律，混合气体的压强等于各组分的分压强之和.所谓某组分的分压强，是指这个组分单独存在时（即在与混合气体的温度和体积相同，并且与混合气体中所包含的这个组分的物质的量相等的条件下，以化学纯的状态存在时）的压强.道尔顿分压定律也只在混合气体的压强较低时才准确地成立，即它也只适用于理想气体.

如果用 p 表示混合气体的压强，用 $p_1, p_2, \cdots, p_n$ 分别表示各组分的分压强，则道尔顿分压定律可用下式表示：

$$p = p_1 + p_2 + \cdots + p_n \tag{1.13}$$

根据理想气体物态方程（1.12）式和道尔顿分压定律，可以导出适用于混合理想气体的物态方程.把（1.12）式分别用于各组分，列出各组分的物态方程，并将所有的方程相加，则得

$$(p_1 + p_2 + \cdots + p_n)V = \left(\frac{m_1}{M_1} + \frac{m_2}{M_2} + \cdots + \frac{m_n}{M_n}\right) RT$$

根据（1.13）式，等式左端的括号为混合理想气体的压强 p；右端的括号为混合气体的物质的量，如用 ν 表示，即令

$$\nu = \frac{m_1}{M_1} + \frac{m_2}{M_2} + \cdots + \frac{m_n}{M_n}$$

则上式可写作

$$pV = \nu RT$$

这就是适用于混合理想气体的物态方程.

由上式看来，混合理想气体的物态方程完全类似于化学成分单纯的理想气体的物态方程，物质的量即等于各组分的物质的量之和.混合气体好像也具有一定的摩尔质量 M，通常称为平均摩尔质量，它由下式确定：

$$M = \frac{m}{\nu},$$

式中 m 是各组分的质量之和.作为上式的应用，可以计算空气的平均摩尔质量.按质量百分比来说，空气中含有：氮气 76.9%、氧气 23.1%.由于 $M_{N_2} = 28.0\times10^{-3}$ kg/mol，$M_{O_2} = 32.0\times10^{-3}$ kg/mol，所以可求出空气的平均摩尔质量为 $M = 28.9\times10^{-3}$ kg/mol，也可认为空气的平均相对分子质量为 28.9.

引入平均摩尔质量后，混合理想气体的物态方程可以写作：

$$pV = \frac{m}{M} RT$$

[例题 4]　通常说混合气体中各组分的体积百分比，是指每种组分单独处在和混合气体相同的压强及温度的状态下其体积占混合气体体积 V 的百分比. 已知空气中几种主要组分的体积百分比是：氮（N_2）78%、氧（O_2）21%、氩（Ar）1%，求在标准状态（1.01×10^5 Pa，0 ℃）下空气中各组分的分压强和密度以及空气的密度. 已知氮的相对分子质量是 28.0，氧的是 32.0，氩的是 39.9.

[解]　用下标 1，2，3 分别表示氮、氧、氩. 在标准状态下，它们的体积分别为

$$V_1 = 0.78V;\ V_2 = 0.21V;\ V_3 = 0.01V$$

将三种气体混合成标准状态的空气后，它们的状态变化如下：

$$\text{氮}: p、V_1、T \longrightarrow p_1、V、T$$

$$\text{氧}: p、V_2、T \longrightarrow p_2、V、T$$

$$\text{氩}: p、V_3、T \longrightarrow p_3、V、T$$

式中 $p=1.01\times10^5$ Pa，为混合气体在标准状态下的压强，p_1，p_2，p_3 分别为三种组分的分压强. 由于温度不变，所以根据玻意耳－马略特定律有，$pV_1=p_1V$；$pV_2=p_2V$；$pV_3=p_3V$，因此

$$p_1=\frac{V_1}{V}p=0.78p=7.90\times10^4\ \text{Pa};$$

$$p_2=\frac{V_2}{V}p=0.21p=2.12\times10^4\ \text{Pa};$$

$$p_3=\frac{V_3}{V}p=0.01p=1.01\times10^3\ \text{Pa}.$$

由物态方程（1.12）式，可以导出理想气体的密度为

$$\rho=\frac{m}{V}=\frac{pM}{RT}.$$

因此，在标准状态下空气中各组分的密度分别为

$$\rho_1=\frac{p_1M_1}{RT}=\frac{7.90\times10^4\ \text{Pa}\times28.0\times10^{-3}\ \text{kg}\cdot\text{mol}^{-1}}{8.31\ \text{J}\cdot\text{mol}^{-1}\cdot\text{K}^{-1}\times273\ \text{K}}$$
$$=0.98\times10^{-3}\ \text{kg}\cdot\text{L}^{-1}$$

$$\rho_2=\frac{p_2M_2}{RT}=\frac{2.12\times10^4\ \text{Pa}\times32.0\times10^{-3}\ \text{kg}\cdot\text{mol}^{-1}}{8.31\ \text{J}\cdot\text{mol}^{-1}\cdot\text{K}^{-1}\times273\ \text{K}}$$
$$=0.30\times10^{-3}\ \text{kg}\cdot\text{L}^{-1}$$

$$\rho_3=\frac{p_3M_3}{RT}=\frac{1.01\times10^3\ \text{Pa}\times39.9\times10^{-3}\ \text{kg}\cdot\text{mol}^{-1}}{8.31\ \text{J}\cdot\text{mol}^{-1}\cdot\text{K}^{-1}\times273\ \text{K}}$$
$$=0.02\times10^{-3}\ \text{kg}\cdot\text{L}^{-1}$$

所以，空气在标准状态下的密度为

$$\rho=\rho_1+\rho_2+\rho_3=1.30\times10^{-3}\ \text{kg}\cdot\text{L}^{-1}$$

二、非理想气体的物态方程

在通常的压强和温度下,可以近似地用理想气体物态方程来处理实际问题.但是,在近代科研和工程技术中,经常需要处理高压或低温条件下的气体问题,例如:气体凝结为液体或固体的过程一般需在低温或高压下进行;现代化大型蒸汽涡轮机中,都采用高温、高压蒸汽作为工作物质.在这些情形下,理想气体物态方程就不适用了.

为了建立非理想气体的物态方程,人们进行了许多理论和实验的研究工作.目前已积累起非常多的资料,导出了大量的物态方程,所有的物态方程可分为两类,一类是对气体的结构作一些简化假设后推导出来的.虽然这类方程中的一些参量仍需由实验来确定,因而多少带有一些半经验的性质,但其基本出发点仍是物质结构的微观理论.这类方程的特点是形式简单,物理意义清楚,具有一定的普遍性和概括性,但在实际应用时,所得的结果常常不够精确.另一类是为数极多的经验的和半经验的物态方程.它们在形式上照例是复杂的,而且每个方程只在某一特定的较狭小的压强和温度范围内适用于某种特定的气体或蒸气.也正因为如此,它们才具有较高的准确性,在实际工作中主要靠这类方程来计算.下面对这两类方程各举一例略加介绍.

1. 范德瓦耳斯方程 第一类方程中最简单、最有代表性的是范德瓦耳斯方程.它是荷兰物理学家范德瓦耳斯(van der Waals, 1837—1923)和克劳修斯(Clausius)考虑到气体分子间吸力和斥力的作用,把理想气体物态方程加以修正而得到的(见第二章 § 5).对于 1 mol 理想气体,范德瓦耳斯方程为

$$\left(p+\frac{a}{V_{\mathrm{m}}^{2}}\right)(V_{\mathrm{m}}-b)=RT \tag{1.14}$$

式中的 a 和 b 对于一定的气体来说都是常量,可由实验测定.测定 a 和 b 的方法很多,最简单的方法是,在一定的温度下,测定与两个已知压强对应的 V_{m} 值,代入(1.14)式,就可求出 a 和 b.表 1-2 中列出了一些气体的 a 和 b 的实验值.

表 1-2 范德瓦耳斯常量 a 和 b 的实验值①

气体	$a/(\mathrm{atm}\cdot\mathrm{L}^{2}\cdot\mathrm{mol}^{-2})$	$b/(\mathrm{L}\cdot\mathrm{mol}^{-1})$	气体	$a/(\mathrm{atm}\cdot\mathrm{L}^{2}\cdot\mathrm{mol}^{-2})$	$b/(\mathrm{L}\cdot\mathrm{mol}^{-1})$
氩	1.345	0.032 19	汞蒸气	8.093	0.016 96
二氧化碳	3.592	0.042 67	氖	0.210 7	0.017 09
氯	6.493	0.056 22	氮	1.390	0.039 13
氦	0.034 12	0.023 70	氧	1.360	0.031 83
氢	0.191	0.021 8	水蒸气	5.464	0.030 49

① 表中数据引用自历史文献,故仍用 atm 为单位,后续表格及题目中也均采用了 atm,其中 1 atm = 1.013×10^{5} Pa.

为了说明范德瓦耳斯方程的准确程度，我们在表 1-3 中列出了 1 mol 氢气在 0 ℃时的实验数据.在表的第一、第二栏中分别给出氢气的压强 p 和相应的摩尔体积 V_m 的实验值；在第三、第四栏中分别给出 pV_m 和 $\left(p+\frac{a}{V_m^2}\right)(V_m-b)$ 的值.在温度恒定的条件下，理想气体的 pV_m 应为常量，第三栏中 pV_m 偏离这个常量越多，则说明氢气的性质较理想气体模型相差越远.同样，在温度恒定的条件下，如果氢气准确地遵从范德瓦耳斯方程，则 $\left(p+\frac{a}{V_m^2}\right)(V_m-b)$ 应是常量.因此，第四栏内的数值偏离这个常量越多，则说明范德瓦耳斯方程距真实情况越远.

表 1-3　在 0 ℃时，1 mol 氢气在不同压强下的 V_m，pV_m 和 $\left(p+\frac{a}{V_m^2}\right)(V_m-b)$ 的值

p/atm	V_m/L	pV_m/(atm · L)	$\left(p+\frac{a}{V_m^2}\right)(V_m-b)$/(atm · L)
1	22.41	22.41	22.41
100	0.240 0	24.00	22.6
500	0.061 70	30.85	22.0
1 000	0.038 55	38.55	18.9

由上表可以看出，0 ℃时，在 10^7 Pa 以下，理想气体物态方程和范德瓦耳斯方程都能较好地反映氢气的性质，超过 10^7 Pa 理想气体物态方程就偏离实际情况较远，而直到 10^8 Pa 范德瓦耳斯方程所引起的误差还不过大.实验表明，对于二氧化碳，在 10^6 Pa 量级时理想气体物态方程就已不能适用，超过 10^7 Pa 范德瓦耳斯方程也不能很好地反映实际情况.在实际应用中，如果需要较高的精确度，即使在较低的压强下范德瓦耳斯方程也不适用.

以上只讨论了 1 mol 气体，如果气体的质量为 m，摩尔质量为 M，则它的体积为 $V=\frac{m}{M}V_m$，即 $V_m=\frac{M}{m}V$.把这个关系代入(1.14)式，就得到适用于任意质量气体的范德瓦耳斯方程：

$$\left(p+\frac{m^2a}{M^2V^2}\right)\left(V-\frac{m}{M}b\right)=\frac{m}{M}RT \tag{1.15}$$

[例题 5]　试用范德瓦耳斯方程计算，温度为 0 ℃，摩尔体积为 0.55 L · mol^{-1}的二氧化碳的压强，并将结果与用理想气体物态方程计算的结果相比较.

[解]　范德瓦耳斯方程(1.14)式可写作

$$p=\frac{RT}{V_m-b}-\frac{a}{V_m^2}$$

已知 $T=273$ K，$V_m=0.55$ L · mol^{-1}，由表 1-2 查出对于二氧化碳，$a=3.592$ atm · L^2 · mol^{-2}，$b=0.042\ 67$ L · mol^{-1}.将这些数据代入上式，即得

$$p=\frac{8.21\times10^{-2}\times273}{0.55-0.042\ 67}\text{ atm}-\frac{3.592}{(0.55)^2}\text{atm}\approx44\text{ atm}-12\text{ atm}=32\text{ atm}.$$

如把二氧化碳看作理想气体，则

$$p=\frac{RT}{V_{\mathrm{m}}}=\frac{8.21\times10^{-2}\times273}{0.55}\ \mathrm{atm}\approx41\ \mathrm{atm}.$$

2. 昂内斯方程 第二类方程中最有代表性的是昂内斯（*Onnes*）提出的用级数表示的气体物态方程.这种方程常用的形式是

$$pV_{\mathrm{m}}=A+Bp+Cp^2+Dp^3+\cdots \tag{1.16}$$

或

$$pV_{\mathrm{m}}=A(1+B'p+C'p^2+D'p^3+\cdots) \tag{1.17}$$

上列两式中的 $A,B,C,D,\cdots$ 或 $A',B',C',D',\cdots$ 都是温度的函数，并与气体的性质有关，分别叫做第一、第二、第三、第四……位力系数.当压强趋近于零时，(1.16)式和(1.17)式应变为理想气体物态方程 $pV_{\mathrm{m}}=RT$，所以第一位力系数 $A=RT$.其他的位力系数则需在不同的温度下用气体做压缩实验来确定.表 1-4 中列出了在几个不同温度下氮气的位力系数的实验值.由表中可以看出，B',C',D' 的数量级减小得很快.这说明方程中的前几项较为重要，所以在实际应用上往往只取前两项或前三项就够了.

表 1-4 氮气的位力系数的实验值

温度 T/K	$B'/(10^{-3}\ \mathrm{atm}^{-1})$	$C'/(10^{-6}\ \mathrm{atm}^{-2})$	$D'/(10^{-9}\ \mathrm{atm}^{-3})$
100	−17.951	−348.7	−216.630
200	−2.125	−0.080 1	+57.27
300	−0.183	+2.08	+2.98
400	+0.279	+1.14	−0.97
500	+0.408	+0.623	−0.89

昂内斯方程还常用下列形式来表示：

$$pV_{\mathrm{m}}=A+\frac{B''}{V_{\mathrm{m}}}+\frac{C''}{V_{\mathrm{m}}^2}+\frac{D''}{V_{\mathrm{m}}^3}+\cdots \tag{1.18}$$

式中 $A,B'',C'',D'',\cdots$ 也都是温度的函数，并与气体的性质有关.它们和 $A,B,C,D,\cdots$ 一样，也叫做位力系数.这两组位力系数的关系是

$$B''=AB,\ C''=A^2C+AB^2,\ D''=A^3D+3A^2BC+AB^3$$

这些关系留给读者自己证明.

昂内斯方程不仅适应性强，在实际计算中广泛使用，而且有重要的理论意义.从物质结构的微观理论导出的物态方程通常也可用上列的级数形式来表示.例如，范德瓦耳斯方程可写作

$$pV_{\mathrm{m}}=RT\left(1-\frac{b}{V_{\mathrm{m}}}\right)^{-1}-\frac{a}{V_{\mathrm{m}}}$$

根据二项式定理，

$$\left(1-\frac{b}{V_{\mathrm{m}}}\right)^{-1}=1+\frac{b}{V_{\mathrm{m}}}+\frac{b^2}{V_{\mathrm{m}}^2}+\cdots$$

代入上式即得

$$pV_m = RT + \frac{(RTb - a)}{V_m} + \frac{RTb^2}{V_m^2} + \cdots$$

可见,对于范德瓦耳斯气体

$$A = RT, B'' = RTb - a,\ C'' = RTb^2, \cdots$$

附录 1-1　热力学第零定律与温度

热力学第零定律指出,如果两个热力学系统(例如 B 和 C)中的每一个都与第三个热力学系统(例如 A)处于热平衡,则它们(B 和 C)彼此也处于热平衡.从这个定律可以推证,互为热平衡的热力学系统具有一个数值相等的状态函数(即平衡态状态参量的函数).这个状态函数可定义为温度.

为了使讨论简单,假设三个系统都是质量一定而且化学成分单一的气体.这种系统的平衡态可以用两个独立的状态参量——压强 p 和体积 V 完全确定.既然系统 A 和系统 B 处于热平衡,则描述它们的状态参量就不完全是独立的,而要被一定的函数关系所制约,就是说,热平衡条件为

$$F_{AB}(p_A, V_A; p_B, V_B) = 0 \tag{1.19}$$

式中 p 和 V 下面的脚注表示参量所属的系统.系统 A 和系统 C 也处于热平衡,同样有

$$F_{AC}(p_A, V_A; p_C, V_C) = 0 \tag{1.20}$$

根据热力学第零定律,系统 B 和系统 C 也必定处于热平衡,因而有

$$F_{BC}(p_B, V_B; p_C, V_C) = 0 \tag{1.21}$$

(1.19)式和(1.20)式中都含有 p_A,如果把它抽出来移到等式另一边,则两式可写作

$$p_A = \phi_{AB}(p_B, V_A, V_B) \tag{1.22}$$

$$p_A = \phi_{AC}(p_C, V_A, V_C) \tag{1.23}$$

由(1.22)式和(1.23)式得到的

$$\phi_{AB}(p_B, V_A, V_B) = \phi_{AC}(p_C, V_A, V_C) \tag{1.24}$$

必然与(1.21)式是等当的.既然(1.24)式和(1.21)式等当,而(1.21)式中不包含 V_A,(1.24)式等号两边都包含 V_A,则要求函数 ϕ_{AB} 和 ϕ_{AC} 具有这样的形式:

$$\phi_{AB} = \psi(V_A)[g(V_A) + f_B(p_B, V_B)] \tag{1.25}$$

$$\phi_{AC} = \psi(V_A)[g(V_A) + f_C(p_C, V_C)] \tag{1.26}$$

这样,从(1.25)式和(1.26)式就可得到(1.21)式的形式.在(1.25)式中引入的 f_B 由 p_B 和 V_B 完全决定,是系统 B 的状态函数.(1.26)式中的 f_C 和下面将引入的 f_A 有同样的意义.

将(1.25)式和(1.26)式代入(1.24)式,可得

$$f_B(p_B, V_B) = f_C(p_C, V_C) \tag{1.27}$$

将(1.26)式代入(1.23)式有

$$p_A = \phi_{AC} = \psi(V_A)[g(V_A) + f_C(p_C, V_C)]$$

或

$$f_C(p_C, V_C) = \frac{p_A}{\psi(V_A)} - g(V_A)$$

上式右端只包含 p_A、V_A,所以可用$f_A(p_A, V_A)$去代替它,即

$$f_C(p_C, V_C) = f_A(p_A, V_A) \tag{1.28}$$

联合(1.27)式和(1.28)式,就得到

$$f_A(p_A, V_A) = f_B(p_B, V_B) = f_C(p_C, V_C) \tag{1.29}$$

这是由热力学第零定律得到的结果.它说明,互为热平衡的系统具有一个数值相等的状态函数.这个决定系统热平衡的状态函数,我们定义为温度.如果用 T 表示温度,则上面所考虑的系统 A、B、C 的温度分别为

$$T_A = f_A(p_A, V_A)$$
$$T_B = f_B(p_B, V_B)$$
$$T_C = f_C(p_C, V_C)$$

因此,热力学第零定律是引入温度概念的实验基础.

附录 1-2 水的三相点管

为了对水的三相点能有较具体的了解,这里简单介绍一下实现水的三相点的实验装置.图 1-10 是一种常用的装置.三相点管(B、D)内储有纯冰、纯水(F)和水蒸气(A),三者平衡共存.三相点管的中央是温度计槽(C),待校正的温度计插在其中.实验时,三相点管浸在由贮有冰、水混合物的杜瓦瓶(H)构成的冰浴槽(G)内.

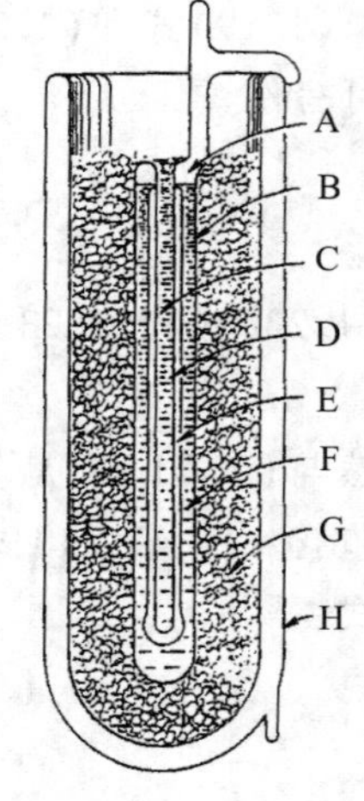

图 1-10

三相点是指纯冰、纯水和水蒸气平衡共存的温度.三相点管内封入的水很难保证不含杂质,特别是经过较长时间后,玻璃的溶解已不可忽略.因此,如何获得纯冰、纯水和水蒸气的平衡共存,便成为实现三相点的一个关键问题.这个问题,根据溶液结冰时先结出的为纯溶剂的原理,被巧妙地解决了.下述操作过程,就是这个原理的运用.

实验时,先将三相点管浸入冰浴槽内半小时,使其温度降到 0 ℃上下,然后将压碎的干冰装入温度计槽,使三相点管内的水围绕温度计槽的外壁形成一层冰衣 E.当冰衣厚度达到 5~10 mm 时,将温度计槽内的干冰取出,注入温水,使冰衣沿温度计外壁薄薄地融化一层.

因杂质都留在冰衣外面的水内，所以在温度计槽外壁周围就实现了纯冰、纯水和水蒸气平衡共存的状态.此时，将注入的温水吸出，倒入预先冷却到 0 ℃的冷水，插入温度计.将三相点管浸入冰浴槽内，半小时后即可测量.

*附录 1-3　与物态方程有关的三个物理量

只有对较低压下的气体才有一些简单形式的物态方程。对于高压下的气体以及对固体、液体等，其有关物态方程的知识则要依靠下述三个物理量实验数据，它们是：

膨胀系数

$$\frac{1}{V}\left(\frac{\partial V}{\partial T}\right)_p$$

（即在恒定压强下温度改变 1 K 对物体体积变化百分比）

压强系数

$$\frac{1}{p}\left(\frac{\partial p}{\partial T}\right)_V$$

压缩系数

$$-\frac{1}{V}\left(\frac{\partial V}{\partial p}\right)_T$$

这些物理量的实验数据有广泛的应用领域，如：可以用它们检验物体的内聚力模型进而预言相变，在高压实验中可以用它们对压强定标，在地球物理学研究领域可以帮助了解地球构造、岩石力学效应以及等离子态研究等。目前实验测量扩展到约 10 TPa.

第一章思考题

1. 取一金属杆，使其一端与沸水接触，另一端与冰接触，当沸水和冰的温度维持不变时，杆的各部分虽然温度不同，但将不随时间改变，这时金属杆是否处于平衡态？为什么？

2. 系统 A 和 B 原来各自处在平衡态，现使它们互相接触.试问在下列几种情况下，两系统相接触部分是绝热的还是透热的，或两者都可能：

(1) 当 V_A 保持不变，p_A 增大时，V_B 和 p_B 都不发生变化；

(2) 当 V_A 保持不变，p_A 增大时，p_B 不变而 V_B 增大；

(3) 当 V_A 减小，同时 p_A 增大时，V_B 和 p_B 都不发生变化.

3. 当热力学系统处于非平衡态时，温度的概念是否适用？

4. 在液体温度计中，用水银作测温物质比用水作测温物质有哪些优点？

5. 在建立温标时，是否必须规定：热的物体具有较高的温度；冷的物体具有较低的温度？是否可作相反的规定？

6. 在建立温标时,是否必须规定用来标志温度的物理量随温度作线性变化?

7. 理想气体温标是否依赖于气体的性质?在实现理想气体温标时,是否有一种气体比其他气体更优越?

8. 用 p_{tr} 表示定容气体温度计的测温泡在水的三相点时其中气体的压强值.有三个定容气体温度计:第一个用氧作测温物质,$p_{tr}=1\ \text{cmHg}=1\ 333.224\ \text{Pa}$;第二个也用氧,但 $p_{tr}=40\ \text{cmHg}$;第三个用氢,$p_{tr}=30\ \text{cmHg}$.

(1) 设用这三个温度计测量同一对象时其中气体的压强值分别为 p_1、p_2、p_3,则它们所确定的待测温度的近似值分别为

$$T_1=273.16\ \text{K}\ \frac{p_1}{20\ \text{cmHg}};T_2=273.16\ \text{K}\ \frac{p_2}{40\ \text{cmHg}};T_3=273.16\ \text{K}\ \frac{p_3}{30\ \text{cmHg}}$$

试判断下列几种说法是否正确:

(a) 按上述方法,用三个温度计确定的温度值都相同;

(b) 两个氧温度计确定的温度值相同,但与氢温度计确定的温度值不相同;

(c) 用三个温度计确定的温度值都不相同.

(2) 若用三个温度计确定的温度值都不相同,试说明怎样改进测量方法才能使之相同.

9. 理想气体的状态方程 $pV=\nu RT$ 是根据哪些实验定律导出的?这些定律的成立各有什么条件?

10. 在一个封闭容器中装有某种理想气体.

(1) 使气体的温度升高同时体积减小,是否可能?

(2) 使气体的温度升高同时压强增大,是否可能?

(3) 使气体的温度保持不变,但压强和体积同时增大,是否可能?

11. 若使下列参量增大一倍,而其他参量保持不变,则理想气体的压强将如何变化?

(1) 温度 T;

(2) 体积 V;

(3) 物质的量 $\nu=\frac{m}{M}$.

12. 当一定质量理想气体的压强 p 保持不变时,它的体积 V 如何随温度 T 变化?当一定质量理想气体的体积 V 保持不变时,它的压强 p 如何随温度 T 变化?

13. 盖吕萨克(Gay-Lussac)定律:当一定质量的气体的压强保持不变时,其体积随温度作线性变化:

$$V=V_0(1+\alpha_V t),$$

式中 V 和 V_0 分别表示温度为 t 和 0 ℃时气体的体积,α_V 叫做气体的体膨胀系数.

查理(Charles)定律:当一定质量气体的体积保持不变时,其压强随温度作线性变化:

$$p = p_0(1 + \alpha_p t),$$

式中 p 和 p_0 分别表示温度为 t 和 0 ℃时气体的压强,α_p 叫做气体的压强系数.

试由理想气体的物态方程推证以上二定律,并求出 α_V 和 α_p 的值.

14. 试由玻意耳定律、盖吕萨克定律(或查理定律)和阿伏伽德罗定律导出理想气体物态方程.

15. 试解释下列现象:

(1) 自行车的内胎会晒爆;

(2) 热水瓶的塞子有时会自动跳出来;

(3) 乒乓球挤瘪后,放在热水里泡一会儿会重新鼓起来.

16. 两筒温度相同的压缩氧气,从压强计指示出的压强不相同,问如何判断哪一筒氧气的密度大.

17. 人坐在橡皮艇里,艇浸入水中一定的深度,到夜晚温度降低了,但大气压强不变,问艇浸入水中的深度将怎样变化.

18. 把汽车胎打气,使其达到所需要的压强,问在夏天和冬天,打入胎内的空气的质量是否相同.

19. 一个氢气球可以自由膨胀(即球内外压强保持相等),随着气球的不断升高,大气压强不断减小,氢气就不断膨胀.如果忽略掉大气温度和相对分子质量随高度的变化,试问气球在上升过程中所受的浮力是否变化.说明理由.

20. 两个相同的容器都装有氢气,以一玻璃管相通,管中用一水银滴作活塞.当左边容器的温度为 0 ℃而右边为 20 ℃时,水银滴刚好在玻璃管的中央而维持平衡(见图 1-11).

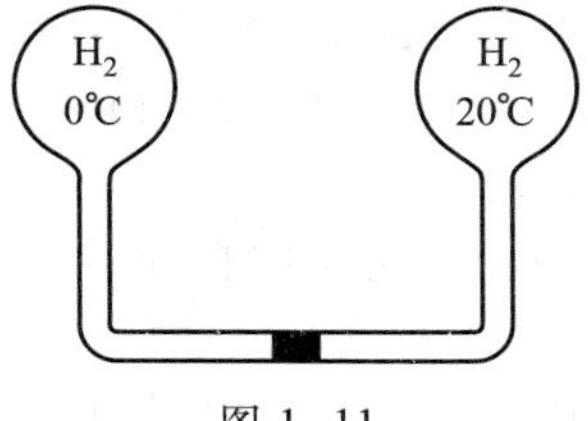

图 1-11

(1) 若左边容器的温度由 0 ℃升到 10 ℃时,水银滴是否会移动?怎样移动?

(2) 如果左边升到 10 ℃,而右边升到30 ℃,水银滴是否会移动?

21. 试证明:当气体的摩尔体积增大时,范德瓦耳斯方程将趋近于理想气体物态方程.

第一章习题

1. 定容气体温度计的测温泡浸在水的三相点管内时,其中气体的压强为50 mmHg.

(1) 用温度计测量 300 K 的温度时,气体的压强是多少?

(2) 当气体的压强为 68 mmHg 时,待测温度是多少?

2. 用定容气体温度计测得冰点的理想气体温度为 273.15 K,试求温度计内的气体在冰点时的压强与水在三相点时压强之比的极限值.

3. 用定容气体温度计测量某种物质的沸点.原来测温泡在水的三相点时,其中气体的压强 $p_{tr}=500$ mmHg;当测温泡浸入待测物质中时,测得的压强值为 $p=734$ mmHg.当从测温泡中抽出一些气体,使 p_{tr} 减为 200 mmHg 时,重新测得 $p=293.4$ mmHg,当再抽出一些气体使 p_{tr} 减为 100 mmHg 时,测得 $p=146.68$ mmHg,试确定待测沸点的理想气体温度.

4. 铂电阻温度计的测温泡浸在水的三相点管内时,铂电阻的阻值为90.35 Ω.当温度计的测温泡与待测物体接触时,铂电阻的阻值为 90.28 Ω,试求待测物体的温度.假设温度与铂电阻的阻值成正比,并规定水的三相点为 273.16 K.

5. 在历史上,对摄氏温标是这样规定的;假设测温属性 X 随温度 t 作线性变化,即

$$t = aX + b$$

并规定冰点为 $t=0$ ℃,汽点为 $t=100$ ℃.

设 X_i 和 X_s 分别表示在冰点和汽点时 X 的值,试求上式中的常量 a 和 b.

6. 水银温度计浸在冰水中时,水银柱的长度为 4.0 cm;温度计浸在沸水中时,水银柱的长度为 24.0 cm.

(1) 在室温 22.0 ℃时,水银柱的长度为多少?

(2) 温度计浸在某种沸腾的化学溶液中时,水银柱的长度为 25.4 cm,试求溶液的温度.

7. 设一定容气体温度计是按摄氏温标刻度的,它在冰点和汽点时,其中气体的压强分别为 4×10^4 Pa 和 5.46×10^4 Pa.

(1) 当气体的压强为 10^4 Pa 时,待测温度是多少?

(2) 当温度计在沸腾的硫中时(硫的沸点为 444.60 ℃),气体的压强是多少?

8. 当热电偶的一个触点保持在冰点,另一个触点保持任一摄氏温度 t 时,其热电动势由下式确定:

$$\mathscr{E} = \alpha t + \beta t^2$$

式中 $\alpha=0.20$ mV/℃, $\beta=-5.0\times10^{-4}$ mV/℃^{2}.

(1) 试计算当 $t=-100$ ℃,200 ℃,400 ℃和 500 ℃时热电动势$\mathscr{E}$的值,并在此温度范围内作$\mathscr{E}-t$ 图.

(2) 设用$\mathscr{E}$为测温属性,用下列线性方程来定义温标 t^*:

$$t^* = a\mathscr{E} + b$$

并规定冰点为 $t^*=0°$,汽点为 $t^*=100°$,试求出 a 和 b 的值,并画$\mathscr{E}-t^*$ 图.

(3) 求出与 $t=-100$ ℃,200 ℃,400 ℃和 500 ℃对应的 t^* 值,并画出$t-t^*$ 图.

(4) 试比较温标 t 和温标 t^*.

9. 用 L 表示液体温度计中液柱的长度.定义温标 t^* 与 L 之间的关系为

$$t^* = a\ln L + b$$

式中 a、b 为常量,规定冰点为 $t_i^*=0°$,汽点为 $t_s^*=100°$.设在冰点时液柱的长度为 $L_i=5.0$ cm,在汽点时液柱的长度 $L_s=25.0$ cm.试求 $t^*=0°$到 $t^*=10°$之间液柱的长度差以及 $t^*=90°$到 $t^*=100°$之间液柱的长度差.

10. 定义温标 t^* 与测温属性 X 之间的关系为

$$t^* = \ln(kX)$$

式中 k 为常量.

(1) 设 X 为定容稀薄气体的压强,并假定在水的三相点为 $t^*=273.16°$,试确定温标 t^* 与热力学温标之间的关系.

（2）在温标 t^* 中，冰点和汽点各为多少度？

（3）在温标 t^* 中，是否存在 0 度？

11. 一立方容器，每边长 20 cm，其中贮有 10^5 Pa，300 K 的气体. 当把气体加热到 400 K 时，容器每个壁所受的压力为多大？

12. 一定质量的气体在压强保持不变的情况下，温度由 50 ℃ 升到 100 ℃ 时，其体积将改变百分之几？

13. 一氧气瓶的容积是 32 L，其中氧气的压强是 1.3×10^7 Pa. 规定瓶内氧气压强降到 10^6 Pa时就得充气，以免混入其他气体而需洗瓶. 今有一玻璃室，每天需用 10^5 Pa 氧气 400 L，问一瓶氧气能用几天.

14. 水银压强计中混进了一个空气泡，因此它的读数比实际的气压小. 当精确的压强计的读数为 768 mmHg 时，它的读数只有 748 mmHg，此时管内水银面到管顶的距离为 80 mm. 问当此压强计的读数为 734 mmHg 时，实际气压应是多少. 设空气的温度保持不变.

15. 截面积为 1.0 cm^2 的粗细均匀的 U 形管，其中贮有水银，高度如图 1-12 所示. 今将左侧的上端封闭，将其右侧与真空泵相接，问左侧的水银将下降多少？设空气的温度保持不变，压强 75 cmHg.

16. 图 1-13 所示为一粗细均匀的 J 形管，其左端是封闭的，右侧和大气相通. 已知大气压强为 75 cmHg，$h_1=80$ cm，$h_2=200$ cm，今从 J 形管右侧灌入水银，问当右侧灌满水银时，左侧的水银柱 h 有多高. 设温度保持不变，空气可看作理想气体. 设图中 J 形管水平部分的容积可以忽略.

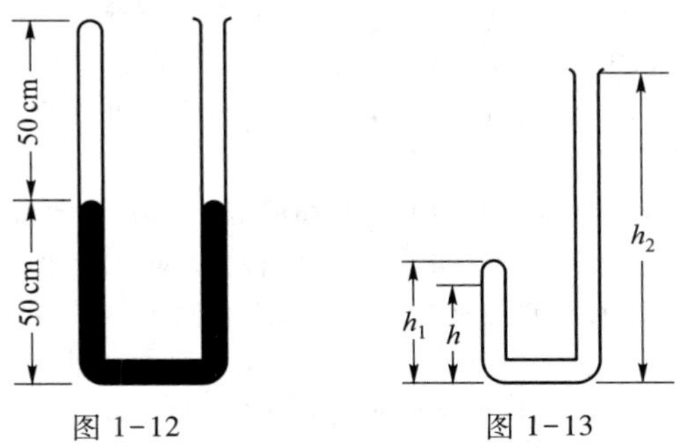

图 1-12　　图 1-13

17. 如图 1-14 所示，两个截面积相同的连通管，一为开管，一为闭管，原来两管内的水银面等高. 今打开活塞使水银漏掉一些，因此开管内水银下降了 h，问闭管内水银面下降了多少？设原来闭管内水银面上空气柱的高度 k 和大气压强为 p_0，是已知的.

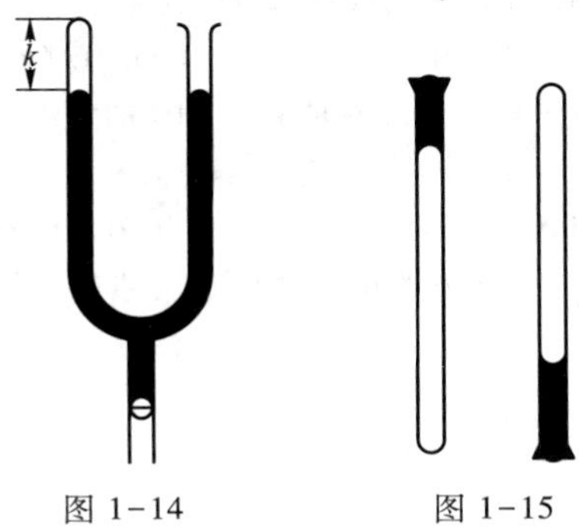

图 1-14　　图 1-15

18. 如图 1-15 所示,一端封闭的玻璃管长 $l=70.0$ cm,储有空气,气柱上面有一段长为 $h=20.0$ cm的水银柱,将气柱封住,水银面与管口对齐.今将玻璃管的开口端用玻璃片盖住,轻轻倒转后再除去玻璃片,因而使一部分水银漏出.当大气压相当于 75 cm 高度水银柱的压强时,留在管内的水银柱有多长?

19. 求氧气在压强为 10^6 Pa、温度为 27 ℃时的密度.

20. 容积为 10 L 的瓶内贮有氢气,因开关损坏而漏气,在温度为 7.0 ℃时,压强计的读数为 5×10^6 Pa.过了些时候,温度上升为 17.0 ℃,压强计的读数未变,问漏去了多少质量的氢.

21. 一打气筒,每打一次气可将原来压强为 $p_0=10^5$ Pa,温度为 $t_0=-3.0$ ℃,体积 $V_0=$ 4.0 L的空气压缩到容器内.设容器的容积为 $V=1.5\times10^3$ L,问需要打几次气,才能使容器内的空气温度为 $t=45$ ℃,压强为 $p_0=2\times10^5$ Pa.

22. 一汽缸内贮有理想气体.气体的压强、摩尔体积和温度分别为 p_1,V_m 和 T_1.现将汽缸加热,使气体的压强和体积同时增大.设在这过程中,气体的压强 p 和摩尔体积 V_m 满足下列关系式:

$$p = kV_m$$

其中 k 为常量.

(1) 求常量 k,将结果用 p_1、T_1 和摩尔气体常量 R 表示.

(2) 设 $T_1=200$ K,当摩尔体积增大到 $2V_{m1}$时,气体的温度是多高?

23. 图 1-16 为测量低气压的麦克劳压强计的示意图.使压强计与待测容器相连,把储有水银的瓶 R 缓缓上提,水银进入容器 B,将 B 中的气体与待测容器中的气体隔开.继续上提瓶 R,水银就进入两根相同的毛细管 k_1 和 k_2 内.当 k_2 中水银面与 k_1 的顶端对齐时,停止上提瓶 R,这时测得两根毛细管内水银面的高度差 $h=23$ mm.设容器 B 的容积为 $V_B=130$ cm^3,毛细管的直径 $d=1.1$ mm,求待测容器中的气压.

24. 用图 1-17 所示的容积计测量某种轻矿物的密度,操作步骤和实验数据如下:

(1) 打开活栓 K,使管 AB 及罩 C 与大气相通,上下移动 D,使水银面在 n 处.

(2) 关闭 K,往上举 D,使水银面达到 m 处.这时测得 B、D 两管内水银面的高度差 $h_1=12.5$ cm.

(3) 打开 K,把 400 g 的矿物投入 C 中使水银面重新与 n 对齐,关闭 K.

(4) 往上举 D,使水银面重新到达 m 处,这时测得 B、D 两管内水银面的高度差$h_2=23.7$ cm.

已知罩 C 和 Am 管的容积共为 1 000 cm^3,求矿物的密度.

25. 一抽气机转速 $\omega=400$ r/min,抽气机每分钟能够抽出气体 20 L,设容器的容积 $V=$ 2.0 L,问经过多少时间后才能使容器的压强由 $p_0=760$ mmHg 降到 $p_t=1.0$ mmHg.

26. 按重量计,空气是由 76%的氮、23%的氧、约 1%的氩组成的(其余组分很少,可以忽略),试计算空气的平均相对分子质量及在标准状态下的密度.

27. 把 20 ℃,10^5 Pa,500 cm^3 的氮气压入一容积为 200 cm^3 的容器,容器中原来已充满同温同压的氧气.试求混合气体的压强和各种气体的分压强,假定容器中气体的温度保持不变.

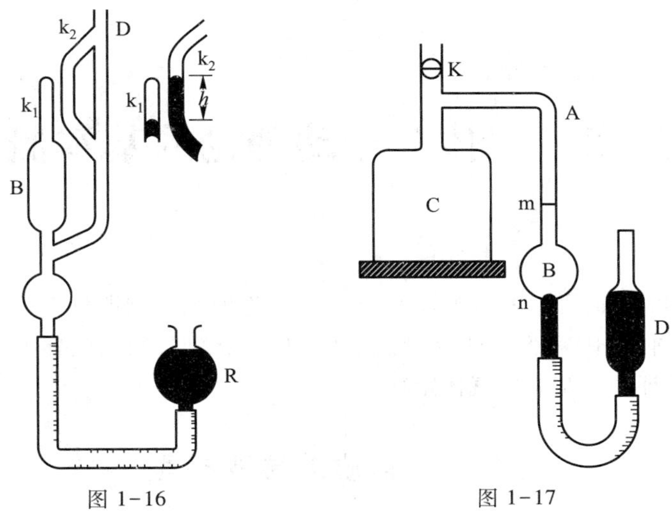

图 1-16　　　　图 1-17

28. 用排水取气法收集某种气体(见图 1-18).气体在温度为 20 ℃,压强为 767.5 mmHg 时的体积为 150 cm^3,已知水在 20 ℃时的饱和蒸气压为 17.5 mmHg,试求此气体在 20 ℃干燥时的体积.

29. 通常称范德瓦耳斯方程中$\frac{a}{V_m^2}$一项为内压强.已知范德瓦耳斯方程中的常量 a,对二氧化碳和氢分别为 3.592 atm · L^2 · mol^{-2}和 0.244 4 atm · L^2 · mol^{-2},试计算这两种气体在$\frac{V_m}{V_{m0}}=1$,0.01 和 0.001 时的内压强,$V_{m,0}=22.4$ L · mol^{-1}.

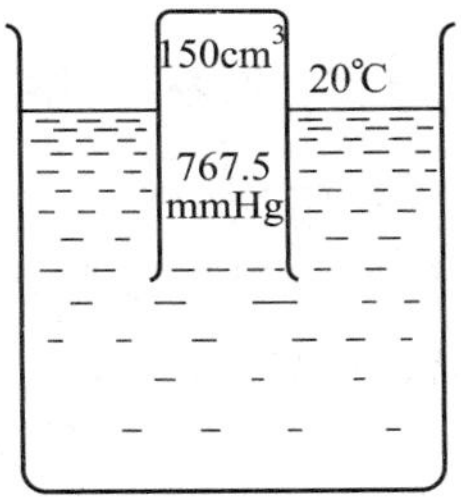

150cm³　20℃　767.5 mmHg

图 1-18

30. 1 mol 氧气,压强为 10^8 Pa,体积为 0.050 L,其温度是多少?

31. 试计算压强为 10^7 Pa、密度为 100 g/L 的氧气的温度,已知氧气的范德瓦耳斯常量为 $a=1.360$ atm · L^2 · mol^{-2},$b=0.031\ 83$ L · mol^{-1}.

32. 用范德瓦耳斯方程计算密闭于容器内质量 $m=1.1$ kg 的二氧化碳的压强.已知容器的容积 $V=20$ L,气体的温度 $t=13$ ℃.试将计算结果与用理想气体物态方程计算的结果相比较.已知二氧化碳的范德瓦耳斯常量为 $a=3.592$ atm · L^2 · mol^{-2},$b=0.042\ 67$ L · mol^{-1}.

第二章　气体分子动理论的基本概念

在本章和后面两章中，我们将从分子动理论的观点阐明气体的一些宏观性质和规律.在本章中，我们先建立理想气体的微观模型，阐明气体的压强和温度的实质，并推证一些基本的气体定律.

§2-1　物质的微观模型

分子动理论是从物质的微观结构出发来阐明热现象的规律的.具体地讲，分子动理论以下述一些概念为基本出发点，这些概念都是在一定的实验基础上总结出来的.

一、宏观物体是由大量微粒——分子（或原子）组成的

在绪论中已简单地叙述了这一概念的形成过程.许多常见的现象都能很好地说明宏观物体由分子组成的不连续性，在分子之间存在着一定的空隙.例如气体很容易被压缩，又如水和酒精混合后的体积小于两者原有体积之和，这都说明分子间有空隙.有人曾用2×10^9 Pa的压强压缩钢筒中的油，结果发现油可以透过筒壁渗出，这说明钢的分子间也有空隙.

目前用高分辨率的电子显微镜已能观察到某些晶体横截面内原子结构的图像，这使宏观物体由分子、原子组成的概念得到最有力的证明.图 2-1 是通过扫描隧穿电子显微镜拍摄的金属铂（Pt）表面原子结构的图像.

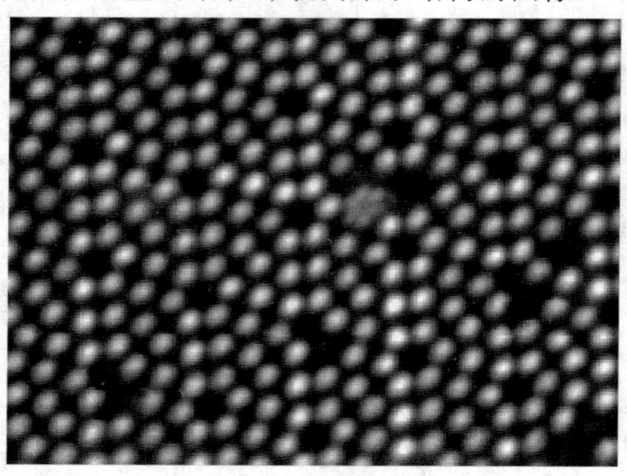

图 2-1

二、物体内的分子在不停地运动着，这种运动是无规则的，其剧烈程度与物体的温度有关

在图 2-2 所示的容器 A 和 B 中储有两种不同的气体，例如 A 中储有空气，B 中储有褐色的溴蒸气．把活塞 C 打开后，可以看到褐色的溴蒸气将逐渐渗入容器 A，与空气混合．经过一段时间，两种气体就在连通容器 A、B 中混合均匀．这种现象叫做扩散．溴蒸气的比重比空气的大得多，在重力作用下溴蒸气不可能往上流，所以这说明扩散是气体的内在运动，即分子运动的结果．

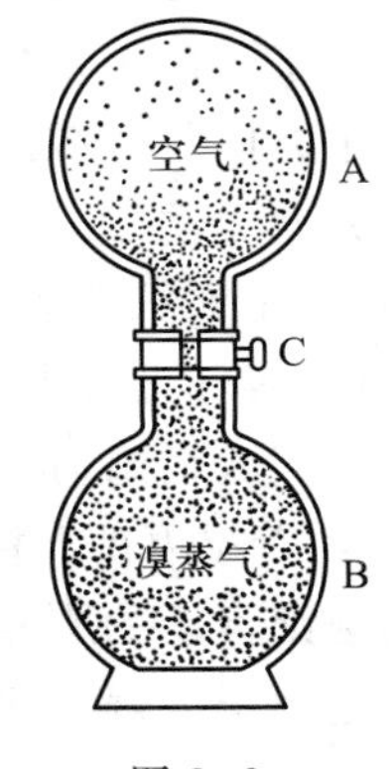

图 2-2

在液体和固体中同样会发生扩散现象．例如在清水中滴入几滴红墨水，经过一段时间后，全部清水都会染上红色．又如把两块不同的金属紧压在一起，经过较长的时间后，在每块金属的接触面内部都可发现另一种金属成分．

总之，扩散现象说明：一切物体（气体、液体、固体）的分子都在不停地运动着．

分子太小，很难直接看到它们的运动情况，但却可从一些间接的实验观察中了解到它们的运动特点．在显微镜下观察悬浮在液体中的小颗粒（如悬浮在水中的藤黄粉或花粉的颗粒）时（见图 2-3，图中 1 为显微镜物镜，2 为盖玻片，3 为悬浮液，4 为载物玻璃），可以看到这些颗粒都在不停地做无规则运动．如果把视线集中在任意一个颗粒上，就可以发现它好像不停地在做短促地跳跃，方向不断改变，毫无规则．图 2-4 中画出了 5 个颗粒每隔 20 s 的位置变化的情景，从这里可以看出它们的运动的无规则性．这种悬浮颗粒的运动，最早是由英国人布朗（R. Brown）发现的，所以现在就称之为布朗运动．

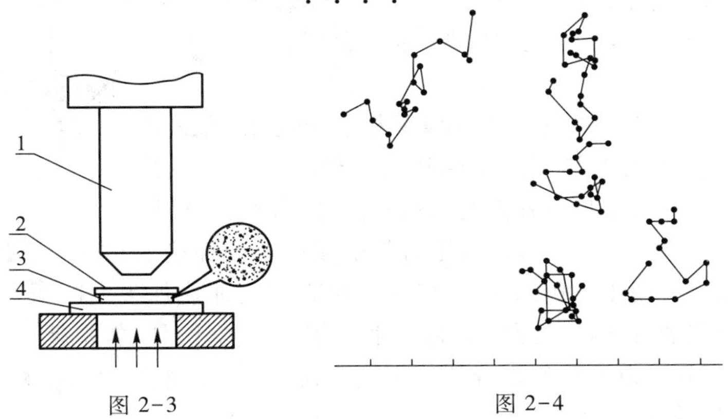

图 2-3　　图 2-4

布朗运动起初被认为是由于外界影响（如震动、液体的对流等）引起的，但是后来精确的实验指出，在尽量排除外界干扰的情况下，布朗运动仍然存在，并且只要悬浮颗粒足够小，在任何液体和气体中都会发生这种运动．此外，各个颗粒的运动情况互不相同，也说明布朗运动不可能是外界影响引起的．

悬浮颗粒为什么会做不规则运动呢？为了说明这个问题，可以假设液体分

子的运动是无规则的.所谓“无规则”指的是:由于分子之间的相互碰撞,每个分子的运动方向和速率都在不断地改变;任何时刻,在液体或气体内部,沿各个方向运动的分子都有,而且分子运动的速率有大有小.

根据分子无规则运动的假设,不难对布朗运动作出解释.液体内无规则运动的分子不断地从四面八方冲击悬浮颗粒,当颗粒足够小时,在任一瞬间,分子从各个方向对颗粒的冲击作用是互不平衡的,这时颗粒就朝着冲击作用较弱的那个方向运动.在下一瞬间,分子从各个方向对颗粒的冲击作用在另一个方向较弱,于是颗粒的运动方向也就改变了.因此,在显微镜下看到的布朗运动的无规则性,实际上反映了液体内部分子运动的无规则性.

实验指出,扩散的快慢和布朗运动的剧烈程度都与温度的高低有显著的关系.随着温度的升高,扩散过程加快,悬浮颗粒的运动加剧.这实际上反映出分子无规则运动的剧烈程度与温度有关,温度越高,分子的无规则运动就越剧烈.这就是分子无规则运动的一种规律性.正是因为分子的无规则运动与物体的温度有关,所以通常就把这种运动叫做分子的**热运动**.

三、分子之间有相互作用力

既然物体的分子在不停地做无规则热运动,那么,为什么固体和液体的分子不会散开而能保持一定的体积,并且固体还能保持一定的形状呢?很显然,这是因为固体和液体的分子之间有相互吸引力的缘故.分子之间有相互吸引力的现象可以用一个简单的演示实验来说明.取一根直径为 2 cm 左右的铅柱,用刀把它切成两段,然后把两个断面对上,在两头加不大的压力就能使两段铅柱重新接合起来.这时,如图 2-5 所示,即使在一头吊上几千克的重物,也不会把合上的两段铅柱拉开.

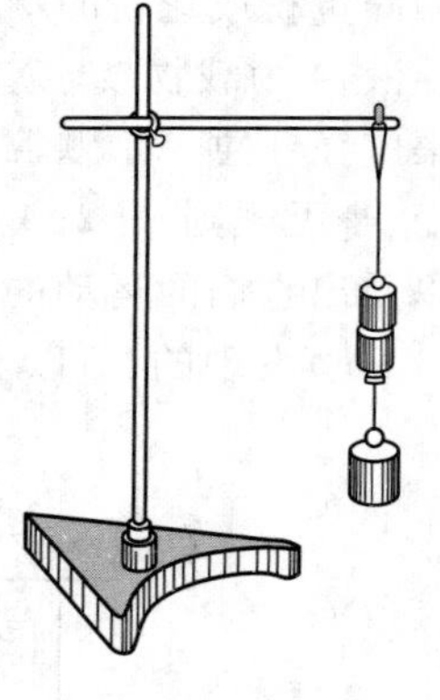

图 2-5

既然加不大的压力就能使两段铅柱接合起来,那么,为什么加很大的压力却不能使两片碎玻璃拼成一片呢?这是因为只有当分子比较接近时,它们之间才有相互吸引力作用.铅比较软,所以加不大的压力就能使两个断面密合得很好,使两边的分子接近到吸引力发生作用的距离.相反,玻璃较硬,即使加很大的压力也不可能使接触面两侧的分子接近到吸引力发生作用的距离.但是,如果把玻璃加热,使它变软,那么就可以使变软部分的分子接近到吸引力发生作用的距离,这样就能使两块玻璃连接起来了.

固体和液体是很难被压缩的,这说明分子之间除了吸引力,还有排斥力.只有当物体被压缩到使分子非常接近时,它们之间才有相互排斥力,所以排斥力发生作用的距离比吸引力发生作用的距离还要小.

总结上述,一切宏观物体都是由大量分子(或原子)组成的;所有的分子都处在不停的、无规则热运动中;分子之间有相互作用力.分子力的作用将使分子聚集在一起，在空间形成某种规则的分布（通常叫做有序排列），而分子的无规则运动将破坏这种有序排列，使分子分散开来.事实上，物质分子在不同的温度下之所以会表现为三种不同的聚集态，正是由这两种相互对立的作用所决定的.在较低的温度下，分子的无规则运动不够剧烈，分子在相互作用力的影响下被束缚在各自的平衡位置附近做微小的振动，这时便表现为固体状态.当温度升高，无规则运动剧烈到某一限度时，分子力的作用已不能把分子束缚在固定的平衡位置附近做微小的振动，但还不能使分子分散远离，这样便表现为液体状态.当温度再升高，无规则运动进一步剧烈到一定的限度时，不但分子的平衡位置没有了，而且分子之间也不再能维持一定的距离.这时，分子互相分散远离，分子的运动近似为自由运动，这样便表现为气体状态.

§ 2-2 理想气体的压强

本节先从分子动理论的观点阐明理想气体及其压强的实质.

一、理想气体的微观模型

从分子动理论的观点看来，理想气体与物质分子结构的一定的微观模型相对应.气体很容易被压缩，气体凝结成液体时，体积将缩小上千倍，而液体中分子几乎是紧密排列的，由此可知气体分子的平均间距，就数量级来讲，大约是分子本身线度的 10，即 $\sqrt[3]{1\ 000}$ 倍.所以，可以把气体看作平均间距很大的分子的集合.如 § 1-3 中指出，气体越稀薄就越接近于理想气体.因此，理想气体的微观模型应具有下列特点：

动画：气体分子运动模拟

(1) 分子本身的线度比起分子之间的平均距离来可以忽略不计.

(2) § 2-1 中曾说过，两个分子在比较接近时才有相互作用，所以，理想气体分子在其运动过程中的绝大部分时间内是不受其他分子作用的.可以认为除碰撞的一瞬间外，分子之间以及分子与容器器壁之间都无相互作用.

当气体被储在容器中时，其分子在运动过程中高度的变化并不很大.在这种情况下，分子的动能，平均讲来，比它们的重力势能的改变要大得多，所以分子所受的重力也可以忽略.

在平衡态下，气体的温度和压强等都不随时间改变.在后面我们将具体看到理想气体的温度是由分子的平均热运动动能所决定的.因而这就要求分子的平均热运动动能不随时间改变.这样，还可以提出一个简化假设.

(3) 分子之间以及分子与容器器壁之间的碰撞是完全弹性的，即气体分子的动能不因碰撞而损失.

二、压强公式

现在我们从上述模型出发来阐明理想气体的压强的实质，并推导理想气体的压强公式.

容器中气体在宏观上施于器壁的压强，是大量气体分子对器壁不断碰撞的结果.无规则运动的气体分子不断地与器壁相碰，就某一个分子来说，它对器壁的碰撞是断续的，而且它每次给器壁多大的冲量，碰在什么地方都是偶然的.但是对大量分子整体来说，每一时刻都有许多分子与器壁相碰，所以在宏观上就表现出一个恒定的、持续的压力.这和雨点打在雨伞上的情形很相似.一个个雨点打在雨伞上是断续的，大量密集的雨点打在伞上就使人们感受到一个持续向下的压力.

设在任意形状的容器中储有一定量的理想气体，体积为 V，共含有 N 个分子，单位体积内的分子数为 $n=N/V$，每个分子的质量为 m.分子具有各种可能的速度，为了讨论的方便，可以把分子分成若干组，认为每组内的分子具有大小相等、方向一致的速度，并假设在单位体积内各组的分子数分别为 $n_1, n_2, \cdots, n_i, \cdots$，则 $n = \sum_i n_i$.

在平衡态下，器壁上各处的压强相等，所以我们可取直角坐标系 $Oxyz$，在垂直于 x 轴的器壁上任意取一小块面积 $\mathrm{d}A$（图 2-6），来计算它所受的压强.

首先考虑单个分子在一次碰撞中对 $\mathrm{d}A$ 的作用.设某一分子与 $\mathrm{d}A$ 相碰，其速度为 $\boldsymbol{v}_i$，速度三个分量为 v_{ix}, v_{iy}, v_{iz}.由于碰撞是完全弹性的，所以碰撞前后分子在 y、z 两方向上的速度分量不变，在 x 方向上的速度分量由 v_{ix} 变为 $-v_{ix}$，即大小不变，方向反向.这样，分子在碰撞过程中的动量改变为 $-mv_{ix}-(mv_{ix})=-2mv_{ix}$.按动量定理，这就等于 $\mathrm{d}A$ 施于分子的冲量，而根据牛顿第三定律，分子施于 $\mathrm{d}A$ 的冲量则为 $2mv_{ix}$.

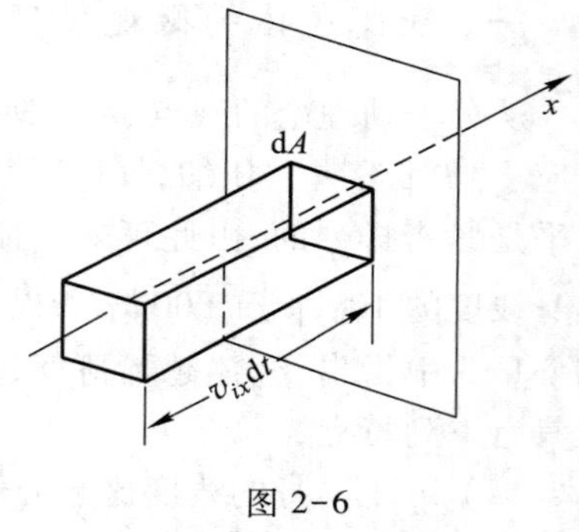

图 2-6

其次，来确定在一段时间 $\mathrm{d}t$ 内所有分子施于 $\mathrm{d}A$ 的总冲量.在全部速度为 $\boldsymbol{v}_i$ 的分子中，在时间 $\mathrm{d}t$ 内能与 $\mathrm{d}A$ 相碰的只是位于以 $\mathrm{d}A$ 为底、$v_{ix}\mathrm{d}t$ 为高，以 $\boldsymbol{v}_i$ 为轴线的柱体内的那部分.按上面所设，单位体积内速度为 $\boldsymbol{v}_i$ 的分子数为 n_i，所以在时间 $\mathrm{d}t$ 内能与 $\mathrm{d}A$ 相碰的分子数为 $n_i v_{ix}\mathrm{d}t\mathrm{d}A$.因此，速度为 $\boldsymbol{v}_i$ 的一组分子在时间 $\mathrm{d}t$ 内施于 $\mathrm{d}A$ 的总冲量为

$$2n_i m v_{ix}^2 \mathrm{d}A\mathrm{d}t$$

将这个结果对所有可能的速度求和，就得到所有分子施于 $\mathrm{d}A$ 的总冲量 $\mathrm{d}I$.在求和时必须限制在 $v_{ix}>0$ 的范围内，因为 $v_{ix}<0$ 的分子是不会与 $\mathrm{d}A$ 相碰的.因此，

$$\mathrm{d}I = \sum_{i(v_{ix}>0)} 2n_i m v_{ix}^2 \mathrm{d}A\mathrm{d}t$$

容器中的气体作为整体来说并无运动，所以平均地讲，$v_{ix}>0$ 的分子数占总分子数的一半，而 $v_{ix}<0$ 的分子也占总数的一半.如果求和时不受 $v_{ix}>0$ 这一条件的限制，则应在上式中除以 2，于是得到

$$\mathrm{d}I = \sum_i n_i m v_{ix}^2 \mathrm{d}A\mathrm{d}t$$

这个冲量体现出气体分子在时间 $\mathrm{d}t$ 内对 $\mathrm{d}A$ 的持续作用，$\mathrm{d}I$ 和 $\mathrm{d}t$ 之比即为气体施于器壁的宏观压力.因此，如果以 p 表示压强，则有

$$p = \frac{\mathrm{d}I}{\mathrm{d}t\mathrm{d}A} = \sum_i n_i m v_{ix}^2 = m\sum_i n_i v_{ix}^2 \tag{2.1}$$

动画：理想气体的压强

如果以 $\overline{v_x^2}$ 表示 v_x^2 对所有分子的平均值，即令

$$\overline{v_x^2} = \frac{n_1 v_{1x}^2 + n_2 v_{2x}^2 + \cdots}{n_1 + n_2 + \cdots} = \frac{\sum_i n_i v_{ix}^2}{\sum_i n_i}$$

$$= \frac{\sum_i n_i v_{ix}^2}{n}$$

则(2.1)式可写作

$$p = nm\overline{v_x^2} \tag{2.2}$$

在平衡态下，气体的性质与方向无关，分子向各个方向运动的概率均等，所以对大量分子来说，三个速度分量平方的平均值必然相等，即

$$\overline{v_x^2} = \overline{v_y^2} = \overline{v_z^2}$$

又因

$$v_i^2 = v_{ix}^2 + v_{iy}^2 + v_{iz}^2$$

或

$$\overline{v^2} = \overline{v_x^2} + \overline{v_y^2} + \overline{v_z^2}$$

所以有

$$\overline{v_x^2} = \frac{1}{3}\overline{v^2} \tag{2.3}$$

把这个结果代入(2.2)式，即得

$$p = \frac{1}{3}nm\overline{v^2} \tag{2.4}$$

或

$$p = \frac{2}{3}n\left(\frac{1}{2}m\overline{v^2}\right) = \frac{2}{3}n\bar{\varepsilon} \tag{2.5}$$

式中 $\bar{\varepsilon} = \frac{1}{2}m\overline{v^2}$ 表示气体分子平动能的平均值.因此，上式说明，理想气体的压强 p 取决于单位体积内的分子数 n 和分子的平均平动能 $\bar{\varepsilon}$.n 和 $\bar{\varepsilon}$ 越大，p 就越大.

(2.5)式把宏观量 p 与微观量 $\frac{1}{2}mv^2$ 的平均值 $\bar{\varepsilon}$ 联系了起来.p 可以由实验测定，而 $\bar{\varepsilon}$ 不能直接测定，所以(2.5)式无法直接用实验验证.但是下面将见到，

从这个公式出发能够满意地解释或推证许多实验定律.

在导出(2.5)式的过程中,我们已在(2.2)式和(2.3)式中引入了统计的概念和统计的方法,所以(2.5)式的得来,绝不只是用了力学原理,而且还必须用到统计的概念和统计的方法(平均的概念和求平均的方法).同时,由上面的讨论可见,压强表示单位时间内单位面积器壁所获得的平均冲量.由于分子对器壁的碰撞是断续的,分子施于器壁的冲量的大小涨落不定,所以压强 p 是一个统计平均量.在气体中,单位体积内的分子数也是涨落不定的,所以 n 也是一个统计平均量.因此,(2.5)式是表征三个统计平均量 p、n 和 $\bar{\varepsilon}$ 之间相互联系的一个统计规律,而不是一个力学规律.

在上面的讨论中,我们没有考虑分子在向器壁运动的过程中可能因与其他分子碰撞而被折回的情形.实际上,这种情形的存在并不影响讨论的结果.在下一章中我们将见到,就大量分子的统计效果来讲,当速度为 $\boldsymbol{v}_i$ 的分子因碰撞而速度发生改变时,必然有其他的分子因碰撞而具有 $\boldsymbol{v}_i$ 的速度.同时,根据假设1,分子本身的大小可以忽略,所以其他被碰的分子到器壁的距离也与速度为 $\boldsymbol{v}_i$ 的分子在不发生碰撞的情形下到器壁的距离完全一样.

在下一章中我们还将见到,分子速度的分布实际上是连续的,我们只能说速度分布在某一区间的平均分子数为多少,而不能说速度严格等于某一特定值的分子数为多少.因此,本节各式中的求和号 $\sum\limits_i$ 应理解为对所有可能速度的连续积分 $\iiint\limits_{-\infty}^{\infty}\mathrm{d}v_x\mathrm{d}v_y\mathrm{d}v_z$ 上面只是为了叙述的简便,才引用了求和号,但在实际求平均值时,仍需用积分的方法来处理问题.

§2-3 温度的微观解释

一、温度的微观解释

根据理想气体的压强公式和物态方程,可以导出气体的温度与分子的平均平动能之间的关系,从而阐明温度这一概念的微观实质.由(2.5)式

$$p=\frac{2}{3}n\bar{\varepsilon}$$

和理想气体物态方程

$$pV=\frac{m}{M}RT$$

两式中消去压强 p,可得

$$\bar{\varepsilon}=\frac{3}{2}\frac{1}{n}\frac{m}{M}\frac{RT}{V}$$

因为 $n=\dfrac{N}{V}$,而 $N=\dfrac{m}{M}N_{\mathrm{A}}$,$N_{\mathrm{A}}=6.022\ 045\times10^{23}\ \mathrm{mol}^{-1}$,表示 1 mol 气体所含的分子数,称为**阿伏伽德罗常量**,所以

$$\bar{\varepsilon}=\frac{3}{2}\frac{R}{N_{\mathrm{A}}}T$$

R 和 N_A 都是常量，它们的比值可用另一个常量 k 来表示. k 叫做玻耳兹曼常量，其值为

$$k = \frac{R}{N_A} = \frac{8.314\ 472\ \text{J} \cdot \text{mol}^{-1} \cdot \text{K}^{-1}}{6.022\ 142 \times 10^{23}\ \text{mol}^{-1}}$$

$$= 1.380\ 650 \times 10^{-23}\ \text{J} \cdot \text{K}^{-1}$$

这样，上式就可写作

$$\bar{\varepsilon} = \frac{3}{2}kT \tag{2.6}$$

这说明，气体分子的平均平动动能只与温度有关，并与热力学温度成正比.

(2.6)式是使分子动理论适合于理想气体物态方程所必须满足的关系，也可以认为它是从分子动理论的角度对温度的定义. 总之，它从微观的角度阐明了温度的实质. 温度标志着物体内部分子无规则运动的剧烈程度，温度越高就表示平均说来物体内部分子热运动越剧烈.

(2.6)式揭示了宏观量 T 和微观量的平均值 $\bar{\varepsilon}$ 之间的联系. 由于温度是与大量分子的平均平动能相联系的，所以温度是大量分子热运动的集体表现，也是含有统计意义的. 对于单个的分子，说它有温度是没有意义的.

[例题 1]　试求 $t_1 = 1\ 000$ ℃ 和 $t_2 = 0$ ℃ 时，气体分子的平均平动能.

[解]　当 $t_1 = 1\ 000$ ℃，即 $T_1 = 1\ 273$ K 时，根据(2.6)式可得

$$\bar{\varepsilon} = \frac{3}{2}kT_1 = \frac{3}{2} \times 1.38 \times 10^{-23} \times 1\ 273\ \text{J}$$

$$= 2.64 \times 10^{-20}\ \text{J}$$

同样可求得，当 $t_2 = 0$ ℃ 时，$\bar{\varepsilon} = 5.65 \times 10^{-21}$ J.

[例题 2]　在多高的温度下，气体分子的平均平动能等于一个电子伏？

[解]　电子伏是近代物理中常用的一种能量单位，用 eV 表示. 它指的是，一个电子在电场中通过电势差为 1 V(伏特)的区间时，由于电场力做功所获得的能量. 电子电荷的绝对值为

$$e = 1.602\ 176\ 487 \times 10^{-19}\ \text{C(库仑)}$$

所以电子通过电势差为 1 V 的区间时，电场力对它所做的功，即它所获得的能量为

$$A = 1.602\ 176\ 487 \times 10^{-19}\ \text{C} \times 1\ \text{V} = 1.602\ 176\ 487 \times 10^{-19}\ \text{J}$$

这就是说

$$1\text{eV} = 1.602\ 176\ 487 \times 10^{-19}\ \text{J}$$

设气体的温度为 T 时，其分子的平均平动能等于1 eV，则根据(2.6)式有

$$\frac{3}{2}kT = 1.60 \times 10^{-19}\ \text{J}$$

所以

$$T = \frac{2}{3}\ \frac{1.60 \times 10^{-19}\ \text{J}}{1.38 \times 10^{-23}\ \text{J} \cdot \text{K}^{-1}} = 7.73 \times 10^{3}\ \text{K}$$

即约为 10^4 K.

在(2.6)式中,如果把 $\bar{\varepsilon}$ 写作 $\frac{1}{2}m\overline{v^2}$,则可得到

$$\sqrt{\overline{v^2}}=\sqrt{\frac{3kT}{m}}=\sqrt{\frac{3RT}{M}} \tag{2.7}$$

$\sqrt{\overline{v^2}}$ 为大量气体分子速率平方的平均值的平方根,叫做气体分子的方均根速率.因为(2.7)式是一个统计的关系式,所以知道了宏观量 T 和 M 只能求出微观量 v 的一种统计平均值 $\sqrt{\overline{v^2}}$,而不能算出每个分子的速率 v 来.虽然每个分子的速率不能算出来,但算出了统计平均值 $\sqrt{\overline{v^2}}$ 后,就能使我们对气体分子的运动情况得到一些统计的了解,例如算出的 $\sqrt{\overline{v^2}}$ 越大,我们就可推知气体中速率大的分子越多.

[**例题 3**] 试计算 0 ℃时氢分子的方均根速率.已知氢气的摩尔质量为 $M=2.02\times10^{-3}\ \text{kg}\cdot\text{mol}^{-1}$.

[**解**] 已知 $T=273$ K,$M=2.02\times10^{-3}\ \text{kg}\cdot\text{mol}^{-1}$,代入(2.7)式即可求得

$$\sqrt{\overline{v^2}}=\sqrt{\frac{3RT}{M}}=\sqrt{\frac{3\times8.31\times273}{2.02\times10^{-3}}}\ \text{m}\cdot\text{s}^{-1}=1\ 838\ \text{m}\cdot\text{s}^{-1}$$

用同样的方法可计算出 0 ℃时其他气体分子的方均根速率.表 2-1 中列出了计算结果.

表 2-1 0 ℃时,几种气体分子的方均根速率

气体	摩尔质量 $M/(10^{-3}\ \text{kg}\cdot\text{mol}^{-1})$	方均根速率 $\sqrt{\overline{v^2}}/(\text{m}\cdot\text{s}^{-1})$
氢气	2.02	1 838
氦气	4.0	1 311
水蒸气	18	615
氖气	20.1	584
氮气	28	493
一氧化碳	28	493
空气	28.8	485
氧气	32	461
二氧化碳	44	393

二、对理想气体定律的推证

上面是由理想气体的压强公式和实验规律——理想气体物态方程导出(2.6)式的.在下一章我们将看到,(2.6)式是分子动理论的一个基本规律(能均分定理).从这个关系式和理想气体的压强公式出发可以满意地解释或推证理想

气体的一些实验定律.也就是说,我们可以从分子动理论的一般规律出发,直接确定理想气体的宏观规律.现在作为例子,我们来推证阿伏伽德罗定律和道尔顿定律.

1. 阿伏伽德罗定律 将(2.6)式代入(2.5)式可得

$$p=\frac{2}{3}n\bar{\varepsilon}=\frac{2}{3}n\left(\frac{3}{2}kT\right)=nkT \tag{2.8}$$

由此可见,在相同的温度和压强下,各种气体在相同的体积内所含的分子数相等.这就是阿伏伽德罗定律.

在标准状态下,即

$$p=1.013\ 250\times10^{5}\ \mathrm{Pa},\ T=273.15\ \mathrm{K}$$

时,任何气体在 1 m^3 中含有的分子数都等于

$$n=\frac{p}{kT}=\frac{1.013\ 250\times10^{5}}{1.380\ 650\times10^{-23}\times273.15}\ \mathrm{m}^{-3}$$
$$=2.686\ 8\times10^{25}\ \mathrm{m}^{-3}$$

这个数目叫做洛施密特(Loschmidt)常量.

2. 道尔顿分压定律 设有几种不同的气体,混合地储在同一容器中,它们的温度相同.根据(2.6)式,温度相同就反映各种气体分子的平均平动能相等,即

$$\bar{\varepsilon}_1=\bar{\varepsilon}_2=\cdots=\bar{\varepsilon}$$

设单位体积内所含各种气体的分子数分别为 $n_1,n_2,\cdots$,则单位体积内混合气体的总分子数为

$$n=n_1+n_2+\cdots$$

将这些关系代入(2.5)式,就得到混合气体的压强为

$$p=\frac{2}{3}(n_1+n_2+\cdots)\bar{\varepsilon}$$
$$=\frac{2}{3}n_1\bar{\varepsilon}_1+\frac{2}{3}n_2\bar{\varepsilon}_2+\cdots$$
$$=p_1+p_2+\cdots \tag{2.9}$$

式中 $p_1=\frac{2}{3}n_1\bar{\varepsilon},p_2=\frac{2}{3}n_2\bar{\varepsilon},\cdots$分别表示各种气体的分压强.因此上式说明,混合气体的压强等于组成混合气体的各成分的分压强之和.这就是道尔顿分压定律.

[例题 4] 一容器中储有理想气体,压强为 10^5 Pa,温度为27 ℃,问每立方米内有多少个分子.

[解] 已知 $p=10^5\ \mathrm{Pa},T=300\ \mathrm{K},k=1.38\times10^{-23}\ \mathrm{J\cdot K^{-1}}$,代入(2.8)式即得

$$n=\frac{p}{kT}=\frac{10^5}{1.38\times10^{-23}\times300}\ \mathrm{m}^{-3}=2.4\times10^{25}\ \mathrm{m}^{-3}.$$

§2-4 分 子 力

从分子动理论的观点看来,分子热运动和分子间的相互作用是决定物质各

种热学性质的基本因素.在气体中,虽然分子热运动占支配地位,但分子力也并非完全不起作用.例如,在计算理想气体压强时提到的分子间的碰撞,实质上就是对分子间相互作用过程的一种简化处理,而要计算实际气体的压强,则必须较详尽地考虑分子间的相互作用.在本节中,我们对分子间相互作用力的性质和规律作一些简单的介绍.

如前面指出,从许多简单的事实中,我们可以获得关于分子力的定性的概念.当两个分子比较接近时,它们之间存在着引力;当分子彼此非常接近时,分子力变为斥力.

根据现代分子结构的知识可知,分子由原子组成,而原子又由带正电的原子核和带负电的电子组成.带负电的电子绕原子核运动,形成电子云.分子力一部分是由于这些带电微粒之间的静电力,另外还取决于电子在运动过程中某些特定的相互联系(如运动情况完全相似的电子具有互相回避的倾向).

分子间互相作用的规律较复杂,很难用简单的数学公式来表示.在分子动理论中,一般是在实验的基础上采用一些简化模型来处理问题.一种常用的模型是假设分子间的相互作用力具有球对称性,并近似地用下列半经验公式来表示它:

$$F=\frac{\alpha}{r^{s}}-\frac{\beta}{r^{t}},(s>t) \tag{2.10}$$

式中 r 为两个分子中心间的距离,α、β、s、t 都是正数,需根据实验数据确定.(2.10)式中第一项是正的,代表斥力;第二项是负的,代表引力.由于 s 和 t 都比较大,所以分子力随分子间距离 r 的增大而急剧地减小.这种力可以认为具有一定的有效作用距离,超出有效作用距离,作用力实际上可以完全忽略.由于 $s>t$,所以斥力的有效作用距离比引力的小.

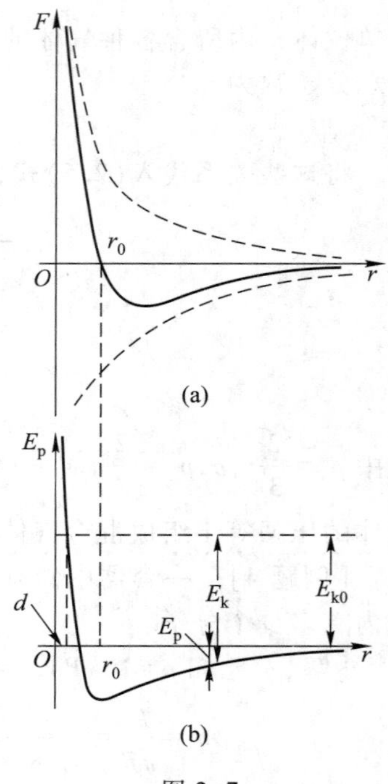

图 2-7

图 2-7(a)中的两条虚线分别表示斥力和引力随距离变化的情况.由图可见,在一定距离 $r=r_0=\left(\frac{\beta}{\alpha}\right)^{\frac{1}{t-s}}$ 处,斥力和引力互相抵消,合力为零.这个位置叫做平衡位置.在平衡位置以内,即 $r<r_0$ 处,是强大的斥力作用范围.在平衡位置以外,即 $r>r_0$ 处,是引力的作用范围.

动画:分子间作用力

通常,更多的是用分子间的势能曲线来描述分子之间的相互作用.由于分子力是保守力,当两个分子间的距离改变 dr 时,分子间势能的增量就等于分子力 F 在距离 dr 内所做的功的负值,即

$$\mathrm{d}E_{\mathrm{p}}=-F\mathrm{d}r$$

如果选取两个分子相距极远($r=\infty$)时的势能为零,则距离为 r 时的势能就是

$$E_{\mathrm{p}}=-\int_{\infty}^{r}F\mathrm{d}r=\frac{\alpha'}{r^{s-1}}-\frac{\beta'}{r^{t-1}} \tag{2.11}$$

式中 $\alpha'=\dfrac{\alpha}{s-1}$,$\beta'=\dfrac{\beta}{t-1}$.

图 2-7(b)中的实线是分子势能曲线.在平衡位置 $r=r_0$ 处,分子力 $F=0$,而 $F=-\dfrac{\mathrm{d}E_{\mathrm{p}}}{\mathrm{d}r}$,所以在这里势能有极小值.当 $r<r_0$ 时,势能曲线有很陡的负斜率,这相当于很强的斥力;当 $r>r_0$ 时,势能曲线的斜率是正的,这相当于引力.

下面,我们根据势能曲线来说明两个分子的相互"碰撞"过程.设一个分子静止不动,其中心固定在图 2-7(b)中坐标原点 O 处.另一个分子从极远处以动能 E_{k0}(这时势能为零,所以 E_{k0} 也就是总能量 E)趋近.当距离 $r>r_0$ 时,分子力是引力,所以势能 E_{p} 不断减小,而动能 E_{k} 不断增大;当 $r=r_0$ 时,势能最小,而动能最大.当 $r<r_0$ 时,斥力随距离的减小很快地增加,这时势能急剧增大而动能减少.当 $r=d$ 时,势能与分子原来在极远处的动能 E_{k0} 相等,即动能全部转化为势能,分子的速度成为零,分子不能再趋近.这时,分子在强大的斥力作用下被排斥开来.这便是通常被形象地看做分子间的"弹性碰撞"过程.从上面的分析可以看出,由于斥力的存在,两个分子在相隔一定距离 $r=d$ 处便互相排开.因此,如果把分子看作直径为 d 的弹性球,则分子的大小显然与原来的动能 E_{k0} 有关.但由于分子的势能曲线在斥力作用的一段非常陡,所以与不同的 E_{k0} 相对应的 d 值实际相差很小.我们可以取 d 的平均值为分子的有效直径.实验表明,分子有效直径的数量级为 10^{-10} m.

如果在温度比较低的情况下,分子平衡位置 $r=r_0$ 附近处的动能小于势能的绝对值,也就是说,分子所构成的系统的总能量小于零,则分子将在平衡位置附近做微小振动.这便是物质处在凝聚态(液态或固态)时分子运动的图像.

在分子动理论中,除了上述模型外还常用到一些更加简化的模型,例如:

(1) 刚球模型 假设

$$E_{\mathrm{p}}=\infty,\quad 当\ r<d$$
$$E_{\mathrm{p}}=0,\quad 当\ r>d$$

势能曲线如图 2-8(a)所示.

(2) 苏则朗(Sutherland)模型 假设

$$E_{\mathrm{p}}=\infty,\quad 当\ r<d$$
$$E_{\mathrm{p}}=-\frac{\beta'}{r^{t-1}},\quad 当\ r>d$$

即把分子看作相互间有吸引力的刚球,其势能曲线如图 2-8(b)所示.

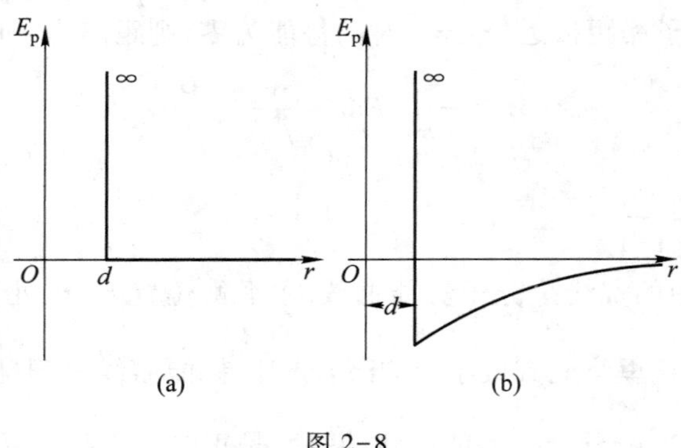

图 2-8

§2-5 范德瓦耳斯气体的压强

如§2-2中指出，理想气体是一个近似的模型，它忽略了分子的体积（更确切地讲，也就是分子间的斥力）和分子间的引力.克劳修斯和荷兰物理学家范德瓦耳斯（van der Waals，1837—1923）把气体分子看作有相互吸引作用的刚球，将理想气体的压强加以修正，从而导出了范德瓦耳斯方程.

一、分子体积所引起的修正

根据物态方程，1 mol 理想气体的压强为

$$p=\frac{RT}{V_m}$$

由于在理想气体模型中把分子看成是没有体积的质点，所以 V_m 也就是每个分子可以自由活动的空间的体积.如果把分子看作有一定体积的刚球，则每个分子能自由活动的空间不再等于容器的容积 V_m，而应从 V_m 中减去一个反映气体分子所占有体积的改正量 b.这样，就应把理想气体的压强修正为

$$p=\frac{RT}{V_m-b}$$

式中的改正量 b 可用实验方法测定.从理论上可以证明 b 的数值约等于 1 mol 气体内所有分子体积总和的四倍.由于分子有效直径的数量级为 10^{-10} m，所以可估计出 b 的大小：

$$b=4N_A\cdot\frac{4}{3}\pi\left(\frac{d}{2}\right)^3\approx 10^{-5}\ \mathrm{m^3/mol}$$

式中 $N_A=6.022\times10^{23}$ 为阿伏伽德罗常量.在标准状态下，1 mol 气体的体积为 $22.4\times10^{-3}\ \mathrm{m^3}$，$b$ 仅为 V_m 的万分之四，所以是可以忽略的.但是，如果压强增大，例如增大到 1.01×10^8 Pa时，设想玻意耳定律仍能应用，则气体的体积将缩小到 $22.4\times10^{-3}/1\ 000\ \mathrm{m^3}=22.4\times10^{-6}\ \mathrm{m^3}$.显然，这时改正量 b 就十分必要了.

为了确定 b，我们设想在气体内除某一分子，如分子 α 外，其他分子都“冻结”在一定的位置上，分子 α 在运动过程中不断与它们相碰.如果用 d 表示分子的有效直径，则如图 2-9(a)

所示，当分子 α 与任一分子 β 相碰时，它们中心间的距离就是 d.现在设想如图 2-9(b)所示，分子 α 收缩成一个几何点，而其他分子的直径都扩展为 $2d$，则碰撞时 α 与 β 中心间的距离仍保持为 d.这就是说，当分子 α 趋近任一其他分子时，α 的中心将被排除于直径为 $2d$ 的球形区域外，实际上，确切地讲，只有这些球形区域面对着分子 α 的一半是 α 的中心不可能进入的.这样，就可确定改正量 b 为

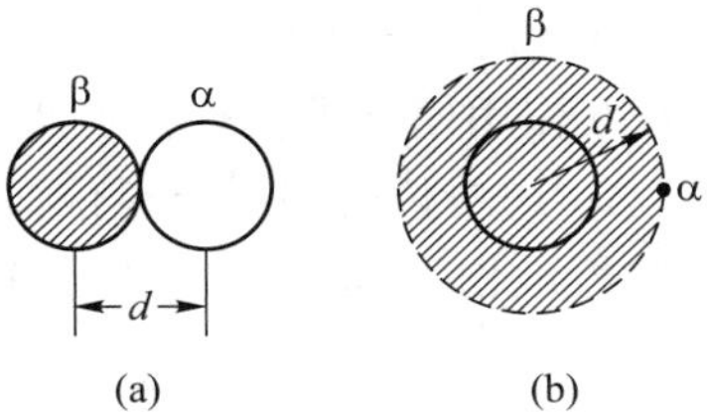

$$b=(N_A-1)\times\frac{1}{2}\times\frac{4}{3}\pi d^3\approx N_A\times\frac{16}{3}\pi\left(\frac{d}{2}\right)^3$$

图 2-9

每个分子的体积为$\frac{4}{3}\pi\left(\frac{d}{2}\right)^3$，所以 b 约等于 1 mol 气体内所有分子体积的总和的四倍.

二、分子间引力所引起的修正

如上节指出，引力随分子间距离的增大而急剧减小；引力有一定的有效作用距离 s，超出此距离，引力实际上可以忽略.因此，对于气体分子内部任一分子 α(图 2-10)，只有处在以它为中心、以引力有效作用距离 s 为半径的球形作用圈内的分子才对它有吸引作用.由于这些分子相对于 α 作对称分布，所以它们对 α 的引力互相抵消.靠近器壁的分子 β，处境与 α 不同.因为以 β 为中心的引力作用圈一部分在气体里面，一部分在气体外面，也就是说，一边有气体分子吸引 β，一边没有.显然，总的效果是使 β 受到一个垂直于器壁指向气体内部的拉力.因此，如果在靠近器壁处取一厚度为 s 的区域 $ABB'A'$(图 2-11)，则分子在进入这个区域之前的运动情况与没有引力作用一样.设想分子在 $A'B'$处就与器壁相碰，则所产生的压强就应等于$\frac{RT}{V_m-b}$(考虑了分子的体积).但实际上分子必须通过这个区域才能与器壁相碰，而分子在这个区域中受到的向内的拉力将使它在垂直于器壁方向上的动量减小，因而在碰壁对它施于器壁的冲量也减小，这样器壁实际受到的压强要比上面的值小一些.这就是说，考虑到分子间的引力，气体施于器壁的压强实际为

$$p=\frac{RT}{V_m-b}-\Delta p \tag{2.12}$$

通常称 Δp 为气体的**内压强**.

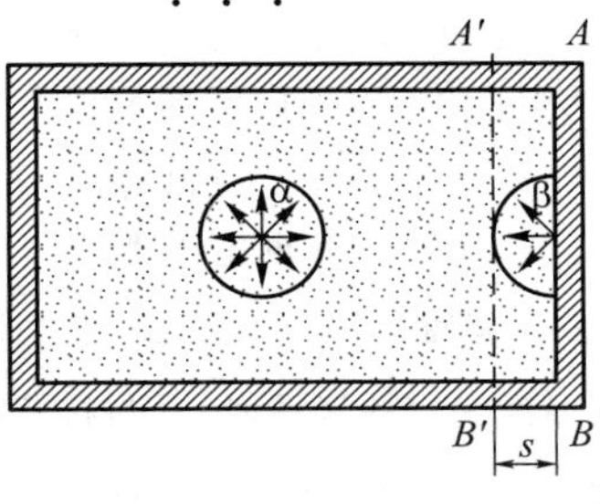

图 2-10

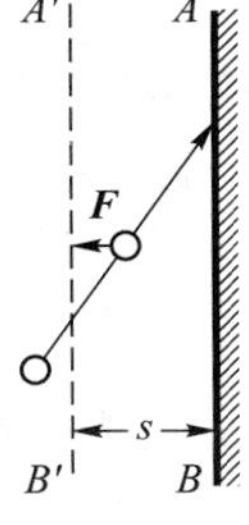

图 2-11

根据§2-2中的讨论可知,从分子动理论的观点看来,压强等于气体分子在单位时间内施于单位面积器壁的冲量的统计平均值.因此,如以 Δk 表示因内向拉力 F 作用使分子在垂直于器壁方向上动量减少的数值,则

Δp=(单位时间内与单位面积器壁相碰的分子数)×$2\Delta k$.显然,Δk 与向内的拉力成正比,而这个拉力又与单位体积内的分子数 n 成正比,所以

$$\Delta k \propto n$$

但同时,单位时间内与单位面积相碰的分子数也与 n 成正比,所以

$$\Delta p \propto n^2 \propto \frac{1}{V_{\mathrm{m}}^2}$$

写作等式有

$$\Delta p = \frac{a}{V_{\mathrm{m}}^2}$$

比例系数 a 由气体的性质决定.它表示1 mol气体在占有单位体积时,由于分子间相互吸引作用而引起的压强减小量.

把这个结果代入(2.12)式,就得到1 mol范德瓦耳斯气体的压强为

$$p = \frac{RT}{V_{\mathrm{m}} - b} - \frac{a}{V_{\mathrm{m}}^2} \tag{2.13}$$

由此可导出适用于1 mol气体的范德瓦耳斯方程:

$$\left(p + \frac{a}{V_{\mathrm{m}}^2}\right)(V_{\mathrm{m}} - b) = RT$$

在上面的讨论中,我们没有考虑气体分子与器壁分子之间的相互作用.分子在接近器壁时,不但受到其他气体分子向内(即指向气体内部)的拉力,还必然要受到器壁分子向外(即指向器壁)的吸力.而且由于器壁内分子的数密度比气体内大很多倍,所以这一向外的吸力就应比向内的拉力大很多倍.既然向内的拉力会减小分子碰壁的冲量,因而使压强减小.那么器壁分子向外的吸力就将增大分子碰壁的冲量,而且似乎应当产生一个相反的、使压强增大的效果.但是实际情况并不如此,器壁分子向外的吸力对压强并无影响.

理解这个问题的关键就在于必须注意到,在器壁吸引气体分子的同时,气体分子也在吸引器壁.这就是说,在这种情况下来计算器壁所受的压强时,除了应考虑气体分子在碰壁的一瞬间施于器壁的冲量外,还需考虑气体分子在靠近器壁时对器壁的向内的吸引力的冲量.

假设气体分子在进入靠近器壁的、厚度为 s' 的区域内时就受到器壁的吸力 F'.如果向器壁运动的分子通过这个区域所需的时间为 δt,则由于器壁的吸力,气体分子在垂直于器壁方向上的动量增加量就是 $\delta p = \overline{F'}\delta t$(因 F' 是变力,所以需引入平均力 $\overline{F'}$).显然,根据牛顿第三定律,在这接近器壁的过程中,气体分子也施于器壁一个同样大小的、向内的冲量 $\overline{F'}\delta t$.由于动量的增大,气体分子在碰壁时施于器壁的冲量相应地增加了 $2\delta p = 2\overline{F'}\delta t$.然后,气体分子在离开器壁通过厚度为 s' 的区域时,又与接近器壁时一样,受到器壁向外的吸力,同时气体分子又施于器壁一向内的冲量 $\overline{F'}\delta t$.总起来讲,由于气体分子与器壁的相互吸引作用,每个分子在碰壁时施于器壁的向外的冲量确实增大了 $2\overline{F'}\delta t$,但

是这个分子在接近与离开器壁的两段过程中,每次都因它对器壁有吸引作用而施于器壁一向内的冲量$\overline{F'}\delta t$,合起来正好抵消掉碰壁时向外的冲量的增加.因此,器壁与气体分子间的相互吸引作用虽然确实改变了气体分子在靠近器壁时的运动情况,但并不改变气体分子施于器壁的总冲量,因而就不影响压强.

第二章思考题

1. 何谓理想气体?这个概念是怎样在实验的基础上抽象出来的?从微观结构来看,它与实际气体有何区别?

2. 在推导理想气体压强公式的过程中,什么地方用到了理想气体的假设?什么地方用到了平衡态的条件?什么地方用到了统计平均的概念?

3. 设气体的温度为 273 K,压强为 1.01×10^5 Pa.设想每个分子都处在相同的一个小立方体的中心,试用阿伏伽德罗常量求这些小立方体的边长.取分子的直径为 3.0×10^{-10} m,试将小立方体的边长与分子的直径相比较.

1 mol 水的体积为 $1.8\times10^{-5}\ \mathrm{m}^3$,重复上述计算,求出每个水分子所占的小立方体的边长,再将这个边长与分子的直径(3.0×10^{-10} m)相比较.

4. 温度为 273 K 的氧气储在边长为 0.30 m 的立方容器里,当一个分子下降的高度等于容器的边长时,其重力势能改变多少?试将重力势能的改变与其平均平动能相比较.

5. 气体处于平衡态时,其分子的平均速度为多大?平均动量为多大?

6. 气体处于平衡态时,按统计规律性有

$$\overline{v_x^2}=\overline{v_y^2}=\overline{v_z^2}$$

(1) 如果气体处于非平衡态,上式是否成立?

(2) 如果考虑重力的作用,上式是否成立?

(3) 当气体整体沿一定方向运动时,上式是否成立?

7. 在推导理想气体的压强公式时,为什么可以不考虑分子间的相互碰撞?

8. 在推导理想气体的压强公式时,曾假设分子与器壁间的碰撞是完全弹性的.实际上,器壁可以是非弹性的,只要器壁和气体的温度相同,弹性和非弹性的效果并没有什么不同.试解释之.

9. 设想在理想气体内部取一小截面 $\mathrm{d}A$,则两边气体将通过 $\mathrm{d}A$ 互施压力.试从分子动理论的观点阐明这个压力是怎样产生的,并证明压强同样为 $p=\dfrac{2}{3}n\bar{\varepsilon}$.

10. 保持气体的压强恒定,使其温度升高一倍,则每秒与器壁碰撞的气体分子数以及每个分子在碰撞时施于器壁的冲量将如何变化?

11. 温度的实质是什么?对于单个分子能说它的温度有多高吗?为什么?

12. 从分子动理论的观点说明大气中氢含量极少的原因.

13. 一瓶氧气,在高速运输的过程中突然被迫停止下来,瓶内氧气的压强和温度会有什么变化？

14. 一定质量的气体，当温度保持恒定时，其压强随体积的减小而增大；当体积保持恒定时，其压强随温度的升高而增大．从微观的角度看来，这两种使压强增大的过程有何区别？

15. 从分子动理论的观点说明：当气体的温度升高时，只要适当地增大容器的容积，就可使气体的压强保持不变．

16. 两瓶不同种类的气体，它们的温度和压强相同，但体积不同，问：

(1) 单位体积内的分子数是否相同？

(2) 单位体积内的气体质量是否相同？

(3) 单位体积内气体分子的总平动能是否相同？

17. 范德瓦耳斯方程中$\left(p+\frac{a}{V_m^2}\right)$和$(V_m-b)$两项各有什么物理意义？其中$p$表示的是理想气体的压强还是范氏气体的压强？

18. 在一定的温度和体积下，由理想气体物态方程和范德瓦耳斯方程算出的压强哪个大？为什么？

19. 范德瓦耳斯气体和理想气体内部压强产生的原因是否相同？

第二章习题

1. 目前可获得的极限真空度为1.33×10^{-11} Pa 的数量级，问在此真空度下每立方厘米内有多少个空气分子．设空气的温度为 27 ℃．

2. 钠黄光的波长为 589.3 nm．设想一立方体每边长5.893×10^{-7} m，试问在标准状态下，其中有多少个空气分子．

3. 一容积为 11.2 L 的真空系统已被抽到1.33×10^{-3} Pa 的真空．为了提高其真空度，将它放在 300 ℃的烘箱内烘烤，使器壁释放出所吸附的气体．若烘烤后压强增为 1.33 Pa，问器壁原来吸附了多少个气体分子．

4. 容积为 2 500 cm^3 的烧瓶内有1.0×10^{15}个氧分子，有4.0×10^{15}个氮分子和3.3×10^{-7} g 的氩气．设混合气体的温度为 150 ℃，求混合气体的压强．

5. 一容器内储有氧气，其压强为$p=1.01\times10^5$ Pa，温度为$t=27$ ℃，求：

(1) 单位体积内的分子数；

(2) 氧气的密度；

(3) 氧分子的质量；

(4) 分子间的平均距离；

(5) 分子的平均平动能．

6. 在常温下（例如 27 ℃），气体分子的平均平动能等于多少 eV？在多高的温度下，气体分子的平均平动能等于1 000 eV？

7. 1 mol 氦气，其分子热运动动能的总和为3.75×10^3 J，求氦气的温度．

8. 质量为 10 g 的氮气，当压强为1.01×10^5 Pa，体积为 7 700 cm^3 时，其分子的平均平动能是多少？

9. 质量为 50.0 g、温度为 18.0 ℃的氦气装在容积为 10.0 L 的封闭容器内，容器以$v=$

200 m/s的速率做匀速直线运动.若容器突然停止,定向运动的动能全部转化为分子热运动的动能,则平衡后氦气的温度和压强将各增大多少?

10. 有六个微粒,试就下列几种情形计算它们的方均根速率:

(1) 六个的速率均为 10 m/s;

(2) 三个的速率为 5 m/s,另三个的为 10 m/s;

(3) 三个静止,另三个的速率为 10 m/s.

11. 试计算氢气、氧气和汞蒸气分子的方均根速率,设气体的温度为300 K.已知氢气、氧气和汞蒸气的相对分子质量分别为 2.02、32.0 和 201.

12. 气体的温度为 $T=273$ K,压强为 $p=1.01\times10^{3}$ Pa,密度为

$$\rho = 1.29\times10^{-5}\ \mathrm{g/cm^3}.$$

(1) 求气体分子的方均根速率.

(2) 求气体的相对分子质量,并确定它是什么气体.

13. 若使氢分子和氧分子的方均根速率等于它们在地球表面上的逃逸速率,各需多高的温度?

若使氢分子和氧分子的方均根速率等于它们在月球表面上的逃逸速率,各需多高的温度?

14. 一立方容器,每边长 1.0 m,其中储有标准状态下的氧气,试计算容器一壁每秒受到的氧分子碰撞的次数.设分子的平均速率和方均根速率的差别可以忽略.

15. 估算空气分子每秒与 1.0 $\mathrm{cm^2}$ 墙壁相碰的次数,已知空气的温度为300 K、压强为 1.01×10^{5} Pa,平均相对分子质量为 29.设分子的平均速率和方均根速率的差别可以忽略.

16. 一密闭容器中储有水及其饱和蒸气,水蒸气的温度为 100 ℃,压强为1.01×10^{5} Pa.已知在这种状态下每克水汽所占的体积为 1 670 $\mathrm{cm^3}$,水的汽化热为2 250 J/g.

(1) 每立方厘米水汽中含有多少个分子?

(2) 每秒有多少个水汽分子碰到水面上(单位面积)?

(3) 设所有碰到水面上的水汽分子都凝聚为水,则每秒有多少分子从单位面积水面逸出?

(4) 试将水汽分子的平均平动能与每个水分子逸出所需的能量相比较.

17. 当液体与其饱和蒸气共存时,汽化率与凝结率相等.设所有碰到液面上的蒸气分子都能凝聚为液体,并假定当把液面上的蒸气迅速抽去时液体的汽化率与存在饱和蒸气时的汽化率相同.已知水银在 0 ℃时的饱和蒸气压为2.47×10^{-2} Pa,汽化热为 3.37 $\mathrm{J\cdot g^{-1}}$,问每秒通过每平方厘米液面有多少克水银向真空中汽化.

18. 已知对于氧气,范德瓦耳斯方程中的常量 $b=0.031\ 83\ \mathrm{L\cdot mol^{-1}}$,设 b 等于 1 mol 氧气分子体积总和的四倍,试计算氧分子的直径.

19. 把标准状态下 22.4L 的氮气不断压缩,它的体积将趋近多少升?设此时氮分子是一个挨着一个紧密排列的,试计算氮分子的直径.此时由分子间引力所产生的内压强约为多大?已知对于氮气,范德瓦耳斯方程中的常量$a=1.41\times10^{5}\ \mathrm{Pa\cdot L^2\cdot mol^{-2}}$,$b=0.039\ 13\ \mathrm{L\cdot mol^{-1}}$.

20. 一立方容器的容积为 V,其中储有 1 mol 气体.设把分子看作直径为 d 的刚体,并设想分子是一个一个地放入容器的,问:

(1) 第一个分子放入容器后,其中心能够自由活动的空间体积是多大?

(2) 第二个分子放入容器后,其中心能够自由活动的空间体积是多大?

(3) 第 N_A 个分子放入容器后,其中心能够自由活动的空间体积是多大?

(4) 平均地讲,每个分子的中心能够自由活动的空间体积是多大?

由此证明,范德瓦耳斯方程中的改正量 b 约等于 1 mol 气体所有分子体积总和的四倍.

第三章　气体分子热运动速率和能量的统计分布律

§3-1　气体分子的速率分布律

气体分子以各种大小的速度沿各个方向运动着，而且由于相互碰撞，每个分子的速度都在不断地改变.因此，若在某一特定的时刻去考察某一特定的分子，则它的速度具有怎样的数值和方向，完全是偶然的.然而，就大量分子整体看来，在一定的条件下，它们的速度分布却遵从着一定的统计规律.在本节中，我们研究平衡态下气体分子速率的统计分布规律，并结合这个具体问题来阐明统计规律的一些性质和特点.

一、速率分布函数

为了描述气体分子按速率的分布情况，研究它的定量规律，首先需要引入速率分布函数的概念.令 N 表示一定量气体的总分子数，$\mathrm{d}N$ 表示速率分布在某一区间 $v\sim v+\mathrm{d}v$（如 500～510 m/s 或 600～610 m/s）内的分子数，则$\frac{\mathrm{d}N}{N}$就表示分布在这一区间内的分子数占总分子数的比率.显然，在不同的速率 v（如500 m/s和600 m/s）附近取相等的间隔（如取 $\mathrm{d}v=10$ m/s），比率$\frac{\mathrm{d}N}{N}$的数值一般是不同的.也就是说，比率$\frac{\mathrm{d}N}{N}$与速率 v 有关，它与 v 的一定函数成正比.另一方面，在给定的速率 v 附近，如果所取的间隔 $\mathrm{d}v$ 越大，则分布在这个区间内的分子数就越多，比率$\frac{\mathrm{d}N}{N}$也就越大，当 $\mathrm{d}v$ 足够小时，总可以认为$\frac{\mathrm{d}N}{N}$与 $\mathrm{d}v$ 成正比.总起来说，我们有

$$\frac{\mathrm{d}N}{N}=f(v)\,\mathrm{d}v \tag{3.1}$$

上式中的$f(v)=\frac{\mathrm{d}N}{N\mathrm{d}v}$，表示分布在速率 v 附近单位速率间隔内的分子数占总分子数的比率.对于处在一定温度下的气体，它只是速率 v 的函数，叫做气体分子的**速率分布函数**.

如果确定了速率分布函数 $f(v)$，就可以用积分的方法求出分布在任一有限

速率范围 $v_1 \sim v_2$(如 500~600 m/s)内的分子数占总分子数的比率：

$$\frac{\Delta N}{N}=\int_{v_1}^{v_2} f(v)\,\mathrm{d}v \tag{3.2}$$

由于全部分子百分之百地分布在由 0 到 ∞ 整个速率范围内，所以如果在上式中取 $v_1=0, v_2=\infty$，则结果显然为 1，即

$$\int_0^{\infty} f(v)\,\mathrm{d}v = 1 \tag{3.3}$$

这个关系式是由速率分布函数 $f(v)$ 本身的物理意义所决定的，它是速率分布函数 $f(v)$ 所必须满足的条件，叫做速率分布函数的归一化条件.

二、麦克斯韦速率分布律

动画：麦克斯韦速率分布

在近代测定气体分子速率的实验获得成功之前，麦克斯韦(Maxwell)、玻耳兹曼(Boltzmann)等人已从理论(概率论、统计力学等)上确定了气体分子按速率分布的统计规律.结果指出，在平衡状态下，分布在任一速率区间 $v \sim v+\mathrm{d}v$ 内的分子的比率为

$$\frac{\mathrm{d}N}{N}=4\pi\left(\frac{m}{2\pi kT}\right)^{3/2}\mathrm{e}^{-mv^2/2kT}v^2\mathrm{d}v$$

即速率分布函数为

$$f(v)=4\pi\left(\frac{m}{2\pi kT}\right)^{3/2}\mathrm{e}^{-mv^2/2kT}v^2 \tag{3.4}$$

式中 T 是气体的热力学温度，m 是每个分子的质量，k 是玻耳兹曼常量.以上结论叫做麦克斯韦速率分布律.

图 3-1 中的曲线是根据(3.4)式画出的，表示 $f(v)$ 与 v 之间的函数关系，叫做速率分布曲线.它形象地描绘出气体分子按速率分布的情况.图中任一区间 $v \sim v+\mathrm{d}v$ 内曲线下的窄条面积表示速率分布在这区间内分子的比率$\frac{\mathrm{d}N}{N}$，而任一有限范围 $v_1 \sim v_2$ 内曲线下的面积则表示分布在这范围内分子的比率$\frac{\Delta N}{N}$.由图可见，速率分布曲线从坐标原点出发，经过一极大值后，随速率的增大而渐近于横坐标轴.这说明，气体分子的速率可以取由 0 到 ∞ 之间的一切数值，速率很大和很小的分子所占的比率实际都很小，而具有中等速率的分子所占的比率却很大.与

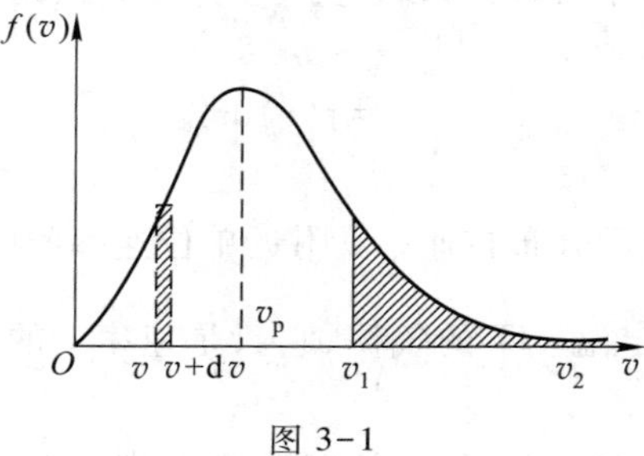

图 3-1

$f(v)$极大值对应的速率叫做**最概然速率**，通常用 v_p 表示.它的物理意义是，如果把整个速率范围分成许多相等的小区间，则分布在 v_p 所在的区间内的分子比率最大.要确定 v_p，可以取速率分布函数$f(v)$对速率 v 的一级微商，并令它等于零，即令

$$\frac{\mathrm{d}}{\mathrm{d}v}f(v)=0$$

将(3.4)式代入上式，即可解出

$$v_p=\sqrt{\frac{2kT}{m}}=\sqrt{\frac{2RT}{M}}\approx 1.41\sqrt{\frac{RT}{M}} \tag{3.5}$$

即温度越高，v_p 越大；分子的质量越大，v_p 越小.

(3.5)式表明，对于给定的气体(即 m 一定)，分布曲线的形状随温度而变；在同一温度下，分布曲线的形状因气体的不同(即 m 不同)而异.图 3-2 中画出了两个不同温度下的分布曲线，其中虚线与较高的温度对应.温度的高低反映气体分子无规则运动的剧烈程度.当温度升高时，气体中速率较小的分子减少而速率较大的分子加多，最概然速率变大，所以曲线的高峰移向速率大的一方.但由于曲线下的总面积应恒等于 1，所以温度升高时曲线变得较为平坦.

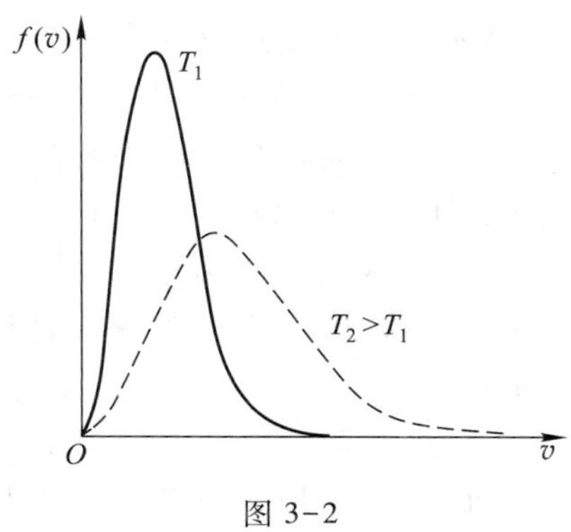

图 3-2

图 3-2 中的曲线，也可理解为在同一温度下不同气体的分布曲线.根据(3.5)式，最概然速率 v_p 与分子质量的平方根$\sqrt{m}$成反比，所以可断定图中实线对应于分子质量(或相对分子质量)较大的气体，而虚线对应于分子质量(或相对分子质量)较小的气体.

需要指出的是，(3.1)式和(3.2)式中的 $\mathrm{d}N$ 和 ΔN 都指的分子数的统计平均值.在任一瞬时实际分布在某一速率区间内的分子数，一般说来是与统计平均值有偏差的.偏差有时大，有时小；有时正，有时负.这种对于统计规律的偏离现象叫做**涨落**.概率论指出，如果按速率分布律推算出分布在某一速率区间内的分子数的统计平均值为 Δn，则实际分子数对于这一统计平均值的偏离范围，即涨

落幅度基本上是$\pm\sqrt{\Delta n}$,而涨落的百分数就是$\dfrac{\sqrt{\Delta n}}{\Delta n}=\dfrac{1}{\sqrt{\Delta n}}$.举例来说,如果 $\Delta n=10^6$,则涨落幅度为 1 000,即实际分子数介于 99.9 万和 100.1 万之间,偏差不过是分子数的千分之一.但如果 $\Delta n=1$,则$\pm\sqrt{\Delta n}=\pm1$,偏差就变得与分子数可比拟了.由此可知,分子数 Δn 越大,涨落的百分数就越小,即相对地说涨落越不显著;反之,涨落的百分数就越大,统计规律的结论就失去了意义.因此,麦克斯韦速率分布律只对大量分子组成的体系才成立.由此可看出,如果说具有某一确定速率的分子有多少,是根本没有意义的.

麦克斯韦速率分布律只适用于气体的平衡态.例如,设想把一容器用绝热隔板分成两部分,两边的气体开始时保持不同的温度,则两部分气体分子各自有一定的速率分布.如果把隔板抽开,则抽开后的一瞬间,气体处在非平衡态,分子的速率不遵从麦克斯韦分布.经过一段时间,气体分子通过碰撞互相交换动量和能量,最后达到新的平衡态,气体分子又处于新的温度下的麦克斯韦分布.这就是说,气体由非平衡态达到平衡态的过程是通过分子间的碰撞来实现的,因此分子间的碰撞是使分子达到并保持确定分布的决定因素.

三、用麦克斯韦速率分布函数求平均值

分子速率的统计分布律对于研究许多与分子无规则运动有关的现象具有重要意义.应用麦克斯韦速率分布函数可以求出一些与分子无规则运动有关的物理量的统计平均值.作为例子,下面来确定气体分子的平均速率和方均根速率.

大量分子的速率的算术平均值叫做分子的平均速率,通常用 $\bar{v}$ 表示.根据(3.1)式,分布在任一速率区间内的分子数为

$$\mathrm{d}N = Nf(v)\,\mathrm{d}v$$

由于 $\mathrm{d}v$ 很小,所以可近似地认为这 $\mathrm{d}N$ 个分子的速率是相同的,都等于 v.这样,这 $\mathrm{d}N$ 个分子的速率的总和就是 $vNf(v)\,\mathrm{d}v$.把这个结果对所有可能的速率间隔求和就得到全部分子的速率的总和,再除以总分子数 N,即求出分子的平均速率 $\bar{v}$.考虑到分子的速率是连续分布的,应该用积分代替求和,所以有

$$\bar{v} = \frac{\int_0^\infty vNf(v)\,\mathrm{d}v}{N} = \int_0^\infty vf(v)\,\mathrm{d}v$$

将(3.4)式代入上式积分①,就得到

① 令 $\lambda=\dfrac{m}{2kT}$,由附录 3-1 中的积分表可查到

$$\int_0^\infty v^3 \mathrm{e}^{-\lambda v^2}\mathrm{d}v = \frac{1}{2\lambda^2}$$

$$\int_0^\infty v^4 \mathrm{e}^{-\lambda v^2}\mathrm{d}v = \frac{3}{8}\sqrt{\frac{\pi}{\lambda^5}}$$

$$\begin{aligned}\bar{v} &= \int_0^\infty vf(v)\,\mathrm{d}v \\ &= 4\pi\left(\frac{m}{2\pi kT}\right)^{3/2}\int_0^\infty \mathrm{e}^{-mv^2/2kT}v^3\,\mathrm{d}v \\ &= \sqrt{\frac{8kT}{\pi m}} = \sqrt{\frac{8RT}{\pi M}} \approx 1.59\sqrt{\frac{RT}{M}}\end{aligned} \tag{3.6}$$

按相同的道理，可求得分子速率平方的平均值为

$$\begin{aligned}\overline{v^2} &= \frac{\int_0^\infty v^2 Nf(v)\,\mathrm{d}v}{N} \\ &= \int_0^\infty v^2 f(v)\,\mathrm{d}v \\ &= 4\pi\left(\frac{m}{2\pi kT}\right)^{3/2}\int_0^\infty \mathrm{e}^{-mv^2/2kT}v^4\,\mathrm{d}v \\ &= \frac{3kT}{m}\end{aligned}$$

由此可得到分子的方均根速率为

$$\sqrt{\overline{v^2}} = \sqrt{\frac{3kT}{m}} = \sqrt{\frac{3RT}{M}} \approx 1.73\sqrt{\frac{RT}{M}} \tag{3.7}$$

这与 § 2-2 中导出的结果完全一致.

由上面的结果可见，气体分子的三种速率 v_p、$\bar{v}$ 和$\sqrt{\overline{v^2}}$都与$\sqrt{T}$成正比，与$\sqrt{m}$或$\sqrt{M}$成反比.在这三种速率中，方均根速率$\sqrt{\overline{v^2}}$最大，平均速率 $\bar{v}$ 次之，最概然速率 v_p 最小.在室温下，它们的数量级一般为几百米每秒.这三种速率就不同的问题有各自的应用.举例来说，在讨论速率分布时，要用到最概然速率；在计算分子运动的平均距离时，要用到平均速率；在计算分子的平均平动能时，则要用到方均根速率.

四、麦克斯韦速度分布律

以上讨论的只是气体分子按速率分布的规律，对分子的速度的方向未作任何确定.下面进一步介绍气体分子按速度分布的规律.

用$\boldsymbol{v}$表示气体分子的速度矢量，用 v_x、v_y 和 v_z 分别表示$\boldsymbol{v}$沿直角坐标轴 x、y 和 z 的分量.从理论上可以导出：在平衡状态下，速度分量 v_x 在区间 $v_x \sim v_x+\mathrm{d}v_x$ 内，v_y 在区间 $v_y \sim v_y+\mathrm{d}v_y$ 内，v_z 在区间 $v_z \sim v_z+\mathrm{d}v_z$ 内的分子的比率为

$$\frac{\mathrm{d}N}{N} = \left(\frac{m}{2\pi kT}\right)^{3/2}\mathrm{e}^{-m(v_x^2+v_y^2+v_z^2)/2kT}\,\mathrm{d}v_x\,\mathrm{d}v_y\,\mathrm{d}v_z \tag{3.8}$$

这个结论叫做麦克斯韦速度分布律.

引用速度空间的概念，可以对这个定律得到更直观的理解.以 v_x、v_y、v_z 为轴

的直角坐标系(或以 v、θ、φ 为坐标的球坐标系)所确定的空间叫做速度空间.在速度空间里,每个分子的速度矢量都可用一个以坐标原点为起点的箭头表示.因此,速度分量限制在 $v_x \sim v_x+\mathrm{d}v_x$、$v_y \sim v_y+\mathrm{d}v_y$、$v_z \sim v_z+\mathrm{d}v_z$ 内这一条件,表示所指的是这样一些分子,它们的速度矢量的端点都在一定的体积元 $\mathrm{d}\omega=\mathrm{d}v_x\mathrm{d}v_y\,\mathrm{d}v_z$ 内[图3-3(a)].

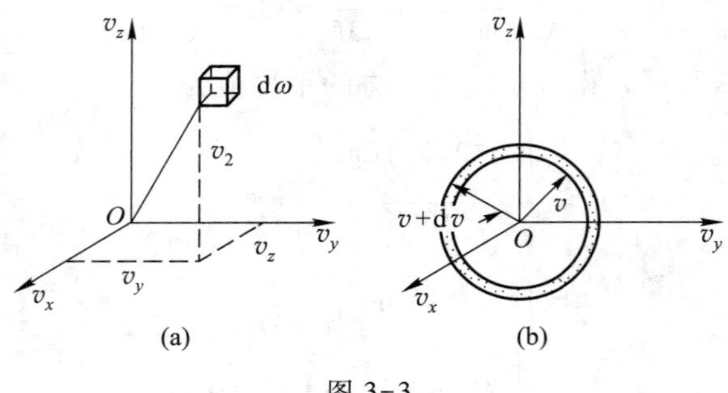

图 3-3

显然,前述的速率分布律是这个较普遍的规律的特殊情形,前者实际上是由后者导出的.在讨论速率分布时,速度矢量的大小被限制在一定的区间 $v\sim v+\mathrm{d}v$ 内,而速度矢量的方向则可任意.由图 3-3(b)可见,满足这个条件的速度矢量,其端点都落在半径为 v,厚度为 $\mathrm{d}v$ 的球壳层内.这个球壳层的体积等于其内壁的面积 $4\pi v^2$ 乘以厚度 $\mathrm{d}v$,即

$$\mathrm{d}\omega = 4\pi v^2\mathrm{d}v$$

以 $\mathrm{d}\omega$ 代替(3.8)式中的 $\mathrm{d}v_x\mathrm{d}v_y\,\mathrm{d}v_z$,并且考虑到 $v^2=v_x^2+v_y^2+v_z^2$,就可由(3.8)式导出速率分布公式:

$$\frac{\mathrm{d}N}{N} = 4\pi\left(\frac{m}{2\pi kT}\right)^{3/2}\mathrm{e}^{-mv^2/2kT}v^2\mathrm{d}v$$

由(3.8)式还可推出速度的三个分量的分布函数.例如,取 $-\infty$ 和 $+\infty$ 为积分的下限和上限,将(3.8)式先后对 v_y 和 v_z 积分,即可求出速度分量 v_x 在区间 $v_x\sim v_x+\mathrm{d}v_x$ 内(v_y 和 v_z 不受限制,可取一切可能的值)的分子数 $\mathrm{d}N_{v_x}$ 占总分子数 N 的比率:

$$\frac{\mathrm{d}N_{v_x}}{N} = \left(\frac{m}{2\pi kT}\right)^{3/2}\mathrm{e}^{-mv_x^2/2kT}\mathrm{d}v_x\int_{-\infty}^{+\infty}\mathrm{e}^{-mv_y^2/2kT}\mathrm{d}v_y\cdot\int_{-\infty}^{+\infty}\mathrm{e}^{-mv_z^2/2kT}\mathrm{d}v_z$$

查附录 3-1 中的积分表,可求出

$$\int_{-\infty}^{+\infty}\mathrm{e}^{-mv_y^2/2kT}\mathrm{d}v_y = \int_{-\infty}^{+\infty}\mathrm{e}^{-mv_z^2/2kT}\mathrm{d}v_z = \left(\frac{2\pi kT}{m}\right)^{1/2}$$

代入前式即得

$$\frac{\mathrm{d}N_{v_x}}{N} = \left(\frac{m}{2\pi kT}\right)^{1/2}\mathrm{e}^{-mv_x^2/2kT}\mathrm{d}v_x$$

因此,速度分量 v_x 的分布函数为

$$f(v_x)=\frac{\mathrm{d}N_{v_x}}{N\mathrm{d}v_x}=\left(\frac{m}{2\pi kT}\right)^{1/2}\mathrm{e}^{-mv_x^2/2kT} \tag{3.9}$$

同样可求得速度分量 v_y 和 v_z 的分布函数分别为

$$f(v_y)=\left(\frac{m}{2\pi kT}\right)^{1/2}\mathrm{e}^{-mv_y^2/2kT}$$

$$f(v_z)=\left(\frac{m}{2\pi kT}\right)^{1/2}\mathrm{e}^{-mv_z^2/2kT}$$

[例题]　用麦克斯韦速度分布律求每秒碰到单位面积器壁上的气体分子数.

[解]　取直角坐标系 $Oxyz$,在垂直于 x 轴的器壁上取一小块面积 $\mathrm{d}A$.设单位体积内的气体分子数为 n,则单位体积内速度分量 v_x 在 $v_x\sim v_x+\mathrm{d}v_x$ 之间的分子数为 $nf(v_x)\mathrm{d}v_x$.在所有 v_x 介于 $v_x\sim v_x+\mathrm{d}v_x$ 之间的分子中,在一段时间 $\mathrm{d}t$ 内能够与 $\mathrm{d}A$ 相碰的分子只是位于以 $\mathrm{d}A$ 为底、以 $v_x\,\mathrm{d}t$ 为高的柱体内的那一部分,其数目为$nf(v_x)\mathrm{d}v_x\cdot v_x\,\mathrm{d}t\mathrm{d}A=nv_xf(v_x)\mathrm{d}v_x\cdot\mathrm{d}t\mathrm{d}A$.因此,每秒碰到单位面积器壁上速度分量 v_x 在 $v_x\sim v_x+\mathrm{d}v_x$ 之间的分子数即为

$$nv_xf(v_x)\mathrm{d}v_x=nv_x\left(\frac{m}{2\pi kT}\right)^{1/2}\mathrm{e}^{-mv_x^2/2kT}\mathrm{d}v_x$$

$v_x<0$ 的分子显然不会与 $\mathrm{d}A$ 相碰,所以将上式从 0 到∞ 对 v_x 积分,即求得每秒碰到单位面积上的分子总数为

$$\int_0^\infty nv_xf(v_x)\mathrm{d}v_x=n\left(\frac{m}{2\pi kT}\right)^{1/2}\int_0^\infty \mathrm{e}^{-mv_x^2/2kT}v_x\mathrm{d}v_x$$

查附录 3-1 中的积分表可求出

$$\int_0^\infty \mathrm{e}^{-mv_x^2/2kT}v_x\mathrm{d}v_x=\frac{kT}{m}$$

代入前式即得

$$\int_0^\infty nv_xf(v_x)\mathrm{d}v_x=n\left(\frac{kT}{2\pi m}\right)^{1/2}$$

由于分子的平均速率为

$$\bar{v}=\sqrt{\frac{8kT}{\pi m}}=\left(\frac{8kT}{\pi m}\right)^{1/2}$$

所以上面的结果可写作

$$\int_0^\infty nv_xf(v_x)\mathrm{d}v_x=\frac{1}{4}n\bar{v}$$

这就是用麦克斯韦速度分布律求得的结果①.

五、误差函数

在实际问题中有时需要计算速度分量(或速率)小于(或大于)某一给定值,或介于某一

① 这个结果是精确的.读者可利用这个结果重新计算第二章习题 14—17.

给定范围内的分子数.下面简单介绍用麦克斯韦分布律处理这类问题的方法.作为例子,我们讨论如何计算速度的 x 分量介于 0 到某一给定值 v_x 范围内的分子数.其他问题,留作习题给读者自己考虑.

根据(3.9)式,速度的 x 分量在区间 $v_x \sim v_x+\mathrm{d}v_x$ 内的分子数为

$$\mathrm{d}N_{v_x} = N\left(\frac{m}{2\pi kT}\right)^{1/2} \mathrm{e}^{-mv_x^2/2kT}\mathrm{d}v_x$$

因此,速度的 x 分量在 $0\sim v_x$ 这一范围内的分子数为

$$\Delta N_{0\sim v_x} = \int_0^{v_x}\mathrm{d}N_{v_x}$$

$$= N\left(\frac{m}{2\pi kT}\right)^{1/2}\int_0^{v_x}\mathrm{e}^{-mv_x^2/2kT}\mathrm{d}v_x \tag{3.10}$$

需要指出,上式中的定积分,当以 0 和 ∞(或 $-\infty$ 和 $+\infty$)为积分限时,可化为附录 3-1 中积分表中所列的简单形式;但如以有限值为积分限,则较难计算.为了求出结果,需将上式化为适当的形式.

令

$$x = \left(\frac{m}{2kT}\right)^{1/2} v_x = \beta v_x$$

则

$$\mathrm{d}x = \beta \mathrm{d}v_x$$

其中 $\beta=\left(\frac{m}{2kT}\right)^{1/2}$,$\frac{1}{\beta}=\sqrt{\frac{2kT}{m}}=v_{\mathrm{p}}$,即分子的最概然速率.这样,(3.10)式就可写作

$$\Delta N_{0\sim v_x} = \int_0^{v_x}\mathrm{d}N_{v_x} = \frac{N}{\sqrt{\pi}}\int_0^{x}\mathrm{e}^{-x^2}\mathrm{d}x \tag{3.11}$$

将被积函数 e^{-x^2} 在积分区间 $0\sim x$ 上展成幂级数,逐项积分,即可求出这个定积分的近似值.在概率论和数理统计中称 $\frac{2}{\sqrt{\pi}}\int_0^x \mathrm{e}^{-x^2}\mathrm{d}x$ 为**误差函数**,用 $\mathrm{erf}(x)$ 表示它,即令

$$\mathrm{erf}(x) = \frac{2}{\sqrt{\pi}}\int_0^x \mathrm{e}^{-x^2}\mathrm{d}x \tag{3.12}$$

从一般积分表所附的误差函数表中,可直接查出与不同 x 值对应的 $\mathrm{erf}(x)$ 的近似值①.

用误差函数来表示,(3.11)式可写作

$$\Delta N_{0\sim v_x} = \int_0^{v_x}\mathrm{d}N_{v_x} = \frac{N}{\sqrt{\pi}}\cdot\frac{\sqrt{\pi}}{2}\mathrm{erf}(x)$$

$$= \frac{N}{2}\mathrm{erf}(x) \tag{3.13}$$

例如,要计算速度的 x 分量在 0 到 v_{p} 这一范围内的分子数,则令

$$x = \beta v_x = \frac{v_x}{v_{\mathrm{p}}} = 1$$

即得

$$\Delta N_{0\sim v_{\mathrm{p}}} = \int_0^{v_{\mathrm{p}}}\mathrm{d}N_{v_x} = \frac{N}{2}\mathrm{erf}(1)$$

---

① 附录 3-2 中给出了误差函数简表.

由附录 3-2 中的误差函数简表中可查到，erf(1) = 0.842 7，因此，

$$\Delta N_{0\sim v_p} = \int_0^{v_p} \mathrm{d}N_{v_x} = \frac{N}{2} \times 0.843 = 0.422N$$

六、统计规律性和涨落

如上面指出，麦克斯韦分布律是一种统计规律. 统计规律不仅对研究热现象有重要意义，而且在其他自然现象中也是普遍存在的. 下面对统计规律的性质和特点作一些说明.

先分析一个说明统计规律的演示实验. 在一块竖直木板的上部规则地钉上许多铁钉，木板的下部用竖直的隔板隔成许多等宽的狭槽. 从板顶漏斗形的入口处可以投入小球. 板前覆盖玻璃，以使小球留在狭槽内. 这种装置通常叫做**伽耳顿板**(见图 3-4).

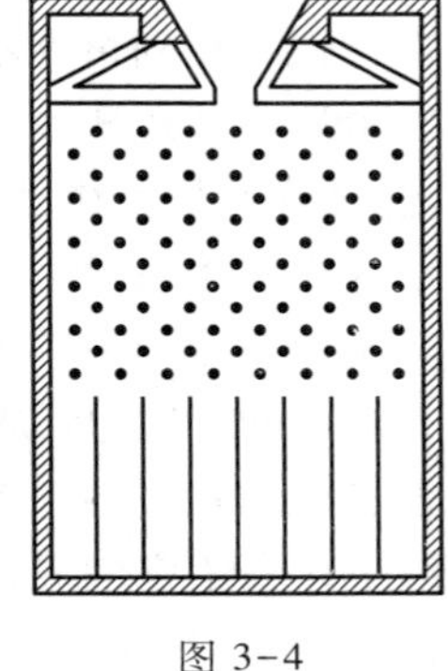

图 3-4

动画：伽耳顿板实验

如果从入口处投入一个小球，则小球在下落过程中先后与许多铁钉发生碰撞，最后落入某一狭槽. 重复几次实验，可以发现小球每次落入哪个狭槽是不完全相同的. 这表明，在一次实验中小球落入哪个狭槽是偶然的.

如果同时投入大量的小球，则可看到最后落入各狭槽的小球的数目是不相等的. 在中央的槽内小球分布得最多，在离中央越远的槽内小球越少. 我们可以把小球按狭槽的分布情况用笔在玻璃板上画一条连续曲线来表示. 若重复实验，则可发现：在小球数目较少的情况下，每次所得的分布曲线彼此有显著的差别，但当小球的数目较多时，每次所得到的分布曲线彼此近似地重合.

总之，实验结果表明，尽管单个小球落入哪个狭槽是偶然的，少量小球按狭槽的分布情况也带有明显的偶然性，但大量小球按狭槽的分布情况则是确定的. 这就是说，大量小球整体按狭槽的分布遵从一定的统计规律.

统计规律是对大量偶然事件整体起作用的规律，它表现了这些事物整体的本质和必然的联系，在这里个别事物的特征和偶然联系退居次要地位. 值得指出的是，这里所说的个别事物的偶然性是相对于大量事物整体的统计规律而言的，这并不意味着偶然性是无原因的. 一切偶然性都有自己的原因. 例如，气体中的每个分子或伽耳顿板实验中的每个小球，它们朝哪个方向运动，速率多大，何时发生碰撞，这一切都是由动力学规律所决定的. 事实上，统计规律正是以动力学规律为基础的，统计规律不可能脱离由动力学规律所决定的个别事件而存在. 在气体中，没有个别分子的运动和分子间的碰撞，根本谈不到它们速率的分布. 在伽耳顿板实验中，小球按狭槽的分布也正是通过碰撞(小球与铁钉)的大量偶然事件才体现出来的. 正如恩格斯所说：“被断定为必然的东西，是由纯粹的偶然性

构成的，而所谓偶然的东西，是一种有必然性隐藏在里面的形式”①.

另一方面，还应该看到，每一个别粒子的运动固然是由动力学规律所制约的，但当体系中所包含的粒子数目极多时，就导致在质上全新的运动形式的出现，在这里运动形式发生了从量到质的飞跃.在“大数量”现象中出现的这种新现象，其最重要的特点就是在一定宏观条件下的稳定性，这是由统计规律所制约的.以上面讨论的气体分子速率的统计分布为例，只要气体中分子的数目足够多，在保持温度恒定这一宏观条件下，不管个别的分子怎样运动，大量分子整体的速率总是遵从麦克斯韦分布的.在伽耳顿板实验中，只要小球的数量足够多，在保持铁钉排列情况不变的条件下，不管开始时小球如何积累在一起，但在每次实验最后小球按狭槽的分布情况总是大致相同的.这便是“大数量”现象的稳定性.包含着大数量粒子的体系，作为整体看来，是与个别粒子本质上不同的体系.对于这样的体系，统计规律所制约的稳定的联系是现象的本质的和必然的联系.

统计规律的另一个特点是永远伴随着涨落.上面谈到，气体分子的速率分布是有涨落的.实际上，从分子动理论的观点看来，一切与热运动有关的宏观量（如压强、温度等）的数值都是统计平均值，也就是说，在任一给定的瞬间或在宏观系统中任一给定的局部范围内，所观测到的宏观量的实际数值，一般说来都是与统计平均值有偏差的.如前面所说，这叫做涨落.统计规律与涨落是不可分割的，这正反映了必然性与偶然性之间相互依存的辩证关系.

有关涨落的例子很多.前面分析的布朗运动就是典型的例子.布朗运动是分子动理论的重要实验基础，布朗运动的研究对涨落理论的建立起了重要作用.除布朗运动外，液体中的临界乳光现象和光在空气中的散射现象，都是由于介质密度的涨落引起的.在各种电路中也可以观察到由于带电粒子的热运动而引起的电流涨落.由于近代电学仪器已达到很高的精度，所以这种涨落往往会严重地影响仪器的工作.例如，当用电流计测量微弱的电流时，如果待测的电流小于涨落电流，或待测电流引起的电流计线圈的偏转小于线圈本身的布朗运动，则这种测量将无法进行.在电子管、晶体管和光电管中电流涨落所引起的“噪音”是限制无线电电子学接受仪器、电视和自动控制等方面仪器灵敏度的基本原因之一.因此，研究涨落具有重要的实际意义.电子学仪器中的涨落问题，目前已引起广泛的注意，并且找到了许多降低因涨落而引起干扰的有效办法.各种接收仪器中的涨落问题，已成为近代尖端学科——控制论的研究对象之一.

§3-2　用分子射线实验验证麦克斯韦速度分布律

由于技术条件（如高真空技术、测量技术等）的限制，测定气体分子速率分布的实验，直到20世纪20年代才实现.实验技术的不断改善和提高，特别是分子射线实验技术的迅速发展，使麦克斯韦速度分布律得到许多直接的实验证明.

---

① 恩格斯.路德维希·费尔巴哈和德国古典哲学的终结.北京：人民出版社，1972：35.

一、分子射线

图 3-5 是产生分子射线实验装置的示意图.容器 O 中贮有处于平衡态的气体.在器壁上开一狭缝 S(或小孔),使气体分子能从容器中逸出.当缝充分窄时,少量分子的逸出将不会破坏容器中气体的平衡态.容器外抽成高真空,使逸出的分子不致因受到其他残余气体分子的碰撞而偏离直线运动.如果在分子前进的方向上平行于 S,再放置一些狭缝 S_1、S_2 等,则可获得一窄束分子射线.

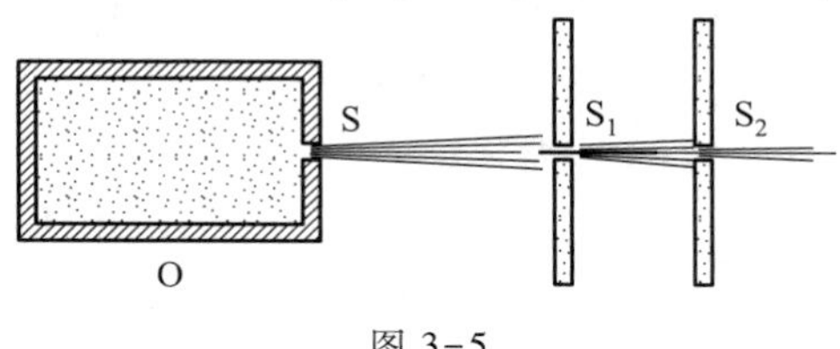

图 3-5

这样获得的分子射线,是容器中平衡态下气体分子的取样,因而测定射线中分子的速率分布就可以验证麦克斯韦分布律.另外,利用分子射线还可以直接研究分子、原子及原子核的一些基本性质,近些年来通过这方面的工作取得了许多重要的成果.

在用分子射线验证麦克斯韦分布律的实验中,气体一般用金属(如银、铍、钍等)蒸气.实验时,把少量的固体金属放置在容器 O(实际是电热烘箱)中,均匀地加热器壁就可使金属蒸发.蒸气压由金属材料的性质和加热温度决定.

二、葛正权实验

我国物理学家葛正权曾在 1934 年测定铋(Bi)蒸气分子的速率分布,其实验装置的主要部分如原理图 3-6 所示.O 是蒸气源,其中铋蒸气的温度约为 900 ℃(各次实验的温度不同,如827 ℃,857 ℃,875 ℃,899 ℃,922 ℃,947 ℃等),蒸气压为 26.7~120 Pa.S_1(宽 0.05 mm,长 10 mm)、S_2 和 S_3(各宽0.60 mm,长 10 mm)都是狭缝.R 是一个可以绕中心轴(垂直于图平面)转动的空心圆筒,其半径为 9.4 cm,转速为 30 000 r/min,全部装置放在真空容器中(真空度约为 1.33×10^{-3} Pa).

实验时,如果圆筒 R 不转动,则铋分子通过狭缝 S_3 进入 R 后,将沿直线射向装在 R 内壁上的弯曲玻璃板 G,结果沉积在板上正对着 S_3 的 P 处,使那里镀上一窄条铋.当 R 以一定的角速度转动时,由于铋分子由 S_3 到达 G 需用一段时间,而在这段时间内 R 已转过一角度,因而铋分子不再沉积在板上 P 处.显然,不同速率的分子将沉积在不同的地方.速率大的分子由 S_3 到 G 所需的时间短,沉积在距 P 较近的地方,而速率小的分子则沉积在距 P 较远的地方.设速率为 v 的分子沉积在 P'处,以 s 表示弧$\widehat{PP'}$的长度,ω 表示 R 的角速度,D 表示 R 的直径,则铋分子由 S_3 到达 P'处所需的时间为

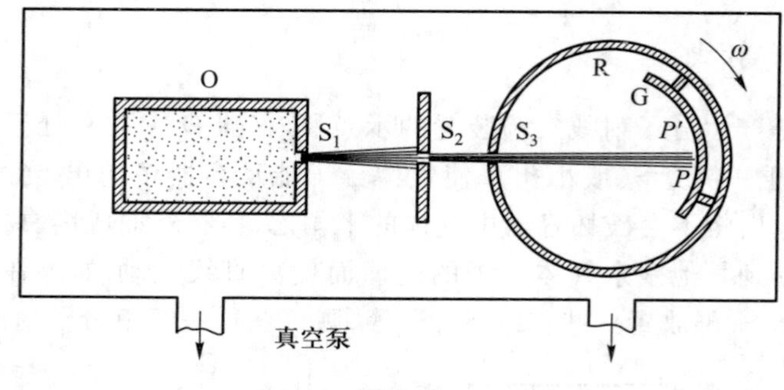

图 3-6

$$t=\frac{D}{v}$$

在这段时间内,R 所转过的角度为 $\theta=\omega t$,而弧 $\widehat{PP'}$ 的长度为

$$s=\frac{D}{2}\cdot\theta=\frac{1}{2}D\omega t$$

由以上两式中消去 t,即得

$$v=\frac{D^2\omega}{2s}$$

ω 和 D 是已知的,所以一定的 s 值与一定的速率 v 对应.

实验时,令 R 以恒定的角速度转动较长的时间(实际用一二十小时).然后取下玻璃板 G,用测微光度计测定板上各处沉积的铋层的厚度,找出铋层厚度随 s 变化的关系,就确定了铋分子按速率分布的规律.

用这个实验验证麦克斯韦分布律时遇到的主要困难是:铋蒸气中同时含有单原子分子 Bi、双原子分子 Bi_2 和少量三原子分子 Bi_3,而这三种组分的含量却是未知的.葛正权经过多次实验发现,若假定这三种组分的含量(指每种组分的物质的量与总物质的量的百分比)分别为 44%、54% 和 2%,则实验结果与麦克斯韦速率分布律很好地符合.

三、密勒和库士实验

比较精确地验证麦克斯韦速率分布定律的实验,是由美国哥伦比亚大学的物理学家密勒(R.C.Miller)和库士(P.Kusch)在 1955 年提供的,他们的实验装置略如图 3-7 所示,O 是蒸气源,选用的是铊或钾的蒸气,在一次实验中铊蒸气的温度是 870 K,蒸气压为 4.27 Pa.R 是用铝合金制成的圆柱体,柱长 $l=20.40$ cm,半径 $r=10$ cm,可以绕中心轴转动,它实际上起滤速作用.圆柱体上面均匀地刻制了一些螺旋形细槽,槽的宽度为 0.042 4 cm,图中画出了其中一条.细槽入口狭缝处与出口狭缝处半径之间的夹角 $\varphi=48°$.在出口狭缝的后面是一个根据电离计原理制成的检测器 D,用来接收原子射线并测定其强度,D 的中心是一根通电加热的钨丝,外面套着一个开有狭缝(与蒸气源的狭缝 S 平行)的金属筒,金属筒相对于钨丝加负电压.当原子射线通过狭缝打到钨丝上时,每个铊原子都被电离成正离子,并被负电极——金属筒所接收.检测器测得的离子电流直接反映出原子射线的强度.整个装置放在抽成高真空的容器内(真空度约为 1.33×10^{-6} Pa).

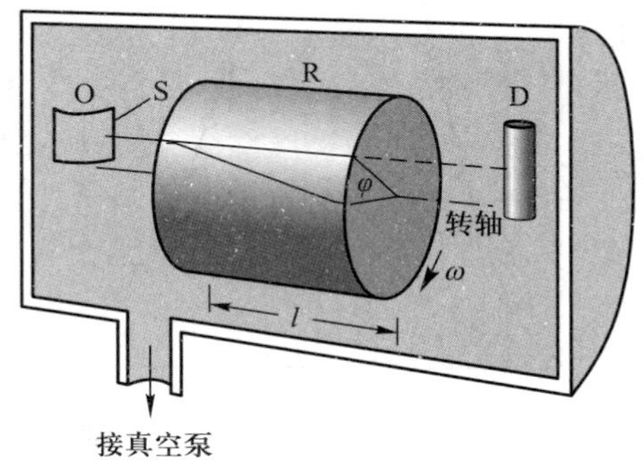

图 3-7

实验时,圆柱体 R 以一定的角速度 ω 转动.虽然射线中各种速率的分子都能射入入口狭缝并进入 R 上的细槽,但并非所有分子都能通过细槽从出口狭缝射出并进入检测器.显然,只有速率满足下列关系的分子才能通过细槽:

$$\frac{v}{l}=\frac{\omega}{\varphi}$$

或

$$v=\frac{\omega}{\varphi}l$$

其他速率的分子将沉积在槽壁上.因此,圆柱体 R 实际上是一个滤速器,改变角速度 ω 就可以使不同速率的分子通过.入口狭缝和出口狭缝都有一定的宽度,这相当于两个狭缝之间的夹角 φ 有一定的范围,所以当圆柱体 R 的角速度 ω 一定时,能通过它的分子速率并不严格相同,而是分布在一个区间 $v\sim v+\Delta v$ 内的.

实验时,使圆柱体 R 先后以不同的角速度 $\omega_1,\omega_2,\cdots$ 转动,用检测器依次测定对应的离子电流,就可确定分子按速率分布的情况.图 3-8 画出了实验结果与理论结果的比较.图中实线是根据麦克斯韦分布律作出的铊分子射线870 K时的速率分布曲线,图中的一些小圆圈表示实验结果.可见,两者相当精确地吻合.

需要指出的是,射线中分子的速率分布情况与蒸气源中分子的速率分布情况并不完全相同.这是因为,不同速率的分子从狭缝 S 逸出的机会并不相等,分子的速率越大,从狭缝逸出机会越多.可以证明:在单位时间内通过单位面积狭缝逸出的,速率在任一区间 $v\sim v+\mathrm{d}v$ 内的分子数为与 $vf(v)\mathrm{d}v$ 成正比(参见§3-1中例题).因此,按麦克斯韦速率分布律,在蒸气源内分布在速率区间 $v\sim v+\mathrm{d}v$ 内的分子数与 $v^2\mathrm{e}^{-mv^2/2kT}$ 成正比,而在射线中分布在 $v\sim v+\mathrm{d}v$ 内的分子数则与 $v^3\mathrm{e}^{-mv^2/2kT}$ 成正比.图 3-8 中的理论曲线实际上是根据后一比例关系画出的.

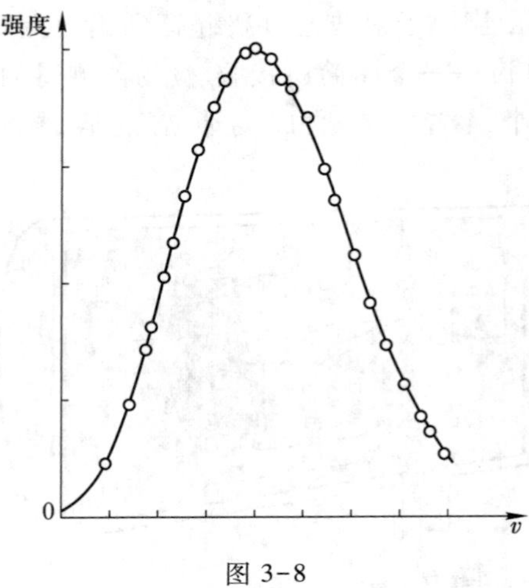

图 3-8

§ 3-3　玻耳兹曼分布律　重力场中微粒按高度的分布

一、玻耳兹曼分布律

在麦克斯韦分布律中，指数项只包含分子的平动能

$$\varepsilon_{\mathrm{k}}=\frac{1}{2}mv^2$$

微分元只有 $\mathrm{d}v_x,\mathrm{d}v_y,\mathrm{d}v_z$，这反映出所考虑的是分子不受外力影响的情形. 玻耳兹曼把麦克斯韦分布律推广到分子在保守力场（如重力场）中运动的情形. 在这种情形下，应以总能量 $\varepsilon=\varepsilon_{\mathrm{k}}+\varepsilon_{\mathrm{p}}$ 代替(3.8)式中的 ε_{k}，这里 ε_{p} 是分子在力场中的势能. 同时，由于一般说来势能依坐标而定，分子在空间的分布是不均匀的，所以这时所考虑的分子应该指这样的分子，不仅它们的速度限定在一定的速度区间内，而且它们的位置也限定在一定的坐标区间内. 这样，代替麦克斯韦分布律的有：当系统在力场中处于平衡状态时，其中坐标介于区间 $x\sim x+\mathrm{d}x,y\sim y+\mathrm{d}y,z\sim z+\mathrm{d}z$ 内，同时速度介于 $v_x\sim v_x+\mathrm{d}v_x,v_y\sim v_y+\mathrm{d}v_y,v_z\sim v_z+\mathrm{d}v_z$ 内的分子数为

$$\mathrm{d}N=n_0\left(\frac{m}{2\pi kT}\right)^{3/2}\mathrm{e}^{-(\varepsilon_{\mathrm{k}}+\varepsilon_{\mathrm{p}})/kT}\mathrm{d}v_x\mathrm{d}v_y\mathrm{d}v_z\mathrm{d}x\mathrm{d}y\mathrm{d}z \tag{3.14}$$

式中 n_0 表示在势能 ε_{p} 为零处单位体积内具有各种速度的分子总数. 这个结论叫做玻耳兹曼分子按能量分布定律，简称玻耳兹曼分布律.

如果取上式对所有可能的速度积分，考虑到麦克斯韦分布函数所应满足的归一化条件：

$$\iiint_{-\infty}^{+\infty}\left(\frac{m}{2\pi kT}\right)^{3/2}\mathrm{e}^{-\varepsilon_{\mathrm{k}}/kT}\mathrm{d}v_x\mathrm{d}v_y\mathrm{d}v_z=1$$

则可将(3.14)式写作

$$dN' = n_0 e^{-\varepsilon_p/kT} dxdydz \tag{3.15}$$

这里的 dN'表示分布在坐标区间 $x \sim x+dx, y \sim y+dy, z \sim z+dz$ 内具有各种速度的分子总数.再以 $dxdydz$ 除上式,则得分布在坐标区间 $x \sim x+dx, y \sim y+dy, z \sim z+dz$内单位体积内的分子数:

$$n = n_0 e^{-\varepsilon_p/kT} \tag{3.16}$$

这是玻耳兹曼分布律的一种常用的形式,它是分子按势能的分布律.

玻耳兹曼分布律是一个普遍的规律,它对任何物质的微粒(气体、液体、固体的原子和分子、布朗粒子等)在任何保守力场(重力场、电场)中运动的情形都成立.

二、重力场中微粒按高度的分布

在重力场中,气体分子受到两种互相对立的作用.无规则热运动将使气体分子均匀分布于它们所能达到的空间,而重力则会使气体分子聚集到地面上,这两种作用达到平衡时,气体分子在空间作非均匀分布,分子数随高度而减小.

根据玻耳兹曼分布律,可以确定气体分子在重力场中按高度分布的规律.如果取坐标轴 z 竖直向上,设在 $z=0$ 处单位体积内的分子数为 n_0,则分布在高度为 z 处体积元 $dxdydz$ 内的分子数为

$$dN' = n_0 e^{-mgz/kT} dxdydz \tag{3.17}$$

而分布在高度 z 处单位体积内的分子数则为

$$n = n_0 e^{-mgz/kT} \tag{3.18}$$

(3.18)式指出,在重力场中气体分子的数密度 n 随高度的增大按指数减小.分子的质量 m 越大(重力的作用显著),n 就减小得越迅速;气体的温度越高(分子的无规则热运动剧烈),n 就减小得越缓慢.图 3-9 是根据(3.18)式画出的分布曲线.

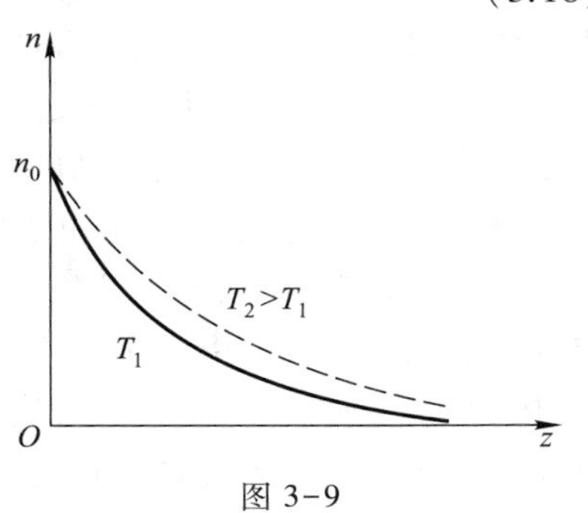

图 3-9

应用(3.18)式,很容易确定气体压强随高度变化的规律.如果把气体看作理想气体,则在一定温度下,其压强与分子数密度 n 成正比:

$$p = nkT$$

将(3.18)式代入上式,可得

$$\begin{aligned} p &= n_0 kT e^{-mgz/kT} \\ &= p_0 e^{-mgz/kT} \\ &= p_0 e^{-Mgz/RT} \end{aligned} \tag{3.19}$$

式中 $p_0 = n_0 kT$ 表示在 $z=0$ 处的压强,M 为气体的摩尔质量.(3.19)式叫做**等温**

气压公式.

应该指出,将(3.19)式用于地面上的大气时所得到的结果只是近似的,因为大气的温度上下不均匀,没有达到平衡.

利用上式可以近似地估算不同高度处的大气压强.由于在地面附近大气的温度是随高度变化的,所以只有在高差相差不大的范围内计算结果才与实际符合.在爬山和航空中,可应用这个公式来判断上升的高度,将上式取对数,可得

$$z=\frac{RT}{Mg}\ln\frac{p_0}{p}$$

因此,测定大气压强随高度的减小,即可判断上升的高度.

§3-4 能量按自由度均分定理

本节将阐明分子热运动能量所遵从的统计规律,并在此基础上建立理想气体内能及定容热容的经典理论.

一、自由度

前面在讨论到分子的热运动时,只考虑了分子的平动.实际上,除单原子分子外,一般分子的运动并不限于平动,还有转动和分子内原子间的振动.为了确定分子的各种形式运动能量的统计规律,需要引用力学中自由度的概念.

决定一个物体的位置所需要的独立坐标数,叫做这个物体的自由度.

如果一个质点在空间自由运动,则它的位置需要用三个独立坐标,如 x、y、z 来决定,所以这个质点有三个自由度.如果一个质点被限制在一平面或曲面上运动,则它的位置只需要用两个独立坐标来决定,所以它就只有两个自由度.同理,被限制在一直线或曲线上运动的质点只有一个自由度.

刚体除平动外还有转动.由于刚体的一般运动可分解为质心的平动及绕通过质心轴的转动,所以刚体的位置可决定如下:① 用三个独立坐标,如 x,y,z 决定其质心的位置;② 用两个独立坐标,如 α,β(三个方位角中只有两个是独立的,因为 $\cos^2\alpha+\cos^2\beta+\cos^2\gamma=1$)决定转轴的方位;③ 用一个独立坐标,如 φ 决定刚体相对于某一起始位置转过的角度(见图 3-10).因此,自由运动的刚体共有六个自由度,其中三个是平动的,三个是转动的.当刚体的运动受到某种限制时,其自由度数也会减少.例如,绕定轴转动的刚体只有一个自由度.

现在根据上述概念来确定分子的自由度.单原子分子(如氦、氖、氩等),可被看做自由运动的质点,所以有三个自由度.双原子分子(如氢、氧、氮、一氧化碳等)中的两个原子是由一个键连接起来的.根据对分子光谱的研究知道,这种分子除整体做平动和转动外,两个原子还沿着连线方向做微振动.因此,可以如图 3-11所示,用一根质量可忽略的弹簧及两个质点构成的模型来表示这种分子.显然,对于这样的力学系统,需要用三个独立坐标决定其质心的位置;两个独立坐标决定其连线的方位(由于两个原子被看做质点,所以绕连线为轴的转动是不

存在的)；一个独立坐标决定两质点的相对位置.这就是说，双原子分子共有六个自由度：三个平动自由度；两个转动自由度；一个振动自由度.多原子分子(由三个或三个以上原子组成的分子)的自由度数，需要根据其结构情况进行具体分析才能确定.一般地讲，如果某一分子由 n 个原子组成，则这个分子最多有 $3n$ 个自由度，其中 3 个是平动的，3 个是转动的，其余 $3n-6$ 个是振动的.当分子的运动受到某种限制时，其自由度数就会减少.

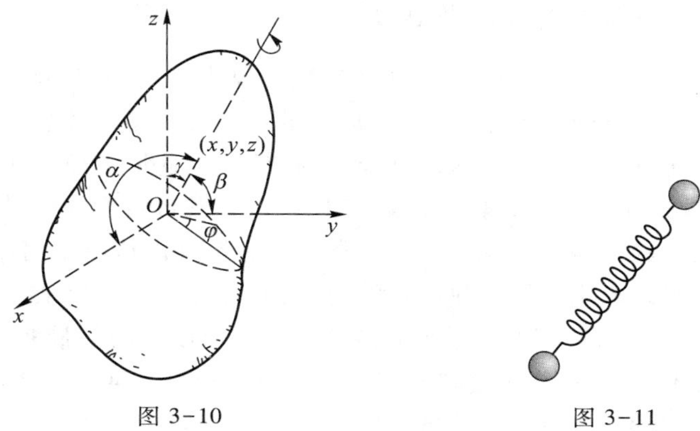

图 3-10　　　　图 3-11

二、能量按自由度均分定理

在上一章中，曾确定理想气体的平均平动能为

$$\frac{1}{2}m\overline{v^2}=\frac{3}{2}kT$$

分子有三个平动自由度，与此相应，分子的平动能可表示为

$$\frac{1}{2}mv^2=\frac{1}{2}mv_x^2+\frac{1}{2}mv_y^2+\frac{1}{2}mv_z^2$$

或

$$\frac{1}{2}m\overline{v^2}=\frac{1}{2}m\overline{v_x^2}+\frac{1}{2}m\overline{v_y^2}+\frac{1}{2}m\overline{v_z^2}$$

如过去指出，在平衡状态下，大量气体分沿各个方向运动的机会均等，因而

$$\overline{v_x^2}=\overline{v_y^2}=\overline{v_z^2}=\frac{1}{3}\overline{v^2}$$

这样，就可得到一个重要结果：

$$\frac{1}{2}m\overline{v_x^2}=\frac{1}{2}m\overline{v_y^2}=\frac{1}{2}m\overline{v_z^2}=\frac{1}{2}kT$$

即分子在每一个平动自由度上具有相同的平均动能，其大小等于$\frac{1}{2}kT$.这也就是说，分子的平均平动能$\frac{3}{2}kT$是均匀地分配于每一个平动自由度的.

这个结论可以推广到分子的转动和振动.根据经典统计力学的基本原理，可以导出一个普遍的定理——能量按自由度均分定理(简称能均分定理).这个定理指出:在温度为 T 的平衡状态下,物质(气体、液体或固体)分子的每一个自由度都具有相同的平均动能,其大小都等于$\frac{1}{2}kT$.因此,如果某种气体的分子有 t 个平动自由度,r 个转动自由度,s 个振动自由度,则分子的平均平动能、平均转动能和平均振动能就分别为$\frac{t}{2}kT$,$\frac{r}{2}kT$ 和$\frac{s}{2}kT$,而分子的平均总动能即为$\frac{1}{2}(t+r+s)kT$.

能均分定理是关于分子热运动动能的统计规律,是对大量分子统计平均所得的结果.对于个别分子来说,在任一瞬时它的各种形式动能和总动能完全可能与根据能均分定理所确定的平均值有很大的差别,而且每一种形式动能也不见得按自由度均分.对大量分子整体来说,动能所以会按自由度均分是依靠分子的无规则碰撞实现的.在碰撞过程中,一个分子的能量可以传递给另一个分子,一种形式的能量可以转化为另一种形式的能量,而且能量还可以从一个自由度转移到另一个自由度.分配于某一种形式或某一个自由度上的能量多了,则在碰撞时能量由这种形式、这一自由度转到其他形式或其他自由度的概率就比较大.因此,在达到平衡状态时,能量就按自由度均匀分配.外界供给气体的能量首先是通过器壁分子与气体分子的碰撞,然后通过气体分子间的相互碰撞分配到各个自由度上去的.

由振动学可知,谐振动在一个周期内的平均动能和平均势能是相等的.由于分子内原子的微振动可近似地看做谐振动,所以对于每一个振动自由度,分子除了具有$\frac{1}{2}kT$ 的平均动能外,还具有$\frac{1}{2}kT$ 的平均势能.因此,如果分子的振动自由度为 s,则分子的平均振动动能和平均振动势能各应为$\frac{s}{2}kT$,而分子的平均总能量即为

$$\bar{\varepsilon}=\frac{1}{2}(t+r+2s)kT \tag{3.20}$$

对于单原子分子,$t=3$,$r=s=0$,所以

$$\bar{\varepsilon}=\frac{3}{2}kT$$

对于双原子分子,$t=3$,$r=2$,$s=1$,所以

$$\bar{\varepsilon}=\frac{7}{2}kT$$

三、理想气体的内能

除了上述各种形式的动能和分子内部原子间的振动势能外,由于分子间存在着相互作用的保守力,所以分子还具有与这种力相关的势能.所有分子的这些形式的动能和势能的总和,叫做气体的内能.

对于理想气体，分子间无相互作用，所以其内能只是分子的各种形式动能和分子内原子间振动势能的总和. 根据(3.20)式，可确定质量为 m 的理想气体的内能为

$$U = \frac{m}{M}N_A \cdot \frac{1}{2}(t + r + 2s)kT$$

$$= \frac{1}{2}\frac{m}{M}(t + r + 2s)RT \tag{3.21}$$

而 1 mol 理想气体的内能为

$$u = \frac{1}{2}(t + r + 2s)RT \tag{3.22}$$

因此，对于单原子分子气体，

$$u = \frac{3}{2}RT$$

对于双原子分子气体有

$$u = \frac{7}{2}RT$$

由上面的结果可以看出，1 mol 理想气体的内能只取决于分子的自由度和气体的温度，而与气体的体积及压强无关.

四、理想气体的热容

利用上面的结果可以从理论上确定理想气体的热容.

温度升高(或降低)1 ℃物体所吸收(或放出)的热量叫做物体的热容. 如果物体的质量为 m，构成物体的物质的比热容为 c，则物体的热容为

$$C = mc$$

1 mol 物质温度升高(或降低)1 ℃所吸收(或放出)的热量叫做物质的摩尔热容. 如果物质的摩尔质量是 M，则摩尔热容为

$$C_m = Mc$$

对于气体来说，随着状态变化过程的不同，升高一定温度所需的热量也不同，所以同一种气体在不同的过程中有不同的热容. 在等体过程中，气体吸收的热量全部用来增加内能；在等压过程中，只有一部分用来增加内能，另一部分转化为气体膨胀时对外所做的功. 因此，气体升高一定的温度，在等压过程中要比在等体过程中吸收更多的热. 这也就是说，定压热容要比定容热容大. 对于液体和固体，由于它们的体膨胀系数很小，所以定压热容和定容热容实际相差很少. 下面来研究理想气体的定容热容. 关于定压热容留待第五章中讨论.

摩尔定容热容通常用 $C_{V,m}$ 表示. 设有 1 mol 的理想气体，在体积不变的条件下吸收热量 dQ，温度升高 dT，根据摩尔定容热容的定义有

$$C_{V,m} = \frac{dQ}{dT}$$

在等体过程中气体的体积不变,不对外做功,所以气体吸收的热量全部用来增加内能(详见§5-6),即 $dQ=dU_m$.因此,

$$C_{V,m}=\frac{dQ}{dT}=\frac{dU_m}{dT} \tag{3.23}$$

如上面所说,根据能均分定理,1 mol 理想气体的内能为

$$U_m=\frac{1}{2}(t+r+2s)RT$$

所以当温度升高 dT 时,内能的增量应为

$$dU_m=\frac{1}{2}(t+r+2s)RdT$$

代入(3.23)式,即得

$$C_{V,m}=\frac{1}{2}(t+r+2s)R \tag{3.24}$$

这说明理想气体的摩尔定容热容是一个只与分子的自由度有关的量,它与气体的温度无关.对于单原子分子气体,$t+r+2s=3$,所以

$$C_{V,m}=\frac{3}{2}R\approx 3\ \text{cal}\cdot\text{mol}^{-1}\cdot\text{K}^{-1}\text{①}$$

对于双原子分子气体,$t+r+2s=7$,所以

$$C_{V,m}=\frac{7}{2}R\approx 7\ \text{cal}\cdot\text{mol}^{-1}\cdot\text{K}^{-1}$$

这是根据能均分定理得到的结论.

表 3-1 给出了几种气体在 0 ℃时 $C_{V,m}$ 的实验值,表 3-2 和表 3-3 给出了几种双原子气体的 $C_{V,m}$ 随温度变化的实验数据.

表 3-1　在 0 ℃时,几种气体 $C_{V,m}$ 实验值的比较

(单位是 $\text{cal}\cdot\text{mol}^{-1}\cdot\text{K}^{-1}$)

原子数	单原子			双原子				
气体	氦 He	单原子氮 N	单原子氧 O	氢 H_2	氧 O_2	氮 N_2	一氧化碳 CO	一氧化氮 NO
$C_{V,m}$	2.98	2.979	3.286	4.849	5.096	4.968	4.970	5.174

原子数	三原子及以上				
气体	二氧化碳 CO_2	水蒸气 H_2O	甲　烷 CH_4	乙　炔 C_2H_2	丙　烯 C_3H_6
$C_{V,m}$	6.579	6.015	6.311	8.02	12.34

① 1 cal = 4.184 J,cal 现已弃用.

表 3-2 在不同温度下几种双原子气体 $C_{V,m}$ 实验值的比较

(单位是 $\mathrm{cal\cdot mol^{-1}\cdot K^{-1}}$)

温度/℃ \ 气体	氢 H_2	氧 O_2	氮 N_2	一氧化碳 CO
0	4.849	5.006	4.968	4.970
200	4.998	5.374	5.053	5.095
400	5.035	5.838	5.317	5.412
600	5.130	6.183	5.638	5.753
800	5.292	6.422	5.920	6.033
1 000	5.486	6.592	6.144	6.247
1 200	5.694	6.729	6.317	6.407
1 400	5.896	6.851	6.450	6.528

表 3-3 在不同温度下,氢的 $C_{V,m}$ 实验值的比较

(单位是 $\mathrm{cal\cdot mol^{-1}\cdot K^{-1}}$)

温度/℃	-233	-183	-76	0	500	1 000	1 500	2 000	2 500
$C_{V,m}$	2.98	3.25	4.38	4.849	5.074	5.486	5.990	6.387	6.688

五、经典理论的缺陷

将理论结果与上列各表中的实验数据相比可见,对于单原子气体,$C_{V,m}$的理论值与实验值很好地符合;对双原子气体,理论值显然与实验值不符.根据经典理论,一切双原子气体应该具有完全相同的 $C_{V,m}$,但实际上不同双原子气体的 $C_{V,m}$是有差别的.更重要的是,根据经典理论,气体的 $C_{V,m}$应与温度无关,然而实验表明,一切双原子气体的 $C_{V,m}$都随温度的升高而增大.例如,氢的 $C_{V,m}$在低温时约为$\frac{3}{2}R$,在常温时约为$\frac{5}{2}R$,只有在高温时才接近$\frac{7}{2}R$.图 3-12 中画出了氢的 $C_{V,m}$随温度变化的情形.其他双原子气体的 $C_{V,m}$随温度变化的情形也与氢相

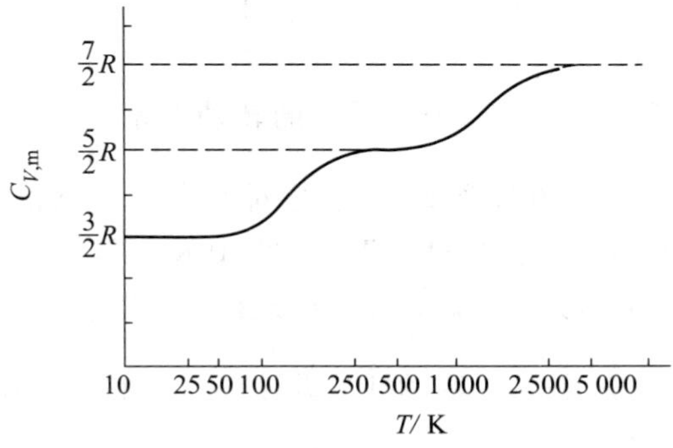

图 3-12

类似.

理论值与实验值所以不符,看来好像可以这样解释:双原子分子在低温时只有平动,在常温时开始有转动,在高温时才有振动.这在经典理论中是不可理解的.实际上,理论与实验不符的根本原因在于,上述热容理论建筑在能均分定理之上,而这个定理是以经典概念(能量的连续变化)为基础的.原子、分子等微观粒子的运动遵从量子力学规律,经典概念只有在一定的限度内才能适用.只有量子理论才能对气体热容,进行比较完满的解释.

为了说明经典理论的限度,下面简单介绍一下量子理论的结果.根据量子理论,分子的平动能及其对气体热容的影响可以用能均分定理来计算,而振动能和转动能一般则不然.

1. 振动能对热容的影响　根据量子理论,双原子分子的振动能只能取一系列不连续的值,变化时不能连续变化,只能作不连续的跳跃式的变化.如果把原子的振动近似地看做谐振动,则振动能只能取下列数值:

$$\varepsilon_s = \left(n + \frac{1}{2}\right) h\nu,\ n = 0,1,2,\cdots$$

式中的正整数 n 叫做**振动量子数**,$h = 6.626\ 068\ 96\times10^{-34}$ J·s,称为**普朗克(Planck)常量**,ν 是振动频率,对于不同的气体其数值不同.一般说来,普朗克常量 h 和频率 ν 的乘积约等于玻耳兹曼常量 k 的几千倍.这就是说,要使一个分子的振动状态发生变化(例如从 $n=1$ 的状态变到 $n=2$ 的状态),必须一下子供给它几千个 k 的能量,否则就不会发生变化.但是当气体的温度在几十开以下时,几乎所有分子的动能都只有几十个 k,所以在碰撞时就不可能使分子的振动能发生变化.因此,这时,振动能实际上对热容没有影响.在常温时,振动能开始有影响,但仍很小,在高温时,振动能的影响才变得显著.在温度 $T \gg h\nu/k$ 的情形下,根据量子理论计算出的平均振动能近似地等于 kT,即量子理论过渡到经典理论.这时,就可应用能均分定理来计算振动能对热容的贡献了.

2. 转动能对热容的影响　转动能的影响在性质上与振动能的影响相类似.根据量子理论,分子的转动能也只能取一些不连续的值:

$$\varepsilon_r = \frac{h^2}{8\pi^2 I} l(l+1),\ l = 0,1,2,\cdots$$

式中 l 称为**转动量子数**,I 是两原子绕质心的转动惯量.一般说来,$\frac{h^2}{8\pi^2 I}$ 约等于几十个 k.所以在温度为几开的情形下,转动能对热容的影响很小.在几十开时,量子理论就过渡到经典理论.例如,对于氧气,在 20 K 时转动能对 $C_{V,\mathrm{m}}$ 的贡献就已等于 R.只有氢气,由于其原子的质量小,转动惯量比其他气体的小几十倍,所以在40 K时,转动能对 $C_{V,\mathrm{m}}$ 还无贡献,到197 K时 $C_{V,\mathrm{m}}$ 还小于 $\frac{5}{2}R$.

对于多原子气体,情形是类似的.有时由于分子的振动频率低,在室温下振动能对 $C_{V,\mathrm{m}}$ 就已有影响.

附录 3-1　积　分　表

$$f(n)=\int_0^{\infty}x^n e^{-\lambda x^2}\mathrm{d}x.$$

n	$f(n)$	n	$f(n)$
0	$\frac{1}{2}\sqrt{\frac{\pi}{\lambda}}$	4	$\frac{3}{8}\sqrt{\frac{\pi}{\lambda^5}}$
1	$\frac{1}{2\lambda}$	5	$\frac{1}{\lambda^3}$
2	$\frac{1}{4}\sqrt{\frac{\pi}{\lambda^3}}$	6	$\frac{15}{16}\sqrt{\frac{\pi}{\lambda^7}}$
3	$\frac{1}{2\lambda^2}$	7	$\frac{3}{\lambda^4}$

若 n 为偶数，$\int_{-\infty}^{+\infty}x^n e^{-\lambda x^2}\mathrm{d}x=2f(n)$.

若 n 为奇数，$\int_{-\infty}^{+\infty}x^n e^{-\lambda x^2}\mathrm{d}x=0$.

附录 3-2　误差函数简表

$$\mathrm{erf}(x)=\frac{2}{\sqrt{\pi}}\int_0^x e^{-x^2}\mathrm{d}x.$$

x	erf(x)	x	erf(x)
0	0	1.6	0.976 3
0.2	0.222 7	1.8	0.989 1
0.4	0.428 4	2.0	0.995 3
0.6	0.603 9	2.2	0.998 1
0.8	0.742 1	2.4	0.999 3
1.0	0.842 7	2.6	0.999 8
1.2	0.910 3	2.8	0.999 9
1.4	0.952 3		

当 x 大于表中所给的数时，erf(x)的值可用下列级数算出：

$$\mathrm{erf}(x)=1-\frac{e^{-x}}{x\sqrt{\pi}}\left[1-\frac{1}{2x^2}+\frac{1\cdot 3}{(2x^2)^2}-\frac{1\cdot 3\cdot 5}{(2x^2)^3}+\cdots\right]$$

第三章思考题

1. 是否可以说"具有某一速率的分子有多少个"？为什么？速率刚好为最概然速率的分子数与总分子数之比是多少？

2. 速率分布函数的物理意义是什么？试说明下列各量的意义：

(1) $f(v)\mathrm{d}v$；　(2) $Nf(v)\mathrm{d}v$；　(3) $\int_{v_1}^{v_2} f(v)\mathrm{d}v$；

(4) $\int_{v_1}^{v_2} Nf(v)\mathrm{d}v$；(5) $\int_{v_1}^{v_2} vf(v)\mathrm{d}v$；　(6) $\int_{v_1}^{v_2} Nvf(v)\mathrm{d}v$.

3. 两容器分别储有氢气和氧气，如果压强、体积和温度都相同，则它们的分子的速率分布是否相同？

4. 两容器分别储有气体 A 和 B，温度和体积都相同，试说明在下列各种情况下它们的分子的速率分布是否相同：

(1) A 为氮，B 为氢，而且氮和氢的质量相等，即 $m_A = m_B$.

(2) A 和 B 均为氢，但 $m_A \neq m_B$.

(3) A 和 B 均为氢，而且 $m_A = m_B$，但使 A 的体积等温地膨胀到原体积的一倍.

5. 恒温器中放有氢气瓶，现将氧气通入瓶内.某些速率大的氢分子具备与氧分子化合的条件(如速率大于某一数值 v_1)而化合成水，问瓶内剩余的氢分子的速率分布有何改变.

6. 图 3-13 所示为麦克斯韦速率分布曲线.图中 A、B 两部分面积相等，试说明图中 v_0 的意义.

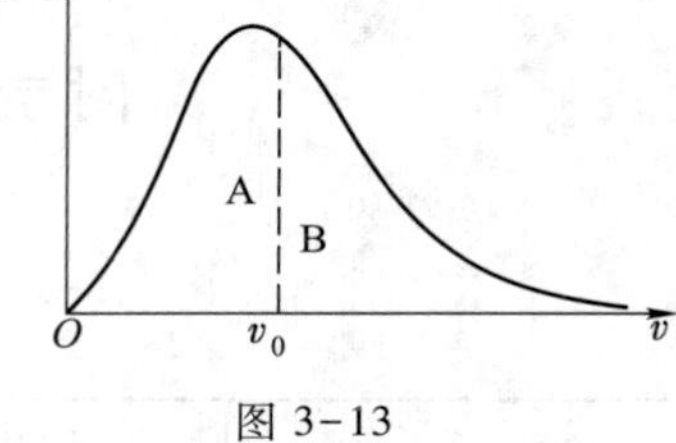

图 3-13

7. 气体分子的最概然速率、平均速率和方均根速率各是怎样定义的？它们的大小各由哪些因素决定？

8. 空气中含有氮分子和氧分子，平均地讲，哪种分子的速率较大？这个结论是否对空气中的任一个氮分子和氧分子都适用？

9. 处于热平衡状态下的气体，其中分子是否有一半速率大于最概然速率？平均速率？方均根速率？

10. 试说明：混合气体处于热平衡状态时，每种气体分子的速率分布情况与该种气体单独存在时分子的速率分布情况完全相同.

11. 试说明：分布在方均根速率附近一固定小速率区间 dv 内的分子数，随气体温度的升高而减少.

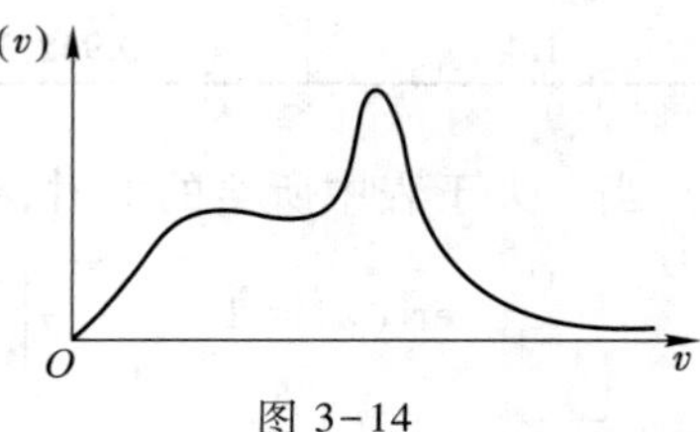

图 3-14

12. 设分子的速率分布曲线如图 3-14

所示，试在横坐标轴上大致标出最概然速率、平均速率和方均根速率的位置.

13. 某种气体由 N 个粒子组成

(1) 证明：不论这些粒子的速率如何分布，其方均根速率恒大于或等于平均速率，即$\sqrt{\overline{v^2}} \geqslant \bar{v}$.

(2) 在什么情况下$\sqrt{\overline{v^2}} = \bar{v}$?

14. 何谓统计规律? 何谓涨落? 二者有何联系?

15. 举几个实例(自然现象或社会现象)说明，大量的偶然事件整体遵从一定的统计规律.

16. 何谓自由度? 单原子分子和双原子分子各有几个自由度? 它们是否随温度而变?

17. 试确定下列物体的自由度：

(1) 小球沿长度一定的杆运动，而杆又以一定的角速度在平面内转动.

(2) 小球沿一固定的弹簧运动，弹簧的半径和节距固定不变.

(3) 长度不变的棒在平面内运动.

(4) 在三度空间里运动的任意物体.

18. 能均分定理中的能量指的是动能还是动能和势能的总和? 与每一个振动自由度对应的平均能量是多少? 为什么?

19. 何谓内能? 怎样计算理想气体的内能? 单原子理想气体和双原子理想气体的内能有何不同? 一定量理想气体的内能是由哪些因素决定的?

20. 一容器内储有某种气体，如果容器漏气，则容器内气体分子的平均动能是否会变化? 气体的内能是否会变化?

第三章习题

1. 设有一群粒子按速率分布如下：

粒子数 N_i	2	4	6	8	10
速率 $v_i/(\mathrm{m \cdot s^{-1}})$	1.00	2.00	3.00	4.00	5.00

试求：(1) 平均速率 $\bar{v}$；(2) 方均根速率$\sqrt{\overline{v^2}}$；(3) 最概然速率 v_p.

2. 计算 300 K 时，氧分子的最概然速率、平均速率和方均根速率.

3. 计算氧分子的最概然速率，设氧气的温度为 100 K，1 000 K 和 10 000 K.

4. 某种气体分子在温度 T_1 时的方均根速率等于温度 T_2 时的平均速率，求$\dfrac{T_2}{T_1}$.

5. 求 0 ℃时 1.0 $\mathrm{cm^3}$ 氮气中速率在 500 m/s 到 501 m/s 之间的分子数(在计算中可将 $\mathrm{d}v$ 近似地取为 $\Delta v = 1$ m/s).

6. 设氢气的温度为 300 ℃，求速率在 3 000 m/s 到 3 010 m/s 之间的分子数 ΔN_1 与速率在 1 500 m/s 到 1 510 m/s 之间的分子数 ΔN_2 之比.

7. 试就下列几种情况，求气体分子数占总分子数的比率：

（1）速率在区间 $v_p \sim 1.01v_p$ 内；

（2）速度分量 v_x 在区间 $v_p \sim 1.01v_p$ 内；

（3）速度分量 v_x，v_y 和 v_z 同时在区间 $v_p \sim 1.01v_p$ 内.

8. 根据麦克斯韦速率分布函数，计算足够多的点，以$\frac{dN}{dv}$为纵坐标，v 为横坐标，作 1 mol 氧气在 100 K 和 400 K 时的分子速率分布曲线.

9. 根据麦克斯韦速率分布律，求速率倒数的平均值$\overline{\frac{1}{v}}$.

10. 一容器的器壁上开有一直径为 0.20 mm 的小圆孔，容器储有 100 ℃ 的水银，容器外被抽成真空，已知水银在此温度下的蒸气压为0.28 mmHg.

（1）求容器内水银蒸气分子的平均速率.

（2）每小时有多少克水银从小孔逸出？

11. 如图 3-15 所示，一容器被一隔板分成两部分，其中气体的压强，分子数密度分别为 p_1、n_1；p_2、n_2. 两部分气体的温度相同，都等于 T，摩尔质量也相同，均为 M. 试证明：如隔板上有一面积为 A 的小孔，则每秒通过小孔的气体质量为

$$m = \sqrt{\frac{M}{2\pi RT}}A(p_1 - p_2).$$

12. 有 N 个粒子，其速率分布函数为

$$f(v) = \frac{dN}{Ndv} = C, (v_0 > v > 0)$$

$$f(v) = 0, (v > v_0)$$

（1）作速率分布曲线.

（2）由 N 和 v_0 求常量 C.

（3）求粒子的平均速率.

13. N 个假想的气体分子，其速率分布如图 3-16 所示（当 $v>2v_0$ 时，粒子数为零）.

（1）由 N 和 v_0 求 a.

（2）求速率在 $1.5v_0$ 到 $2.0v_0$ 之间的分子数.

（3）求分子的平均速率.

14. 证明：麦克斯韦速率分布函数可以写作

$$\frac{dN}{dx} = F(x^2)$$

其中 $x = \frac{v}{v_p}$，$v_p = \sqrt{\frac{2kT}{m}}$，$F(x^2) = \frac{4N}{\sqrt{\pi}}x^2 e^{-x^2}$.

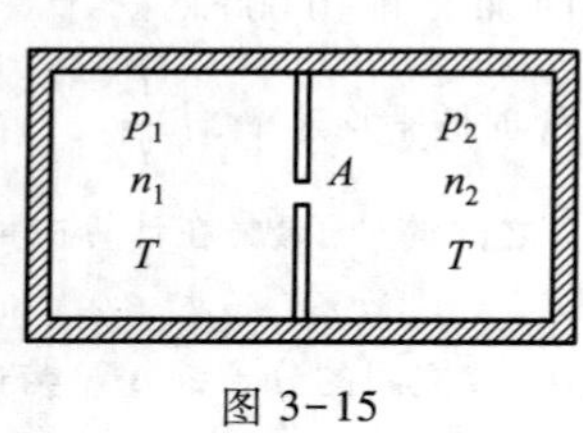

图 3-15

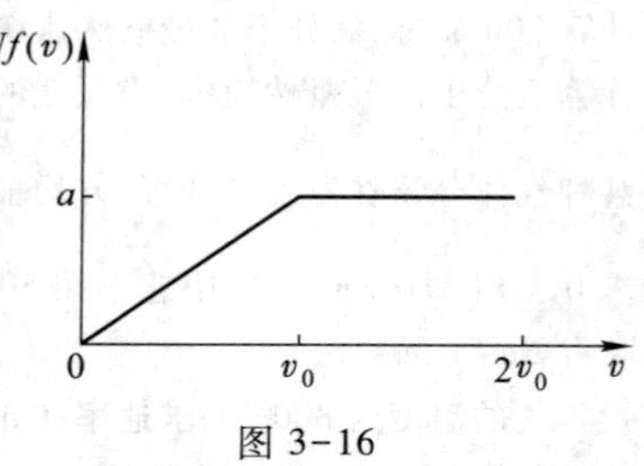

图 3-16

*15. 设气体分子的总数为 N，试证明速度的 x 分量大于某一给定值 v_x 的分子数为

$$\Delta N_{v_x \sim \infty} = \frac{N}{2}[1 - \mathrm{erf}(x)]$$

$\left(提示:速度的 x 分量在 0 到\infty 之间的分子数为\frac{N}{2}.\right)$

*16. 设气体分子的总数为 N,试证明速率在 0 到任一给定值 v 之间的分子数为

$$\Delta N_{0\sim v} = N\left[\mathrm{erf}(x) - \frac{2}{\sqrt{\pi}}x\mathrm{e}^{-x^2}\right]$$

其中 $x=\frac{v}{v_{\mathrm{p}}}$,$v_{\mathrm{p}}$ 为最概然速率.

[提示:$\mathrm{d}(x\mathrm{e}^{-x^2})=\mathrm{e}^{-x^2}\mathrm{d}x-2x^2\mathrm{e}^{-x^2}\mathrm{d}x$.]

*17. 求速度分量 v_x 大于 $2v_{\mathrm{p}}$ 的分子数占总分子数的比率.

*18. 设气体分子的总数为 N,求速率大于某一给定值 v 的分子数.设(1) $v=v_{\mathrm{p}}$;(2) $v=2v_{\mathrm{p}}$,具体算出结果来.

*19. 求速率大于任一给定值 v 的气体分子每秒与单位面积器壁的碰撞次数.

20. 在图 3-6 所示的实验装置中,设铋蒸气的温度为 $T=827$ K,转筒的直径为 $D=10$ cm,转速为 $\omega=200\pi$ rad/s,试求铋原子 Bi 和分子铋 Bi_2 的沉积点 P'到 P 点(正对着狭缝 S_3)的距离 s.设 Bi 原子和 Bi_2 分子都以平均速率运动.

21. 飞机的起飞前机舱中的压强计指示为 10^5 Pa,温度为 27 ℃;起飞后,压强计指示为 8×10^4 Pa,温度仍为 27 ℃,试计算飞机距地面的高度.

22. 上升到什么高度处大气压强减为地面的 75%? 设空气的温度为 0 ℃.

23. 设地球大气是等温的,温度为 $t=5.0$ ℃,海平面上的气压为 $p_0=10^5$ Pa,今测得某山顶的气压 7.87×10^4 Pa,求山高.已知空气的平均相对分子质量为 28.97.

24. 根据麦克斯韦速度分布律,求气体分子速度分量 v_x 的平方平均值,并由此推出气体分子每一个平动自由度所具有的平动能.

25. 令 $\varepsilon=\frac{1}{2}mv^2$ 表示气体分子的平动能.试根据麦克斯韦速率分布律证明,平动能在区间 $\varepsilon\sim\varepsilon+\mathrm{d}\varepsilon$ 内分子数占总分子数的比率为

$$f(\varepsilon)\mathrm{d}\varepsilon = \frac{2}{\sqrt{\pi}}(kT)^{-3/2}\varepsilon^{1/2}\mathrm{e}^{\varepsilon/kT}\mathrm{d}\varepsilon$$

根据上式求分子平动能 ε 的最概然值.

26. 温度为 27 ℃时,1 mol 氧气具有多少平动动能? 多少转动动能?

27. 在室温 300 K 下,1 mol 氢和 1 mol 氮的内能各是多少? 1 g 氢和 1 g 氮的内能各是多少?

28. 求常温下质量为 $m_1=3.00$ g 的水蒸气与 $m_2=3.00$ g 的氢气的混合气体的比定容热容.

29. 气体分子的质量可以由比定容热容算出来,试推导由比定容热容计算分子质量的公式.设氩的比定容热容 $c_V=3.14\times10^2\ \mathrm{J\cdot kg^{-1}\cdot K^{-1}}$,求氩原子的质量和氩的相对原子质量.

30. 某种气体的分子由四个原子组成,它们分别处在正四面体的四个顶点.

(1) 求这种分子的平动、转动和振动自由度数.

(2) 根据能均分定理求这种气体的摩尔定容热容.

第四章　气体内的输运过程

前两章所讨论的都是气体在平衡态下的性质.实际上,许多问题都牵涉到气体在非平衡态下的变化过程.例如,当气体各处密度不均匀时发生的扩散过程,温度不均匀时发生的热传导过程,以及各层流速不同时发生的黏性现象,就是典型的由非平衡态趋向平衡态的变化过程.这三种过程统称为**输运过程**.

研究输运过程时必须考虑到分子间相互作用对运动情况的影响,即分子间的碰撞机制.在本章中,我们将把分子看作刚球,把分子间的碰撞机制简化为刚球的弹性碰撞,从而引入平均自由程的概念;在引入这种简化模型的基础上,从分子动理论的观点推导输运过程的基本规律,并确定扩散系数、导热系数和黏度等宏观量与一些反映气体结构的参量之间的关系.

用平均自由程法处理输运过程是不够严格的,所得的结果也不够准确.但是,这种简单理论却能把输运过程的物理实质揭示得比较清楚,而且还能给出一些与实验近似符合的重要结论.

§4-1　气体分子的平均自由程

一、分子的平均自由程和碰撞频率

在室温下,气体分子平均以几百米每秒的速率运动着.这样看来,气体中的一切过程好像都应在一瞬间就会完成.但实际情况并不如此,气体的混合(扩散过程)进行得相当慢,气体的温度趋于均匀(热传导过程)也需要一定的时间.为什么会出现这种矛盾呢? 这是由于分子在由一处(如图 4-1 中的 A 点)移至另一处(如 B 点)的过程中,将不断地与其他分子碰撞,结果只能沿着迂回的折线前进.气体的扩散、热传导等过程进行的快慢都取决于分子间相互碰撞的频繁程度.

碰撞问题的研究,对于气体的扩散、热传导和黏性现象的讨论具有重要意义.分子是由原子核和电子组成的复杂的带电系统,分子间的碰撞实质上是在分子力作用下分子相互间的散射过程.在初步地考虑问题时,如 §2-3 中指出,可把分子看作具有一定体积的刚球,把分子间的相互作用过程看作刚球的弹性碰撞.两个分子质心间最小距离的平均值就被认为是刚球的直径,叫做**分子的有效直径**.

每个分子在任意两次连续碰撞之间所通过的自由路程的长短和所需时间的

多少，具有偶然性.对于研究气体的性质和规律，特别重要的是，分子在连续两次碰撞之间所通过的自由路程的平均值，以及每个分子平均在单位时间内与其他分子相碰的次数，前者称为**平均自由程**，以 λ 表示；后者称为**碰撞频率**，以 Z 表示.平均自由程 λ 和碰撞频率 Z 的大小反映了分子间碰撞的频繁程度.显然，在分子的平均速率一定的情况下，分子间的碰撞越频繁，Z 就越大，而 λ 就越小.

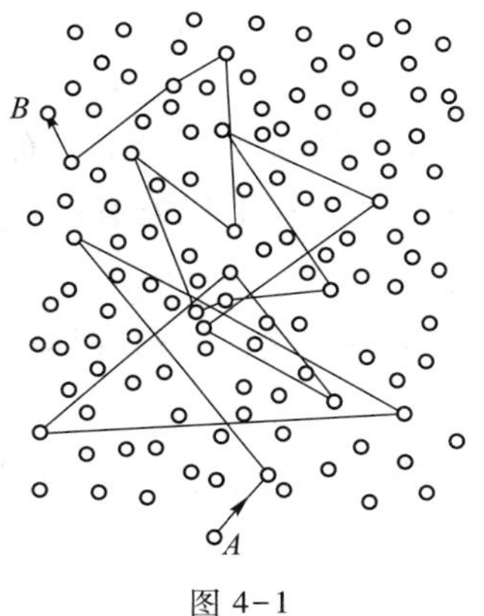

图 4-1

平均自由程 λ 和碰撞频率 Z 之间存在着简单的关系.如果用 $\bar{v}$ 表示分子的平均速率，则在任意一段时间 t 内，分子所通过的路程为 $\bar{v}t$，而分子的碰撞次数，也就是整个路程被折成的段数为 Zt，因此根据定义，平均自由程为

$$\lambda = \frac{\bar{v}t}{Zt} = \frac{\bar{v}}{Z} \tag{4.1}$$

平均自由程 λ 和碰撞频率 Z 的大小是由气体的性质和状态决定的，下面来确定它们与哪些因素有关.

为了确定 Z，我们可以设想"跟踪"一个分子，比如说分子 A.数一数分子 A 在一段时间 t 内与多少个分子相碰.对于碰撞来说重要的是分子间的相对运动，所以为了简单起见，我们假设分子 A 以平均相对速率 $\bar{u}$ 运动，这样就可认为其他分子都静止不动.

在分子 A 的运动过程中，显然只有中心与 A 的中心之间相距小于或等于分子有效直径的那些分子才可能与 A 相碰.因此，为了确定在一段时间内有多少个分子与 A 相碰，可设想以 A 的中心的运动轨迹为轴线，以分子的有效直径 d 为半径作一个曲折的圆柱体(见图 4-2).这样，凡是中心在此圆柱体内的分子都会与 A 相碰.圆柱体的截面积 $\sigma = \pi d^2$，叫做分子的**碰撞截面**.

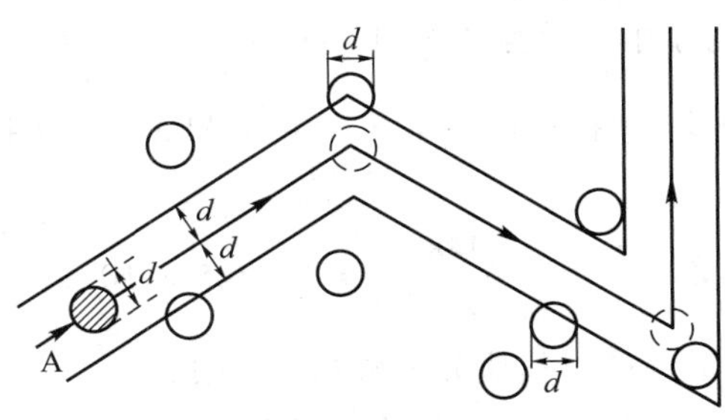

图 4-2

在时间 t 内，A 所走过的路程为 $\bar{u}t$，相应的圆柱体的体积为 $\sigma\bar{u}t$，如果以 n 表示气体单位体积内的分子数，则在此圆柱体内的总分子数，亦即 A 与其他分子的碰撞次数为 $n\sigma\bar{u}t$，因此，碰撞频率为

$$Z=\frac{n\sigma\bar{u}t}{t}=\sigma\bar{u}n$$

利用麦克斯韦速度分布律可以证明，气体分子的平均相对速率 $\bar{u}$ 与平均速率 $\bar{v}$ 之间存在下列关系：

$$\bar{u}=\sqrt{2}\,\bar{v}$$

把这个关系代入上式，即得

$$Z=\sqrt{2}\,\sigma\bar{v}n=\sqrt{2}\,\pi d^2\bar{v}n \tag{4.2}$$

将(4.2)式代入(4.1)式，可得平均自由程为

$$\lambda=\frac{1}{\sqrt{2}\,\sigma n}=\frac{1}{\sqrt{2}\,\pi d^2 n} \tag{4.3}$$

这说明，平均自由程与分子有效直径 d 的平方及单位体积内的分子数 n 成反比，而与平均速率无关.

因为 $p=nkT$，所以(4.3)式可写作

$$\lambda=\frac{kT}{\sqrt{2}\,\sigma p}=\frac{kT}{\sqrt{2}\,\pi d^2 p} \tag{4.4}$$

这说明，当温度恒定时，平均自由程与压强成反比.

[例题 1]　计算空气分子在标准状态下的平均自由程和碰撞频率.取分子的有效直径 $d=3.5\times10^{-10}$ m.已知空气的平均相对分子质量为 29.

[解]　已知 $T=273$ K，$p=1.01\times10^5$ Pa，$d=3.5\times10^{-10}$ m，$k=1.38\times10^{-23}$ J/K，代入(4.3)式即得

$$\lambda=\frac{kT}{\sqrt{2}\,\pi d^2 p}$$

$$=\frac{1.38\times10^{-23}\times273}{1.41\times3.14\times(3.5\times10^{-10})^2\times1.01\times10^5}\text{ m}=6.9\times10^{-8}\text{ m}$$

可见，在标准状态下，空气分子的平均自由程 λ 约为其有效直径 d 的 200 倍.

已知空气的平均摩尔质量为 29×10^{-3} kg/mol，代入 $\bar{v}=\sqrt{\frac{8RT}{\pi M}}$，可求出空气分子在标准状态下的平均速率为 $\bar{v}=448$ m/s，将 $\bar{v}$ 和 λ 代入(4.1)式，可求出空气分子的碰撞频率为

$$Z=\frac{\bar{v}}{\lambda}=\frac{448}{6.9\times10^{-8}}\text{ s}^{-1}=6.5\times10^9\text{ s}^{-1}$$

即平均地讲，每个分子每秒与其他分子碰撞 65 亿次.

分子的平均自由程和有效直径的确定，需要用到下节所讲的输运过程的实验结果.下面，我们提供一些数据.表 4-1 所列的数据是在 15 ℃，1.01×10^5 Pa 下，几种气体分子的平均自由程 λ 和有效直径 d.表 4-2 给出了 0 ℃时，不同压强下空气分子的平均自由程.

表 4-1　在 15 ℃, 1.01×10^5 Pa 下，几种气体的 λ 和 d

气体	λ/m	d/m
氢	11.8×10^{-8}	2.7×10^{-10}
氮	6.28×10^{-8}	3.7×10^{-10}
氧	6.79×10^{-8}	3.6×10^{-10}
二氧化碳	4.19×10^{-8}	4.6×10^{-10}

表 4-2　在 0 ℃，不同压强下，空气的 λ

压强/1.33 kPa	λ/m
760	7×10^{-8}
1	5×10^{-5}
10^{-2}	5×10^{-2}
10^{-4}	5×10^{-1}
10^{-6}	50

二、分子按自由程的分布

分子在任意两次连续碰撞之间所通过的自由程有长有短，有的比平均自由程 λ 长，有的比 λ 短.现在进一步研究，在全部分子中，自由程介于任一给定长度区间 $x\sim x+\mathrm{d}x$ 内的分子有多少，即研究分子按自由程的分布.

设想在某一时刻考虑一组分子，共 N_0 个.它们在以后的运动中将与组外的其他分子相碰，每发生一次碰撞，这组的分子就减少一个.设这组分子通过路程 x 时还剩下 N 个，而在下一段路程 $\mathrm{d}x$ 上，又减少了 $\mathrm{d}N$ 个($-\mathrm{d}N$ 表示 N 的减少量).下面来确定 N 和 $\mathrm{d}N$.

设分子的平均自由程为 λ，则在单位长度的路程上，每个分子平均碰撞 $1/\lambda$ 次，在长度为 $\mathrm{d}x$ 的路程上，每个分子平均碰撞 $\mathrm{d}x/\lambda$ 次，而 N 个分子在 $\mathrm{d}x$ 长的路程上平均应碰撞 $N\mathrm{d}x/\lambda$ 次，因此，分子数的减少量为

$$-\mathrm{d}N=\frac{1}{\lambda}N\mathrm{d}x \tag{4.5}$$

或

$$-\frac{\mathrm{d}N}{N}=\frac{\mathrm{d}x}{\lambda}$$

取不定积分，即得

$$\ln N=-\frac{x}{\lambda}+C,$$

C 为积分常量.按假设，当 $x=0$ 时，$N=N_0$，代入上式可求出

$$\ln N_0=C$$

这样，上式就可写作

$$\ln\frac{N}{N_0}=-\frac{x}{\lambda}$$

把对数式化为指数式,可得

$$N=N_0\mathrm{e}^{-x/\lambda} \tag{4.6}$$

式中 N 表示在 N_0 个分子中自由程大于 x 的分子数.

将上式代入(4.5)式,即得

$$-\mathrm{d}N=\frac{1}{\lambda}N_0\mathrm{e}^{-x/\lambda}\mathrm{d}x \tag{4.7}$$

显然,$\mathrm{d}N$ 就表示自由程介于区间 $x\sim x+\mathrm{d}x$ 内的分子数.(4.6)式和(4.7)两式就是分子按自由程分布的规律.

[例题 2] 在 N_0 个分子中,自由程大于和小于 λ 的分子各有多少?

[解] 已知 $x=\lambda$,代入(4.6)式即可求出自由程大于 λ 的分子数为

$$N=N_0\mathrm{e}^{-1}\approx N_0/2.7\approx 0.37N_0$$

自由程小于 λ 的分子数则为

$$N'=N_0-N\approx 0.63N_0$$

§4-2 输运过程的宏观规律

从表面上看来,气体的黏性现象、热传导现象和扩散现象好像互不相关,但实际上这三种现象具有共同的宏观特征和微观机制.因此,本节集中介绍这三种现象的宏观规律,在下节中再从分子动理论的观点统一地阐明它们的微观实质.

一、黏性现象的宏观规律

在力学中曾讨论过流体的黏性现象.如前所说,当气体各层的流速不同时,则通过任一平行于流速的截面,相邻两部分气体将平行于截面互施作用力;力的作用使流动慢的气层加速,使流动快的气层减速.为了使讨论简单,设气体平行于 xOy 平面沿 y 轴正方向流动,流速 u 随 z 逐渐加大(见图 4-3).如在 $z=z_0$ 处垂直于 z 轴取一截面将气体分成 A、B 两部分,则 A 部将施于 B 部一平行于 y 轴负方向的力,而 B 部将施于 A 部一大小相等、方向相反的力.根据对实验结果的分析可以确定,如以 F 表示 A、B 两部分相互作用的黏性力的大小,以 $\mathrm{d}S$ 表示所取的截面积,以 $\left(\frac{\mathrm{d}u}{\mathrm{d}z}\right)_{z_0}$ 表示截面所在处的速度梯度,则

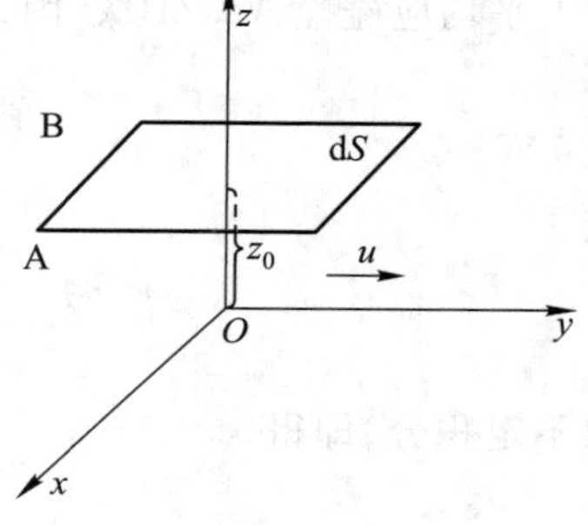

图 4-3

$$F=\eta\left(\frac{\mathrm{d}u}{\mathrm{d}z}\right)_{z_0}\mathrm{d}S \tag{4.8}$$

上式叫做牛顿(Newton)黏性定律,式中的比例系数 η 叫做气体的黏度,它与气体的性质和状态有关,其单位为 $\mathrm{N\cdot s\cdot m^{-2}}$.

黏性现象的基本规律还可用另一种形式来表述.从效果上看,黏性力的作用将使 B 部的流动动量减小,使 A 部的流动动量加大.如以 $\mathrm{d}K$ 表示在一段时间 $\mathrm{d}t$ 内通过截面积 $\mathrm{d}S$ 沿 z 轴正方向输运的动量,即由 A 部传递给 B 部的动量,则根据动量定理 $\mathrm{d}K=F\mathrm{d}t$,(4.8)式可写作

$$\mathrm{d}K=-\eta\left(\frac{\mathrm{d}u}{\mathrm{d}z}\right)_{z_0}\mathrm{d}S\mathrm{d}t, \tag{4.9}$$

因为动量是沿着流速减小的方向输运的,若$\left(\frac{\mathrm{d}u}{\mathrm{d}z}\right)>0$,则 $\mathrm{d}K<0$,而黏度总是正的,所以应加一负号.

二、热传导现象

当气体内各处的温度不均匀时,就会有热量从温度较高处传递到温度较低处,这种现象叫做热传导现象.为简单起见,设温度沿 z 轴正方向逐渐升高,如果在 $z=z_0$ 处垂直于 z 轴取一截面 $\mathrm{d}S$ 将气体分成 A、B 两部分,则热量将通过 $\mathrm{d}S$ 由 B 部传递到 A 部.如以 $\mathrm{d}Q$ 表示在时间 $\mathrm{d}t$ 内通过 $\mathrm{d}S$ 沿 z 轴正方向传递的热量,以 $\left(\frac{\mathrm{d}T}{\mathrm{d}z}\right)_{z_0}$ 表示 $\mathrm{d}S$ 所在处的温度梯度,则热传导的基本规律可写作

$$\mathrm{d}Q=-\kappa\left(\frac{\mathrm{d}T}{\mathrm{d}z}\right)_{z_0}\mathrm{d}S\mathrm{d}t, \tag{4.10}$$

式中的比例系数 κ 叫做气体的导热系数,其单位为 $\mathrm{W\cdot m^{-1}\cdot K^{-1}}$,负号表明热量沿温度减小的方向输运.(4.10)式叫做傅里叶(Fourier)定律.

三、扩散现象

在混合气体内部,当某种气体的密度不均匀时,则这种气体将从密度大的地方移向密度小的地方,这种现象叫做扩散现象.例如从液面蒸发出来的水汽分子不断地散播开来,就是依靠扩散.扩散过程比较复杂.单就一种气体来说,在温度均匀的情况下,密度的不均匀将导致压强的不均匀,从而将产生宏观气流,这样在气体内发生的主要就不是扩散过程.就两种分子组成的混合气体来说,也只有保持温度和总压强处处均匀的情况下,才可能发生单纯的扩散过程.本节只研究单纯的扩散过程,而且只研究一种最简单的情形:两种气体的化学成分相同,但其中一种的分子具有放射性(例如,两种气体都是二氧化碳,但两种气体分子中的碳原子却是不同的同位素,一种是 $^{12}\mathrm{C}$,一种是 $^{14}\mathrm{C}$,后者具有放射性),它们的温度和压强都相同,放置在同一容器中,中间用隔板隔开[见图 4-4(a)].若将隔板抽去,扩散就开始进行.在设想的情况下,总的密度各处一样,各部分的压强是

均匀的，所以不产生宏观气流，又因温度均匀，相对分子质量相近，所以两种分子的平均速率接近相等.这样，每种气体将因其本身密度的不均匀而进行单纯的扩散[见图 4-4(b).]下面，我们就来讨论其中任一种气体(如具有放射性的二氧化碳)的扩散规律.

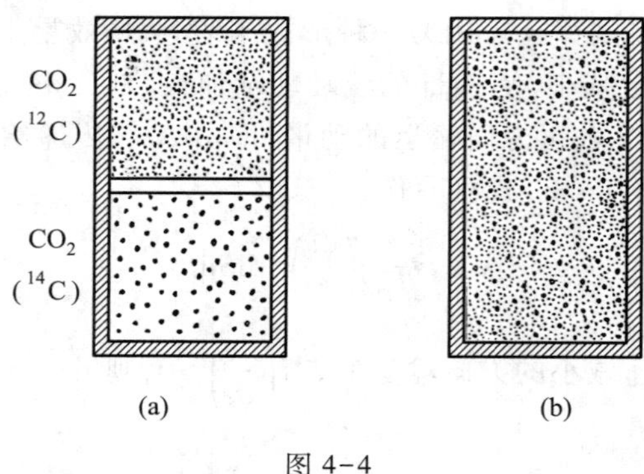

图 4-4

扩散的基本规律在形式上与黏性现象及热传导现象的相似.设气体的密度沿 z 轴正方向逐渐加大，如在 $z=z_0$ 处垂直于 z 轴取一截面 dS 将气体分成 A、B 两部分，则气体将从 B 部扩散到 A 部，而在时间 dt 内沿 z 轴正方向穿过 dS 的气体的质量为

$$dm_g = -D\left(\frac{d\rho}{dz}\right)_{z_0} dSdt \tag{4.11}$$

式中$\left(\frac{d\rho}{dz}\right)_{z_0}$表示 $z=z_0$ 处的**密度梯度**，比例系数叫做气体的**扩散系数**，其单位为 $m^2\cdot s^{-1}$，负号的意义同前.(4.11)式叫做**斐克(Fick)定律**.需要特别指出的是，这个定律对任意两种不同气体(如氧和氮)的相互扩散过程同样适用.

由以上的讨论可见，上述三种现象具有共同的宏观特征.这些现象的发生都是由于气体内部存在着一定的不均匀性，(4.9)式、(4.10)式和(4.11)式右端的梯度正是对这些不均匀性的定量描述，而各式左端表示的乃是消除这些不均匀性的倾向.因此，从定性的意义上讲，这些现象乃是从各个不同的方面揭示出气体趋向于各处均匀一致的特性.

§4-3 输运过程的微观解释

气体内部所以能够发生输运过程，首先是由于分子的不停的热运动.当气体内存在着不均匀性时，一般可以说，各处的分子就具有不同的特点.例如，当气体的温度不均匀时，各处的分子就具有与该处温度相对应的平均能量.热运动使分子由一处转移到另一处，结果就使各处的特点不断地混合起来.因此，原来存在着不均匀性的气体，由于各处分子的这种不断地相互“搅拌”，就会逐渐趋于均匀一致.

值得指出的是,分子的热运动虽然是气体内输运过程的一个重要因素,但却不是唯一的主要因素.在研究输运过程时,我们还必须注意到另一个因素,即分子间的相互碰撞.碰撞使分子沿着迂回曲折的路线运动,因而直接影响着分子巡回各处的效率.分子间的碰撞越频繁,分子运动所循的路线就越曲折,分子由一处转移到另一处所需的时间也就越长,分子的"搅拌"就进行得越缓慢.因此,分子间相互碰撞的频繁程度直接决定着输运过程的强弱.

一、黏性现象的微观解释

从分子动理论的观点看来,当气体流动时,每个分子除了具有热运动动量外,还附加有定向运动动量.如果用 m 表示分子的质量,u 表示气体的流速,则每个分子的定向运动动量为 mu.按照前面的假设,气体的流速沿 z 轴的正方向增大,所以截面 $\mathrm{d}S$ 以下 A 部分子的定向动量小,而截面以上 B 部分子的定向动量大.由于热运动,A、B 两部分的分子不断地交换,A 部分子带着较小的定向动量转移到 B 部,B 部分子带着较大的定向动量转移到 A 部.结果 A 部总的流动动量增大,而 B 部的则减小,其效果在宏观上就相当于 A、B 两部分互施黏性力,因此,黏性现象是由于气体内定向动量输运的结果.

为了推导出黏性现象的宏观规律,我们来计算在一段时间 $\mathrm{d}t$ 内由于热运动和碰撞所引起的定向动量的输运.在时间 $\mathrm{d}t$ 内,沿 z 轴正方向输运的总动量 $\mathrm{d}p_{总}$,就等于 A、B 两部分在这段时间内交换的分子对数乘以每交换一对分子所引起的动量改变.

下面首先计算在时间 $\mathrm{d}t$ 内,由 A 部通过 $\mathrm{d}S$ 面移到 B 部的分子数.实际上,A 部的分子是沿着一切可能的方向移到 B 部的.为了使计算简单起见,我们可以根据分子热运动的无规则性作一简化假设:设分子等分成三队,其中一队平行于 z 轴运动,另两队分别平行于 x 轴和 y 轴运动,显然,有意义的只是第一队中通过 $\mathrm{d}S$ 面向上运动的一半,这就是说,包含在任一体积内的所有分子中,平行于 z 轴向上运动的只占总数的 1/6.为了求出在时间 $\mathrm{d}t$ 内通过 $\mathrm{d}S$ 面的分子数,我们可用 $\mathrm{d}S$ 为顶,作一高度为 $\bar{v}\mathrm{d}t$ 的柱体(见图 4-5).显然,在任一时刻,在这个柱体内平行于 z 轴向上运动的分子,经过时间 $\mathrm{d}t$ 后都能通过 $\mathrm{d}S$.它们的数目就等于包含在这柱体内的分子总数的 1/6.如果用 n 表示单位体积内的分子数,则在时间 $\mathrm{d}t$ 内由 A 部通过 $\mathrm{d}S$ 面移到 B 部的分子数就等于

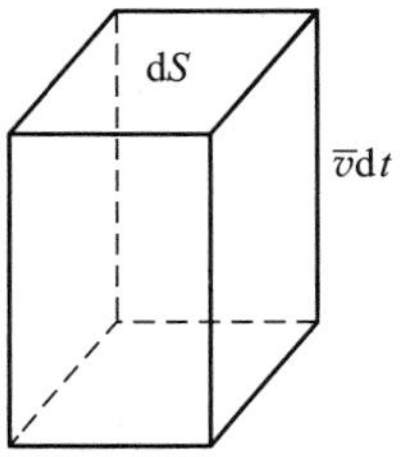

dS

$\bar{v}\mathrm{d}t$

图 4-5

$$\mathrm{d}N=\frac{1}{6}n\bar{v}\mathrm{d}S\mathrm{d}t \tag{4.12}$$

由于气体各部分具有相同的温度和分子数密度,所以根据同样的道理,在这段时间内有同样多的分子由 B 部移到 A 部,即 A、B 两部分交换的分子数目相同.因

此，在时间 $\mathrm{d}t$ 内通过 $\mathrm{d}S$ 面交换的分子对数就等于$\frac{1}{6}n\bar{v}\mathrm{d}S\mathrm{d}t$.

其次，我们来计算 A、B 两部分每交换一对分子所输运的动量.由于 A、B 两部分分子的定向动量不同，所以每交换一对分子，A 部就得到一定的动量，而 B 部就失去一定的动量，如果用 $\mathrm{d}p$ 表示交换一对分子沿 z 轴正方向输运的动量，则

$$\mathrm{d}p=(\text{A 部分子的定向动量})-(\text{B 部分子的定向动量})$$

根据给定的条件，流速是沿 z 轴正方向逐渐增大的，所以不论对 A 部或是对 B 部来说，处在不同气层内的分子的定向动量仍然是不同的.因此，要具体计算出 $\mathrm{d}p$，就必须解决一个问题：由 A 部转移到 B 部（或由 B 部转移到 A 部）的分子究竟具有多大的定向动量？

在 §3-1 中曾经提到，平衡态的建立和维持是分子间相互碰撞的结果.说得更具体一些，设想把几个分子注入温度为 T 的气体中，则不管它们原来的速度如何，最后它们必然变得与其他分子无从区别，可以说它们被“同化”了.它们所以会被“同化”而获得集体的特点，正是由于与其他分子碰撞的结果.根据这样的事实，在输运过程的简单理论中，解决分子带多大定向动量的问题，依靠一个基本的简化假设，即：分子受一次碰撞就被完全“同化”.这就是说，当任一分子在运动过程中与某一气层中的其他分子发生碰撞时，它就舍弃掉原来的定向动量，而获得受碰处的定向动量.

根据这个假设，我们可以认为 A、B 两部分所交换的分子都具有通过 $\mathrm{d}S$ 面前最后一次受碰处的定向动量.显然，各个分子通过 $\mathrm{d}S$ 面前最后一次受碰的位置是不相同的.但是根据分子按自由程分布的规律（4.6）式不难求出，所以 B 部（或 A 部）向下（或向上）通过 $\mathrm{d}S$ 面前最后一次受碰处与 $\mathrm{d}S$ 面之间的平均距离正好等于分子的平均自由程 λ①.这就是说，B 部的分子通过 $\mathrm{d}S$ 面前所带的定向动量为 $mu_{z_0+\lambda}$，而 A 部的分子通过 $\mathrm{d}S$ 面前所带的定向动量则为 $mu_{z_0-\lambda}$.因此，可以把上式具体写作

$$\mathrm{d}p=mu_{z_0-\lambda}-mu_{z_0+\lambda}$$

式中 $u_{z_0-\lambda}$ 和 $u_{z_0+\lambda}$ 分别表示气体在 $z=z_0-\lambda$ 和 $z=z_0+\lambda$ 处的流速.

如果以$\left(\frac{\mathrm{d}u}{\mathrm{d}z}\right)_{z_0}$表示 $z=z_0$ 处的速度梯度，显然

$$u_{z_0-\lambda}-u_{z_0+\lambda}=-2\lambda\left(\frac{\mathrm{d}u}{\mathrm{d}z}\right)_{z_0}$$

代入前式，即得

$$\mathrm{d}p=-m\cdot 2\lambda\left(\frac{\mathrm{d}u}{\mathrm{d}z}\right)_{z_0} \tag{4.13}$$

将（4.12）式和（4.13）式相乘，就得到在时间 $\mathrm{d}t$ 内通过 $\mathrm{d}S$ 面沿 z 轴正方向

---

① 证明见附录 4-1.

输运的总动量：

$$\mathrm{d}p_{\text{总}} = -\frac{1}{3}nm\bar{v}\lambda\left(\frac{\mathrm{d}u}{\mathrm{d}z}\right)_{z_0}\mathrm{d}S\mathrm{d}t$$

$$= -\frac{1}{3}\rho\bar{v}\lambda\left(\frac{\mathrm{d}u}{\mathrm{d}z}\right)_{z_0}\mathrm{d}S\mathrm{d}t$$

式中 $\rho=nm$ 为气体的密度.这样，我们就从分子动理论的观点导出了黏性现象的规律，把这个结果与(4.9)式相比，可得

$$\eta = \frac{1}{3}\rho\bar{v}\lambda \tag{4.14}$$

可见，气体的黏度与 ρ、$\bar{v}$、λ 有关，因而取决于气体的性质和状态.

上面，我们从分子动理论观点推算了气体相邻两流层之间沿切线方向的黏性力.用类似的方法可以求出气体内通过任一截面两边气体相互作用的垂直压强.从微观的角度看来，理想气体内部的压强实质上是由垂直于截面方向的热运动动量交换所引起的.设想在处于平衡态的气体内，任意取一截面 dS 把气体分为 A、B 两部分（见图 4-6），则在时间 dt 内通过 dS 面，A、B 两部分交换的分子对数为$\frac{1}{6}n\bar{v}\mathrm{d}S\mathrm{d}t$.每交换一对分子，就 A 部来说，失去一个从左向右运动的分子，获得一个从右向左运动的分子，因而平均地讲分子热运动动量将改变 $2m\bar{v}$，动量改变的方向是垂直于 dS 面指向 A 部的，因此，在时间 dt 内通过 dS 面 A 部总的动量改变为

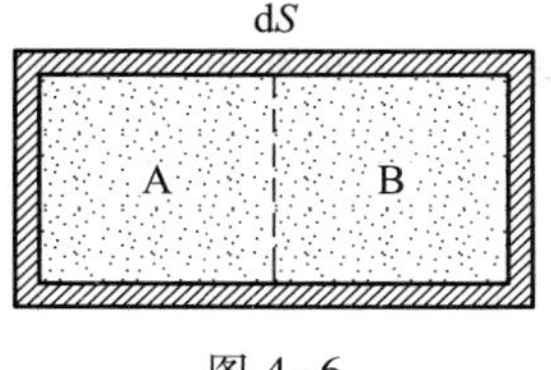

图 4-6

$$\mathrm{d}p_{\text{总}} = \frac{1}{6}n\bar{v}\mathrm{d}S\mathrm{d}t2m\bar{v}$$

根据压强的定义，可得

$$p = \frac{\mathrm{d}p_{\text{总}}}{\mathrm{d}S\mathrm{d}t} = \frac{2}{3}n\left(\frac{1}{2}m\,\overline{v^2}\right)$$

从宏观上看，这就是通过 dS 面 B 部施于 A 部的压强.同理，A 部施于 B 部的压强有同样的结果.上式是粗略地把分子的速率按 $\bar{v}$ 计算求得的，如果考虑到分子按速率的分布，最后求平均，则得

$$p = \frac{2}{3}n\left(\frac{1}{2}m\,\overline{v^2}\right)$$

这就是 § 2-2 中得到的理想气体压强公式.

二、热传导现象的微观解释

从分子动理论的观点看来，A 部的温度低，分子的平均热运动能量小；B 部的温度高，分子的平均热运动能量大.由于热运动，A、B 两部分不断交换分子，结果使一部分热运动能量从 B 部输运到 A 部，这就形成宏观上热量的传递.

用上述类似的方法，可以推导出热传导的宏观规律.设 A 部的温度为 T_A，B 部的温度为 T_B.在温度差不很大的情况下，我们可近似地认为 $n_A\bar{v}_A=n_B\bar{v}_B=n\bar{v}$.因此，在时间 d$t$ 内通过 dS 面，A、B 两部分交换的分子对数为$\frac{1}{6}n\bar{v}\mathrm{d}S\mathrm{d}t$.如 § 3-4 中

指出,根据能量均分定理,A 部分子的平均热运动能量为

$$\frac{1}{2}(t+r+2s)kT_{\mathrm{A}}$$

B 部分子的平均热运动能量为$\frac{1}{2}(t+r+2s)kT_{\mathrm{B}}$.因此,每交换一对分子,沿 z 轴正方向输运的能量为

$$\frac{1}{2}(t+r+2s)kT_{\mathrm{A}}-\frac{1}{2}(t+r+2s)kT_{\mathrm{B}}$$

而在时间 $\mathrm{d}t$ 内通过 $\mathrm{d}S$ 面输运的总能量,即沿 z 轴正方向传递的热量为

$$\mathrm{d}Q=\frac{1}{6}n\bar{v}\mathrm{d}S\mathrm{d}t\frac{(t+r+2s)}{2}k(T_{\mathrm{A}}-T_{\mathrm{B}})$$

用温度梯度来表示温度差,则有

$$T_{\mathrm{A}}-T_{\mathrm{B}}=-2\lambda\left(\frac{\mathrm{d}T}{\mathrm{d}z}\right)_{z_0}$$

因此

$$\mathrm{d}Q=-\frac{1}{3}n\bar{v}\lambda\frac{(t+r+2s)}{2}k\left(\frac{\mathrm{d}T}{\mathrm{d}z}\right)_{z_0}\mathrm{d}S\mathrm{d}t$$

与热传导的宏观规律(4.10)式相比,可得导热系数为

$$\kappa=\frac{1}{3}n\bar{v}\lambda\frac{(t+r+2s)}{2}k \tag{4.15}$$

如 § 3-4 中指出,气体的定容热容为

$$C_V=\frac{\mathrm{d}U}{\mathrm{d}T}=\frac{(t+r+2s)}{2}Nk$$

而比定容热容为

$$c_V=\frac{C_V}{m}=\frac{(t+r+2s)Nk/2}{m}$$

式中 m 为气体的质量,N 为分子数,把这个关系代入(4.15)式,可得导热系数为

$$\kappa=\frac{1}{3}\rho\bar{v}\lambda c_V \tag{4.16}$$

三、扩散现象的微观解释

从分子动理论的观点看来,A 部的密度小,单位体积内的分子少;B 部的密度大,单位体积内的分子多.因此,在相同的时间内,由 A 部转移到 B 部的分子少,而由 B 部转移到 A 部的分子多,这就形成了宏观上物质的输运,从而引起扩散现象.

参照上面关于黏性现象和热传导现象的讨论,可以确定,在时间 $\mathrm{d}t$ 内通过 $\mathrm{d}S$ 面沿 z 轴正方向输运的气体的质量为

$$\mathrm{d}m_{\mathrm{g}}=m\left(\frac{1}{6}n_{\mathrm{A}}\bar{v}\mathrm{d}S\mathrm{d}t-\frac{1}{6}n_{\mathrm{B}}\bar{v}\mathrm{d}S\mathrm{d}t\right)$$

$$= \frac{1}{6}\bar{v}\mathrm{d}S\mathrm{d}t(\rho_{\mathrm{A}} - \rho_{\mathrm{B}})$$

$$= -\frac{1}{6}\bar{v}\mathrm{d}S\mathrm{d}t \cdot 2\lambda\left(\frac{\mathrm{d}\rho}{\mathrm{d}z}\right)_{z_0}$$

$$= -\frac{1}{3}\bar{v}\lambda\left(\frac{\mathrm{d}\rho}{\mathrm{d}z}\right)_{z_0}\mathrm{d}S\mathrm{d}t$$

将上式与宏观规律(4.11)式相比,可得扩散系数为

$$D = \frac{1}{3}\bar{v}\lambda \tag{4.17}$$

四、理论结果与实验的比较

下面,我们从几方面将理论结果与实验相比较.

1. η,κ和D与气体状态参量的关系　将$\rho = mn$,$\bar{v} = \sqrt{\frac{8kT}{\pi m}}$,$\lambda = \frac{1}{\sqrt{2}\sigma n}$及$n = \frac{p}{kT}$代入(4.14)式、(4.16)式和(4.17)式,可得

$$\eta = \frac{1}{3}\rho\bar{v}\lambda = \frac{1}{3}\sqrt{\frac{4km}{\pi}}\frac{T^{1/2}}{\sigma} \tag{4.18}$$

$$\kappa = \frac{1}{3}\rho\bar{v}\lambda c_V = \frac{1}{3}\sqrt{\frac{4km}{\pi}}c_V\frac{T^{1/2}}{\sigma} \tag{4.19}$$

$$D = \frac{1}{3}\bar{v}\lambda = \frac{1}{3}\sqrt{\frac{4kT}{\pi m}}\frac{1}{\sigma n} = \frac{1}{3}\sqrt{\frac{4k^3}{\pi m}}\frac{T^{3/2}}{\sigma p} \tag{4.20}$$

从以上三式可以看出,在一定的温度下,黏度η和导热系数κ与压强p或单位体积内的分子数n无关;扩散系数D与p或n成反比.η与p无关的结论最初是由麦克斯韦从理论上推出的,乍看起来很难理解,因为当p降低时,n减小,dS面两边交换的分子对数减少,因而η似乎应减小.但是,麦克斯韦、德国物理学家迈耶(J.R.Mayer,1814—1878)等曾在零点几千帕到几百千帕压强范围内做实验,证实了这个推论,这对气体分子动理论的建立起了重要作用.实际上,η和κ与p无关的结论可以这样理解:当p降低时,n减少,通过dS面两边交换的分子对数确实减少;但同时,分子的平均自由程加大,两边的分子能够从相距更远的气层无碰撞地通过dS面.由于存在着这两种相反的作用,结果η和κ都与p无关.在一定的温度下,D与p成反比的推论也同样可由分子热运动和分子间碰撞所起的作用予以解释.

从以上三式还可看出,在一定的压强下,η,κ和D都随温度T的升高而加大;η和κ与$T^{1/2}$成正比,D与$T^{3/2}$成正比.根据实验结果,当T升高时,η、κ和D的增大都比理论预期的结果更加显著;η和κ约与$T^{0.7}$成正比,D约与$T^{1.75}$至T^2成正比.理论结果所以与实验有偏差,是因为在上述简单理论中,我们把分子看作了刚性球,认为它们的碰撞截面σ不随T改变,而这是与实际不尽相符的.如

前所述，两个分子除了在极接近时有很强的斥力作用外，在比较接近时还有较弱的引力作用，在一定的温度下，引力作用将使分子的碰撞频率增大，即使分子的有效碰撞截面 σ 加大；而当温度升高时，随着分子平均速率的加大，引力对碰撞频率的影响减弱，有效碰撞截面因而减小. 显然，考虑到 σ 随 T 的升高而略有减小，就可定性的理解实验结果.

2. η、κ 和 D 之间的关系　根据上述简单理论，η、κ 和 D 之间存在着简单的关系，由(4.14)式和(4.16)式，可得

$$\frac{\kappa}{\eta}=c_V \quad 或 \quad \frac{\kappa}{\eta\ c_V}=1 \tag{4.21}$$

而由(4.14)式和(4.17)式，可得

$$\frac{D}{\eta}=\frac{1}{\rho} \quad 或 \quad \frac{D\rho}{\eta}=1 \tag{4.22}$$

根据实验结果，$\frac{\kappa}{\eta c_V}$介于 1.3 到 2.5 之间，$\frac{D\rho}{\eta}$介于 1.3 到 1.5 之间，具体数值都因气体的不同而异. 这个事实说明，(4.14)式，(4.16)式和(4.17)式中的系数实际上都并不等于 1/3，而且都与气体的性质有关. 在上述简单理论中，除了用到刚性球模型外，还作了许多简化假设，例如：未考虑分子按速率的分布，认为所有的分子都以相同的速率 $\bar{v}$ 运动，都具有相同的自由程 λ；认为分子受到一次碰撞就被完全"同化"等. 所有这些都是与实际情况有出入的. 因此，在上述理论结果中出现的系数 1/3 本来就是粗略的、不可靠的.

$\frac{\kappa}{\eta\ c_V}$的理论值与实验值的偏差所以很大，一个重要的原因就是在上述理论中未考虑分子按速率的分布. 实际上，分子的速率有大有小，而且速率大的分子通过任一截面 dS 的机会要比速率小的分子多. 在热传导过程中，更多的速率大的分子通过 dS 面同时将输运更多的热运动能量，而在黏性现象中，更多的速率大的分子通过 dS 面并不输运更多的定向动量. 由此可理解，$\frac{\kappa}{\eta}$的实验值将大于(4.21)式所确定的理论值.

3. η、κ 和 D 的数量级

[例题 3]　试估算在 15 ℃时氮气的黏度，氮分子的有效直径取 $d=3.8\times10^{-10}$ m，已知氮的相对分子质量为 28.

[解]　根据(4.18)式，黏度为

$$\eta=\frac{1}{3}\rho\bar{v}\lambda=\frac{1}{3}\sqrt{\frac{4mkT}{\pi}}\frac{1}{\pi d^2}$$

氮的相对分子质量为 28，所以氮分子的质量为

$$m=\frac{28\times10^{-3}}{6.02\times10^{23}}\ \text{kg}=4.6\times10^{-26}\ \text{kg}$$

已知 $T=288$ K，$d=3.8\times10^{-10}$ m，$k=1.38\times10^{-23}$ J · K^{-1}，代入上式即得

$$\eta=\frac{1}{3}\sqrt{\frac{4mkT}{\pi^3}}\frac{1}{d^2}$$

$$=\frac{1}{3}\sqrt{\frac{4\times4.6\times10^{-26}\times1.38\times10^{-23}\times288}{(3.14)^3}}\times\frac{1}{(3.8\times10^{-10})^2}\ \mathrm{Pa\cdot s}$$

$$=1.1\times10^{-5}\ \mathrm{Pa\cdot s}$$

实验测得在 15 ℃时氮气的黏度为 1.73×10^{-5} Pa · s,从这个例题可看出,η 的理论值与实验值的数量级相同,对于 κ 和 D,情况也是这样.因此,根据上述输运过程的简单理论还可估计 η、κ 和 D 的数量级.

五、低压下的热传导和黏性现象

上面得到的导热系数 κ 和黏度 η 与压强 p 无关的结论,仅在常压下成立.实验指出,当气体的压强很低时,κ 和 η 都与 p 成正比.

如图 4-7 所示,设有两块平行的板 1 和 2,它们之间的距离为 l,温度分别保持在 T_1 和 T_2,并设 $T_1>T_2$.当两板间气体的压强很低,以致分子的平均自由程 λ 等于或大于 l 时,气体热传导的机制与上面讲的有所不同.在这种情形下,任一分子与板 1 相碰时就获得与温度 T_1 对应的平均热运动能量 $\bar{\varepsilon}_1$,然后这个分子将无碰撞地跑到板 2,与板 2 相碰,能量变为与温度 T_2 对应的平均能量 $\bar{\varepsilon}_2$,即将一部分能量传递给板 2.分子就这样彼此无碰撞地往返于两板之间,不断地将能量由板 1 输运到板 2.如果继续降低压强,则单位体积内的分子数 n,亦即参与输运能量的分子数将减少,而分子的自由路程仍被限制为两板间的距离 l,即分子仍旧彼此无碰撞地往返于两板之间,所以气体的导热性能将减弱.由此可见,当气体的压强很低,分子的平均自由程实际上被限制为两板间的距离时,气体的导热系数随压强的降低而减小,即与压强成正比.

根据类似的道理可以说明,当压强很低时,气体的黏度对压强的依赖关系.

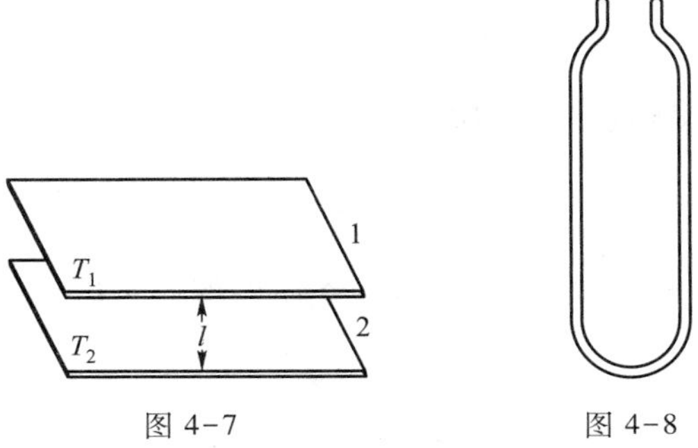

图 4-7　　图 4-8

杜瓦瓶(热水瓶胆,见图 4-8)就是根据低压下气体导热性随压强的降低而减弱的原理制成的.杜瓦瓶是具有双层薄壁的玻璃容器,两壁间的空气被抽得很稀薄，以使参与输运热运动能量的分子减少，而且使分子的平均自由程大于两壁间的距离.这样，杜瓦瓶就具有良好的隔热作用，从而可用来储存热水或各种液态气体.

附录 4-1 分子通过 dS 面前最后一次受碰处与 dS 间的平均距离

先考虑 dS 面上方 B 部向下运动的分子.为简单计，取 $z_0=0$，B 部的分子就是 z 为 $0\sim+\infty$ 的空间内的分子.设在坐标 z 处取一底面积为 dS 高度为 dz 的体积元，则在该体积元内的分子数应为 $n\mathrm{d}S\mathrm{d}z$.由于每个分子的碰撞频率为 $\bar{v}/\lambda$，所以该体积元中在时间 dt 内先后有 $(n\mathrm{d}S\mathrm{d}z)(\bar{v}/\lambda)\mathrm{d}t$ 个分子与其他分子碰撞.

分子在碰撞后向各个方向运动.平均地讲，只有其中 1/6 的分子沿 z 轴负方向朝 dS 面运动，即有 $\frac{1}{6}(n\mathrm{d}S\mathrm{d}z)(\bar{v}/\lambda)\mathrm{d}t$ 个分子向下通过 dS.

在离开该体积元后能无碰撞地向下通过 dS 的分子，只可能是自由程大于 z 的.因此，在时间 dt 内在 z 处的体积元 dSdz 内受碰，而后再无碰撞地通过 dS 的分子数，根据(4.6)式，应为 $\frac{1}{6}(n\mathrm{d}S\mathrm{d}z)(\bar{v}/\lambda)\mathrm{d}t\mathrm{e}^{-z/\lambda}$.

因此，从 $z>0$ 的 B 部各处出发，在时间 dt 内无碰撞地向下通过 dS 的分子的总和应为

$$\int_0^{\infty}\frac{1}{6}n(\bar{v}/\lambda)\mathrm{e}^{-z/\lambda}\mathrm{d}S\mathrm{d}z\mathrm{d}t=\frac{1}{6}n\bar{v}\mathrm{d}S\mathrm{d}t$$

这与简化假设(4.12)式所给出的 dN 一致.

由上面的分析已知，在时间 dt 内向下通过 dS 前在 z 处受碰的分子数为

$$\frac{1}{6}n(\bar{v}/\lambda)\mathrm{e}^{-z/\lambda}\mathrm{d}S\mathrm{d}z\mathrm{d}t$$

它们在通过 dS 前，最后一次受碰处与 dS 间的距离之和为

$$z\cdot\frac{1}{6}n(\bar{v}/\lambda)\mathrm{e}^{-z/\lambda}\mathrm{d}S\mathrm{d}z\mathrm{d}t$$

所以这些分子通过 dS 前最后一次受碰处与 dS 间的平均距离就是

$$\bar{z}=\int_0^{\infty}\frac{1}{6}n(\bar{v}/\lambda)z\mathrm{e}^{-z/\lambda}\mathrm{d}S\mathrm{d}z\mathrm{d}t\Big/\left(\frac{1}{6}n\bar{v}\mathrm{d}S\mathrm{d}t\right)=\lambda$$

同样可求出，A 部的分子向上通过 dS 面前最后一次受碰处与 dS 间的平均距离也是 λ.

第四章思考题

1. 何谓自由程和平均自由程？平均自由程与气体的状态以及分子本身的

性质有何关系？在计算平均自由程时，哪里体现了统计平均？

2. 容器内储有一定量的气体，保持容积不变，使气体的温度升高，则分子的碰撞频率和平均自由程各怎样变化？

3. 理想气体定压膨胀时，分子的平均自由程和碰撞频率与温度的关系如何？

4. 用哪些办法可以使气体分子的碰撞频率减小？

5. 容器内储有 1 mol 的气体，设分子的碰撞频率为 Z，问容器内所有分子在一秒内总共相碰多少次？

6. 如果认为两个分子在离开一定距离时，相互间存在一有心力作用，则这时分子的有效直径、碰撞截面和平均自由程等概念是否还有意义？

7. 如果把分子看作相互间有引力作用的刚球（苏则朗模型），则分子的碰撞截面和平均自由程如何随温度变化？

8. 混合气体由两种分子组成，其有效直径分别为 d_1 和 d_2. 如果考虑这两种分子的相互碰撞，则碰撞截面为多大？平均自由程为多大？

9. 三种输运过程遵从怎样的宏观规律？它们有哪些共同的特征？阐明三个梯度和三个输运系数的物理意义.

10. 在讨论三种输运过程的微观理论时，我们做了哪些简化假设？提出这些假设的根据是什么？

11. 分子热运动和分子间的碰撞在输运过程中各起什么作用？哪些物理量体现了它们的作用？

12. 考虑分子间的碰撞，设平均自由程 λ. 在任一时刻 t 考察某个分子 A，问：

(1) 平均地讲，分子 A 需通过多长的路程才会与另一分子相碰？

(2) 自上一次受碰到时刻 t，平均地讲，分子 A 通过了多长的路程？

(3) 如果在时刻 t，分子 A 刚好与其他分子碰过一次，则平均地讲，分子 A 需通过多长的路程才会与另一分子相碰？

13. 有一空心的圆柱体，内外表面温度不同，问在柱层中不同半径处的温度梯度是否相同.

14. η、κ 和 D 与气体的压强各有什么关系？试从物理道理上说明这些关系？

15. 一定量气体先经过等体过程，使其温度升高一倍，再经过等温过程使其体积膨胀为原来的二倍. 问后来的 λ、η、κ、D（平均自由程、黏度、导热系数、扩散系数）各为原来的多少倍？

第四章习题

1. 氢气在 1.01×10^5 Pa，15 ℃时的平均自由程为 1.18×10^{-7} m，求氢分子的有效直径.

2. 氮分子的有效直径为 3.8×10^{-10} m，求其在标准状态下的平均自由程和连续两次碰撞间的平均时间.

3. 氧分子的有效直径为 3.6×10^{-10} m,求其碰撞频率.已知:

(1) 氧气的温度为 300 K,压强为 1.01×10^{5} Pa;

(2) 氧气的温度为 300 K,压强为 0.101 Pa.

4. 某种气体分子在 25 ℃时的平均自由程为 2.63×10^{-7} m.

(1) 已知分子的有效直径为 2.6×10^{-10} m,求气体的压强.

(2) 求分子在 1.0 m 的路程上与其他分子的碰撞次数.

5. 若在 1.01×10^{5} Pa 下,氧分子的平均自由程为 6.8×10^{-8} m,在什么压强下,其平均自由程为 1.0 mm? 设温度保持不变.

6. 电子管的真空度约为 1.33×10^{-3} Pa,设气体分子的有效直径为 3.0×10^{-10} m,求 27 ℃时单位体积内的分子数、平均自由程和碰撞频率.

7. 今测得温度为 15 ℃、压强为 1.01×10^{5} Pa 时氩分子和氖分子的平均自由程分别为 $\lambda_{Ar}=6.7\times10^{-8}$ m 和 $\lambda_{Ne}=13.2\times10^{-8}$ m,问:

(1) 氩分子和氖分子的有效直径之比是多少?

(2) $t=20$ ℃,$p=2.0\times10^{3}$ Pa 时,λ_{Ar}为多大?

(3) $t=-40$ ℃,$p=10^{4}$ Pa 时,λ_{Ne}为多大?

8. 在气体放电管中,电子不断与气体分子相碰.因电子的速率远远大于气体分子的平均速率,所以后者可认为是静止不动的.设电子的"有效直径"比起气体分子的有效直径 d 来可以忽略不计.

(1) 电子与气体分子的碰撞截面 σ 为多大?

(2) 证明:电子与气体分子碰撞的平均自由程为

$$\lambda_{e}=\frac{1}{\sigma n},$$

n 为气体分子的数密度.

*9. 设气体分子的平均自由程为 λ,试证明:一个分子在连续两次碰撞之间所走路程至少为 x 的概率是 $e^{-x/\lambda}$.

*10. 某种气体分子的平均自由程为 10 cm.在 10 000 段自由程中,

(1) 有多少段长于 10 cm?

(2) 有多少段长于 50 cm?

(3) 有多少段长于 5 cm 而短于10 cm?

(4) 有多少段长度在 9.9 cm 到 10 cm 之间?

(5) 有多少段长度刚好为10 cm?

*11. 某一时刻氧气中有一组分子都刚与其他分子碰撞过.问经多长时间后其中还能保留一半未与其他分子相碰.设氧分子都以平均速率运动,氧气的温度为 300 K,在给定的压强下氧分子的平均自由程为 2.0 cm.

*12. 需将阴极射线管抽到多高的真空度,才能保证从阴极发射出来的电子有 90%能达到 20 cm 远处的阳极,而在途中不与空气分子相碰?

*13. 由电子枪发出一束电子射入压强为 p 的气体.在电子枪前相距 x 处放置一收集电极,用来测定能自由通过(即不与气体分子相碰)这段距离的电子数.已知电子枪发射的电子流强度为 100 μA(微安),当气压 $p=100$ N/m^{2},$x=10$ cm 时,到达收集极的电子流强度为 37 μA.

(1) 电子的平均自由程为多大?

(2) 当气压降到 50 N/m^{2} 时,到达收集极的电子流强度为多大?

14. 今测得氮气在 0 ℃时的黏度为 16.6×10^{-6} Pa · s,计算氮分子的有效直径.已知氮的相对分子质量为 28.

15. 今测得氮气在 0 ℃时的导热系数为 23.7×10^{-3} W · m^{-1} · K^{-1},摩尔定容热容为 20.9 J · mol^{-1} · K^{-1},试计算氮分子的有效直径.

16. 氧气在标准状态下的扩散系数为 1.0×10^{-5} m^2 · s^{-1},求氧分子的平均自由程.

17. 已知氦气和氩气的相对原子质量分别为 4 和 40,它们在标准状态下的黏度分别为 $\eta_{He}=18.8\times10^{-6}$ Pa · s 和 $\eta_{Ar}=21.0\times10^{-6}$ Pa · s,求:

(1) 氩分子与氦分子的碰撞截面之比 σ_{Ar}/σ_{He};

(2) 氩气与氦气的导热系数之比 κ_{Ar}/κ_{He};

(3) 氩气与氦气的扩散系数之比 D_{Ar}/D_{He}.

18. 一长为 2 m、截面积为 10^{-4} m^2 的管子里储有标准状态下的 CO_2 气体,一半 CO_2 分子中的 C 原子是放射性同位素 ^{14}C.在 $t=0$ 时,放射性分子密集在管子的左端,其分子数密度沿着管子均匀地减小,到右端减为零.

(1) 开始时,放射性气体的密度梯度是多大?

(2) 开始时,每秒有多少个放射性分子通过管子中点的横截面从左侧移往右侧?

(3) 有多少个从右侧移往左侧?

(4) 开始时,每秒通过管子横截面扩散的放射性气体为多少克?

19. 将一圆柱体沿轴悬挂在金属丝上,在圆柱体外面套上一个共轴的圆筒,两者之间充以空气.当圆筒以一定的角速度转动时,由于空气的黏性作用,圆柱体将受到一力矩 M.由悬丝的扭转程度可测定此力矩,从而求出空气的黏度.设圆柱体的半径为 R,圆筒的内半径为 $R+\delta$ ($\delta\ll R$),两者的长度均为 L,圆筒的角速度为 ω,试证明:

$$M = 2\pi\eta R^3 L\omega/\delta$$

η 是待测的黏度.

20. 两个长为 100 cm、半径分别为 10. 0 cm 和 10. 5 cm 的共轴圆筒套在一起,其间充满氢气.若氢气的黏度为 $\eta=8.7\times10^{-6}$ Pa · s,问外筒的转速多大时才能使不动的内筒受到 1.07×10^{-3} N 的作用力.

*21. 两个长圆筒共轴套在一起,两筒的长度均为 L,内筒和外筒的半径分别为 R_1 和 R_2.内筒和外筒分别保持在恒定的温度 T_1 和 T_2,且 $T_1>T_2$.已知两筒间空气的导热系数为 κ,试证明:每秒由内筒通过空气传到外筒的热量为

$$Q=\frac{2\pi\kappa L}{\ln\frac{R_2}{R_1}}(T_1-T_2).$$

第五章　热力学第一定律

§5-1　热力学过程

在第一章中我们只讨论了热力学系统处在平衡状态时的某些性质，现在研究热力学系统从一个平衡态到另一个平衡态的转变过程.

当热力学系统的状态随时间变化时，我们就说系统经历了一个热力学过程.设系统由某一平衡态开始变化，状态的变化必然要破坏平衡，原来的平衡态被破坏后需要经过一段时间才能达到新的平衡态（这段时间称为弛豫时间）.然而，过程往往进行得较快，在还未达到新的平衡前又继续了下一步的变化.这样，在过程中系统必然要经历一系列非平衡状态，这种过程称为非静态过程.但是，在热力学中，具有重要意义的是所谓准静态过程，在这种过程进行中的每一时刻，系统都处于平衡态.这是一种理想的过程.下面举两个具体的例子来说明.

先举一个非静态过程的例子.如图 5-1，设有一个带活塞的容器，里面储有气体，气体与外界处于热平衡（外界温度 T_0 保持不变），气体的状态参量用 p_0、T_0 表示.将活塞迅速上提，则气体体积膨胀，从而破坏了原来的平衡态.当活塞停止运动后，经过足够长的时间，气体将达到新的平衡态，具有各处均匀一致的压强 p 及温度 T_0.但在迅速上提活塞的过程中，一般地说，气体内各处的温度和压强都是不均匀的，即气体在每一时刻都处于非平衡状态.拿压强来说，在上提活塞的过程中，靠近活塞处的气体压强显然比远离活塞处的气体压强小，而要使各处压强趋于平衡，则需要一定的时间，若上提活塞极其迅速，气体就往往来不及使各处压强趋于均匀一致.还应注意的是，即使在同一系统中，不同物理量趋于平衡所需要的时间也不一样.通常使气体各处压强达到平衡，要比使各处的温度达到平衡来得快，即系统压强的弛豫时间比温度的弛豫时间要短.

再举一个准静态过程的例子.仍用图 5-1 所示的系统，设活塞与器壁间无摩擦.控制外界压强，使它在每一时刻都比气体压强大一微小量，这样，气体就将被缓慢地压缩.如果每压缩一步（气体体积减小一微小量 ΔV）所经过的时间都比弛豫时间长，那么在压缩过程中系统就几乎随时接近平衡态.所谓准静态过程就是这种过程无限缓慢进行的理想极限，在过程中每一时刻系统内部的压强都等于外界的压强.这种极限情形在实际上虽然不能完全做到，但却可以无限趋近.这里应该注意的是没有摩擦阻力

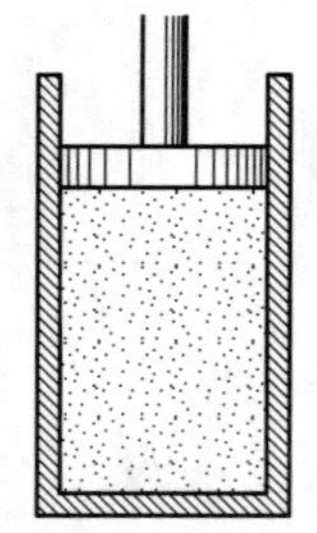

图 5-1

的理想条件.在有摩擦阻力时,虽然仍可使过程进行得无限缓慢从而每一步都处于平衡态,但这时外界作用压强显然不等于系统内部的平衡态参量压强值.今后本书中所提到的准静态过程都是指无摩擦的准静态过程.

对一定量的气体来讲,状态的量 p、V、T 中只有两个是独立的,所以给定任意两个参量的数值,就确定了一个平衡态.例如,如果以 p 为纵坐标,V 为横坐标,作 $p-V$ 图,则 $p-V$ 图上任何一点都对应着一个平衡状态(非平衡态因没有统一确定的参量,所以不能在图上表示出来).而图中任意一条线都代表一个准静态过程.图 5-2 中的曲线就表示某一准静态过程,曲线上的每一点都对应于一个平衡状态.

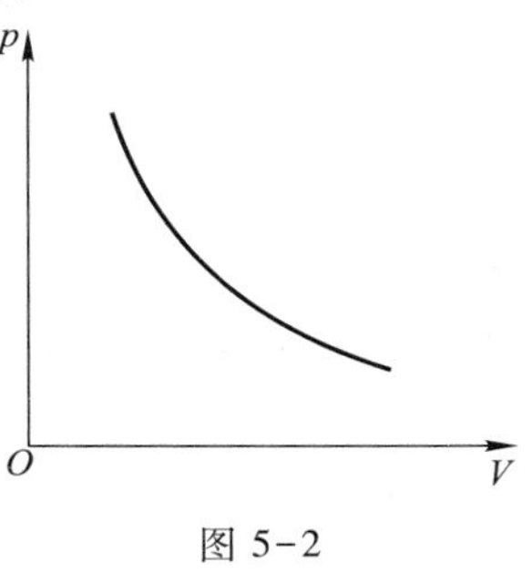

图 5-2

实际过程当然都是在有限的时间内进行的,不可能是无限缓慢的.但是,在许多情况下可近似地把实际过程当做准静态过程来处理.以后讨论的各种过程除非特别声明,一般都是指准静态过程.当然,我们把实际过程当做准静态过程来处理,毕竟是有误差的,当要求的精确度较高时,还需将所得的结果做一定的修正,如果过程进行得很快(如爆炸过程)就不能看作是准静态过程.

§ 5-2 功

在力学中学过,外界对物体做功的结果会使物体的状态发生变化;在做功的过程中,外界与物体之间有能量的交换,从而改变了系统的机械能.力学中所研究的是物体间特殊类型的相互作用,物体与外界交换能量的结果,使物体的机械运动状态改变.然而功的概念却广泛得多,除机械功外,还有电场功、磁场功等其他类型.在一般情况下,由做功引起的也不只是系统机械运动状态的变化,还可以有热运动状态、电磁状态的变化等.

在热力学中,准静态过程的功具有重要意义.下面先研究在准静态过程中,流体(气体或液体)体积发生变化时的功.为简单起见,设想流体盛在一圆柱形的筒内,圆筒装有活塞,可无摩擦地左右移动(见图5-3).设活塞施于流体的压强为 p_e,活塞的面积为 S,则当活塞移动距离 $\mathrm{d}l$ 时,活塞对流体所做的元功 $đA$ 为

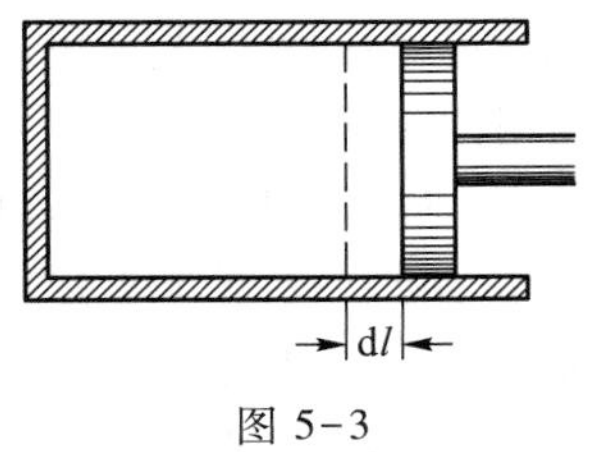

图 5-3

$$đA = p_e S\mathrm{d}l$$

由于流体的体积减小了 $S\mathrm{d}l$,即 $\mathrm{d}V=-S\mathrm{d}l$,所以上式可写作

$$đA = -p_e\mathrm{d}V \tag{5.1}$$

在准静态过程中,过程进行的速度趋近于零,流体在任何时刻都处于平衡态,从而具有均匀压强 p.这样,如果没有摩擦阻力,则在过程中的任何时刻,活塞施于

流体的压强 p_e 都必须等于流体的内部压强 p，以 p 代 p_e，则(5.1)式变为

$$đA = -pdV \tag{5.2}$$

其中 p、V 都是描写流体平衡状态的参量.(5.2)式用描述系统平衡状态的参量，把准静态过程的功定量地表示出来了.这样，具体计算准静态过程功的时候，就可以利用系统状态的方程所给出的 T、p、V 之间的关系.

需要注意的是，(5.2)式中的 $đA$ 表示外界对系统(流体)在无限小的准静态过程中所做的功.公式中的负号表示 dV 与 $đA$ 符号相反，当系统被压缩时 $dV<0$，外界做正功，即 $đA>0$；当系统膨胀时 $dV>0$，外界做负功，即 $đA<0$.还应注意，系统对外界所做的功为 $-đA=pdV$，因为在过程进行中系统对外界的反作用力正好与外界的作用力大小相等而方向相反.

在一个有限的准静态过程中，系统的体积由 V_1 变为 V_2 时，外界对系统所做的总功为

$$A = -\int_{V_1}^{V_2} pdV \tag{5.3}$$

可以证明，若流体被盛在任意形状的容器内，当流体的体积发生变化时，上面计算准静态过程的功的基本公式(5.2)式和(5.3)式依然有效(参见习题 11).另外，在下面的例题 2 中，我们还将举出(5.2)式和(5.3)式对固体应用的实例.

在§5-1 中讲过，任一准静态过程可用 $p-V$ 图上的一条曲线表示(图 5-4).曲线下画斜线的小长方形面积为 $pdV=-đA$，而曲线 p_1p_2 下的总面积等于 $-A$，即等于外界在这个过程中对系统所做功的负值，或者说等于系统在这过程中对外界所做的功.

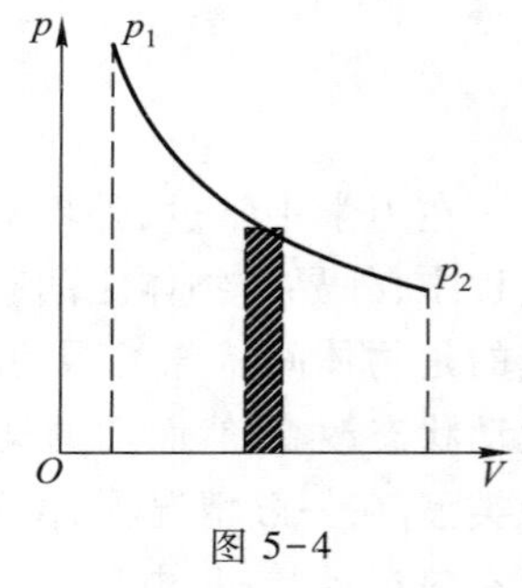

图 5-4

需要着重指出，只给定初态和终态，并不能确定功的数值，功的数值与过程有关，即从一定的初态经不同过程到达一定的终态时，功的数值不同.如在图 5-5中，初态(p_1、V_1)和终态(p_2、V_2)给定后，连接初态和终态的曲线可以有无穷多条，它们对应于不同的过程.图 5-5(a)、(b)、(c)中分别画出了Ⅰ、Ⅱ、Ⅲ三条曲线.曲线Ⅰ表示系统从初态(p_1，V_1)出发，先在定压 p_1 下使体积膨胀到 V_2，再在一定体积 V_2 下降压到终态(p_2、V_2)；曲线Ⅱ表示系统从初态(p_1，V_1)出发，先在一定体积 V_1 下降压到 p_2，再在定压 p_2 下使体积膨胀到 V_2；曲线Ⅲ则表示由初态(p_1，V_1)变化到终态(p_2，V_2)的任一过程.如上所述，图中画斜线部分的面积应等于 $-A$，由于不同曲线下的面积，随曲线的不同而有不同的值，这就表明，从状态(p_1，V_1)经不同的过程到状态(p_2，V_2)，外界对系统做的功是不同的.总之，通过做功的方式可使系统的状态发生变化，但功的数值却与过程的性质有关；功不是系统状态的特征，而是过程的特征.这一点对任何其他类型的功都同样成立.因此，我们可以说系统的温度和压强是多少(它们是系统状态的特征)，但绝不能说"系统的功是多少"或"处于某一状态的系统有多少功".

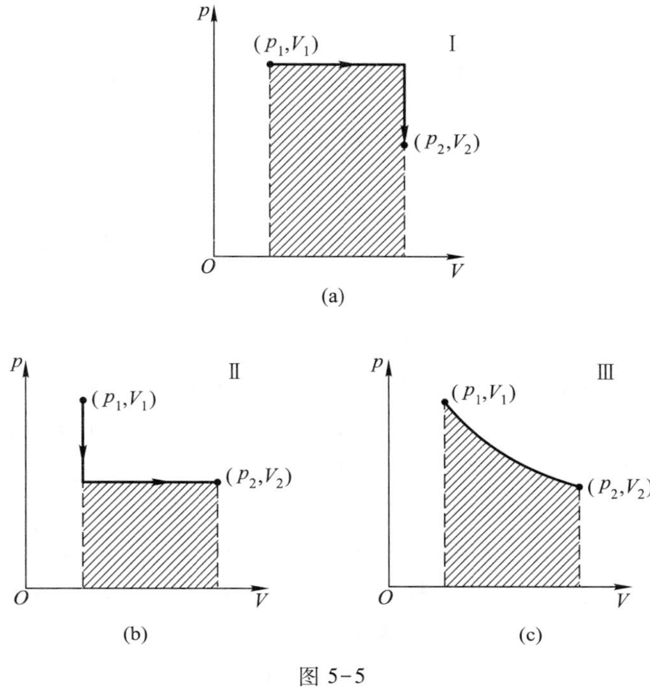

(a)

(b)　(c)

图 5-5

［**例题 1**］　在定压 p 下，气体的体积从 V_1 被压缩到 V_2.

（1）设过程为准静态过程，试计算外界所做的功；

（2）若为非静态过程，则结果如何？

［**解**］　由于在压缩过程中，使气体的压强保持不变，所以由(5.3)式可得

$$A=-\int_{V_1}^{V_2} p\mathrm{d}V=-p\int_{V_1}^{V_2}\mathrm{d}V=-p(V_2-V_1)$$

因 V_2 小于 V_1，所以在这过程中 $A>0$，即外界对系统做正功.

对非静态过程，(5.2)式和(5.3)式一般不能应用.但对这题的第二问，若是在非静态过程中，外界的压强保持不变，那么，只需将上面的 p 理解为外界的定压，上面的推导依然成立.

［**例题 2**］　在 $T=273.15$ K 的恒温下，对 1.00 g 的铜加压，压强从 1.013×10^5 Pa 增到 1.013×10^8 Pa，设过程可看作准静态过程，求外界对铜所做的功.

［**解**］　通常用等温压缩率来确定液体和固体在恒温下体积随压强的变化.等温压缩率定义是，在等温压缩物体时，每单位压强(如 1.013×10^5 Pa)所引起的物体体积变化的百分比，其数学表达式可写为

$$\kappa_T=-\frac{1}{V}\left(\frac{\partial V}{\partial p}\right)_T$$

它的倒数叫体积弹性模量.κ_T 需通过实验测定.根据 κ_T 的定义，在恒温下有

$$\mathrm{d}V=-V\kappa_T\mathrm{d}p$$

代入(5.3)式可得

$$A = -\int_{V_1}^{V_2} p\mathrm{d}V = \int_{p_1}^{p_2} V\kappa_T p\mathrm{d}p = \frac{1}{2}V\kappa_T(p_2^2 - p_1^2)$$

对于铜,在 $T=273.15$ K 时,实验测得密度 $\rho=8.93\times10^3\ \mathrm{kg\cdot m^{-3}}$, $\kappa_T=7.63\times10^{-12}\ \mathrm{m^2\cdot N^{-1}}$.将这些数据代入上式即得

$$A = \frac{1}{2}\ \frac{1.00\times10^{-3}}{8.93\times10^3}7.63\times10^{-12}[(1.013\times10^8)^2-(1.013\times10^5)^2]\ \mathrm{J}$$

$$=0.00\ 436\ \mathrm{J}$$

下面我们对其他类型的功举两个例:

1. 表面张力的功 如图 5-6 所示,在铁丝弯成的长方形框架上张有液体薄膜.框架的右边 ab 可以移动,长为 l.大家知道,薄膜表面有收缩的趋势.设 ab 边单位长度上所受的表面收缩力为 γ(γ 称为表面张力系数,详见 §8-3).则薄膜与空气接触的两个表面使 ab 边受到的力大小为 $2\gamma l$,方向向左(见图 5-6).若用外力 F 拉 ab 边向右移动距离 $\mathrm{d}x$,则在准静态过程中 $F=2\gamma l$,于是外界对薄膜所做的功为

$$đA = 2\gamma l\mathrm{d}x = \gamma\mathrm{d}S \tag{5.4}$$

其中 $\mathrm{d}S=2l\mathrm{d}x$ 是 ab 边移动距离 $\mathrm{d}l$ 时薄膜面积的增量(考虑到薄膜有两个表面).

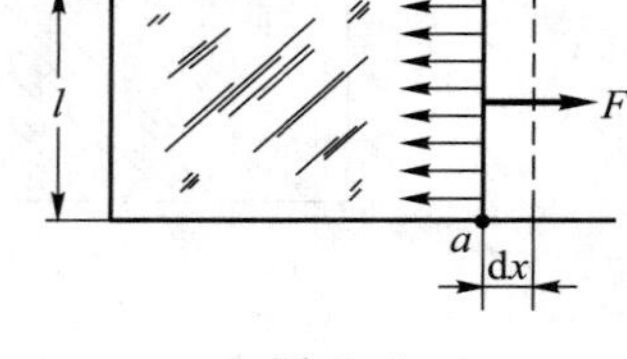

图 5-6

2. 可逆电池电荷移动的功 可逆电池是这样一种电池,当电流反方向流过电池时,电池中就发生反向化学反应.理想的蓄电池就是可逆电池.如图 5-7 所示,将一电动势为$\mathscr{E}$的可逆电池与一分压器相连接,当分压器在电路中产生的电压与可逆电池电动势$\mathscr{E}$相等时,电流计 G 的指示为零.适当调节分压器,使其电压比$\mathscr{E}$小一无穷小量.这时,可逆电池正极上的正电荷量将改变一无穷小量 $\mathrm{d}q$($\mathrm{d}q<0$),$\mathrm{d}q$ 通过外电路从可逆电池正极流到负极.于是外界(电池组 B)对可逆电池做的元功为

$$đA = \mathscr{E}\ \mathrm{d}q \tag{5.5}$$

应注意,上述 $\mathrm{d}q<0$ 的情况是可逆电池通过外路放电,这时外界做负功.反之,当可逆电池被充电时,$\mathrm{d}q>0$,外界做正功.

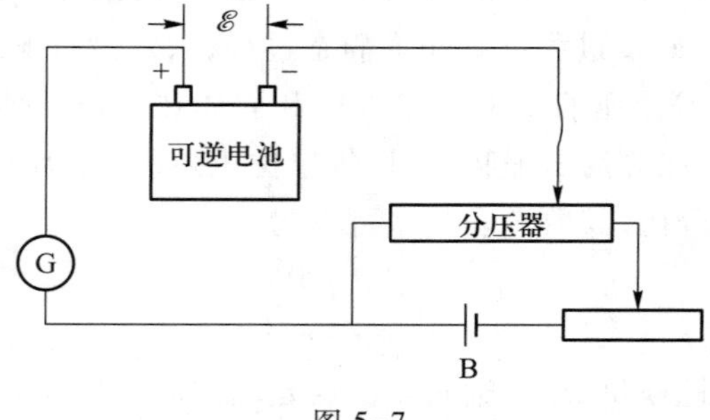

图 5-7

在一般情况下，准静态过程中的元功可写作

$$đA = Y_1 dy_1 + Y_2 dy_2 + \cdots + Y_n dy_n \tag{5.6}$$

其中 $y_1, y_2, \cdots, y_n$ 可以认为是“广义坐标”，而 $dy_1, dy_2, \cdots, dy_n$ 为“广义位移”，$Y_1, Y_2, \cdots, Y_n$ 称为“广义力”.

综合本节所述可见，做功是系统和外界相互作用的一种方式.当系统在广义力作用下有广义位移时，就发生了某种类型的做功过程（广义功）.在做功过程中，外界和系统之间交换能量，从而引起了系统状态的变化.

§ 5-3　热　　量

上节讲到做功是热力学系统间相互作用的一种方式，外界对系统做功会使系统的状态发生变化.热力学系统相互作用的另一种方式是热传递.如图 5-8 所示，温度不同的两个物体 A 和 B 互相接触后，热的物体要变冷，冷的物体要变热，最后达到热平衡，具有相同的温度 T.对于这种现象，人们很早就引入了热量的概念，认为在这过程中有热量从高温物体传递给低温物体.两系统的热运动状态都因为热传递过程而发生变化，但这里没有做功.做功和传热是系统间相互作用的两种方式，每一种都可使系统的宏观状态发生变化.

视频：红外摄影

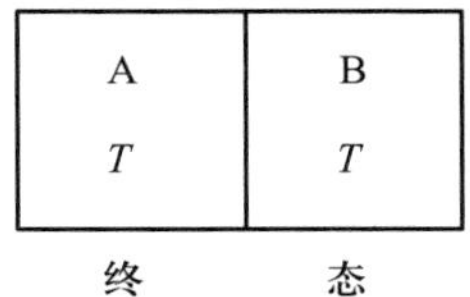

图 5-8

热量的本质是什么？这曾是历史上长期争论过的问题.在 17 世纪，一些自然哲学家，如培根（Bacon）、玻意耳（Boyle）、胡克（Hooke）和牛顿（Newton）等都认为热是物体微粒的机械运动.然而到 18 世纪，随着化学、计温学和量热学的发展，人们提出了“热质说”.这种学说认为热是一种看不见的、没有重量的物质，叫做热质，热的物体含有较多的热质，冷的物体含有较少的热质；热质既不能产生也不能消灭，只能从较热的物体传到较冷的物体，在热传递过程中热质量守恒是物质量守恒的表现.按照热质说，把固体熔化和液体蒸发都看做是热质与固体和液体物质间发生化学反应的结果.

1798 年，伦福德（Rumford）用实验事实揭示出热质并不守恒.他观察了用钻头加工炮筒时摩擦生热现象.按照热质说的解释，当金属被钻头切削成碎屑时，放出了一部分热质因而有热量产生.这样看来，被切削成屑的金属量越多，就应产生越多的热量.但是，伦福德发现用钝钻头加工炮筒比用锐利的钻头能产生更多的热量，同时切削出的金属碎屑却反而少，这显然和热质说相矛盾.另外，当继续不断摩擦时所产生的热量看来是取之不尽的，而若设想能从一物体中取出无穷无尽的热质是不可思议的，所以伦福德认为热并不是一种物质，这么多的热量只能来自钻头克服金属摩擦力所做的机械功.他还用具体的实验数据表明,摩擦所产生的热近似地与钻孔机做的机械功成正比.

焦耳(Joule)深信热是物体中大量微粒机械运动的宏观表现.他认为应以大量确凿的科学实验为基础来建立这一新理论.从1840年到1879年,焦耳进行了各种实验,在实验中精确地求得了功和热量互相转化的数值关系(热功当量).焦耳改进了摩擦生热的实验方法,从而能精确测量所做机械功与所产生的热量.焦耳的实验装置如图5-9所示.用重物下落做功(从而使重物的重力位能减少)去带动许多叶片转动,这些叶片搅拌水摩擦生热使水温升高,盛水的容器与外界没有热量交换.用这种装置经过大量实验后,焦耳证实,对于在55 °F到60 °F之间的水而言,在曼彻斯特(北纬53.27°)地点,使一磅水(合0.453 6 kg)升高1 °F总是需要772呎磅的功.

焦耳还用其他类型的装置做了实验.一个很重要的实验是用电功使水温升高,图5-10是示意图.把水和电阻器R作为热力学系统与外界绝热,通过电源对系统做电功升高水温.结果发现,使水升高同样温度所需的电功,在实验误差范围内和前面装置的测量值相一致.焦耳做的其他类型的测热功当量的实验还有:使叶片搅拌容器中的水银摩擦生热而升温;在水银中使两铁环互相摩擦生热;压缩或膨胀空气而做功等.所有的实验都在误差范围内得到了一致的结果.

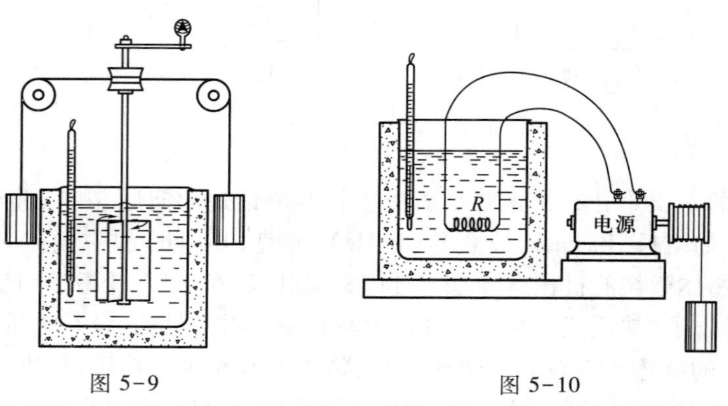

图 5-9　　图 5-10

焦耳的实验工作以大量确凿的证据否定了热质说.一定热量的产生(或消失)总是伴随着等量的其他形式能量(如机械能、电能)的消失(或产生).这说明,并不存在什么单独守恒的热质,事实是热与机械能、电能等合在一起是守恒的.这将导致下节要讲的能量转化和守恒定律的建立.

综上所述,热量不是传递着的热质,而是传递着的能量.做功与传热是使系统能量发生变化的两种不同的方式.做功与系统在广义力作用下产生广义位移相联系,而传热则是基于各部分温度不一致而发生的能量的传递.

§ 5-4 热力学第一定律

一、热力学第一定律

热力学第一定律就是能量转化和守恒定律.19 世纪中叶,在长期生产实践和大量科学实验的基础上,它才以科学定律的形式被确立起来.直到今天,不但没有发现违反这一定律的事实,相反地,大量新的实践不断地证明这一定律的正确性,扩充着它的实践基础,丰富着它所概括的内容.

能量转化和守恒定律是:自然界一切物质都具有能量,能量有各种不同的形式,能够从一种形式转化为另一种形式,从一个物体传递给另一个物体,在转化和传递中能量的数量不变.

早在能量转化和守恒定律被确立以前,人们在长期实践中,已经逐步形成这样一个概念,即物体系在运动和变化的过程中,存在着某种物理量,它在数量上始终守恒.然而,能量转化和守恒定律的实质在于,它以定量规律的形式表示了各种物质运动形式转化时的性质,它指出了各种物质运动形式的公共量度,这个公共量度以机械运动的功为标准,称之为能量.它在各种物质运动形式相互转化过程中总数量守恒.

1840—1879 年,焦耳以大量的、精确的科学实验结果论证了机械能和电能与热能之间的转化关系,他在各种实验中测定的热功当量数值的一致性,给能量转化和守恒定律奠定了不可动摇的基础.然而,应该指出的是,在 18 世纪末和 19 世纪,许多国家的科学家都对这一定律的建立做出了一定的贡献.这是由于当时的历史条件所决定的.18 世纪初,纽可门(Newcomen)制作的大规模把热变为机械能的蒸汽机已在英国煤矿和金属矿使用.18 世纪后半叶,由瓦特(Watt)做了重大改进的蒸汽机在英国炼铁业、纺织业广泛采用.对热机效率以及机器中的摩擦生热问题的研究,大大促进了人们对于能量转化规律的认识.与此同时,在其他的领域内,也分别地发现了各种运动形式之间的相互联系和转化.如 1800 年伏打化学电池的发明;1834 年法拉第(Faraday)电解定律的发现;1820 年奥斯特(Oersted)发现电流的磁效应;1831 年法拉第发现电磁感应现象;1822 年泽贝克(Seebeck)发现热电动势并制作出热电源;1840 年焦耳发现电流热效应方面的焦耳定律;1846 年法拉第还发现了光的偏振面磁致旋转现象.所有这些,都使各种运动形式间相互联系和相互转化的辩证关系被充分地揭示出来.正是在这种历史条件下.迈耶(Mayer)于 1842 年曾列举了 25 种相互转化的形式,并从空气的定压热容与定容热容之差算出了热功当量[§ 5-6(5.25)式].最后,由于焦耳的长期工作,建立了大量可靠的实验资料,能量转化和守恒定律才最终巩固地建立起来.

在历史上资本主义发展的时期,人们在生产斗争中曾经幻想制造一种机器,它不需要任何动力和燃料,却能不断对外做功.这种机器称为第一种永动机.根据能量转化和守恒定律,做功必须由能量转化而来,不能无中生有地创造能量;所以这种永动机是不可能实现的.与人类在生产斗争中长期积累的实践经验相联系,热力学第一定律还有另一种表述:第一种永动机是不可能造成的.

二、态函数内能 热力学第一定律的数学表述

在力学中已经知道,外力对系统做功可以改变系统的机械能,因此从力学的观点看来,功是系统机械能变化的量度.焦耳的热功当量实验扩展了人们的认识,通过这些实验,令人信服地说明了做功还可以改变系统另一种形式的能量——内能,这是在热力学中我们将认识的一种新的运动形式的能量.

在焦耳的各种实验中,系统平衡态的改变(如水的温度改变)都只是靠机械功(搅拌、摩擦、压缩、膨胀)或电功(通电流)来完成的,在系统状态改变的过程中,不从外界吸热,也不放热.我们称这种系统为绝热系统,这种过程为绝热过程.

焦耳的大量实验无可辩驳地指出,当系统(如水)的状态从确定的平衡态1(例如其温度为 T_1)改变到确定的平衡态2(温度为 T_2)时,在各种不同的绝热过程中,实验测得的功的数值都相同,也就是说,这功与实施绝热过程的途径无关,而由状态 1 和状态 2 完全决定.在力学中我们曾证明:重力的功只由物体的起点和终点位置决定而与运动的路径无关,并由此引进重力势能 E_p.E_p 的终点值减起点值等于物体沿任意路径由起点移到终点时物体克服重力所做的功.与这种情况类似,由上述焦耳实验的结果可以看到任何一个系统在平衡态都有一态函数(即平衡态参量的函数),叫做系统的内能,以 U 表示;当系统从平衡态1经过一个绝热过程到平衡态2时内能的增加量 U_2-U_1 为

$$U_2 - U_1 = A_a \tag{5.7}$$

A_a 表示绝热功,即系统从平衡态1到平衡态2的任一绝热过程中外界对系统所做的功.U_1 表示系统在平衡态1的内能,U_2 表示系统在平衡态2的内能,它们由平衡态状态参量单值地确定,所以说内能是态函数.

从(5.7)式可以看出,根据系统从一个态过渡到另一个态时所消耗的绝热功,可以确定这两个态的内能差.实际中用到的也只是两态间的内能差.这个公式并不能把任一态的内能完全确定,内能函数中还包含了一个任意的相加常量,这个常量是某一被选定为标准态(或称参考态)的内能,其值可以任意选择或规定为零.这和力学中对参考点的重力势能值的选择情况一样.

从微观的结构看来,内能中包括:分子无规则热运动动能,分子间的相互作用能,分子、原子内的能量,原子核内的能量等.此外,当有电磁场与系统相互作用时还应包括相应的电磁形式能量.当然在系统经历一热力学过程时,并非所有这些能量都变化,比如原子核内的能量在一些过程中并不改变.

在一般情况下,系统与外界并没有绝热隔离,那么如§5-2和§5-3所讲,系统与外界间的相互作用可有做功与传热两种方式.设经过某一过程系统从平

衡态 1 变到平衡态 2，在这过程中外界对系统做功为 A，系统从外界吸收热量为 Q，那么根据能量转化和守恒定律，由传热与做功两种方式所提供的能量应转化为系统内能态函数的增量：

$$U_2 - U_1 = Q + A \tag{5.8}$$

不管系统经历怎样的过程，只要初、终两态固定为 1 和 2，那么所有这些过程中的 $Q+A$ 必定是相同的，且都等于前述的绝热功 A_a. 这是因为我们已断定，内能的变化 U_2-U_1 只由初、终两态 1 和 2 唯一地确定. 注意，这里对 Q 的正负符号规定是：$Q>0$ 表示系统从外界吸收了热量，而 $Q<0$ 则表示系统向外界放热.

公式(5.8)是热力学第一定律的数学表达. 严格说来，公式(5.8)是在比较狭窄意义上的热力学第一定律的表述，它只牵涉内能与其他形式能量相互转化的过程. 应该指出，在应用(5.8)式时，只需要初态和终态是平衡态，至于在过程中所经历的各态并不需要一定是平衡状态.

如初、终两态相差无限小，则称这过程为无限小过程. 这时(5.8)式变为

$$\mathrm{d}U = đQ + đA \tag{5.9}$$

应注意，由于内能 U 是态函数，所以 $\mathrm{d}U$ 代表在无限靠近的初、终两态内能值的微量差. 但是，热量 Q 和功 A 都与过程有关，不是态函数，所以 $đQ$、$đA$ 不是态函数的微量差，它只表示在无限小过程中的无限小量，所以我们在 d 字上画了一横，写成 đ 以示区别.

如果一个热力学系统包含许多部分，各部分之间并未达到平衡，但其各部分之间相互作用很小，使各部分本身能分别保持在平衡态，则根据(5.7)式，系统的每一部分分别有态函数 U'，U''，…. 由于总的功是各部相加的，很明显，系统总的内能 U 等于各部分内能之和，即

$$U = U' + U'' + \cdots \tag{5.10}$$

这样，上述热力学系统虽然总体上并未达到平衡，但仍具有内能，而(5.8)式对这种系统也适用.

对于一个各部分都不处在平衡态的热力学系统，不能应用(5.8)式. 这时，可以假设系统能分成许多微小部分(在极限时是无限多小部分)，每一部分近似地处于平衡态，因而各有其内能 U. 另外，每一部分还有动能 E_k，$E_k = \frac{1}{2}mv^2$（m 为这一部分的质量，v 是它的速度）. 于是，对每一小部分可以写出

$$\mathrm{d}U + \mathrm{d}E_k = đQ + đA, \tag{5.11}$$

其中 $đQ$ 为这一小部分所吸收的热量，$đA$ 为对这一部分所做的功. 需要注意的是，如果系统处在重力场中，而且每一小部分重力势能的变化不能忽略不计时，则还应在右方 $đA$ 中计及重力的功.（5.11）式是宏观过程中能量转化和守恒定律的普遍表达式.

喀喇氏在 1909 年指出，在用(5.7)式引入内能概念时，并不需用热量概念. 为此，喀喇氏对绝热过程重新作出定义. 怎样从自然界各种宏观过程中把绝热过程区别出来呢？一个过程，其中物体状态的改变，如果完全是由于机械的或电的直接作用的结果而没有受到其他影

响,就叫做绝热过程.图 5-9 表示的就是直接的机械作用的例子;图 5-10 表示的就是电的直接作用的例子.这样明确了绝热过程后,如前所述,只用绝热功就可断定内能态函数的存在,并用(5.7)式确定它的量值.而由(5.8)式和(5.9)式可引入热量概念.

$$Q = U_2 - U_1 - A \tag{5.12}$$

或者

$$đQ = dU - đA \tag{5.13}$$

这就是说,如果我们所处理的过程不是上述意义上的绝热过程,那么外界对系统所做的功就不再等于系统内能的变化,而这时两者的差就称为系统所吸收的热量.这样,我们完全摆脱了热质说,而给热量下了一个科学的定义.

卡这种热量单位,原来也是在热质说的基础上引入的.历史上对卡的一种定法,是规定1 g 纯水在 1 个大气压下温度由 14.5 ℃升到 15.5 ℃所吸收的热量为 1 卡,这叫做 15 ℃卡,其符号为 cal_{15}(注意,1 个大气压等于 101 325 Pa)现在,既然认识到热量是被传递的能量,那么热量就应采用 J 等能量单位,而“卡”这种单位也就不需要了.但是,由于习惯的原因,人们在计算热量时还常常沿用“卡”这种单位,不过已不再指使 1g 水温度升高 1 ℃所吸收的热量,而把它理解为能量的一种辅助单位.两者间的换算关系为

$$1\ cal_{15} = 4.185\ 5\ J$$

这关系的不确定度为 0.000 5 J.目前国际上还有两种辅助单位“卡”,即热化学卡和国际蒸汽表卡,符号分别为 cal_{th} 和 cal_{IT},其换算关系为

$$1\ cal_{th} = 4.184\ J$$

$$1\ cal_{IT} = 4.186\ 8\ J$$

应强调指出,近几年来推行国际单位制的工作正在世界各国普及,采用统一的国际单位制已是大势所趋.国际单位制规定,功、能和热量一律使用 J 为单位,并建议一般不使用“卡”.

§5-5 热容 焓

在一定过程中,当物体的温度升高一度时所吸收的热量称为这个物体在该给定过程中的热容.例如,若过程中物体的体积不变,则得定容热容;而对于定压过程,则得定压热容.若在一定过程中,温度升高 ΔT 时,物体从外界吸收热量 ΔQ,则根据上述定义,物体的热容即为

$$C = \lim_{\Delta T \to 0} \frac{\Delta Q}{\Delta T} \tag{5.14}$$

现在根据热力学第一定律讨论热容和内能等态函数的关系.着重讨论最重要的两种热容,即定容热容和定压热容.

设一热力学系统可用状态参量 p、V、T 来描述,其中两个是独立参量.在等体过程中系统的体积不变,所以外界对系统所做的功为零.由(5.9)式有

$$(\Delta Q)_V = \Delta U$$

代入(5.14)式,即得定容热容 C_V 与内能的关系:

$$C_V = \lim_{\Delta T \to 0} \frac{(\Delta Q)_V}{\Delta T} = \lim_{\Delta T \to 0} \left(\frac{\Delta U}{\Delta T}\right)_V = \left(\frac{\partial U}{\partial T}\right)_V \tag{5.15}$$

其中内能态函数 U 是 T、V 两个变量的函数，而$\left(\frac{\partial U}{\partial T}\right)_V$ 表示把体积 V 看作常量时求 U 对 T 的微商，这叫做偏微商，一般地说，C_V 仍是 T、V 的函数.

对于定压过程，外界对系统所做的功为

$$A = -p(V_2 - V_1)$$

由(5.8)式[或(5.12)式]可得定压过程中，系统从外界所吸收的热量 Q_p 为

$$\begin{aligned} Q_p &= U_2 - U_1 + p(V_2 - V_1) \\ &= (U_2 + pV_2) - (U_1 + pV_1) \end{aligned}$$

引入

$$H = U + pV \tag{5.16}$$

H 显然也是一个态函数，称它为焓. 于是上式可写作

$$Q_p = H_2 - H_1 \tag{5.17a}$$

对于微小的过程则有

$$(\Delta Q)_p = \Delta H \tag{5.17b}$$

这就是说，**在定压过程中，系统所吸收的热量等于系统态函数焓的增加**. 这是态函数焓的最重要的特性. 由(5.17)式可得物体的定压热容 C_p 为

$$C_p = \lim_{\Delta T \to 0} \frac{(\Delta Q)_p}{\Delta T} = \lim_{\Delta T \to 0}\left(\frac{\Delta H}{\Delta T}\right)_p = \left(\frac{\partial H}{\partial T}\right)_p \tag{5.18}$$

上式把定压热容 C_p 与态函数焓联系起来. 应该注意，一般说来 C_p 也是两个独立参量(T、p)的函数. 以上讨论热容与态函数之间关系所用的方法，对讨论其他过程的热容也同样适用. 例如，可以讨论表面系统在恒定表面张力或恒定表面积下的热容等.

上面引入的态函数焓在热化学和热力工程问题中很有用(参见例题及习题 26)，另外在 § 5-6 中还将看到它在低温制冷上的应用. 对于一些在实际问题中很重要的物质，在不同温度和压强下的焓值数据已制成图表可供查阅[7—10]. 当然所给出的焓值是指与参考状态焓值的差，例如在编制水蒸气焓值图表时常取 0 ℃时饱和水的焓值为零.

[例题 3]　在 1.01×10^5 Pa，100 ℃时，水与饱和水蒸气的单位质量的焓值分别为 $419.06\times10^3\ \mathrm{J\cdot kg^{-1}}$ 和 $2\,676.3\times10^3\ \mathrm{J\cdot kg^{-1}}$，试求在这条件下水的汽化热.

[解]　前已证明，在定压过程中系统所吸收的热量等于态函数焓的增加. 所以在 100 ℃，1.01×10^5 Pa 下，水在汽化为水蒸气过程中所吸收的热量为

$$\begin{aligned} Q_p &= \text{水蒸气的焓} - \text{水的焓} \\ &= 2\,676.3\times10^3\ \mathrm{J\cdot kg^{-1}} - 419.06\times10^3\ \mathrm{J\cdot kg^{-1}} \\ &= 2\,257.2\times10^3\ \mathrm{J\cdot kg^{-1}} \end{aligned}$$

[例题 4]　设已知下列气体在 $p\to0$，$t=25$ ℃时的焓值[9]：

氢气　$H_{\mathrm{mH_2}} = 8.468\times10^3\ \mathrm{J\cdot mol^{-1}}$；

氧气　$H_{\mathrm{mO_2}} = 8.661\times10^3\ \mathrm{J\cdot mol^{-1}}$；

$$\text{水蒸气} \quad H_{mH_2O} = -2.2903 \times 10^5 \text{ J} \cdot \text{mol}^{-1}$$

（符号 H_m 表示每摩尔物质的焓值，上列各种气体的焓值的参考态是同一参考态）.试求在定压下下列化学反应的反应热：

$$H_2 + \frac{1}{2}O_2 \longrightarrow H_2O$$

设反应前后各物质均是气体.

［**解**］ 题中所给焓值是气体压强趋于零时的极限值，即理想气体的焓值.因此，本题是假设这些气体可看作理想气体，在 25 ℃定压过程中进行上述化学反应后，求系统所吸收的热量的.由（5.17a）式知

$$Q_p = H_{mH_2O} - \left(H_{mH_2} + \frac{1}{2}H_{mO_2}\right) = -2.4183 \times 10^5 \text{ J} \cdot \text{mol}^{-1}$$

负号表示当氢与氧化合为水蒸气时要放热.

§5-6 气体的内能 焦耳-汤姆孙实验

一、焦耳实验

本节讨论确定气体内能的实验方法.焦耳在 1845 年曾通过实验研究了气体内能的性质.图 5-11 是焦耳实验装置的示意图.容器 A 部充满被压缩的气体，B 部为真空，A、B 相连处用一活门 C 隔开，整个容器放在水中.将活门打开后，气体将充满整个容器.这里，气体所进行的过程叫自由膨胀过程，"自由"是指气体向真空膨胀时不受阻碍的意思.焦耳用温度计测量膨胀后水和气体的平衡温度，发现和膨胀前相同.这一方面说明膨胀前后气体的温度没有改变，另一方面说明水和气体没有发生热量交换，即气体进行的是绝热自由膨胀过程.

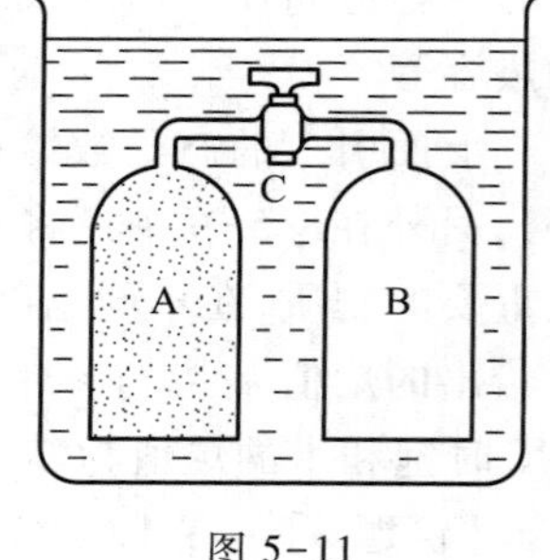

图 5-11

气体向真空自由膨胀过程中不受外界阻力，所以外界不对气体做功.诚然，在膨胀过程中，后进入容器 B 的气体将对先进入 B 中的气体做功，但这功是系统（即气体）内部各部分之间所进行的，而不是外界对系统（气体）做的.

把热力学第一定律（5.8）式应用到这一过程，因为 $Q=0, A=0$，所以得

$$U_2 = U_1$$

在这个实验中，气体膨胀前后体积 V 发生了变化，温度 T 未变，则上式表明，在这种情况下态函数内能未变，这说明气体的内能仅是温度的函数而与体积无关.

二、焦耳-汤姆孙实验

由于水的热容比气体的热容大得多，所以在焦耳实验中气体的温度变化不容易测出来.这样，焦耳实验的结果就不可能很精确.1852 年，焦耳和汤姆孙（即

开尔文）又用另外的方法确定气体的内能，这就是多孔塞实验．图 5-12 是其装置的示意图．在一个绝热良好的管子 L 中，装置一个由多孔物质（如棉絮一类东西）做成的多孔塞 H；多孔塞对气流有较大阻滞作用，使气体不容易很快通过它，从而能够在两边维持一定的压强差．实验中使气体持续不断地从多孔塞一边流到另一边去达到稳定流动状态．所谓稳定流动状态是指气体在流动中空间任何地点的情况（如各截面上的热力学状态、流速等）都不随时间改变．具体地讲，设多孔塞左边压强维持在较高的数值 p_1，气体经过多孔塞后压强降为右边的 p_2，在稳定状态时，用温度计 T_1 和 T_2 分别测量两边的温度．这种在绝热条件下高压气体经过多孔塞流到低压一边的过程叫绝热节流过程．目前在工业上一般是使流动气体通过一个针尖型节流阀（见图 5-13）来实现节流膨胀的．

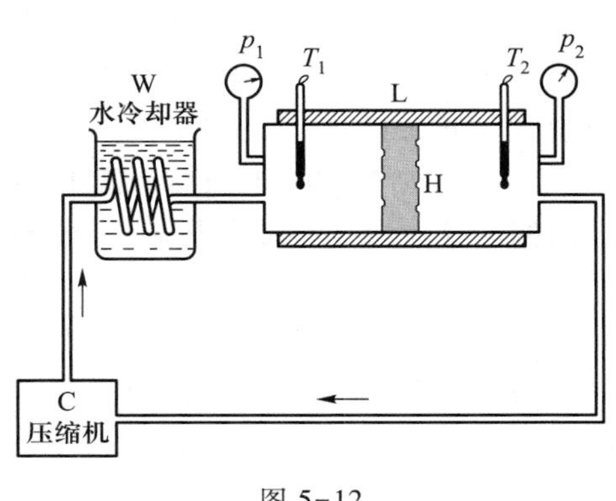

图 5-12　　图 5-13

现在应用热力学第一定律来分析节流过程．如图 5-14 所示，设在 Δt 时间内，有一定量的高压气体通过多孔塞，原来压强、体积和温度分别为 p_1、V_1 和 T_1；通过多孔塞后，压强、体积和温度分别为 p_2、V_2 和 T_2．当这体积为 V_1 的气体（即所研究的系统）通过多孔塞前，其左方气体（外界）对它所做的功为

$$A_1=p_1S_1l_1=p_1V_1$$

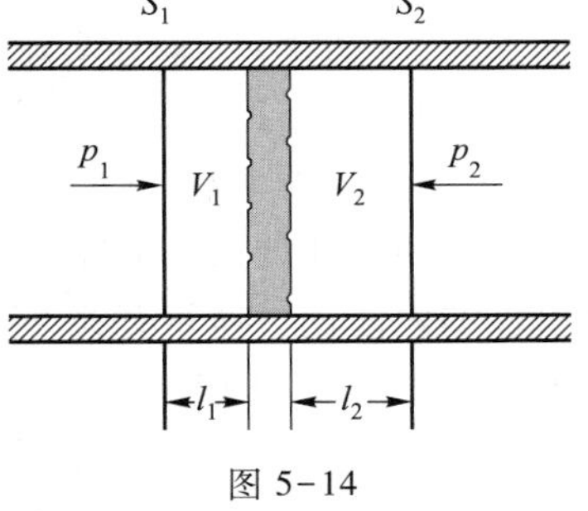

图 5-14

而当这一定量的气体通过多孔塞后，它要推动其右方的气体（即外界）做功，于是外界对它所做的功为负功：

$$A_2=-p_2S_2l_2=-p_2V_2$$

这样，外界对这一定量的气体所做的净功为 $p_1V_1-p_2V_2$．设这一定量的气体在 p_1 边内能为 U_1，在 p_2 边内能为 U_2．由于这一定量气体，整体处于运动状态，按 § 5-4 所讲，还应考虑其整体运动的动能和重力势能的变化．但实际上，节流前后这些能量变化不大．倘略去这些能量的微小变化，并注意到绝热过程 $Q=0$，于是由热力学第一定律有

$$U_2-U_1=p_1V_1-p_2V_2$$

或

$$U_1 + p_1V_1 = U_2 + p_2V_2$$

即

$$H_1 = H_2 \tag{5.19}$$

这就是说，气体经绝热节流过程后焓不变.

为表示在节流膨胀过程后，随压强的稍许降低而引起的温度变化，通常引入焦汤系数 α：

$$\alpha \equiv \lim_{\Delta p \to 0}\left(\frac{\Delta T}{\Delta p}\right)_H = \left(\frac{\partial T}{\partial p}\right)_H$$

它表示在焓不变的情况下温度随压强的变化率.实验表明，对于一般临界温度不太低的气体如氮、氧、空气等，在常温下节流后温度都降低，故 $\alpha>0$，这叫做制冷效应（或称为正效应）；但对于临界温度很低的气体，在常温下节流后温度反而升高，故 $\alpha<0$（称为负效应）.例如：在室温下，当多孔塞一边压强 $p_1=2\times10^5$ Pa，而另一边压强 $p_2=10^5$ Pa 时，空气的温度将降低 0.25 ℃，而二氧化碳的温度则降低 1.3 ℃；在同样的压强改变下，氢气的温度却升高 0.3 ℃.但当温度低于 −68 ℃时，氢气做节流膨胀后温度则将降低.节流制冷效应可用来使气体降温和液化，这是目前低温工程中的重要手段之一.

如果气体的内能只是温度的函数，而且气体又遵从理想气体物态方程 $pV=\nu RT$，那么焓 $H=U+pV$ 也只是温度的函数，与压强无关.这样，焓由温度 T 单值地决定，焦汤系数 α 应等于零.但上述实验的结果表明实际情况并不是这样，所以实际气体的内能就不仅仅是温度的函数.由此看来，在焦耳实验中，实际上只是反映了气体内能与体积的关系很小，因体积膨胀而引起气体内能的改变（从而水温的改变）不容易测量出来.其他很多实验也指明①，当压强越小时，气体内能随体积的变化也越小，而在实际气体压强趋于零时，内能趋向于一个温度的函数.

在§3-4中，我们曾从分子动理论观点对理想气体内能只是温度的函数作了解释.对于理想气体，由于分子间无相互作用，其内能只是分子各种形式动能及分子内原子间的振动势能的总和，而后二者只与温度有关.现在我们看到，实际气体的内能还与体积有关.实际上，这正反映了气体分子间存在相互作用力的影响.分子间相互作用势能与分子间距离有关.当实际气体体积改变时，分子间平均距离就改变，从而平均说来，内能中反映分子间势能贡献的部分也变化了.这就是实际气体内能随体积变化的原因.

［例题 5］ 1.0 kg 的空气经过节流阀进行节流膨胀.设节流前空气的压强为 100 bar②，温度为 300 K，若节流后压强降为 1 bar.求节流后的温度.

［解］ 这是一个等焓过程.先由空气热力学性质表（例如 N.B.Vargaftik 表，见参考书目［8］）查出，在初态（$p=100$ bar，$T=300$ K）时，空气每千克的焓为 279.7 kJ，终态焓值应与此相同，所以，终态的空气由这焓值及 $p=1$ bar 所确定，

---

① 例如可参考本书末所列参考书［6］中第八章第二节.

② 1 bar $=10^5$ Pa，bar 现已经不推荐使用，但为了与参考书目保持一致，本题仍采用 bar 为压强单位.

查表即得气体在这终态下温度为 280 K.这个例题的用意在于指出解决节流降温问题的一种方法.不一定要求读者学到这里时去查找热力学表.

三、理想气体的内能 焓的表达式

上面指出,在实际气体压强趋于零的极限情形下,内能只是温度的函数,与体积无关,即 $U=U(T)$.这一规律也叫焦耳定律.综合气体物态方程及气体内能的实验规律,我们提出理想气体的概念是:严格遵守

$$pV=\nu RT$$

和

$$U=U(T) \tag{5.20}$$

两定律的气体叫做理想气体.任何实际气体都不严格遵从这两个定律.但是压强越低,实际气体就越接近于理想气体,理想气体是实际气体在压强趋近于零时的极限.事实上,当气体压强不太大时,理想气体常是一个很好的近似.

由于理想气体内能只是温度的函数,所以对理想气体,(5.15)式化为

$$C_V=\frac{\mathrm{d}U}{\mathrm{d}T} \tag{5.21}$$

因此有

$$\mathrm{d}U=C_V\mathrm{d}T$$

积分即得

$$U=U_0+\int_{T_0}^{T}C_V\mathrm{d}T \tag{5.22a}$$

其中 U_0 表示 $T=T_0$ 时的内能.作为计算内能值的参考状态,T_0 可任意选定.若由实验测出热容量 C_V,则由上式即可定出理想气体的内能.一般说来,C_V 是温度的函数,如果实际问题所涉及的温度范围不大,则可近似地把 C_V 作为常量处理.若以 $C_{V,\mathrm{m}}$表示摩尔定容热容,则

$$C_V=\nu C_{V,\mathrm{m}}$$

于是,(5.22a)式又可写作

$$U=U_0+\nu\int_{T_0}^{T}C_{V,\mathrm{m}}\mathrm{d}T \tag{5.22b}$$

根据理想气体的定义(5.20)式,理想气体的焓 $H=U+pV$ 也只是温度的函数,与压强无关.因此,理想气体定压热容的公式(5.18)化为

$$C_p=\frac{\mathrm{d}H}{\mathrm{d}T} \tag{5.23}$$

而理想气体的焓的表达式则为

$$H=H_0+\int_{T_0}^{T}C_p\mathrm{d}T \tag{5.24a}$$

或写作

$$H=H_0+\nu\int_{T_0}^{T}C_{p,\mathrm{m}}\mathrm{d}T \tag{5.24b}$$

其中 $C_p=\nu C_{p,\mathrm{m}}$.一般说来,$C_{p,\mathrm{m}}$是温度的函数.

现在求理想气体定压热容与定容热容的差 C_p-C_V.根据焓的定义和(5.20)式有

$$H = U + pV = U + \nu RT$$

两边对温度求微商可得

$$\frac{\mathrm{d}H}{\mathrm{d}T} = \frac{\mathrm{d}U}{\mathrm{d}T} + \nu R$$

利用(5.21)式和(5.23)式即得

$$C_p - C_V = \nu R \tag{5.25a}$$

而对于摩尔热容则有

$$C_{p,\mathrm{m}} - C_{V,\mathrm{m}} = R \tag{5.25b}$$

(5.25)表示,理想气体摩尔定压热容等于摩尔定容热容与普适气体常量 R 之和.这一结论是不难理解的.在(5.22b)式中,$C_{V,\mathrm{m}}\mathrm{d}T$ 表示每摩尔理想气体在任何过程中温度改变 $\mathrm{d}T$ 时内能的改变 $\mathrm{d}U_{\mathrm{m}}$.在等压过程中,因压强不变,所以当温度升高(或降低)时按物态方程,其体积必然膨胀(或压缩),所以气体必然对外做正功(或负功).这样,在等压过程中,气体除内能改变外,同时又对外做功,那么根据热力学第一定律可知,气体吸收的热量必然等于两者之和,而将(5.25b)式乘以 $\mathrm{d}T$ 并积分,即得

$$\int_{T_1}^{T_2} C_{p,\mathrm{m}}\mathrm{d}T = \int_{T_1}^{T_2} C_{V,\mathrm{m}}\mathrm{d}T + R\int_{T_1}^{T_2}\mathrm{d}T$$

$$= U_{\mathrm{m}2} - U_{\mathrm{m}1} + p\int_{V_{\mathrm{m}1}}^{V_{\mathrm{m}2}}\mathrm{d}V_{\mathrm{m}}$$

这正定量表达了上述关系(上式中 U_{m} 表示每摩尔气体的内能).迈耶在 1842 年正是根据(5.25)式,用当时的比热数据算出了热功当量的,他得到的数值是 1 卡等于 3.58 焦耳.

下面对焦耳-汤姆孙效应制冷(或制热)的原因作一些说明.

把内能的增量分成分子热运动动能的增量 ΔE_{k} 和分子间相互作用势能的增量 ΔE_{p},即令

$$U_2 - U_1 = \Delta U = \Delta E_{\mathrm{k}} + \Delta E_{\mathrm{p}}$$

代入(5.19)式可得

$$\Delta E_{\mathrm{k}} = -\Delta E_{\mathrm{p}} + (p_1V_1 - p_2V_2)$$

或写为

$$-\Delta E_{\mathrm{k}} = \Delta E_{\mathrm{p}} - (p_1V_1 - p_2V_2)$$

其中$-(p_1V_1-p_2V_2)$表示通过多孔塞的一定量的气体对外所做的净功.上式的意义是,分子热运动能的减少导致分子间势能增加及气体对外做功.由此可见,若希望气体节流后降温(即要求分子平均热运动动能增量 $\Delta E_{\mathrm{k}}<0$),那就要求上式右方两项之和大于零.先看右方第一项,在节流膨胀时,体积增大($V_2>V_1$),分子间平均距离加大;考虑气体分子间处于相互吸引情况,分子间平均距离的加大将导致分子间势能的增加.这就是说,节流膨胀后由于分子间位能增加这一因素,将导致降温(ΔE_{k} 减少).再看对外做功这项.若$-(p_1V_1-p_2V_2)>0$,则做节流膨胀的这部分气体对外做正功(能量传出),这将使这部分气体的内能减少,再考虑到上面讲到

分子间势能还要增加，所以分子平均热运动能一定减少，即节流后降温．若$-(p_1V_1-p_2V_2)<0$，即气体对外做负功（能量传入），则这一项使内能增加．这时如果传入的能量恰好补偿分子间势能增加所需要的能量，则节流后温度不变，即在这种情况下

$$\alpha = \left(\frac{\partial T}{\partial p}\right)_H = 0$$

如果传入的能量较多，除补偿分子间势能增加外还有余，则使分子平均热运动的动能增加，即节流后温度升高．如果传入能量不足，还可以是制冷效应．

从以上分析看出．如果适当选取压缩气体的p、V（或T）则可保证制冷效应发生．图5-15是对氮在不同的T、p下研究节流效应的详细结果．其中横坐标和纵坐标分别表示压强和温度．图中曲线上每一点焦汤系数$\alpha=0$，即在曲线上每一点所对应的状态在微小的节流膨胀后，温度将不变，这时的温度称为**转换温度**．由图可见，这个温度是随压强变化的．在压强小于某一极大值时，在每一压强下，有两个转换温度，要想得到节流正效应，则必须使压强和温度在制冷区．图中曲线与纵坐标轴交点所代表的温度意义是，在这个温度以上无论压强等于多少都不能发生正效应．所以，要节流制冷，至少要温度小于此值才可能．低温工程中用节流效应使氢、氦降温和液化时，必须先用其他方法（如用液氮）把气体预先冷却到一定温度以下，就是这个道理．

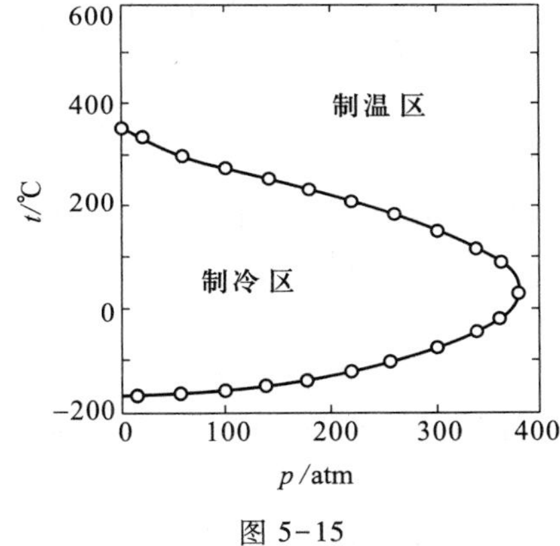

图5-15

§5-7 热力学第一定律对理想气体的应用

作为热力学第一定律的应用，我们来分析一下理想气体在一些简单过程中的能量转化情况．

一、等体过程

等体过程就是系统的体积始终保持不变的过程．每一等体过程在p-V图上对应一条与p轴平行的线段（见图5-16）．在等体过程中，由于外界所做的功为零，所以根据热力学第一定律（5.8）式有

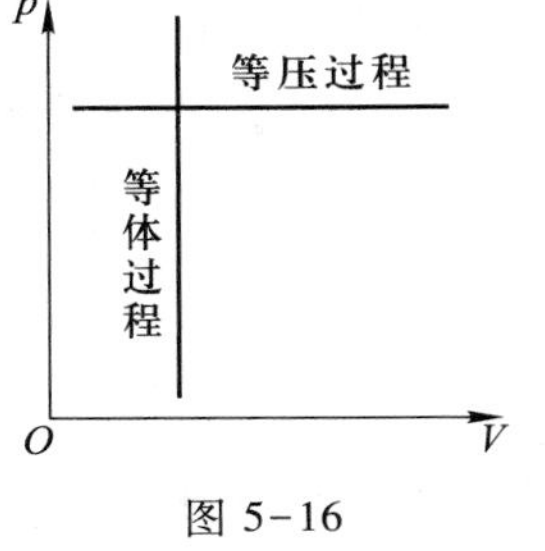

图5-16

动画：等体过程

$$Q = U_2 - U_1$$

设初、终两态的温度分别为 T_1、T_2，并设摩尔定容热容 $C_{V,\mathrm{m}}$ 为常量，则由(5.22′)式可得

$$Q = U_2 - U_1 = \nu C_{V,\mathrm{m}}(T_2 - T_1) \tag{5.26}$$

二、等压过程

等压过程是系统的压强始终保持不变的过程. 每一等压过程在 $p-V$ 图上对应一条与 V 轴平行的线段(见图 5-16). 在等压过程中，外界对系统所做的功为

动画：等压过程

$$A = -\int_{V_1}^{V_2} p\mathrm{d}V = -p(V_2 - V_1) \tag{5.27}$$

式中 V_2 和 V_1 分别代表终态和初态的体积.

设以 $C_{p,\mathrm{m}}$ 表示气体的摩尔定压热容，则根据定压热容的定义，当 $C_{p,\mathrm{m}}$ 为常量时，气体在等压过程中从外界吸收的热量为

$$Q = \nu C_{p,\mathrm{m}}(T_2 - T_1) \tag{5.28}$$

T_1、T_2 分别表示初、终两态的温度. 由(5.22′)式可得，内能的改变为

$$U_2 - U_1 = \nu C_{V,\mathrm{m}}(T_2 - T_1) \tag{5.29}$$

三、等温过程

如果在整个过程中，系统的温度始终保持不变，则称为等温过程. 现在有各种恒温装置以保证内部发生的过程尽量接近于等温过程. 理想气体在等温过程中遵从关系式：

动画：等温过程

$$pV = 常量 \tag{5.30}$$

所以每一等温过程在 $p-V$ 图上对应一条双曲线，称为等温线(如图 5-17 中实线所示).

因为理想气体的内能只与温度有关，所以理想气体在等温过程中内能不变，根据热力学第一定律

$$Q = -A \tag{5.31}$$

这就是说，在等温压缩的理想气体时，外界对气体所做的正功全部转化为气体对外放出的热量；而当理想气体等温膨胀时，它由外界吸收的热量全部转化为对外所做的正功.

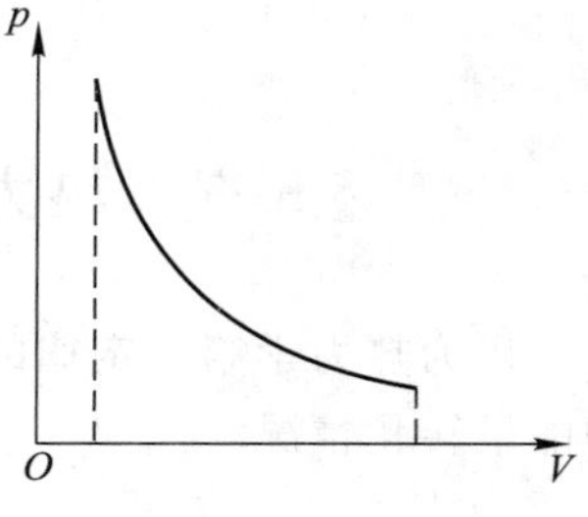

图 5-17

在等温过程中，外界对气体所做的功为

$$A = -\int_{V_1}^{V_2} p\mathrm{d}V = -\nu RT\int_{V_1}^{V_2} \frac{\mathrm{d}V}{V}$$

$$= -\nu RT\ln\frac{V_2}{V_1} \tag{5.32}$$

式中 T 为等温过程中系统的温度，V_2 和 V_1 分别代表终态和初态的体积. 当 $V_2>V_1$(等温膨胀)时，$A<0$，即外界对系统做负功；反之，$A>0$，即外界对系统做正功. 根

据 § 5-2 所讲，功 A 的数值，也就等于 $p-V$ 图中曲线下的面积.

四、绝热过程

如果系统在整个过程中始终不和外界交换热量，则这种过程即为绝热过程. 例如，被良好绝热材料所隔绝的系统或者由于过程进行较快来不及和外界有显著的热量交换的过程，就可近似地看作绝热过程.

在绝热过程中，因 $Q=0$，所以

$$U_2 - U_1 = A \tag{5.33}$$

动画：绝热过程

即系统的内能的改变完全由于外界对系统做功. 又因为

$$U_2 - U_1 = \nu C_{V,m}(T_2 - T_1)$$

所以

$$A = U_2 - U_1 = \nu C_{V,m}(T_2 - T_1) \tag{5.34}$$

现在研究在准静态绝热过程中，理想气体状态参量的变化关系，对于一微小的绝热过程来说，由(5.34)式有

$$-p\mathrm{d}V = \nu C_{V,m}\mathrm{d}T \tag{5.35}$$

另一方面，p、V、T 三个参量不是独立的，它们同时要满足理想气体的物态方程 $pV=\nu RT$. 将物态方程微分，可得

$$p\mathrm{d}V + V\mathrm{d}p = \nu R\mathrm{d}T \tag{5.36}$$

由(5.35)式和(5.36)两式中消去 $\mathrm{d}T$，得

$$(C_{V,m} + R)p\mathrm{d}V = -C_{V,m}V\mathrm{d}p$$

因 $C_{V,m}+R=C_{p,m}$，令 $\gamma=\dfrac{C_{p,m}}{C_{V,m}}$，则上式变为

$$\frac{\mathrm{d}p}{p} = -\gamma\frac{\mathrm{d}V}{V}$$

或写成

$$\frac{\mathrm{d}p}{p} + \gamma\frac{\mathrm{d}V}{V} = 0 \tag{5.37}$$

这就是理想气体准静态绝热过程所满足的微分方程. 在实际问题中 γ 常可视为常量，这时将上式积分即得

$$\ln p + \gamma\ln V = 常量$$

或

$$pV^{\gamma} = 常量 \tag{5.38a}$$

这就是理想气体在准静态绝热过程中（且当 γ 为常量时）压强和体积变化的关系式，称为泊松公式. 根据此式，可在 $p-V$ 图上画出理想气体绝热过程所对应的曲线，称为绝热线（图 5-18）. 和等温过程的曲线相比，因为 $\gamma>1$，所以绝热线比等温线陡些.

对这一点可作如下的解释：当气体由图中两线交点所代表的状态继续压缩

同样的体积时，若是等温过程，则其压强的增大仅是由于体积的减小. 若是绝热过程，则因外界对系统做功，系统的温度将因内能的增加而升高，所以压强的增大不仅由于体积的缩小，而且还由于温度的升高，因此其值就比等温过程中的大.

利用(5.38a)式和理想气体物态方程，可以求得绝热过程中 V 与 T 以及 p 与 T 之间的关系如下：

$$TV^{\gamma-1}=\text{常量} \tag{5.38b}$$

$$\frac{p^{\gamma-1}}{T^{\gamma}}=\text{常量} \tag{5.38c}$$

(5.38a)式、(5.38b)式、(5.38c)式这三个关系式称为**绝热过程方程**(注意三式中的常量各不相同). 在运用时，可按问题的需要，选择其中运用起来比较方便的一个.

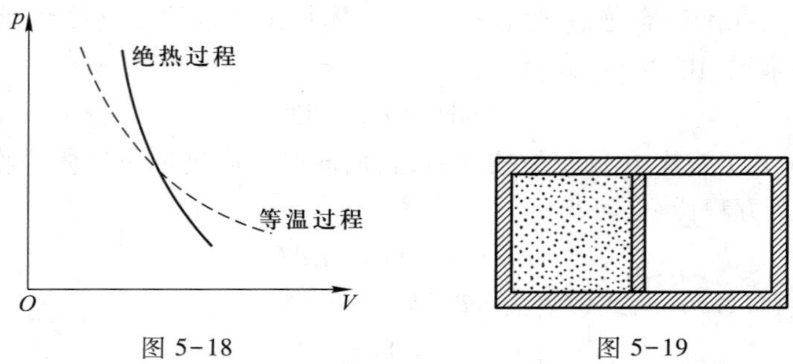

图 5-18　　　　图 5-19

这里再强调一下，在推导(5.38)式的过程中，已假设了过程是准静态过程，否则元功不能写作 $-p\mathrm{d}V$，也不能运用物态方程以及对 p、V 等求积分. 因此，所得绝热过程方程只能适用于准静态过程，对于非准静态过程则不适用，举例来说，设有一绝热容器(图 5-19)，在左半边贮有理想气体，设其压强为 p_0，体积为 V_0；右边为真空. 当把中间隔板抽去后，气体膨胀，充满整个容器，这时体积为 $2V_0$，压强为 p. 因为在这一过程中，系统既未和外界交换热量，又没有做功，所以内能不变，因而初态和终态的温度相等，根据物态方程可得

$$p_0V_0=p\cdot 2V_0$$

所以

$$p=\frac{p_0}{2}$$

因为这一过程不是准静态过程，所以初态和终态之间不能满足下列的泊松公式以及它所得到的压强关系式：

$$p_0V_0^{\gamma}=p\cdot(2V_0)^{\gamma}$$

或

$$p=\frac{p_0}{2^{\gamma}}$$

有了绝热过程方程，我们还可以用准静态过程中功的计算公式直接求出绝热过程中外界对系统所做的功. 因为

$$pV^{\gamma}=p_1V_1^{\gamma}=\text{常量}$$

式中 p_1 和 V_1 表示初态的压强和体积，所以

$$\begin{aligned}A&=-\int_{V_1}^{V_2}p\mathrm{d}V=-\int_{V_1}^{V_2}p_1V_1^{\gamma}\cdot\frac{1}{V^{\gamma}}\mathrm{d}V\\&=-p_1V_1^{\gamma}\int_{V_1}^{V_2}\frac{1}{V^{\gamma}}\mathrm{d}V\\&=-p_1V_1^{\gamma}\left(\frac{V_2^{1-\gamma}}{1-\gamma}-\frac{V_1^{1-\gamma}}{1-\gamma}\right)\\&=\frac{p_1V_1}{\gamma-1}\left[\left(\frac{V_1}{V_2}\right)^{\gamma-1}-1\right]\end{aligned}\tag{5.39a}$$

利用绝热过程方程(5.38a)，又可将此式写作

$$A=\frac{1}{\gamma-1}(p_2V_2-p_1V_1)\tag{5.39b}$$

利用物态方程，并注意到 $\gamma=\dfrac{C_{p,\mathrm{m}}}{C_{V,\mathrm{m}}}$，$C_{p,\mathrm{m}}-C_{V,\mathrm{m}}=R$，则(5.39b)式就可以化为(5.34)式.

五、多方过程

实际上，在气体中进行的过程，常常既不是等温又不是绝热的，而是介于二者之间的过程.在实用上，常常用下列公式表达在气体中进行的实际过程

$$pV^{n}=\text{常量}\tag{5.40}$$

式中 n 为一常量.凡是满足(5.40)式的过程就称为**多方过程**. 显然，当 $n=1$ 时，此式表示等温过程；当 $n=\gamma$ 时，表示绝热过程；当 n 的数值介于 1 与 γ 之间时，多方过程可近似地代表气体内进行的实际过程.当然，多方过程并不限于 $1\leqslant n\leqslant\gamma$ 的范围内.如当 $n=0$ 时，(5.40)式就表示等压过程；当 $n=\infty$ 时，(5.40)式可变为 $V=$常量，即表示等体过程.所以等体和等压过程也可看做多方过程的特例.

气体在多方过程中所做的功完全可用推导(5.39)式的方法求得，并且所得结果和(5.39)式相同，只要把(5.39)式中的 γ 换为 n 即可.

下面我们来计算理想气体在多方过程中的摩尔热容.如以 C_{m} 代表多方过程中的摩尔热容，则由摩尔热容的定义可知，当系统温度变化为 $\mathrm{d}T$ 时，系统从外界吸收的热量为 $\nu C_{\mathrm{m}}\mathrm{d}T$.根据热力学第一定律(5.9)式和理想气体的内能公式(5.22′)，可得

$$\nu C_{V,\mathrm{m}}\mathrm{d}T=\nu C_{\mathrm{m}}\mathrm{d}T-p\mathrm{d}V$$

将理想气体物态方程微分，可得

$$p\mathrm{d}V+V\mathrm{d}p=\nu R\mathrm{d}T$$

因为(5.40)式中的 n 为一常量.所以将(5.40)式两边取对数再微分，可得

$$\frac{\mathrm{d}p}{p}+n\frac{\mathrm{d}V}{V}=0$$

由以上三式可消去 $\mathrm{d}p$、$\mathrm{d}V$ 和 $\mathrm{d}T$,从而得到

$$C_{\mathrm{m}} = \frac{(n-1)C_{V,\mathrm{m}} - R}{n-1} \tag{5.41a}$$

或

$$C_{\mathrm{m}} = C_{V,\mathrm{m}} - \frac{C_{p,\mathrm{m}} - C_{V,\mathrm{m}}}{n-1} = C_{V,\mathrm{m}}\left(\frac{\gamma - n}{1-n}\right) \tag{5.41b}$$

[例题 6] 1 g 氮气原来的温度和压强为 423 K 和 5.066×10^5 Pa,经准静态绝热膨胀后,体积变为原来的两倍,求在这过程中气体对外所做的功.

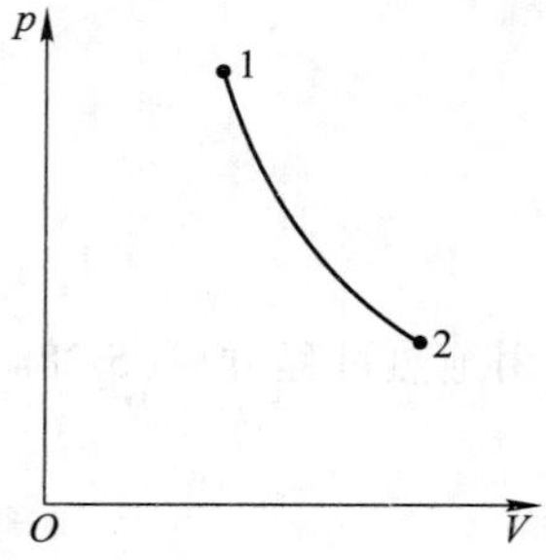

[解] 图 5-20 是这个过程的示意图.

图 5-20

已知 $p_1 = 5.066\times10^5$ Pa, $T_1 = 423$ K, $m = 10^{-3}$ kg. 由理想气体物态方程

$$pV = \nu RT = \frac{m}{M}RT$$

可得

$$\begin{aligned} V_1 &= \frac{mRT}{p_1 M} \\ &= \frac{0.001\ \mathrm{kg}\times 8.314\ \mathrm{J\cdot mol^{-1}\cdot K^{-1}}\times 423\ \mathrm{K}}{5.066\times10^5\ \mathrm{N\cdot m^{-2}}\times 0.028\ \mathrm{kg\cdot mol^{-1}}} \\ &= 2.48\times10^{-4}\ \mathrm{m^3} \end{aligned}$$

按题意,终态体积为 $2V_1 = 4.96\times10^{-4}\ \mathrm{m^3}$. 又据(5.38a)式,可有

$$\begin{aligned} p_2 &= p_1\left(\frac{V_1}{V_2}\right)^{\gamma} = (5.066\times10^5)\cdot\left(\frac{1}{2}\right)^{1.4} \\ &= 1.92\times10^5\ \mathrm{Pa} \end{aligned}$$

将以上结果代入(5.39b)式,即得

$$A = \frac{p_2V_2 - p_1V_1}{\gamma - 1} = -76.1\ \mathrm{J}$$

负号表示气体在绝热膨胀时对外做正功.

[例题 7] 1 mol 理想气体经图 5-21 所示的两个不同的过程(1—4—2 和 1—3—2)由状态 1 变到状态 2. 图中 $p_2 = 2p_1$, $V_{\mathrm{m2}} = 2V_{\mathrm{m1}}$. 已知该气体的摩尔定容热容 $C_{V,\mathrm{m}} = \frac{3}{2}R$,初态温度为 T_1,求气体分别在这两个过程中从外界吸收的热量.

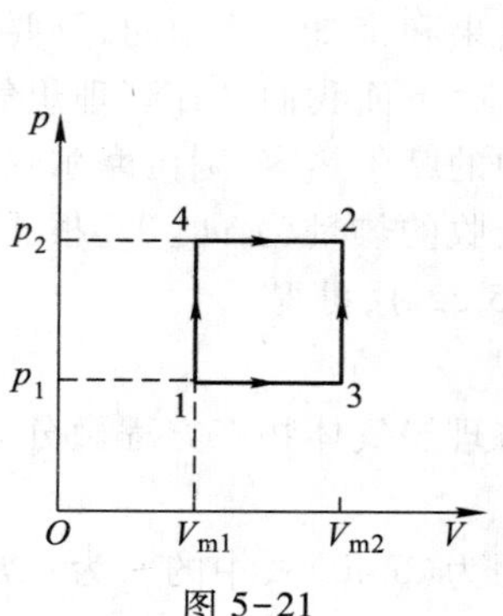

图 5-21

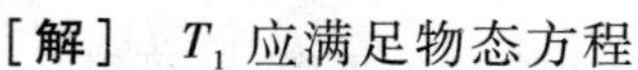
[解] T_1 应满足物态方程

$$p_1V_{\mathrm{m1}} = RT_1$$

而状态 2 应有

表 5-1 理想气体热力学过程的主要公式

过程	过程方程	初态、终态参量间的关系	外界对系统所做的功	系统从外界吸收的热量	摩尔热容
等体	$V=$常量	$V_{m2}=V_{m1}$；$\frac{T_2}{T_1}=\frac{p_2}{p_1}$	0	$C_{V,m}(T_2-T_1)$	$C_{V,m}=\frac{R}{\gamma-1}$
等压	$p=$常量	$p_2=p_1$；$\frac{T_2}{T_1}=\frac{V_{m2}}{V_{m1}}$	$-p(V_{m2}-V_{m1})$或$-R(T_2-T_1)$	$C_{p,m}(T_2-T_1)$	$C_{p,m}=\frac{\gamma R}{\gamma-1}$
等温	$pV_m=$常量	$T_2=T_1$；$\frac{p_2}{p_1}=\frac{V_{m1}}{V_{m2}}$	$-p_1V_{m1}\ln\frac{V_{m2}}{V_{m1}}$或$-RT_1\ln\frac{V_{m2}}{V_{m1}}$	$p_1V_{m1}\ln\frac{V_{m2}}{V_{m1}}$或$RT_1\ln\frac{V_{m2}}{V_{m1}}$	∞
绝热	$pV_m^{\gamma}=$常量	$\frac{p_2}{p_1}=\left(\frac{V_{m1}}{V_{m2}}\right)^{\gamma}$ $\frac{T_2}{T_1}=\left(\frac{V_{m1}}{V_{m2}}\right)^{\gamma-1}$ $\frac{T_2}{T_1}=\left(\frac{p_2}{p_1}\right)^{\frac{\gamma-1}{\gamma}}$	$\frac{1}{\gamma-1}(p_2V_{m2}-p_1V_{m1})$或 $\frac{p_1V_{m1}}{\gamma-1}\left[\left(\frac{V_{m1}}{V_{m2}}\right)^{\gamma-1}-1\right]$或 $C_{V,m}(T_2-T_1)=\frac{R}{\gamma-1}(T_2-T_1)$	0	0
多方	$pV_m^{n}=$常量	$\frac{p_2}{p_1}=\left(\frac{V_{m1}}{V_{m2}}\right)^{n}$ $\frac{T_2}{T_1}=\left(\frac{V_{m1}}{V_{m2}}\right)^{n-1}$ $\frac{T_2}{T_1}=\left(\frac{p_2}{p_1}\right)^{\frac{n-1}{n}}$	$\frac{1}{n-1}(p_2V_{m2}-p_1V_{m1})$或 $\frac{p_1V_{m1}}{n-1}\left[\left(\frac{V_{m1}}{V_{m2}}\right)^{n-1}-1\right]$或 $\frac{R}{n-1}(T_2-T_1)$	$C_{V,m}(T_2-T_1)-\frac{R}{n-1}(T_2-T_1)$ $=\left(C_{V,m}-\frac{R}{n-1}\right)(T_2-T_1)$ $(n\neq1)$	$C_{V,m}-\frac{R}{n-1}$ $=C_{V,m}\left(\frac{\gamma-n}{1-n}\right)$

$$p_2V_{m2} = RT_2$$

已知 $p_2=2p_1$，$V_{m2}=2V_{m1}$，代入上式即得

$$4p_1V_{m1} = RT_2 = 4RT_1$$

$$T_2 = 4T_1$$

同理可得

$$T_3 = T_4 = 2T_1$$

再根据(5.22′)式可得

$$U_{m2} - U_{m1} = \frac{3R}{2}(T_2 - T_1) = \frac{9}{2}RT_1$$

对于1—4—2过程，其中等体过程部分功为零，总功即等压过程4—2的功：

$$A = A_{4-2} = -p_2(V_{m2} - V_{m1}) = -R(T_2 - 2T_1) = -2RT_1$$

再根据热力学第一定律(5.8)式，可求得1 mol气体在1—4—2过程中从外界吸收热量 Q_m 为

$$Q_m = \frac{9}{2}RT_1 + 2RT_1 = \frac{13}{2}RT_1$$

对于1—3—2过程有

$$A = A_{1-3} = -p_1(V_{m2} - V_{m1}) = -R(T_3 - T_1) = -RT_1$$

所以

$$Q_m = \frac{9}{2}RT_1 + RT_1 = \frac{11}{2}RT_1$$

为了使读者应用方便，表5-1中列出了理想气体热力学过程的一些主要公式.表中列的是适用于1 mol理想气体的公式，而此表中以 V_m 表示1 mol理想气体的体积，V_m 为一些物理资料中对特殊气体模型下的气体常用符号，此处使读者在附表中有所接触。

§5-8 循环过程和卡诺循环

一、循环过程及其效率

一般热机(如蒸汽机、内燃机等)的工作原理有其共同之处.我们先来简单地介绍一下蒸汽机的工作过程.如图5-22所示，水泵B可将水池A中的水打入加热器即锅炉C中，水在锅炉内加热，变成温度和压强较高的蒸汽，这是一个吸热而使内能增加的过程.蒸汽通过传送装置进入汽缸D中，并在汽缸中膨胀，推动活塞对外做功，同时蒸汽的内能减小，在这一过程中内能通过做功转化为机械能.最后，蒸汽成为废气进入冷却器E中，经过冷却放热的过程而凝结成水，再经过水泵F

视频：蒸汽机的发明

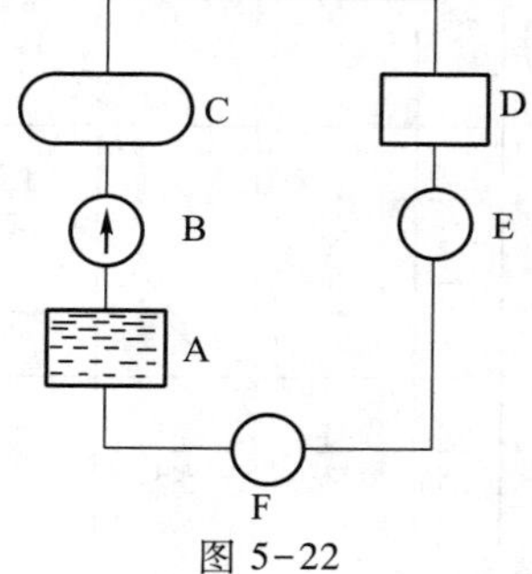

图5-22

将水打入水池.这些过程循环不息地进行.从能量转化的角度看来,其结果就是工作物质(蒸汽)在高温热源(即加热器 C)处由外界吸热以增加其内能,然后部分内能通过做功转化为机械能,另一部分内能在低温热源(即冷却器 E)处通过放热而传到外界.经过这一系列过程,工作物质又回到了原来的状态.各种其他热机虽然具体工作过程各不相同,但其能量转化的情况却和上面所讲的类似,即热机对外做功所需的能量是来源于高温热源处吸收的热量的一部分.

为了从能量转化的角度研究各种热机的性能,我们引入循环过程及其效率的概念.普遍地讲来,如果一系统由某一状态出发,经过任意的一系列过程,最后又回到原来的状态,这样的过程称为循环过程.图 5-23 中闭合实线 *ABCDA* 即为在$p-V$图上所示的某一准静态循环过程.如果在$p-V$图上所示的循环过程是顺时针的(如图中的循环),称为正循环,反之称为逆循环.

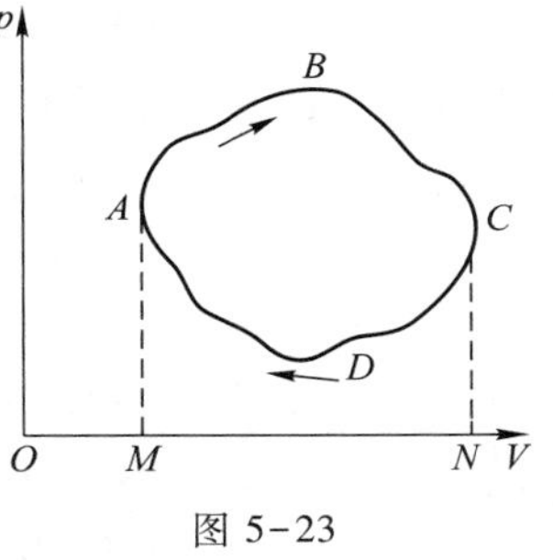

图 5-23

对于正循环,由图中可见,在过程 *ABC* 中,系统对外界做正功,其数值等于 *ABCNMA* 所包围的面积;在过程 *CDA* 中,外界对系统做功,即系统对外界做负功,数值等于 *CNMADC* 所包围的面积.因此,在正循环中,系统对外界所做的总功 *A* 为正,且等于 *ABCDA* 所包围的面积.因为系统最后回到原来状态,所以内能不变.因此,由热力学第一定律可知,在整个循环过程中系统从外界吸收的热量的总和 Q_1 必然大于放出的热量总和 Q_2,而且其量值之差 Q_1-Q_2 就等于对外所做的功 *A*.由此可见,系统经过这一正循环过程,则将从某些高温热源处所吸收的热量,部分用来对外做功,部分在某些低温热源处放出,而系统回到原来状态.综合前面讨论可以看到,正循环中能量的转化情况正是反映了热机中所实现的能量转化的基本过程.

热机效能的重要标志之一就是它的效率,即吸收来的热量有多少转化为有用的功(更确切地说,应当是通过吸热的方式增加的内能有多少通过做功的方式转化为机械能.以后凡是谈到"热变功"或"功变热"等等说法,都应作类似的理解).采用上述的符号,效率的定义为

$$\eta=\frac{A}{Q_1}=\frac{Q_1-Q_2}{Q_1}=1-\frac{Q_2}{Q_1} \quad (5.42)$$

不同的热机其循环过程不同,因而有不同效率.

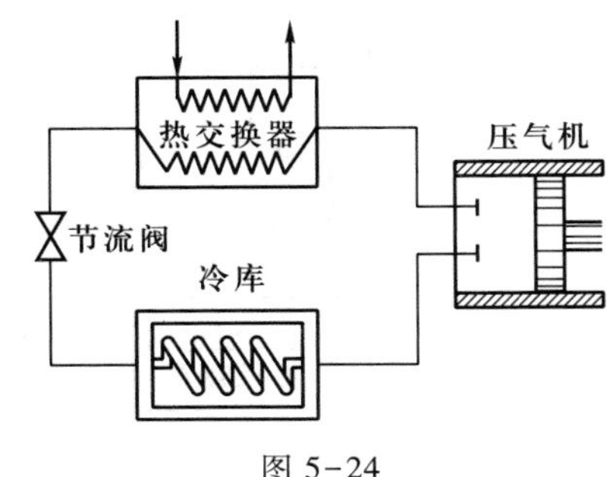

图 5-24

逆循环过程反映了制冷机的工作过程.例如,图 5-24 是常用的氨蒸气压缩制冷装置.经压气机压缩的氨蒸气,在热交换器中被冷却凝结为液氨,然后经节流阀降压降温.在冷库中氨液吸收热量全部蒸发为气体,然后重新经过压气机压缩进行下一

循环,设在一制冷机循环中外界对工作物质做功为 A,工作物质由低温(如冷库)所吸收的热量为 Q_2,则制冷机的效能可用制冷系数 ε 表示:

$$\varepsilon=\frac{Q_2}{A} \tag{5.43}$$

二、卡诺循环及其效率

在 18 世纪末和 19 世纪初时,蒸汽机的效率是很低的,只有 3%~5%左右,即 95%以上的热量都没有得到利用.这一方面是由于散热、漏气、摩擦等等因素损耗能量,另一方面是由于一部分热量在低温热源处放出.为了提高热机的效率,人们做了很多的工作,但从 1794 年到 1840 年,热机的效率也仅由 3%提高到 8%.这样,在生产需要的推动下,不少科学家和工程师开始由理论上来研究热机的效率.卡诺研究了一种理想热机的效率,后面将会说到这种热机的效率最高.假设工作物质只与两个恒温热源(恒定温度的高温热源和恒定温度的低温热源)交换热量,即没有散热、漏气等因素存在,这种热机称为卡诺热机,其循环过程叫卡诺循环.卡诺热机在一循环过程中能量的转化情况可用图 5-25 表示.即工作物质由高温热源吸收热 Q_1,部分用来对外做功 A,部分热量 Q_2 在低温热源处放出.

现在我们来研究理想气体准静态过程的卡诺循环的效率,即假设工作物质是理想气体,而循环过程是准静态过程.由于是准静态过程,所以在工作物质与高温热源接触的过程中,基本上没有温度差,也就是说内外无限接近于温度平衡(否则热传导很快,就不可能是准静态过程).这样,工作物质和高温热源接触而吸热的过程可看作是一温度为 T_1 的等温过程.同样,和低温热源接触而放热的过程可看作是温度为 T_2 的等温过程.因为只和两个热源交换热量,所以当工作物质和两热源分开时的过程必然是绝热过程.这样,准静态过程的卡诺循环就是由两个等温过程和两个绝热过程所组成的循环过程.如果工作物质是理想气体,则就如图 5-26 所示.

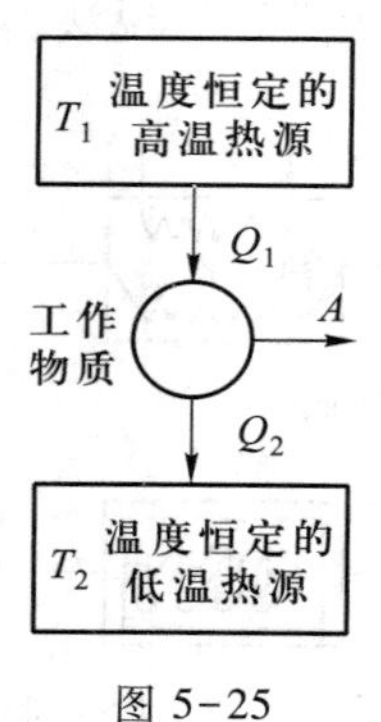

图 5-25

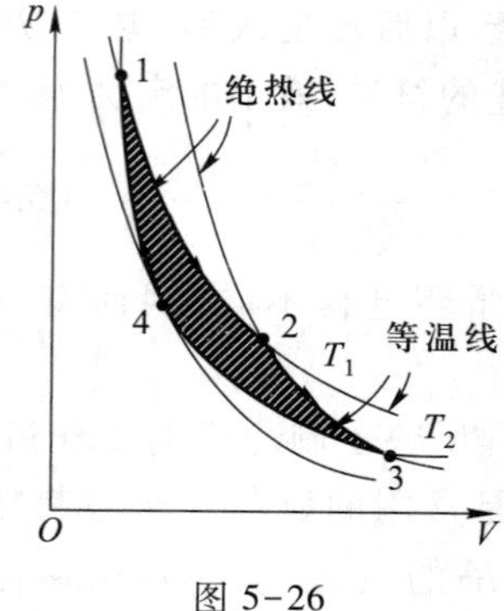

图 5-26

为了求其效率,我们来研究一下各过程中能量转化的情况:

(1) 由状态 1 到状态 2 的过程是等温膨胀.在这过程中,由高温热源吸热为

$$Q_1 = \nu RT_1 \ln \frac{V_2}{V_1}$$

式中 ν 为气体的物质的量，V_2 和 V_1 分别表示气体在状态 2 和状态 1 的体积. 在这过程中同时对外做功.

（2）由状态 2 到状态 3，工作物质和高温热源分开，经过绝热膨胀，温度降到 T_2. 在这过程中，没有和外界交换热量，但对外界做功.

（3）由状态 3 到状态 4，气体和低温热源接触并经过一等温压缩的过程. 在这过程中，外界对气体做功，气体向低温热源放热的数值为

$$Q_2 = \nu RT_2 \ln \frac{V_3}{V_4}$$

式中 V_3 和 V_4 分别表示气体在状态 3 和状态 4 的体积.

（4）由状态 4 到状态 1，气体和低温热源分开，经过一绝热压缩过程回到原来状态，完成一循环过程（注意：在状态 1、2、3 都确定之后，状态 4 不能任意选择，它必须是经过一绝热过程后能回到状态 1）. 在这绝热压缩过程中，没有和外界交换热量，而外界对气体做功.

由以上的分析可知，在整个循环过程中，气体总的吸热 Q_1，放热 Q_2，内能不变，因此根据热力学第一定律，总的对外所做的功为

$$A = Q_1 - Q_2 = \nu RT_1 \ln \frac{V_2}{V_1} - \nu RT_2 \ln \frac{V_3}{V_4}$$

所以，其效率为

$$\eta = \frac{A}{Q_1} = \frac{T_1 \ln \dfrac{V_2}{V_1} - T_2 \ln \dfrac{V_3}{V_4}}{T_1 \ln \dfrac{V_2}{V_1}} \tag{5.44}$$

这个式子可以简化，因为状态 1、4 和状态 2、3 分别在两条绝热线上. 根据绝热过程方程有

$$\left(\frac{V_3}{V_2}\right)^{\gamma-1} = \frac{T_1}{T_2}$$

$$\left(\frac{V_4}{V_1}\right)^{\gamma-1} = \frac{T_1}{T_2}$$

将两式相比，可得

$$\frac{V_2}{V_1} = \frac{V_3}{V_4}$$

所以

$$\ln \frac{V_2}{V_1} = \ln \frac{V_3}{V_4}$$

代入（5.44）式，即得

$$\eta = \frac{T_1 - T_2}{T_1} = 1 - \frac{T_2}{T_1} \tag{5.45}$$

由此可见，理想气体准静态过程的卡诺循环的效率只由高温热源和低温热源的温度决定.例如，设蒸汽机锅炉的温度为 230 ℃，冷却器温度为 30 ℃，如果把它看做是理想气体准静态过程的卡诺循环，其效率为

$$\eta = \frac{503 - 303}{503} = 40\%$$

实际上，由于各种损耗，其效率远比此值低，实际蒸汽机的效率只有 12%～15%左右.

由(5.45)式可以看出 T_1 越大，T_2 越小，则效率越高.这是除了减少损耗外提高热机效率的方向之一.

作与上面正向卡诺循环类似的推导，不难得到理想气体逆向卡诺循环(见图 5-27 和图 5-28)的制冷系数为

$$\varepsilon = \frac{Q_2}{A} = \frac{Q_2}{Q_1 - Q_2} = \frac{T_2}{T_1 - T_2} \tag{5.46}$$

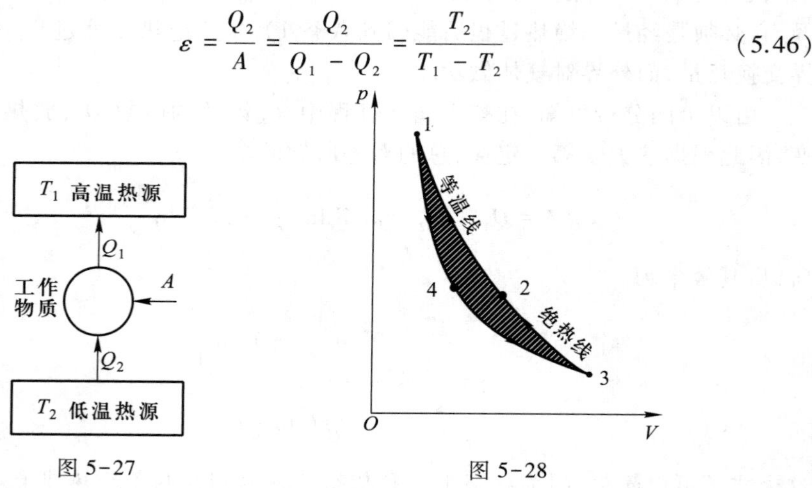

图 5-27　　图 5-28

在一般的制冷机中，高温热源的温度 T_1 通常就是大气温度，所以由上式可见，逆向卡诺循环的制冷系数 ε 取决于所希望达到的制冷温度 T_2.若设高温热源的温度为 T_1 = 293.15 K，表 5-2 列出了由上式计算出的 ε 值.由表可见，T_2 越低，制冷系数越小.

表 5-2　不同温度下的制冷系数

T_2/K	273.15	263.15	223.15	100	50	5	1
ε	13.6	8.8	3.2	0.52	0.21	0.017	0.003 4

[例题 8]　一定量理想气体经过下列准静态循环过程：

(1) 绝热压缩，由 V_1、T_1 到 V_2、T_2；

(2) 等体吸热，由 V_2、T_2 到 V_2、T_3；

(3) 绝热膨胀，由 V_2、T_3 到 V_1、T_4；

(4) 等体放热,由 V_1、T_4 到 V_1、T_1.

试求这个循环的效率.

[解] 这个循环,见图 5-29.因为吸热和放热只在两个等体过程中进行,所以

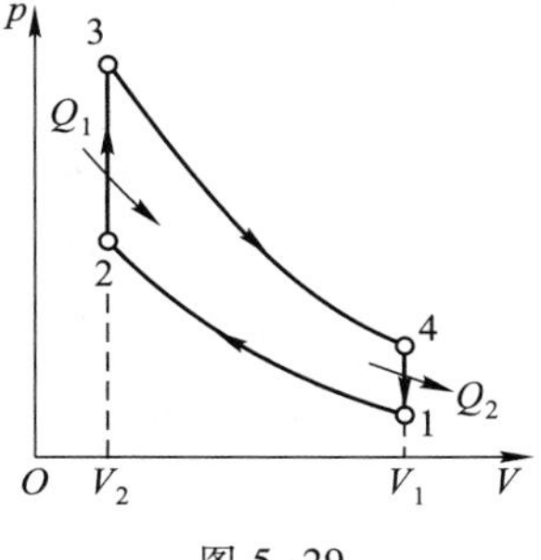

图 5-29

$$Q_1 = \nu C_{V,\mathrm{m}}(T_3 - T_2)$$

$$Q_2 = \nu C_{V,\mathrm{m}}(T_4 - T_1)$$

代入(5.42)式即得

$$\eta = 1 - \frac{Q_2}{Q_1} = 1 - \frac{T_4 - T_1}{T_3 - T_2}$$

又因 1—2 和 3—4 是绝热过程,所以

$$\frac{T_2}{T_1} = \left(\frac{V_1}{V_2}\right)^{\gamma-1}$$

$$\frac{T_3}{T_4} = \left(\frac{V_1}{V_2}\right)^{\gamma-1}$$

由此得

$$\frac{T_2}{T_1} = \frac{T_3}{T_4} = \frac{T_3 - T_2}{T_4 - T_1}$$

因而

$$\eta = 1 - \frac{1}{\dfrac{T_2}{T_1}} = 1 - \frac{1}{\left(\dfrac{V_1}{V_2}\right)^{\gamma-1}}$$

引入绝热压缩比:

$$r = \frac{V_1}{V_2}$$

即得

$$\eta = 1 - \frac{1}{r^{\gamma-1}}$$

由此可见,这循环的效率完全由绝热压缩比 r 所决定.并随着 r 的增大而增大.本题讨论的循环称为奥托循环,或称定容加热循环,它是四冲程汽油机中的工作循环.

[**例题 9**] 一定量理想气体经过下列准静态循环过程:

(1) 绝热压缩,由 V_1、T_1 到 V_2、T_2;

(2) 等压吸热,由 V_2、T_2 到 V_3、T_3;

(3) 绝热膨胀,由 V_3、T_3 到 V_1、T_4;

(4) 等体放热,由 V_1、T_4 到 V_1、T_1.

试求这个循环的效率.

[解] 这个循环过程示于图 5-30.在循环过程中吸收的热量就是在等压过

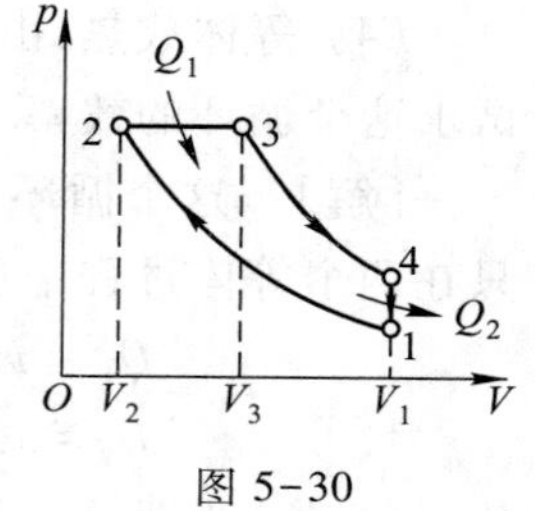

图 5-30

程中吸收的热量：

$$Q_1 = \nu C_{p,\mathrm{m}}(T_3 - T_2)$$

而放热只在等体过程中发生：

$$Q_2 = \nu C_{V,\mathrm{m}}(T_4 - T_1)$$

因此,这个循环的效率为

$$\eta = 1 - \frac{Q_2}{Q_1} = 1 - \frac{C_{V,\mathrm{m}}(T_4 - T_1)}{C_{p,\mathrm{m}}(T_3 - T_2)} = 1 - \frac{1}{\gamma} \cdot \frac{T_4 - T_1}{T_3 - T_2}$$

因 2—3 是等压过程,所以

$$\frac{T_3}{T_2} = \frac{V_3}{V_2} = \rho$$

这里 $\rho = \dfrac{V_3}{V_2}$ 称为定压膨胀比.对于绝热膨胀过程 3—4 有

$$\frac{T_3}{T_4} = \left(\frac{V_1}{V_3}\right)^{\gamma-1} = \delta^{\gamma-1}$$

这里 $\delta = \dfrac{V_1}{V_3}$ 称为绝热膨胀比.对绝热压缩过程 1—2 有

$$\frac{T_2}{T_1} = \left(\frac{V_1}{V_2}\right)^{\gamma-1} = r^{\gamma-1}$$

这里 $r = \dfrac{V_1}{V_2}$ 即绝热压缩比.利用上面的一些关系式将 T_1、T_2、T_4 都用 T_3 表示,即得

$$\frac{T_4 - T_1}{T_3 - T_2} = \frac{\dfrac{T_3}{\delta^{\gamma-1}} - \dfrac{T_3}{\rho r^{\gamma-1}}}{T_3 - \dfrac{T_3}{\rho}} = \frac{\dfrac{1}{\delta^{\gamma-1}} - \dfrac{1}{\rho r^{\gamma-1}}}{1 - \dfrac{1}{\rho}}$$

又因

$$\delta = \frac{r}{\rho}$$

所以

$$\frac{T_4 - T_1}{T_3 - T_2} = \frac{\dfrac{\rho^{\gamma-1}}{r^{\gamma-1}} - \dfrac{1}{\rho r^{\gamma-1}}}{\dfrac{\rho - 1}{\rho}} = \frac{1}{r^{\gamma-1}} \frac{\rho^{\gamma} - 1}{\rho - 1}$$

最后得到

$$\eta = 1 - \frac{1}{\gamma} \cdot \frac{1}{r^{\gamma-1}} \cdot \frac{\rho^{\gamma} - 1}{\rho - 1}$$

这循环称为狄塞尔循环,也叫定压加热循环.它是四冲程柴油机中的工作循环.由以上结果可见,柴油机的绝热压缩比 r 越大,效率就越高.

[例题 10] 一定量的理想气体经过下列准静态循环过程：

(1) 等温压缩，由 V_1、T_1 到 V_2、T_1；

(2) 等体降温，由 V_2、T_1 到 V_2、T_2；

(3) 等温膨胀，由 V_2、T_2 到 V_1、T_2；

(4) 等体升温，由 V_1、T_2 到 V_1、T_1.

试求这个制冷循环的制冷系数。

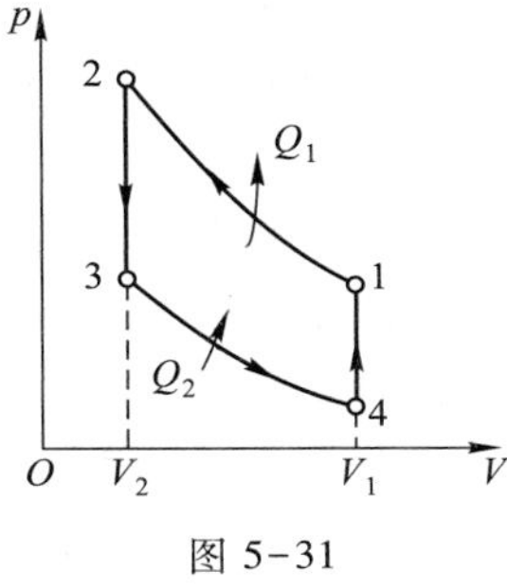

图 5-31

[解] 图 5-31 画出了这一制冷循环，它叫做**逆向斯特林循环**，是回热式制冷机中的工作循环.在这循环过程中，气体在两个等体过程中与外界交换的热量的代数和为零.所以工作物质在等温膨胀过程 3—4 中从低温吸收热量

$$Q_2 = \nu R T_2 \ln \frac{V_1}{V_2}$$

而在等温压缩过程 1—2 中向外界放出热量

$$Q_1 = \nu R T_1 \ln \frac{V_1}{V_2}$$

根据热力学第一定律，在整个制冷循环中外界对工作物质做功

$$A = Q_1 - Q_2 = \nu R(T_1 - T_2)\ln \frac{V_1}{V_2}$$

由此根据(5.43)式，可得制冷系数为

$$\varepsilon = \frac{Q_2}{A} = \frac{T_2}{T_1 - T_2}$$

这结果表明，逆向斯特林循环的制冷系数与逆向卡诺循环相一致，因此回热式制冷机具有较高的制冷效率.

第五章思考题

1. 一定量的气体在体积不变的非静态过程中，外界对它所做的体积功为多少?

2. 有人说："任何没有体积变化的过程就一定不对外做功".对吗?

3. 能否说"系统含有热量"? 能否说"系统含有功"?

4. 说明焦耳热功当量实验在建立热力学第一定律过程中所起的作用.

5. 有人声称他设计了一个机器.当燃料供给 2.5×10^7 cal 的热量时，这机器对外做30 kW · h的功，而有 7.5×10^6 cal 的热量放走.这机器可能吗?

6. 对于由 p、V、T 状态参量描写的系统，在很小的准静态过程中，热力学第一定律数学表达式为

$$đQ = \mathrm{d}U + p\mathrm{d}V,$$

其中 U 是两个独立参量的函数(可取 p、V；T、V；或 T、p).

试对液体薄膜系统(状态参量是 α、S、T)写出相应的第一定律表达式.

对可逆电池(状态参量是$\mathscr{E}$、q、T)写出相应的表达式.

7. 接上题.若可逆电池中除有功$\mathscr{E}\,\mathrm{d}q$ 外还有功$-p\mathrm{d}V$,试写出热力学第一定律的数学表达式.

8. 设某种电离化的气体由彼此排斥的离子组成.当这气体经历一绝热自由膨胀时,气体的温度将如何变化?为什么?

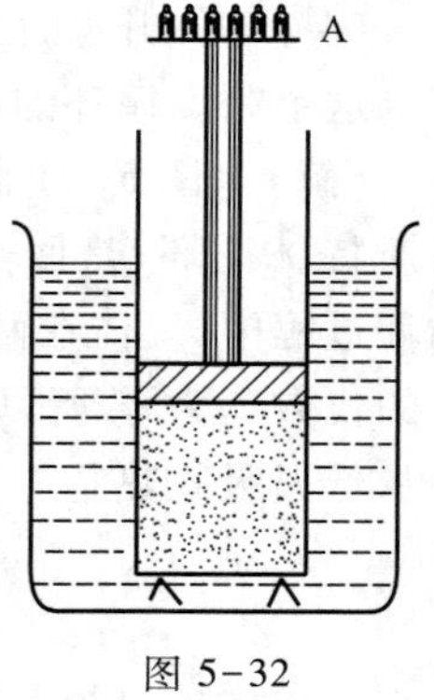

图 5-32

9. 如图 5-32 所示,有一个很大的盛水容器,水温为 T,其中放置一个装有压缩气体的汽缸.在汽缸的活塞连杆上装有平台 A,A 上置有许多极小的砝码.设一个个逐次地将小砝码移去,问汽缸内的气体将经历一个什么过程?设活塞与汽缸壁之间无摩擦.

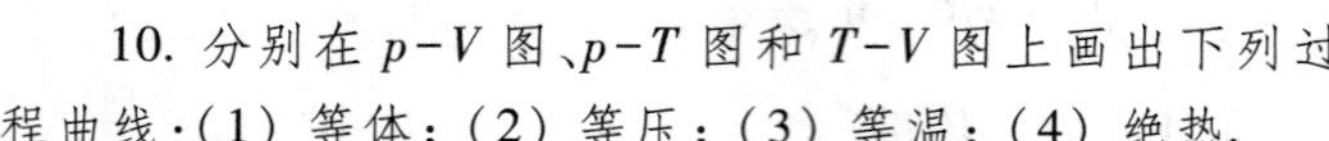

10. 分别在 $p-V$ 图、$p-T$ 图和 $T-V$ 图上画出下列过程曲线:(1) 等体;(2) 等压;(3) 等温;(4) 绝热.

11. 由 p、V、T 描写的理想气体、在等体、等压、等温和绝热过程中能独立改变的状态参量数目是多少?

12. $pV^{\gamma}=C$ 公式在什么条件下成立?

13. 理想气体等温过程的过程方程是什么?试由此证明:在等温过程中理想气体的压缩系数(即等温压缩率,见 §5-2 例题 2)等于$\dfrac{1}{p}$.p 是气体压强.

14. 将上题的结果与弹簧的劲度系数相对比,说明气胎中气体好像一个劲度系数可变的弹簧.在压缩开始时,很易使它屈服,以后越来越困难.

15. 设在图 5-32 所示的大容器中盛的是冰水平衡共存的混合物.先用外力迅速向下推动活塞,使汽缸内气体的体积减小;然后让活塞停止在末位置,使汽缸内气体温度恢复为0 ℃;最后再设法使活塞缓慢地回到初位置.试分析气体所经历的过程.能在 $p-V$ 图上画出气体经历的过程吗?

16. 试说明 $\oint \text{đ}A \neq 0$,$\oint \text{đ}Q \neq 0$. $\oint$ 表示在 $p-V$ 图上沿任一闭合曲线的积分.

*17. 说明:根据能量转化与守恒定律可以把"第一类永动机不可能造成"的表述改为:"对任何物体不可能有一个循环过程,使得经过这个过程后,外界的影响与不等于零的正的或负的功值相当"(注意,这里所说的外界的影响是指功与热量之和,而把热量换算为功值).

*18. 说明上题说法的数学表达式为 $\oint(\text{đ}Q+\text{đ}A)=0$.并由这式论证存在一态函数(即态函数内能).

第五章习题

1. 0.020 kg 的氦气温度由 17 ℃升为 27 ℃.若在升温过程中:

（1）体积保持不变；

（2）压强保持不变；

（3）不与外界交换热量，试分别求出气体内能的改变，吸收的热量，外界对气体所做的功.设氦气可看作理想气体，且 $C_{V,m}=\frac{3}{2}R$.

2. 分别通过下列过程把标准状态下的 0.014 kg 氮气压缩为原体积的一半：

（1）等温过程；

（2）绝热过程；

（3）等压过程.试分别求出在这些过程中气体内能的改变，传递的热量和外界对气体所做的功.设氮气可看作理想气体，且 $C_{V,m}=\frac{5}{2}R$.

3. 在标准状态下的 0.016 kg 的氧气，分别经过下列过程从外界吸收了 3.35×10^{2} J 的热量.

（1）若为等温过程，求终态体积.

（2）若为等体过程，求终态压强.

（3）若为等压过程，求气体内能的变化.设氧气可看作理想气体，且 $C_{V,m}=\frac{5}{2}R$.

4. 为确定多方过程方程 $pV^{n}=C$ 中的指数 n，通常取 $\ln p$ 为纵坐标，$\ln V$ 为横坐标作图.试讨论在这种图中多方过程曲线的形状，并说明如何确定 n.

5. 室温下一定量理想气体氧的体积为 2.3 L，压强为 1.01×10^{5} Pa，经过一多方过程后体积变为 4.1 L，压强为 5.05×10^{4} Pa.试求：

（1）多方指数 n；

（2）内能的变化；

（3）吸收的热量；

（4）氧膨胀时对外界所做的功.设氧的 $C_{V,m}=\frac{5}{2}R$.

6. 1 mol 理想气体氦，原来的体积为 8.0 L，温度为 27 ℃，设经过准静态绝热过程体积被压缩为 1.0 L，求在压缩过程中，外界对系统所做的功.设氦气的 $C_{V,m}=\frac{3}{2}R$.

7. 在标准状态下的 0.016 kg 氧气，经过一绝热过程对外界做功 80 J.求终态的压强、体积和温度.设氧气为理想气体，且 $C_{V,m}=\frac{5}{2}R$，$\gamma=1.4$.

8. 0.008 0 kg 氧气，原来温度为 27 ℃，体积为 0.41 L 若：

（1）经过绝热膨胀体积增为 4.1 L；

（2）先经过等温过程再经过等体过程达到与（1）同样的终态.

试分别计算在以上两种过程中外界对气体所做的功.设氧气可看作理想气体，且 $C_{V,m}=\frac{5}{2}R$.

9. 在标准状态下，1 mol 的单原子理想气体先经过一绝热过程，再经过一等温过程，最后压强和体积均增为原来的两倍，求整个过程中系统吸收的热量.若先经过等温过程再经过绝热过程而达到同样的状态，则结果是否相同？

10. 一定量的氧气在标准状态下体积为 10.0 L，求下列过程中气体所吸收的热量：

（1）等温膨胀到 20.0 L；

（2）先等体冷却再等压膨胀到（1）中所达到的终态.设氧气可看作理想气体，且 $C_{V,m}=\frac{5}{2}R$.

11. 图 5-33 中的实线表示一任意形状系统的界面.设当系统的界面由实线膨胀到虚线的微元过程中,系统总体积增加 $\mathrm{d}V$,而在这过程界面上各处均受到与界面垂直的外界均匀压强 p_e.试证明:外界对系统所做体积功为 $-p_e\mathrm{d}V$;若过程为准静态的.则此功又可表示为 $-p\mathrm{d}V$,其中 p 表示系统内部均匀压强.

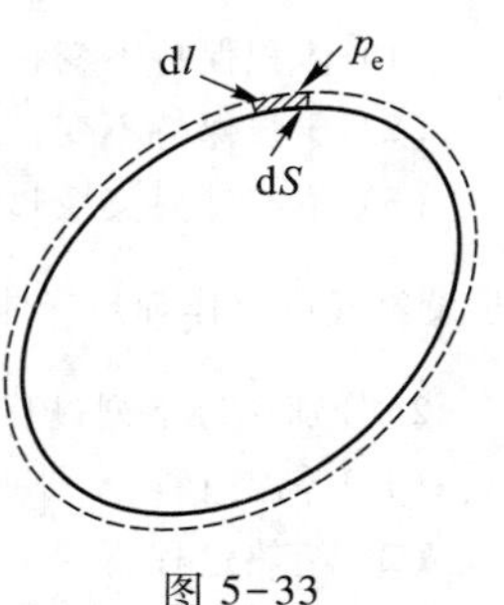

图 5-33

*12. 证明:当 γ 为常量时,若理想气体在某一过程中的热容也是常量,则这个过程一定是多方过程.

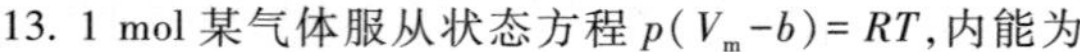

13. 1 mol 某气体服从状态方程 $p(V_m-b)=RT$,内能为

$$U_m = C_{V,m}T + U_{m0}$$

$C_{V,m}$、U_{m0} 为常量.试证明,在准静态绝热过程中,这气体满足方程:

$$p(V_m - b)^{\gamma} = 常量$$

其中 $\gamma=C_{p,m}/C_{V,m}$.

14. 在 24 ℃时水蒸气的饱和气压为 2 982.4 Pa.若已知在这条件下水蒸气的焓是 2 545.0 $\mathrm{kJ \cdot kg^{-1}}$,水的焓是 100.59 $\mathrm{kJ \cdot kg^{-1}}$,求在这条件下水蒸气的凝结热.

15. 分析实验数据表明,在 1.01×10^5 Pa 下,从 300 K 到 1 200 K 范围内,铜的摩尔定压热容 $C_{p,m}$ 可表示为

$$C_{p,m} = a + bT,$$

其中 $a=2.3\times10^4$,$b=5.92$,$C_{p,m}$ 单位是 $\mathrm{J \cdot mol^{-1} K^{-1}}$.试由此计算在 1.01×10^5 Pa 下,当温度从 300 K 增到 1 200 K 时铜的焓的改变.

16. 设 1 mol 固体的物态方程可写作

$$V_m = V_{m0} + aT + bp$$

内能可表示为

$$U_m = cT - apT$$

其中 a、b、c 和 V_{m0} 均是常量.试求:

(1) 摩尔焓的表达式;

(2) 摩尔热容 $C_{p,m}$ 和 $C_{V,m}$.

17. 若把氮气、氢气和氨气都看作理想气体($p\to0$),由气体热力学性质表[9]可查到它们在 298 K 的焓值分别为 8 669 $\mathrm{J \cdot mol^{-1}}$,8 468 $\mathrm{J \cdot mol^{-1}}$ 和 -29 154 $\mathrm{J \cdot mol^{-1}}$.试求在定压下氨的合成热.氨的合成反应为

$$\frac{1}{2}N_2 + \frac{3}{2}H_2 \longrightarrow NH_3$$

18. 燃料电池是把化学能直接转化为电能的装置.图 5-34 所示是燃料电池一例.把氢气和氧气连续通入多孔 Ni 电极,Ni 电极是浸在 KOH 电解液中的.在两极进行的化学反应如图所示.这燃料电池反应的总效果是

$$H_2(气) + \frac{1}{2}O_2(气) \longrightarrow H_2O(液)$$

若一燃料电池工作于 298 K 定压下,在反应前后焓的改变为

$$\Delta H = -285.8 \ \mathrm{kJ \cdot mol^{-1}}$$

两极电压为 1.229 V.试求这燃料电池的效率.

19. 大气温度随高度 z 降低的主要原因是,低处与高处各层间不断发生空气交换.由于空气的导热性能不好,所以空气在升高时的膨胀(及下降时的压缩)可认为是绝热过程.若假设过程是准静态的,并注意到大气达到稳定机械平衡时压强差与高度差的关系,证明空气的温度梯度为

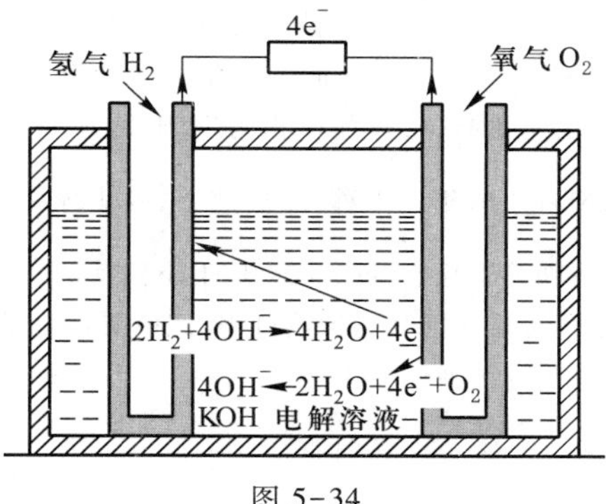

图 5-34

$$\frac{\mathrm{d}T}{\mathrm{d}z} = -\frac{\gamma - 1}{\gamma}\frac{T}{p}\rho g$$

其中 p 为空气压强,ρ、T 分别为密度与温度、γ 是空气的 $C_{p,\mathrm{m}}/C_{V,\mathrm{m}}$

20. 利用大气压随高度变化的微分公式

$$\mathrm{d}p = -\frac{Mgp}{RT}\mathrm{d}z$$

证明:

$$h = \frac{C_{p,\mathrm{m}}T_0}{Mg}\left[1 - \left(\frac{p}{p_0}\right)^{\frac{\gamma-1}{\gamma}}\right]$$

其中 T_0 和 p_0 为地面的温度和压强,p 是高度 h 处的压强.假设上升空气的膨胀是准静态绝热过程.

21. 图 5-35 有一除底部外都是绝热的气筒,被一位置固定的导热板隔成相等的两部分 A 和 B,其中各盛有 1 mol 的理想气体氮.今将 3.35×10^2 J 的热量缓慢地由底部供给气体,设活塞上的压强始终保持为 1.01×10^5 Pa,求 A 部和 B 部温度的改变以及各吸收的热量(导热板的热容可以忽略).

若将位置固定的导热板换成可以自由滑动的绝热隔板,重复上述讨论.

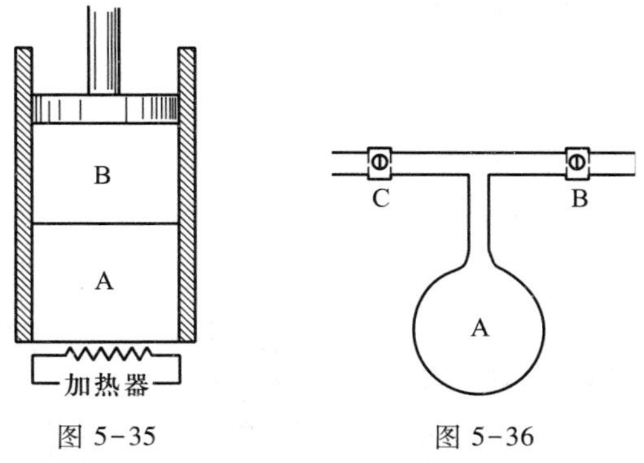

图 5-35　　图 5-36

22. 图 5-36 所示是一种测定 γ 的装置.经活塞 B 将气体压入容器 A 中,使压强略高于大气压(设为 p_1).然后迅速开启再关闭活塞 C,此时气体绝热膨胀到大气压强 p_0.经过一段时间,容器中气体的温度又恢复到与室温相同,压强变为 p_2,假设开启 C 后关闭 C 前气体经历的是准静态绝热过程,试定出求 γ 的表达式.

23. 如图 5-37 所示，瓶内盛有气体，一横截面为 A 的玻璃管通过瓶塞插入瓶内.玻璃管内放有一质量为 m 的光滑金属小球（像一个活塞）.设小球在平衡位置时，气体的体积为 V，压强为 $p=p_0+\dfrac{mg}{A}$（p_0 为大气压强）.现将小球稍向下移，然后放手，则小球将以周期 T 在平衡位置附近做简谐振动.假定在小球上下振动的过程中，瓶内气体进行的过程可看作准静态绝热过程，试证明：

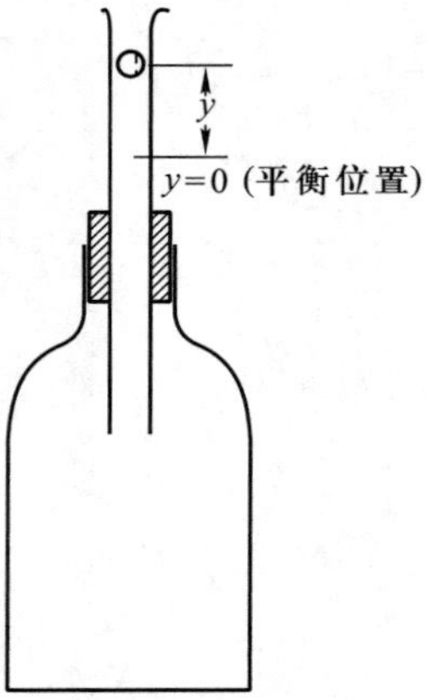

（1）使小球进行简谐振动的准弹性力为

$$F=-\frac{\gamma pA^2}{V}y$$

这里 $\gamma=C_{p,\mathrm{m}}/C_{V,\mathrm{m}}$，$y$ 为位移.

（2）小球进行简谐振动周期为

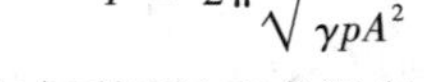

$$T=2\pi\sqrt{\frac{mV}{\gamma pA^2}}$$

（3）由此说明如何利用这现象测定 γ.

图 5-37

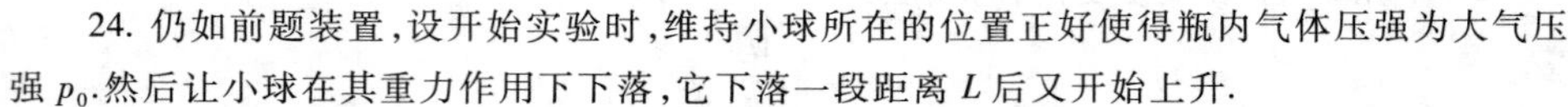

24. 仍如前题装置，设开始实验时，维持小球所在的位置正好使得瓶内气体压强为大气压强 p_0.然后让小球在其重力作用下下落，它下落一段距离 L 后又开始上升.

（1）证明：在这过程中小球克服准弹性力所做的功为

$$\frac{\gamma p_0A^2L^2}{2V}$$

（2）上述的功由小球重力势能转化而来，试由此证明：

$$\gamma=\frac{2mgV}{p_0A^2L}$$

25. 如图 5-38 所示，用绝热壁作成一圆柱形的容器.在容器中间放置一无摩擦的、绝热的可动活塞.活塞两侧各有物质的量为 n 的理想气体，开始状态均为 p_0、V_0、T_0.设气体摩尔定容热容 $C_{V,\mathrm{m}}$ 为常量，$\gamma=1.5$.

将一通电线圈放到活塞左侧气体中，对气体缓慢地加热，左侧气体膨胀同时通过活塞压缩右方气体，最后使右方气体压强增为 $\dfrac{27}{8}p_0$.问：

（1）对活塞右侧气体做了多少功？

（2）右侧气体的终温是多少？

（3）左侧气体的终温是多少？

（4）左侧气体吸收了多少热量？

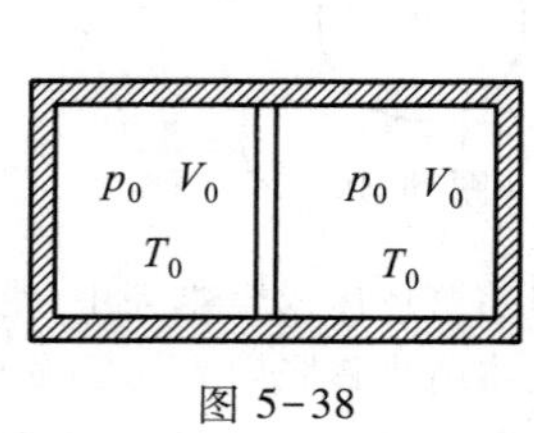

图 5-38

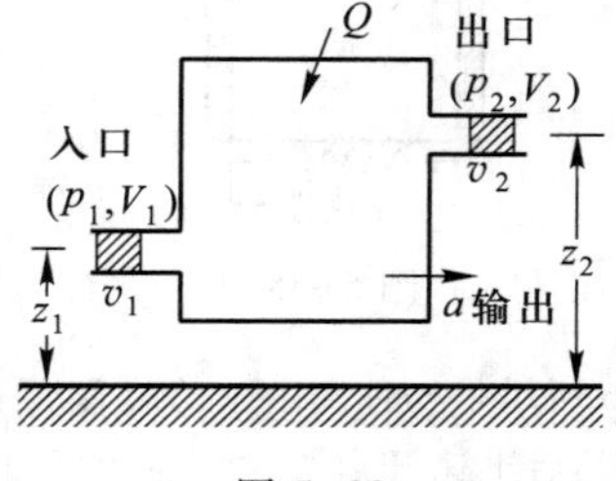

图 5-39

*26. 图 5-39 中方框表示一能对外输出机械功的设备，在这设备中有流体做稳定流动.在

设备入口处取一小块流体，其压强为 p_1、体积为 V_1，流速为 v_1，离地面的高度为 z_1.在出口时该流块的相应各量变为 p_2、V_2、v_2 和 z_2.

（1）根据(5.11)式写出这小流块热力学第一定律的表达式.

（2）以小流块入口处为初态，出口处为终态，证明小流块在从流进到流出这一有限过程中热力学第一定律的表达式为

$$(U_2 - U_1) + \left(\frac{1}{2}mv_2^2 - \frac{1}{2}mv_1^2\right) + (mgz_2 - mgz_1) = Q + A$$

（3）证明上式又可写为

$$q = \left[(h_2 - h_1) + \left(\frac{1}{2}v_2^2 - \frac{1}{2}v_1^2\right) + g(z_2 - z_1)\right] + a_{输出}$$

以上是对单位质量流体写出的公式，q 是单位质量流块从外界吸收的热量，h 是单位质量流块的焓，$a_{输出}$表示就单位质量流体而言机器对外部所做的功(注意若机器输出的功为正，则$a_{输出}>0$).

27. 图 5-40 所示为 1 mol 单原子理想气体所经历的循环过程，其中 AB 为等温线.已知 $V_{mA}=3.00$ L，$V_{mB}=6.00$ L，求效率.设气体的 $C_{V,m}=\frac{3}{2}R$.

28. 图 5-41(T-V 图)所示为一理想气体(γ 已知)的循环过程.其中 CA 为绝热过程.A 点的状态参量(T、V_1)和 B 点的状态参量(T、V_2)均为已知.

（1）气体在 $A\to B$，$B\to C$ 两过程中各和外界交换热量吗？是放热还是吸热？

（2）求 C 点的状态参量.

（3）这个循环是不是卡诺循环？

（4）求这个循环的效率.

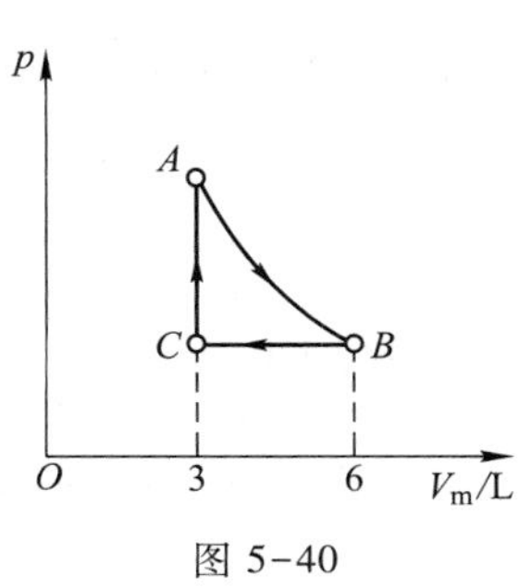

图 5-40

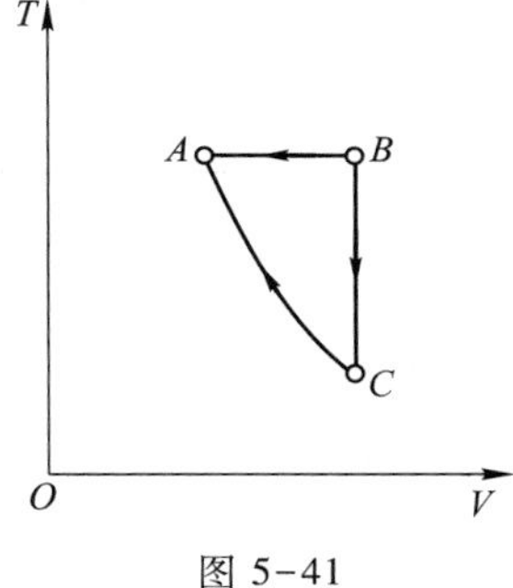

图 5-41

29. 设燃气涡轮机内工质进行如图 5-42 的循环过程，其中 1—2，3—4 为绝热过程；2—3，4—1 为等压过程.试证明这循环的效率 η 为

$$\eta = 1 - \frac{T_4 - T_1}{T_3 - T_2}$$

又可写为

$$\eta = 1 - \frac{1}{\varepsilon_p^{\frac{\gamma-1}{\gamma}}}$$

其中 $\varepsilon_p=\frac{p_2}{p_1}$是绝热压缩过程的升压比.设工作物质为理想气体，$C_p$ 为常量.

30. 图 5-43 所示为理想气体经历的循环过程，这循环由两个等体过程和两个等温过程组成.设 p_1，p_2，p_3，p_4 为已知，试证明：

$$p_1p_3 = p_2p_4$$

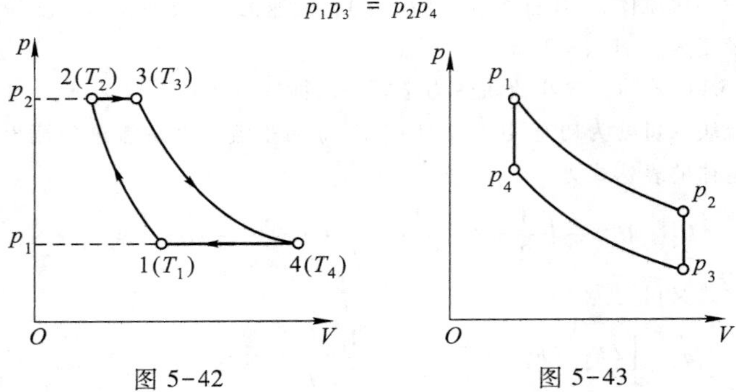

图 5-42　　　　图 5-43

31. 图 5-44 中 $ABCD$ 为 1 mol 理想气体氦的循环过程，整个过程由两条等压线和两条等体线所组成.设已知 A 点的压强为 $p_A=2.0\times10^5$ Pa，体积 $V_{mA}=1.0$ L，B 点体积为 $V_{mB}=2.0$ L，C 点压强为 $p_C=1.0\times10^5$ Pa，求循环效率.设 $C_{V,m}=\dfrac{3}{2}R$.

32. 图 5-45 所示的循环过程中.设 $T_1=300$ K，　$T_2=400$ K.问燃烧 50 kg 汽油可得到多少功.已知汽油的燃烧值为 $4.69\times10^7\text{J}\cdot\text{kg}^{-1}$，气体可看作理想气体.

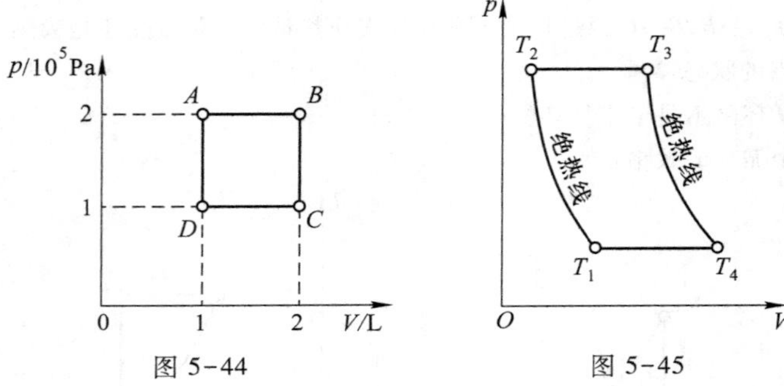

图 5-44　　　　图 5-45

33. 一制冷机工作物质进行如图 5-46 所示的循环过程，其中 ab、cd 分别是温度为 T_2、T_1 的等温过程；bc、da 为等压过程.设工作物质为理想气体，证明这制冷机的制冷系数为

$$\varepsilon = \frac{T_1}{T_2 - T_1}$$

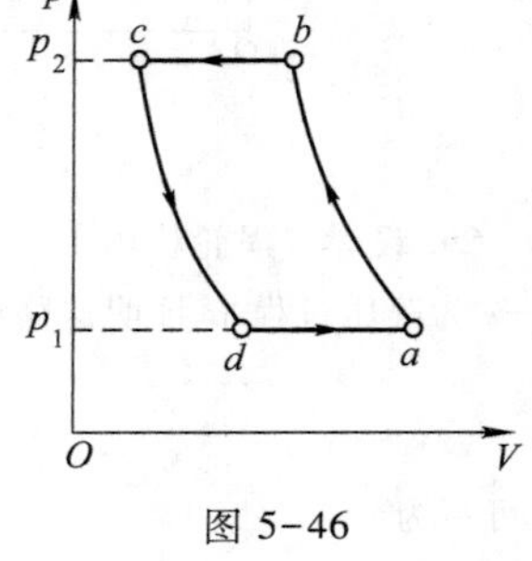

图 5-46

*34. 绝热压缩率 κ_S 的定义是 $\kappa_S\equiv-\dfrac{1}{V}\left(\dfrac{\Delta V}{\Delta p}\right)_S$，其中 ΔV、Δp 表示物质的 p、V 经过绝热过程的微量改变（变为 $p+\Delta p$、$V+\Delta V$）.设物质为理想气体，且服从绝热过程方程 $pV^\gamma=C$.略去二级无穷小量，证明该理想气体的 $\kappa_S=\dfrac{1}{\gamma p}$.

*35. 理论上可以证明，在液体或气体中传播的声速 $v=\dfrac{1}{\sqrt{\rho\kappa_S}}$，其中 ρ 为物质密度，κ_S 为绝热压缩率.由这式并利用上题的结果证明对理想气体有 $v=\sqrt{\dfrac{\gamma p}{\rho}}$，并有 $v=\sqrt{\dfrac{\gamma RT}{M}}$.试讨论由声速测定 γ 的可能性及误差的来源.

第六章　热力学第二定律

§6-1　热力学第二定律

热力学第二定律是关于内能与其他形式能量(如机械能、电磁能等)相互转化的独立于热力学第一定律的另一条基本规律.热力学第二定律是在研究如何提高热机效率的推动下逐步被发现的,并用于解决与热现象有关过程进行的方向问题.随着生产和科学的发展,这一定律在越来越多的方面得到了应用.它和热力学第一定律一起构成了热力学的主要理论基础.

在生产实践中,法国人巴本(Papin,发明了第一部蒸汽机)、英国人纽可门制作的大规模把热变为机械能的蒸汽机从 1712 年起在全英国煤矿普遍使用,其后经瓦特改进的蒸汽机在 19 世纪已在工业上得到广泛应用,提高热机的效率问题成为当时生产中的重要课题.到 19 世纪 20 年代,法国工程师卡诺(Carnot)从理论上研究了一切热机的效率问题.他指出:一部蒸汽机所产生的机械功,在原则上有赖于锅炉和冷凝器之间的温度差,以及工作物质从锅炉吸收的热量(参见§6-4 卡诺定理).“他差不多已经探究到问题的底蕴.阻碍他完全解决这个问题的,并不是事实材料的不足,而只是一个先入为主的错误理论”①.卡诺信奉热质说,当时他不认为在热机的循环操作中,工作物质所吸收的热量一部分转化为机械功.他是从热质说的观点分析问题的.他认为,把热量从高温传到低温而做功,好比是水力机做功时,水从高处流到低处一样,而与水量守恒相对应的是热质守恒②.到了 19 世纪中叶,人们已经知道了焦耳热功当量的实验工作.开尔文(即威廉·汤姆孙)注意到,焦耳工作的结果和法国工程师建立的热机理论之间有矛盾,焦耳的工作表明机械能定量地转化为热,而卡诺热机理论则认为热在蒸汽机里并不转化为机械能.开尔文和克劳修斯(Clausius)进一步的理论研究解决了这个矛盾.

事实上,如我们在§5-8 所说过的,热机在一次循环动作中,从高温热源吸收的热量 Q_1,其中一部分转化为对外所做的机械功 A;另一部分热量 Q_2 被放给低温热源.根据能量守恒和转化定律应有 $Q_1=Q_2+A$,而由(5.38)式热机的效率为

---

① 恩格斯.自然辩证法.北京:人民出版社,1971:93.

② 参见本章附录 6-1.

$$\eta=\frac{A}{Q_1}=\frac{Q_1-Q_2}{Q_1}=1-\frac{Q_2}{Q_1}$$

从这个公式看来，若热机工作物质在一循环动作中，向低温热源放的热量越少，则热机的效率就越高.若设想使 $\eta=1=100\%(Q_2=0)$，那就要求工作物质在一循环动作中，把从高温热源吸收的热量全部变为有用的机械功，而工作物质本身又回到了原来的热力学状态(因为工作物质经历了一个循环).这样"高效率"的热机是否可能实现呢？这样的热机是不违反热力学第一定律的，然而在提高热机效率的过程中，大量的事实说明，在任何情况下，热机都不可能只有一个热源，热机要不断地把吸取的热量变为有用的功，就不可避免地将一部分热量传给低温热源.在总结这些及其他一些实践经验的基础上.开尔文于 1851 年以下列形式提出了一条新的普遍原理：

不可能从单一热源吸取热量，使之完全变为有用的功而不产生其他影响.这就是热力学第二定律的开尔文表述. §6-4 将表明如何应用热力学第一、第二定律正确地证明卡诺定理，于是焦耳的工作与卡诺热机理论在这基础上统一了起来.

应该注意，在开尔文表述中的"单一热源"是指温度均匀并且恒定不变的热源.若热源不是单一热源，则工作物质就可以由热源中温度较高的一部分吸热而往热源中温度较低的另一部分放热，这样实际上就相当于两个热源了.其次，"其他影响"就是指除了由单一热源吸热，把所吸的热用来做功以外的任何其他变化.当有其他影响产生时，把由单一热源吸来的热量全部用来对外做功是可能的.例如理想气体的等温膨胀就是这样，理想气体和单一热源接触做等温膨胀时，内能不变(因理想气体内能仅由温度决定)，即 $\Delta U=0$，根据热力学第一定律

$$Q=-A$$

即吸收的热量全部用来对外做功了.但这时却产生了其他的影响，即理想气体的体积膨胀了.

开尔文表述还可表达为：

第二种永动机是不可能造成的.

所谓第二种永动机就是一种违反开尔文表述的机器，它能从单一热源吸收热量，使之完全变为有用的功而不产生其他影响.这种机器并不违反能量守恒和转化定律.但显然，如果这种热机能制成，那么就可以利用空气或海洋作为热源，从它们那里不断吸取热量而做功.这是最经济不过的，因为海洋的内能实际上是取之不尽的.

热力学第二定律还有另外的表述.在 §5-8 中我们曾讲到制冷机.在这种机器的一个循环动作中，外界对机器做功 A，使工作物质从低温热源吸取热量 Q_2，向高温热源放热 $Q_1=Q_2+A$，而工作物质经历一个循环又回复到原来的状态.制冷机的目的是使热量从低温物体传到高温物体.如 §5-8 指出，制冷机的效能可用制冷系数 ε 表示：

$$\varepsilon = \frac{Q_2}{A}$$

由此看来，从低温物体吸取一定的热量 Q_2 若需要的功 A 越少，则制冷机的效能就越高.然而，大量的事实表明外界必须做功（$A \neq 0$）.这就是说，设想制冷机的工作物质在经历一循环过程后恢复了原状，其唯一的效果只是把热量从低温物体传到高温物体是不可能的.克劳修斯在 1850 年提出了下面的表述：

不可能把热量从低温物体传到高温物体而不引起其他变化.这就是热力学第二定律的克劳修斯表述，在下节将证明热力学第二定律的开尔文表述和克劳修斯表述是等效的.

热力学第二定律是总结概括了大量事实而提出的，由热力学第二定律作出的推论都与实践结果符合，从而证明了这一定律的正确性.热力学第二定律也有它的适用范围和成立条件，它对有限范围内的宏观过程是成立的，而不适用于少量分子的微观体系，也不能把它推广到无限的宇宙.对这些问题以后还要作进一步的讨论.

热力学第二定律中所说的功具有普遍意义，不仅包括机械功（即转化为机械能）而且包括电磁功（即转化为电磁能）等.例如，当两种不同的金属（如铜和康铜）组成一个回路时（图 6-1），如果两个接头的温度不同（如接触点 1 插在热水中，接触点 2 插在冷水中），在回路中就会产生电流.这称温差电现象.在这过程中，热水的温度下降，冷水的温度升高.这说明，热水中的一部分内能转化为电磁能，另一部分在冷水处放热，冷水就是一个低温热源.利用两种半导体形成回路所制成的小型发电器，就是利用了这种温差电原理.

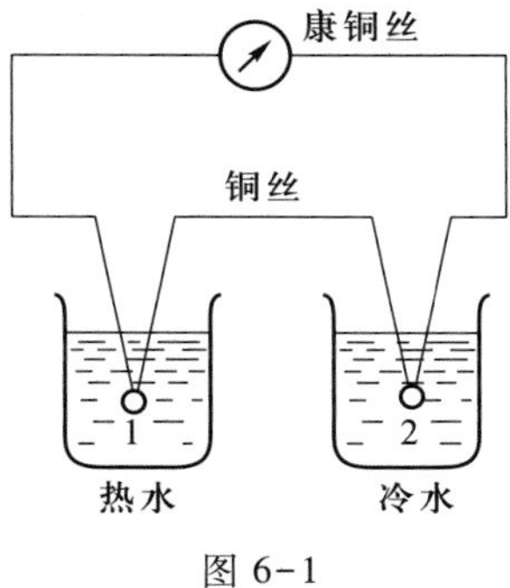

图 6-1

经验告诉我们，功可以完全转化为热（更确切地说，应是机械能可完全转化为内能，以下类同）.摩擦生热就是一个明显的例子.而热力学第二定律指出，要把热完全化为功而不产生其他影响则是不可能的.这个结论由热力学第一定律是得不到的，因为无论功变热或热变功都不违反热力学第一定律.经验还告诉我们，当两个温度不同的物体互相接触时，热量由高温物体向低温物体传递，但是热力学第二定律的克劳修斯表述指出，热量不可能自发地由低温处向高温处传递，这个结论也是不能从热力学第一定律得到的，因为这个过程也不违反热力学第一定律.由此可初步看出，热力学第二定律是独立于热力学第一定律的新规律，是一个能够反映自发过程进行方向的规律.在下一节中将进一步阐明这一点.

§ 6-2　热现象过程的不可逆性

上节讲到热力学第二定律有开尔文和克劳修斯两种表述.本节先证明这两种表述完全等效，然后进一步说明，问题的实质在于，它们都表明：凡是牵涉到热现象的过程都是不可逆的.

一、热力学第二定律两种表述的等效性

现在先来证明,热力学第二定律的两种表述是等效的,即由其中的一个可以推断出另一个.我们用反证法来证明.

设克劳修斯的表述不对,如图 6-2(a)所示,热量 Q 可以通过某种方式由低温热源 T_2 处传递到高温热源 T_1 处而不产生其他影响.那么,我们就可以在这高温热源 T_1 和低温热源 T_2 之间设计一个卡诺热机,令它在一循环中从高温热源吸取热量 $Q_1=Q$,部分用来对外做功 A,另一部分 Q_2 在低温热源处放出[图 6-2(b)].这样,总的结果就是:高温热源没有发生任何变化,而只是从单一的低温热源处吸热 $Q-Q_2$ 全部用来对外做了功 A,如图 6-2(c)所示.这是违反热力学第二定律的开尔文表述的.在上述设计中卡诺热机是可以实现的,因此,上面的设计表明,如果克劳修斯表述不对,那么开尔文表述也就不对.

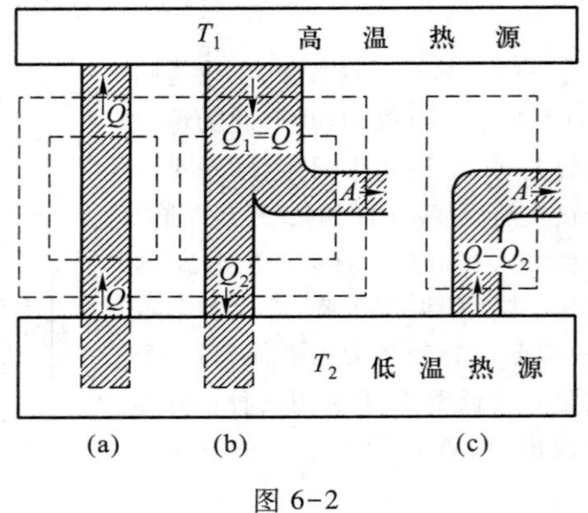

图 6-2

我们还可证明,若开尔文表述不对则克劳修斯表述也不对.图 6-3(a)表示一个违反开尔文表述的机器,它从高温热源 T_1 吸热 Q,全部变为有用的功 $A=Q$,而未产生其他影响.这样,我们就可利用这机器输出的功 A 去供给在高温热源 T_1 和低温热源 T_2 之间工作的一个制冷机.这个制冷机在一循环中得到功 $A(A=Q)$,并从低温热源 T_2 处吸热 Q_2,最后向高温热源 T_1 处放热 $Q_2+A=Q_2+Q$.(a)、(b)两部机器总的效果是:高温热源净吸收热量 Q_2,而低温热源恰好放出热量 Q_2,此外没有任何其他变化,如图 6-3(c)所示.这是违反热力学第二定律的克劳修斯表述的.上述设计中制冷机是可以实现的,所以这表明了,如果开尔文表述不对,克劳修斯表述也就不对.

总之,热力学第二定律的开尔文表述和克劳修斯表述是等效的.下面引入可逆过程与不可逆过程的概念,由此将看到,这两种表述的等效性反映了自然界与热现象有关的宏观过程的一个总的特征.

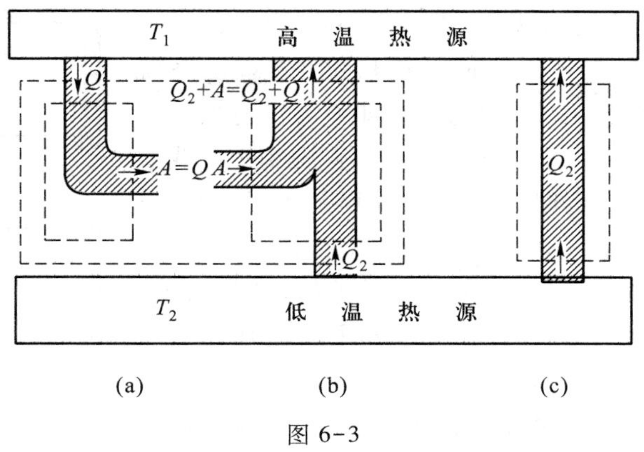

图 6-3

二、可逆与不可逆过程

一个系统,由某一状态出发,经过某一过程达到另一状态,如果存在另一过程,它能使系统和外界完全复原(即系统回到原来的状态,同时消除了原来过程对外界引起的一切影响),则原来的过程称为可逆过程;反之,如果用任何方法都不可能使系统和外界完全复原,则称为不可逆过程.

由此看来,热力学第二定律的开尔文表述就是说功转化为热的过程是不可逆的,而克劳修斯表述就是指出热传导的过程是不可逆的.必须注意,对于功变热过程的不可逆性不能简单地理解为:功可以完全转化为热,而热不能完全转化为功.正确的理解是:在不引起其他变化或不产生其他影响的条件下,热不能完全转化为功.对于热传导过程的不可逆性也是这样.我们可以利用制冷机把热量从低温物体向高温物体传递,但是这时外界因对制冷机做了功 A 而引起了变化,并且高温物体也多吸收了热量 Q(这是外界的功转化而来).热力学第二定律的克劳修斯表述指明的是,没有任何办法能把这些变化消除而同时又不引起其他影响.这就是上面关于不可逆过程定义中所说的,用任何方法都不可能使系统和外界完全复原的意思.

这样看来,热力学第二定律的两种表述就是分别挑选了一种典型的不可逆过程,指出它所产生的效果不论用什么办法也不可能完全恢复原状,而不引起其他变化.而前面所证明的这两种表述的等效性就是说明,热传导的不可逆性必然引导到功转化为热过程的不可逆性,而由功转化为热过程的不可逆性也必然能推断热传导过程的不可逆性.因此,热传导与功变热两类过程在其不可逆特征上是完全等效的.

不仅如此,我们还可以用证明上述两类不可逆过程等效的类似方法,把与热现象有关的其他各种宏观不可逆过程互相联系起来.下面先举一个理想气体向真空自由膨胀的例子.如图 6-4 所示.设容器被中间隔板分成两部分,一边盛有理想气体,一边为真空.如果将隔板抽掉,则气体就自由膨胀而充满整个容器,在这过程中气体没有对外做功(见§5-6).另外,因为过程进行得很快,所以可以看成是绝热过程.这样,系统和外界没有热量交换,也没有做功,即外界没有发生任何变化.系统本身的内能虽未改变,但体积膨胀了.我们可以由热力学第二定律推断这一过程是不可逆的.也就是说,不可能存在一个使外界不发生任何变化,而气体收缩到原来状态的过程.我们用反证法,如果可能,即存在这样一个过程R,它能使外界不发生任何变化而使气体收缩复原,则我们就可以设计如图6-5(b)所示的过程,使理想气体和单一热源接触,从热源吸收热量 Q 进行等温膨胀从而对外做功 A'(注意这时 $A'=Q$).然后再如图6-5(c)所示,通过过程R使气体复原.这样,上述几个过程所产生的唯一效果是自一单一热源吸热全部用来对外做功而没有其他影响,这是违反热力学第二定律的开尔文表述的.因此,由功变热过程的不可逆性可以推断出气体自由膨胀的不可逆性.反之,由气体自由膨胀的不可逆性也可以推断出功转化为热的过程的不可逆性.这一点留给读者自己证明.

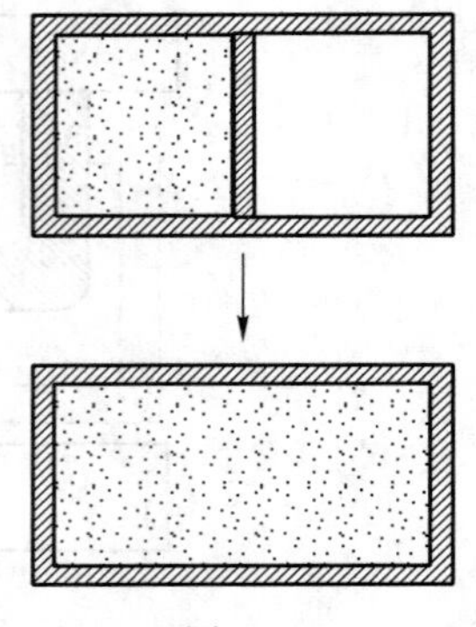

图 6-4

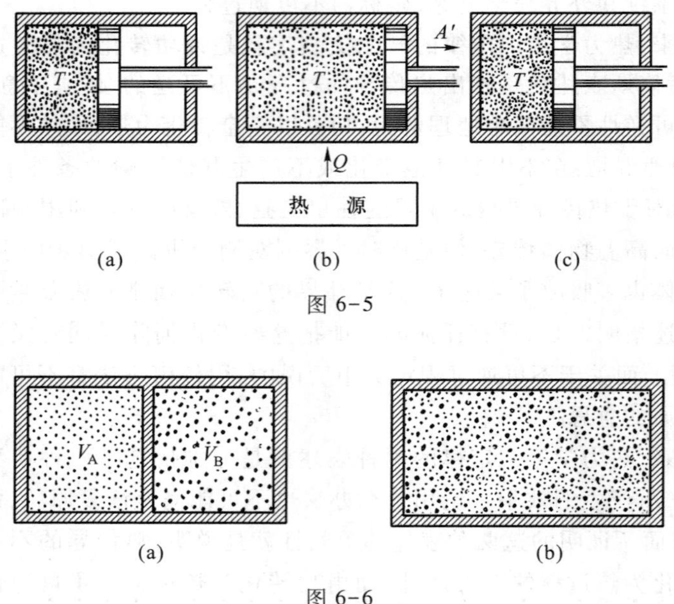

(a) (b) (c)

图 6-5

(a) (b)

图 6-6

再举一个扩散的例子.如图6-6所示,设两种理想气体A和B,各占体积 V_A、V_B,具有相同温度和压强.当中间隔板抽去后,两种气体发生扩散而混合.有没有什么办法使两种气体重新各占据原体积 V_A、V_B,即恢复原状而不引起其他任何变化呢?由热力学第二定律可以推断这是不可能的.我们仍用反证法,设有一种办法使两种理想气体A、B恢复了原状[见图6-7(a)、(b)]而不引起其他变化.

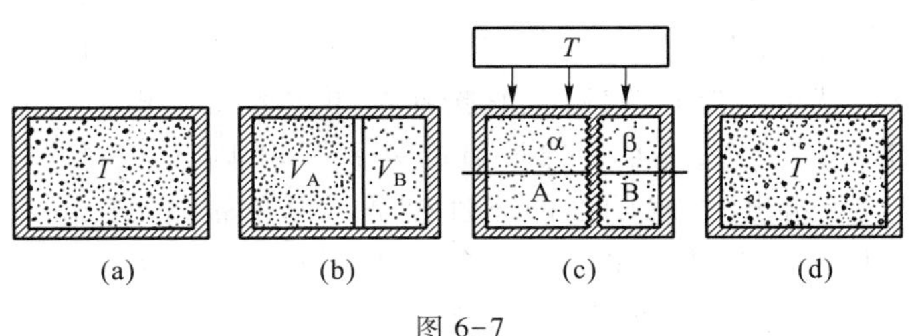

图 6-7

那么，如图 6-7(c)所示，我们用半透膜 α、β 做成两个活塞装置. 所谓半透膜就是只能使一种气体自由通过，而不允许另一种气体透过的膜. 半透膜活塞 α 只允许气体 A 自由通过，半透膜活塞 β 只允许气体 B 自由通过. 在图 6-7(c)中，当气体 A 通过半透膜活塞 α 后，体积膨胀推动活塞 β(气体 A 是不能自由通过它的)对外做功，直到气体 A 的体积 V_A 膨胀到整个容器的体积 V 为止. 与此类似，气体 B 通过半透膜 β 而推动活塞 α 对外做功. 设经过半透膜扩散的过程是等温的，则在这等温过程中，外界热源必然要供给热量，这热量转化为每一气体对外所做的功. 这样，从(a)到(d)，过程结束时，理想气体恢复了原状，过程的唯一效果就是从单一热源吸取热量完全变成了功. 这是违反热力学第二定律的开尔文表述的. 在整个过程中，除(b)外显然都能够实现，所以必然是所假设的(b)为不可能，即两种气体的扩散过程是不可逆的.

其他不可逆过程的例子再如焦耳的热功当量实验. 在实验中，重物下降做功去转动叶片使水的内能增加，但是我们不可能造一个机器，在其循环动作中把一重物升高而同时使水冷却(参见思考题 7).

又如多孔塞实验中的节流过程，各种爆炸过程等都是不可逆的，大量事实告诉我们，与热现象有关的宏观过程都是不可逆的.

通过上面对一些典型不可逆过程彼此等效的证明，我们可以看到自然界中各种不可逆过程都是互相关联的，即由某一过程的不可逆性可推断另一过程的不可逆性. 因为可能利用各种各样的曲折复杂的办法把两个不同的不可逆过程联系起来，从一个过程的不可逆性对另一个过程的不可逆性作出证明.

由于自然界中各种不可逆过程都是互相关联的，所以每一个不可逆过程都可以选为表述热力学第二定律的基础，而热力学第二定律就可以有多种不同的表述方式. 但不管具体表述方式如何，热力学第二定律的实质在于指出，一切与热现象有关的实际宏观过程都是不可逆的. 热力学第二定律所揭示的这一客观规律，向人们指出了实际宏观过程进行的条件和方向.

仔细考察自然界的各种不可逆过程可以看出，它们都包含着下列某些基本特点：① 没有达到力学平衡，例如系统和外界之间存在着有限大小的压强差(而不是无限小的压强差). ② 没有达到热平衡，即存在着在有限温度差之间的热传导(而不是在无限小的温差间的热传导). ③ 没有消除摩擦力或黏性力以至电阻等产生耗散效应的因素①.因此,如果要使过程可逆,就必须小心地消除这些因素.在无摩擦的准静态过程中,过程的每一步都达到了平衡而又没有摩擦.对这种过程,我们就可以控制条件,使它按照与原过程完全相反的顺序进行,经过原来的所有中间状态,并且消除所有的外界影响.因此,无摩擦的准静态过程是可逆的.应该指出,严格的准静态过程是不存在的,它只是一种理想的抽象,如同力学中的质点、光滑平面等概念一样.但在热学实际问题中,可以做到非常接近于一个可逆过程,因而可逆过程这个概念在理论上、计算上有重要的意义.

§6-3 热力学第二定律的统计意义

热力学第二定律指出,一切与热现象有关的宏观过程都是不可逆的.热现象是与大量分子无规则的热运动相联系的,为了进一步认识热力学第二定律的本质,我们来讨论热力学第二定律的统计意义.

先来分析气体的自由膨胀.如图 6-8 所示,用隔板将容器分成容积相等的A、B 两部分,使 A 边充满气体,B 边保持真空.我们考虑气体中任一个分子 a,在隔板抽掉前,它只能在 A 边运动;把隔板抽掉后,它就在整个容器内运动,由于碰撞,它就可能一会儿在 A 边一会儿又跑到 B 边.因此,就单个分子看来,它是有可能自动地退回到 A 边的.因为它在 A、B 两边的机会是均等的,所以退回到 A 边的概率是$\frac{1}{2}$.如果我们考虑三个分子 a、b、c.把隔板抽掉后,它们将在整个容器内运动,如果以分子处在 A 边或 B 边来分类,则这三个分子在容器中的分布有八种可能,情况见下表:

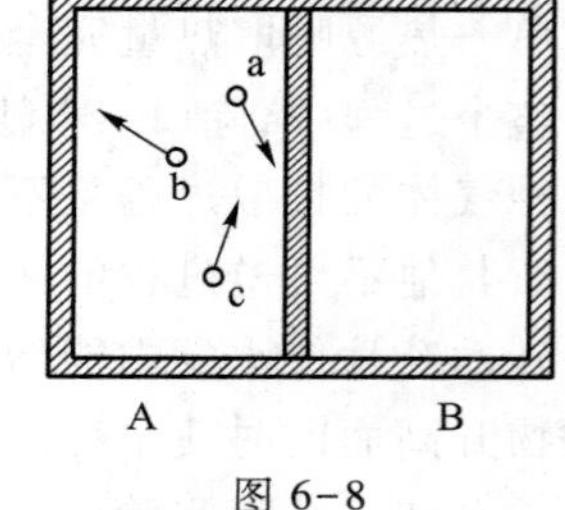

图 6-8

	一	二	三	四	五	六	七	八
A 边	abc	ab	ac	bc	a	b	c	
B 边		c	b	a	bc	ac	ab	abc

从表中可以看出,三个分子全退回 A 边的可能性是存在的,其概率是$\frac{1}{8}$.但比上述只有一个分子时的概率减少了,较大的可能性是 A、B 两边都有分子.可以证明:如果共有 N 个分子,若以分子处在 A 边或 B 边来分类,则共有 2^N 种可能的分布,而全部 N 个分子都退回到 A 边的概率为$\frac{1}{2^N}$我们知道,宏观系统都包含了大量分子,例如,对 1 mol 气体,$N\approx 6.02\times 10^{23}$,所以,当气体自由膨胀后,所有

① 当有化学反应存在时,不可逆过程的特征还包含着没有达到化学平衡的因素.

这些分子集中地全部都退回到 A 边的概率只有$\frac{1}{2^{6\times10^{23}}}$.这个概率是如此的小(例如它比将一部一百万字的巨著所用的一百万铅字全部乱放在一起,然后一个个信手乱取依次排列下去,而结果和原书完全一样的可能性还要小得不可比拟),实际上是不会出现的.

由以上分析可以看到,如果我们以分子在 A 边或 B 边来分类,把每一种可能的分布称为一种微观的状态,则 N 个分子共有 2^N 个可能的概率均等的微观状态,但是全部气体都集中在 A 边这样的宏观状态却只包含了一种可能的微观状态,而基本上均匀分布的宏观状态却是包含了 2^N 个可能的微观状态的绝大部分.所以气体自由膨胀的不可逆性,实质上是反映了这个系统内部发生的过程总是由概率小的宏观状态向概率大的宏观状态进行,即由包括微观状态数目少的宏观状态向包含微观状态数目多的宏观状态进行,而相反的过程在外界不发生任何影响的条件下是不可能实现的.这就是气体自由膨胀的不可逆性的统计意义.

我们再来分析一下功转化为热的过程.前面说过,功转化为热的过程更确切地说应当是机械能变为内能的过程.我们知道,机械能表示所有的分子都做同样的定向运动时所对应的能量,而内能则代表分子做无规则热运动时的能量.单纯的功变热表示规则运动的能量变为无规则运动的能量,这是可能的;而相反的过程,即无规则运动自发地全部变为规则的定向运动,这对大量分子的宏观系统来讲,其概率小到实际上是不可能.前者是概率小的状态向概率大的状态进行,而后者是概率大的状态向概率小的状态进行.

对上述简单例子的分析事实上是有一般意义的,即热力学第二定律的统计意义是:**一个不受外界影响的“孤立系统”,其内部发生的过程,总是由概率小的状态向概率大的状态进行,由包含微观状态数目少的宏观状态向包含微观状态数目多的宏观状态进行.**

热力学的第二定律是在提高热机效率的生产实践中发现的,但它对实践的指导意义却不限于热机.随着对热力学第二定律普遍意义的认识,它就在越来越多的方面得到应用,它和热力学第一定律一起,构成热力学的主要理论基础.由于热力学在生产实践中的广泛应用和科学技术的发展,20 世纪以来,就相继地出现了许多热力学的分支.除了研究热机的工程热力学外,其他如在化学反应中,研究化学能与其他形式能量转化以及各种化学过程进行的条件和方向的化学热力学,在冶金、气象等领域中研究相变的相变热力学,以及研究低温技术和广泛低温现象的低温热力学等.

19 世纪后半期,有些科学家错误地把热力学第二定律应用到无限的宇宙,提出了所谓“热寂说”.他们宣称,将来总有一天,全宇宙都要达到热平衡,一切变化都将停止,从而宇宙也将死亡.热寂说这个荒谬的结论,将会导致温度不平衡的起源是由于上帝创造的或由于所谓“原始推动力”等唯心主义谬论.

热寂说的荒谬,首先在于把无限的宇宙看成是一个热力学中所说的“孤立系统”.事实上,热力学第二定律是建筑在有限空间和时间范围内所考察的现象上的,热力学所说的孤立系统是指外界对它影响较弱的有限系统.把无限的宇宙看成是一个有限的孤立系统,这是根本错误的.

热寂说其结论的荒谬还在于它实质上否认了物质运动不灭性在质上的意义.恩格斯根据物质运动不灭的原理,深刻地指出:“放射到太空中去的热一定有可能通过某种途径(指明这一途径,将是以后自然科学的课题)转变为另一运动形式,在这种运动形式中,它能重新集结和活动起来.”①

§6-4 卡诺定理

一、卡诺定理

早在热力学第一定律和第二定律建立以前,在分析蒸汽机和一般热机中决定热转化为功的各种因素的基础上,1824 年法国工程师卡诺提出了卡诺定理:

(1) 在相同的高温热源和相同的低温热源之间工作的一切可逆热机,其效率都相等,与工作物质无关.

(2) 在相同的高温热源和相同的低温热源之间工作的一切不可逆热机,其效率都不可能大于可逆热机的效率.

首先要注意,这里所讲的热源都是温度均匀的恒温热源.其次,若一可逆热机在某一确定温度的热源处吸热,并在另一确定温度的热源处放热从而对外做功,那么这可逆热机必然是卡诺热机,其循环是由两条等温线和两条绝热线所组成的卡诺循环.

如§6-1 中提到,卡诺信奉热质说,他在 1824 年是用第一种永动机不可能和热质说得到卡诺定理的,这个证明我们将写在附录 6-1 中.现在我们用热力学第一定律和第二定律来正确地证明卡诺定理.

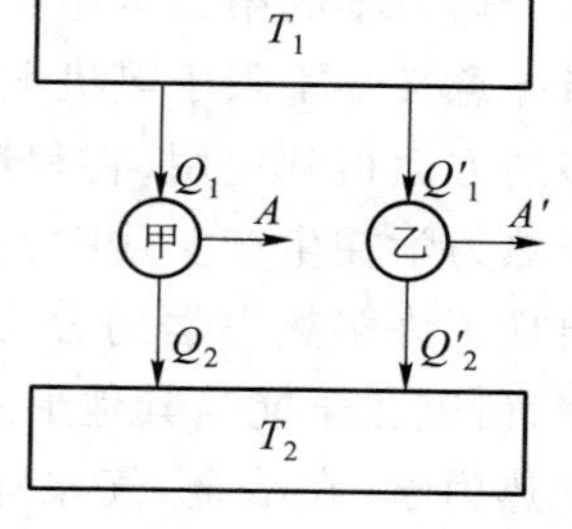

图 6-9

如图 6-9 所示,设有甲、乙两部可逆热机,它们在相同的高温热源(温度为 T_1)和相同的低温热源(温度为 T_2)之间工作.热机甲在一个循环过程中,由高温热源吸取热量 Q_1,在低温热源处放热 Q_2(注意,这里 Q_1、Q_2 都是指热量的大小,恒为正),根据热力学第一定律它对外做功 $A=Q_1-Q_2$.热机乙在一个循环过程中,由高温热源吸热 Q'_1,在低温热源处放热 Q'_2,对外做功 $A'=Q'_1-Q'_2$.如果甲、乙两热机都是可逆的,则我们可使其中一个,如乙做逆循环,每经过一逆循环,外界对它做功 A',同时由低温热源吸热 Q'_2,而在高温热

① 恩格斯.自然辩证法.北京:人民出版社,1971:23.

源处放出热量 Q'_1.这样,我们可以适当地选择甲、乙热机的循环次数,如 N 和 N',使得甲在低温热源处放出的总热量 NQ_2 等于乙在低温热源处吸收的总热量 $N'Q'_2$,即 $NQ_2=N'Q'_2$.甲的 N 次正循环和乙的 N'次逆循环可以看做是一个总的联合循环,经过这样的循环后,系统复原,而且对低温热源没有发生任何影响,联合循环只与单一的高温热源交换热量.因此,根据热力学第二定律的开尔文表述,这联合循环对外所做的功一定不能大于零,即

$$NA-N'A' \ngtr 0$$

如果以 η 和 η'分别表示甲、乙两热机的效率,则因为

$$\eta=\frac{A}{Q_1}=\frac{A}{Q_2+A}$$

$$\eta'=\frac{A'}{Q'_1}=\frac{A'}{Q'_2+A'}$$

所以

$$A=\frac{\eta}{1-\eta}Q_2$$

$$A'=\frac{\eta'}{1-\eta'}Q'_2$$

代入上面的不等式中,可得

$$\frac{\eta}{1-\eta}NQ_2-\frac{\eta'}{1-\eta'}N'Q'_2 \ngtr 0$$

因为 $NQ_2=N'Q'_2$,所以

$$\frac{\eta}{1-\eta} \ngtr \frac{\eta'}{1-\eta'}$$

将上式化简,即得

$$\eta \ngtr \eta'$$

即甲机的效率不能大于乙机的效率.若使甲做逆循环,乙做正循环,则同样可证明 $\eta'\ngtr\eta$.因此,必然是 $\eta=\eta'$,即所有工作于相同的高温热源和相同的低温热源之间的一切可逆热机,其效率都相等.这就证明了定理表述中的结论(1).

如果甲机和乙机中有一个是不可逆的,如乙机不可逆,则我们只能证明 $\eta'\ngtr\eta$,而不能得到 $\eta\ngtr\eta'$的结论.因此,工作于相同高温热源和相同的低温热源之间的一切不可逆热机,其效率都不可能大于可逆热机的效率.这就证明了卡诺定理中表述的结论(2).

既然在两个一定温度的高温热源和低温热源之间工作的一切可逆热机(注意,前已说明它们必然是可逆卡诺循环)的效率都相等,与工作物质无关,则它们的效率必然都等于工作物质为理想气体时的效率.从而根据§5-8 中(5.45)式可得

$$\eta=\frac{T_1-T_2}{T_1}=1-\frac{T_2}{T_1}$$

在这两个相同高、低温热源之间工作的一切不可逆热机的效率都不能大于这一数值.因此,卡诺定理对研究如何提高热机效率具有重要的指导意义.

我们还可以进一步证明,工作于同样高温热源和同样低温热源之间的一切不可逆热机的效率 η'都必然小于可逆热机的效率 η.

工作于两个具有一定温度的高、低温热源间的热机效率为

$$\eta = \frac{A}{Q_1} = \frac{A}{Q_2 + A}$$

如果 $\eta' = \eta$,则得

$$\frac{A}{Q_2 + A} = \frac{A'}{Q'_2 + A'}$$

我们可以控制可逆热机,使 $A = A'$,则根据上式可得

$$Q_2 = Q'_2$$

这就是说,如果 $\eta' = \eta$,则可控制可逆热机使它在一循环中,对外做的功和在低温热源放出的热量都等于不可逆热机相应的值.根据热力学第一定律又必然可得

$$Q_1 = Q'_1$$

即在高温热源处两者吸热也相等.这样,我们可令可逆热机做逆循环,根据以上分析,这个逆循环就可完全消除不可逆热机所引起的一切后果,因而和不可逆热机的不可逆性的假定相矛盾.这就证明了 $\eta' = \eta$ 的假设是不能成立的.

二、关于制冷机的效能

对于制冷机也可作如上述卡诺定理类似的讨论.设有两个恒温热源,温度分别为 T_1、T_2.在这两个具有一定温度的热源之间工作的制冷机也可以分为可逆制冷机和不可逆制冷机两类.相应地,有下述结论:

(1) 在相同的高温热源和相同的低温热源之间工作的一切可逆制冷机,其制冷系数都相等,与工作物质无关.

(2) 在相同的高温热源和相同的低温热源之间工作的一切不可逆制冷机,其制冷系数都不可能大于可逆制冷机的制冷系数.

读者可仿照证明卡诺定理的方法自己证明这两个结论.

这两个结论对提高制冷机的制冷系数具有指导意义.例如由(5.46)式给出的工作物质为理想气体的逆向卡诺循环的制冷系数,再根据上述结论(1)可以得出结论:在恒温热源 T_1 和 T_2 之间工件的一切可逆制冷机的制冷系数均为

$$\varepsilon = \frac{Q_2}{A} = \frac{Q_2}{Q_1 - Q_2} = \frac{T_2}{T_1 - T_2}$$

而在同样两个热源之间的工作的不可逆制冷机的制冷系数不可能大于这一数值.

§6-5 热力学温标

本节在卡诺定理的基础上引入一种温标,它与测温物质的性质无关,即用任

何测温物质按这种温标定出的温度数值都是一样的.这种温标称为**热力学温标**,它是由开尔文首先引入的.

根据卡诺定理,工作于两个一定温度之间的一切可逆卡诺热机的效率与工作物质的性质无关,只与两个热源的温度有关.现在设有温度为 θ_1、θ_2 的两个恒温热源,这里 θ_1、θ_2 可以是任何温标所确定的温度.一个可逆热机工作于 θ_1、θ_2 之间,在 θ_1 处吸热 Q_1,向 θ_2 处放热 Q_2,其效率 $\eta=1-\dfrac{Q_2}{Q_1}$与工作物质无关,只是 θ_1、θ_2 的函数.因此有

$$\frac{Q_2}{Q_1}=1-\eta=f(\theta_1,\theta_2) \tag{6.1}$$

这里的 $f(\theta_1,\theta_2)$ 应是两个温度 θ_1 和 θ_2 的普适函数,与工作物质的性质及热量 Q_1 和 Q_2 的大小无关.

现在设有另一个温度为 θ_3 的热源.如图 6-10 所示,设一可逆热机工作于恒温热源 θ_3、θ_2 之间,在 θ_3 处吸热 Q_3,在 θ_2 处放热 Q_2;另一可逆热机工作于恒温热源 θ_3、θ_1 之间,在 θ_3 处吸热 Q_3,在 θ_1 处放热 Q_1.根据(6.1)式有

$$\left.\begin{aligned}\frac{Q_2}{Q_3}&=f(\theta_3,\theta_2)\\ \frac{Q_1}{Q_3}&=f(\theta_3,\theta_1)\end{aligned}\right\} \tag{6.2}$$

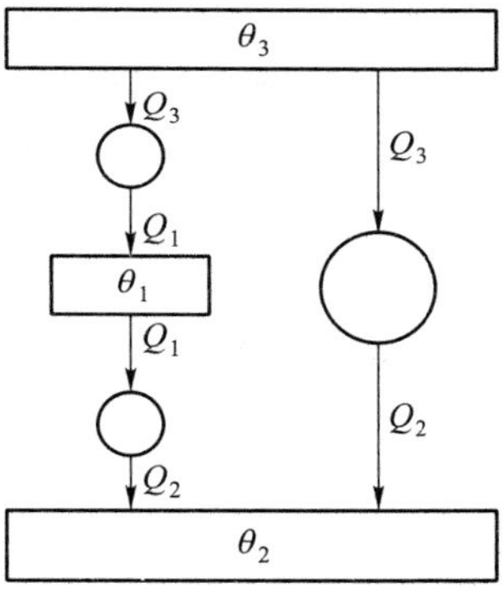

图 6-10

因为

$$\frac{Q_2}{Q_1}=\frac{\dfrac{Q_2}{Q_3}}{\dfrac{Q_1}{Q_3}}$$

所以由(6.1)式和(6.2)式,可得

$$f(\theta_1,\theta_2)=\frac{f(\theta_3,\theta_2)}{f(\theta_3,\theta_1)}$$

今 θ_3 为一任意温度,它既然不出现在上式的左方,就一定会在上式右方的上面和下面相互消去.因此,上式必可写作下列形式:

$$f(\theta_1,\theta_2)=\frac{\psi(\theta_2)}{\psi(\theta_1)} \tag{6.3}$$

于是,由(6.1)式和(6.3)式可得

$$\frac{Q_2}{Q_1}=\frac{\psi(\theta_2)}{\psi(\theta_1)} \tag{6.4}$$

其中 $\psi(\theta)$ 为另一普适函数.当然这个函数的形式与温标 θ 的选择有关,即随所选温标 θ 的不同,应有一系列函数 $\psi(\theta)$ 满足(6.4)式.开尔文建议引入一个新的

温标 T,令 $T\propto\psi(\theta)$,这样,(6.4)式就化为

$$\frac{Q_2}{Q_1}=\frac{T_2}{T_1} \tag{6.5}$$

温标 T 称为热力学温标或开尔文温标.由(6.5)式可见,两个热力学温度的比值被定义为在这两个温度之间工作的可逆热机与热源所交换的热量的比值.由于 $\psi(\theta)$ 是普适函数,而 $T\propto\psi(\theta)$,所以热力学温标与测温物质的性质无关.用热力学温标所表示的温度写为 x K,这里 x 为温度数值.

(6.5)式只定义了两个热力学温度的比值,要把热力学温度完全确定,还必须另外附加一个条件.1954 年国际计量大会决定的条件是水的三相点(参见§9-7)的热力学温度规定为 273.16 K.这样,热力学温度就完全确定了,而这样定出的热力学温度的单位——开尔文(K)就是水三相点的热力学温度的$\frac{1}{273.16}$.

利用公式(6.5),在恒定热源 T_1、T_2 之间工作的一切可逆热机的效率可写作

$$\eta=1-\frac{Q_2}{Q_1}=1-\frac{T_2}{T_1} \tag{6.6a}$$

下面来证明热力学温标等于理想气体温标.在§5-8 中曾证明以理想气体作为工作物质的可逆卡诺循环效率为

$$\eta=1-\frac{T'_2}{T'_1} \tag{6.6b}$$

这里的 T'_2、T'_1 就是§5-8 中的 T_2、T_1,那里的 T_2、T_1 原来代表理想气体温标所确定的温度,所以现在加一撇以与这里的热力学温标区别开来.比较(6.6a)式和(6.6b)式可得

$$\frac{T_2}{T_1}=\frac{T'_2}{T_1}$$

这表明热力学温标中两个温度的比值等于理想气体温标中两个温度的比值.再注意到,热力学温标和理想气体温标中水三相点温度值都定为 273.16 K,可见

$$T=T'$$

这就是说,在理想气体温标能确定的范围内,热力学温标与理想气体温标的测得值相等.因此,可以用理想气体温度计来测定热力学温度.而由于实际气体并不是理想气体,所以用实际气体温度计测量时需要对测量值加以修正.

§6-6 应用卡诺定理的例子

应用卡诺定理中对可逆卡诺循环的结论,可以求出物质某些平衡性质之间的关系.这是应用热力学第二定律解决实际问题的一个方面.利用这类关系式能从实验测得的物质某方面性质确定另一方面性质,而初看起来,这些性质之间似乎毫无关联.下面我们举两个实例.

一、证明$\left(\frac{\partial U}{\partial V}\right)_T=T\left(\frac{\partial p}{\partial T}\right)_V-p$

图 6-11 表示一物质经历一微小的可逆卡诺循环.AB 是温度为 T 的等温线,CD 是温度为 $T-\Delta T$ 的等温线,BC 和 DA 都是绝热线.设这循环足够小,$ABCD$ 可被近似地看做是平行四边形.这循环的功 ΔA 由 $ABCD$ 的面积确定,由图可见这面积等于 $ABEF$ 的面积(图中 AFH 和 BEG 都与 V 轴垂直).因此

$$\Delta A=ABEF\text{ 的面积}=(\Delta p)_V\cdot(\Delta V)_T$$

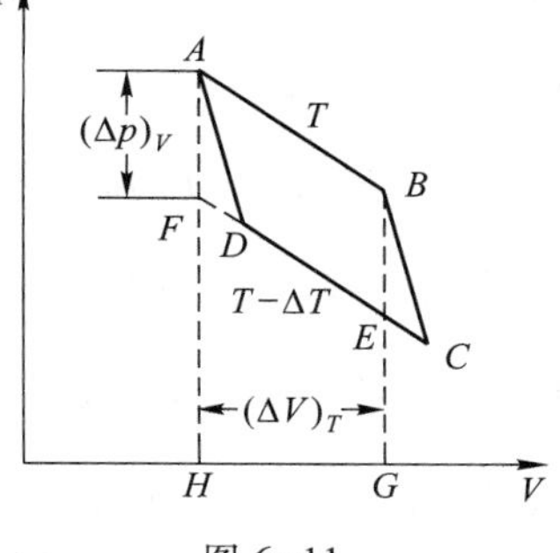

图 6-11

其中$(\Delta p)_V$ 即图中的 AF 段,它表示在体积不变的条件下压强的改变;$(\Delta V)_T$ 即图中 HG 段,它表示在等温过程 AB 中体积的改变.

另外,根据热力学第一定律,在等温过程 AB 中系统从外界吸收的热量ΔQ_1 为

$$\Delta Q_1=ABGH\text{ 的面积}+(\Delta U)_T$$

其中$(\Delta U)_T$ 表示在等温过程 AB 中系统内能的改变.设 A 点压强为 p,在等温过程 AB 中压强的变化为$(\Delta p)_T$,则 B 点压强就是 $p-(\Delta p)_T$.于是,梯形 $ABGH$ 的面积是$\left[p-\frac{(\Delta p)_T}{2}\right](\Delta V)_T$,代入上式,即得

$$\Delta Q_1=\left[p-\frac{(\Delta p)_T}{2}\right](\Delta V)_T+(\Delta U)_T$$

根据(6.6)式,可逆卡诺循环的效率为

$$\eta=\frac{A}{Q_1}=\frac{T_1-T_2}{T_1}$$

把这个结果用于图 6-11 所示的微小可逆卡诺循环,可得

$$\Delta A=\Delta Q_1\frac{\Delta T}{T}$$

把前面求出的 ΔA 和 ΔQ_1 代入上式,并略去三级无穷小量即得

$$(\Delta p)_V(\Delta V)_T=[p(\Delta V)_T+(\Delta U)_T]\frac{\Delta T}{T}$$

这可以化为

$$p+\left(\frac{\Delta U}{\Delta V}\right)_T=T\left(\frac{\Delta p}{\Delta T}\right)_V$$

令图 6-11 中可逆卡诺循环趋近于无穷小,则在忽略二级以上无穷小量的条件下得到

$$p+\left(\frac{\partial U}{\partial V}\right)_T=T\left(\frac{\partial p}{\partial T}\right)_V$$

即

$$\left(\frac{\partial U}{\partial V}\right)_T = T\left(\frac{\partial p}{\partial T}\right)_V - p \tag{6.7}$$

这样,应用热力学第二定律就把物质的物态方程和内能两方面的平衡性质联系起来了.值得指出,(6.7)式与任何具体的物质分子结构模型无关.对于气体,有关其物态方程的实验数据很多,通过(6.7)式可由这些知识求得气体内能随体积的变化.

二、表面张力随温度的变化

设 α 为表面张力系数,S 为表面面积.在 §5-2 曾证明,当液体表面膜面积增加 ΔS 时,外界对表面所做的功 $\Delta A=\alpha\Delta S$.以 U 表示表面内能,$u=\frac{U}{S}$为单位面积的表面内能.实验证明,α 和 u 都只是温度的函数,与面积 S 的大小无关.

与上面所用的方法类似,可使表面系统经历一个由下列四步组成的微小卡诺循环:

(1) 在温度 T 等温扩张面积 ΔS.

(2) 绝热扩张面积,温度由 T 降到 $T-\Delta T$.

(3) 在温度 $T-\Delta T$ 等温缩小面积 ΔS.[和一中所取近似一样,这 ΔS 与第一步中的 ΔS 近似相等.]

(4) 绝热缩小面积,温度由 $T-\Delta T$ 升到 T.

在第一步,表面系统从外界吸热

$$\Delta Q_1 = \Delta U - \Delta A = u\Delta S - \alpha\Delta S = (u - \alpha)\Delta S$$

如果作类似于图 6-11 的图,则可以看出,整个微小卡诺循环中系统对外界所做的功 ΔA 为

$$\Delta A = -\Delta\alpha \cdot \Delta S$$

这里 $\Delta\alpha$ 是两等温过程表面张力系数的差.以 ΔQ_1 和 ΔA 代入

$$\Delta A = \Delta Q_1 \frac{\Delta T}{T}$$

可得

$$-\Delta\alpha\Delta S = (u - \alpha)\Delta S \frac{\Delta T}{T}$$

整理后有

$$u = \alpha - T\frac{\Delta\alpha}{\Delta T}$$

令卡诺循环趋于无穷小,即得

$$u = \alpha - T\frac{\mathrm{d}\alpha}{\mathrm{d}T} \tag{6.8}$$

这是单位面积内能 u、表面张力系数 α 及 α 随温度变化率的关系式.在液体分子

运动论中，表面内能起重要作用，它与汽化热彼此相关.(6.8)式表明，如果用实验方法测定了表面张力与温度的函数关系，则可由上式定出单位面积表面内能. 实际上液体的$\frac{\mathrm{d}\alpha}{\mathrm{d}T}$是负的，所以由(6.8)式可以断定 u 大于 α，从而当表面做等温扩张时应吸收热量$(u-\alpha)\Delta S$.

利用类似方法，根据热力学第二定律还可以得到许多关系式. 在 §9-3 中将推导的克劳修斯-克拉珀龙方程也是一个重要例子.

*§ 6-7　熵

热力学第二定律是有关过程进行方向的规律，它指出，一切与热现象有关的实际宏观过程都是不可逆的. 由热力学第二定律可以断定，对于一个没有外来影响的热力学系统来说，在其中所进行的不可逆过程的结果，不可能凭借系统内部的任何其他过程而自动复原. 当然，我们可以借助外界的作用使系统从终态回到初态，但同时必然在外界物体中留下不能完全消除的变化. 由此可见，热力学系统所进行的不可逆过程的初态和终态之间有重大的差异性，这种差异决定了过程的方向. 由此可以预期，根据热力学第二定律有可能找到一个新的态函数，用这态函数在初、终两态的差异来对过程进行的方向作出数学分析. 在前面，根据热力学第零定律我们确定了态函数温度，它是物体冷热程度的度量；根据热力学第一定律我们确定了态函数内能. 下面，我们将根据热力学第二定律确定一个新的态函数——熵. 并用熵作为在一定条件下确定过程进行方向的标志. 本节先证明态函数熵的存在.

一、克劳修斯等式

克劳修斯根据卡诺定理引入态函数熵. 克劳修斯在研究可逆卡诺机时注意到，当可逆卡诺机完成一个循环动作时，虽然工作物质从高温热源所吸收的热量(Q_1)和它在低温热源所放出的热量(Q_2)是不等的，但是以热量除以相应的热源温度所得的量值，在整个循环中却保持不变. 从(6.5)式，显然可以看出

$$\frac{Q_1}{T_1}=\frac{Q_2}{T_2} \tag{6.9}$$

或

$$\frac{Q_1}{T_1}-\frac{Q_2}{T_2}=0$$

这里的 T_1、T_2 分别是高、低温热源的热力学温度. 在上式中 Q_1、Q_2 都是正的，是工作物质所吸热量和所放热量的绝对值. 如果采用热力学第一定律中对 Q 规定的代数符号，则上式应改写成

$$\frac{Q_1}{T_1}+\frac{Q_2}{T_2}=0 \tag{6.10}$$

在可逆卡诺机中，由两等温过程和两绝热过程构成一个循环.对于绝热过程，$Q=0$，从而相应有$\frac{Q}{T}=0$.因此，可以把(6.10)式理解为：当可逆卡诺机的工作物质从某一初态出发，经历了一个循环又回到原来状态后，量$\frac{Q}{T}$在整个可逆卡诺循环四个过程中之和为零.下面我们把这个结论推广到任意的可逆循环过程.我们将证明，对任意的可逆循环过程有

$$\oint \frac{đQ}{T}=0 \tag{6.11}$$

其中$đQ$表示系统在一无穷小过程中(这时温度为T)所吸收的热量.$\oint$表示沿任一可逆循环过程(见图6-12中的封闭曲线)求积分.(6.11)式称为**克劳修斯等式**.

下面来证明克劳修斯等式.证明的根据仍是可逆卡诺循环所满足的(6.10)式.因此，我们得想一个办法把一任意的可逆循环过程和许多可逆卡诺循环联系起来.如图6-12所示，在$p-V$图上任一封闭曲线就表示一任意可逆循环过程.图中还表示出用一连串微小的可逆卡诺循环过程去代替这任意的循环.很容易看出，任意两个相邻的微小可逆卡诺循环总有一段绝热线是共同的，但进行的方向相反从而效果完全抵消，因此这一连串微小的可逆卡诺循环的总效果就是图6-12中锯齿形路径所表示的循环过程.如果使每个微小卡诺循环无限小，从而使卡诺循环的数目$n\to\infty$，则这锯齿形路径所表示的循环过程就将无限趋近于原来考虑的任意可逆循环过程.

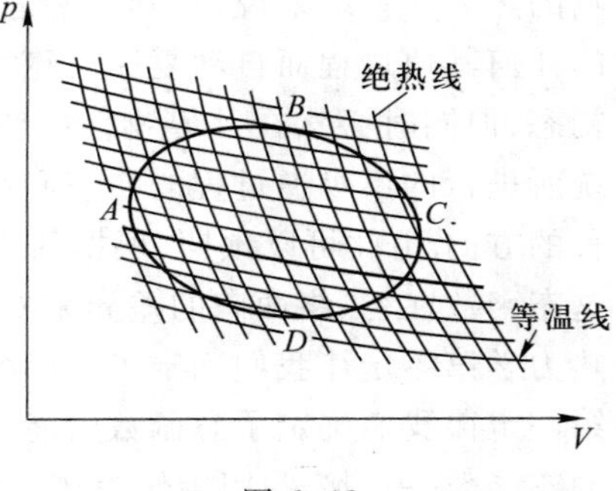

图 6-12

对于上述每一微小的可逆卡诺循环都可列出如(6.10)式所表示的关系.把这些关系式相加可得到，对于一连串微小的可逆卡诺循环的总和应有

$$\sum_{i=1}^{n}\frac{\Delta Q_i}{T_i}=0$$

令$n\to\infty$，即得到对于任意的可逆循环过程有

$$\oint \frac{đQ}{T}=0$$

这就证明了克劳修斯等式(参考习题27).

二、态函数熵

现在根据公式$\oint \frac{đQ}{T}=0$证明存在一个态函数.图6-13所示是$p-V$图上的任

一闭合曲线，x_0、x 是曲线上任意选定的两点，即两个平衡态. 由 x_0、x 两点可把闭合曲线分为两部分，一部分是从 x_0 经过路径 Ⅰ 到达 x，另一部分是由 x 经过路径 Ⅱ 回到 x_0，于是

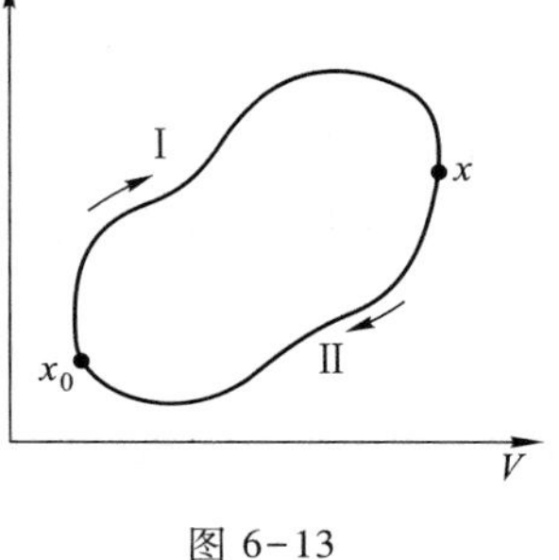

图 6-13

$$\oint \frac{đQ}{T} = \int_{Ⅰ(x_0)}^{(x)} \frac{đQ}{T} + \int_{Ⅱ(x)}^{(x_0)} \frac{đQ}{T} = 0$$

考虑路径Ⅱ的逆过程，即从平衡态 x_0 出发逆着原路径Ⅱ的方向到达 x. 由于过程是可逆过程，所以

$$\int_{Ⅰ(x)}^{(x_0)} \frac{đQ}{T} = -\int_{Ⅱ(x_0)}^{(x)} \frac{đQ}{T}$$

代入上式即得

$$\int_{Ⅰ(x_0)}^{(x)} \frac{đQ}{T} - \int_{Ⅱ(x_0)}^{(x)} \frac{đQ}{T} = 0$$

或

$$\int_{Ⅰ(x_0)}^{(x)} \frac{đQ}{T} = \int_{Ⅱ(x_0)}^{(x)} \frac{đQ}{T}$$

对于通过态 x_0、x 的任意其他闭合路径（图 6-14），都可以得到与上面类似的公式，只是连接态 x_0、x 的路径不同而已，即

$$\int_{Ⅰ(x_0)}^{(x)} \frac{đQ}{T} = \int_{Ⅱ(x_0)}^{(x)} \frac{đQ}{T} = \int_{Ⅲ(x_0)}^{(x)} \frac{đQ}{T} = \int_{Ⅳ(x_0)}^{(x)} \frac{đQ}{T} = \cdots$$

这就是说，积分 $\int_{(x_0)}^{(x)} \frac{đQ}{T}$ 的值与从平衡态 x_0 到 x 的**路径无关，只由初、终两平衡态** x_0、x **所决定**. 这个结论，对任意选定的初、终两态都成立.

在力学中我们曾证明保守力的功和路径无关，只由质点的初、终位置所决定，据此我们引入了质点在**初、终两点的势能差**. 同样，根据积分 $\int_{(x_0)}^{(x)} \frac{đQ}{T}$ 的上述特性可以引入态函数熵 S，它的定义是

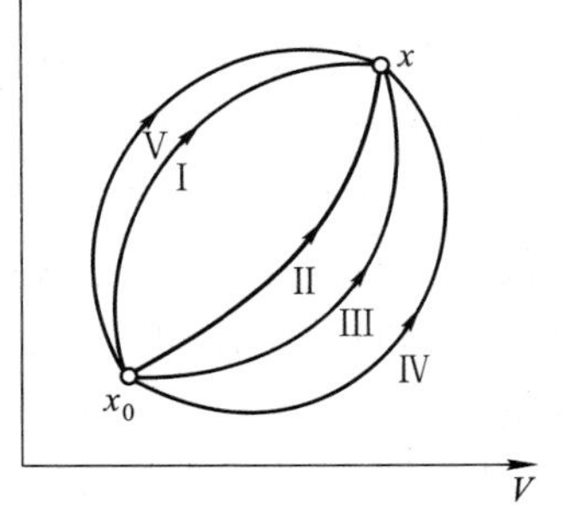

图 6-14

$$S - S_0 = \int_{(x_0)}^{(x)} \frac{đQ}{T}, \qquad (6.12)$$

这里 x_0、x 表示任意给定的两个平衡态，S 称为系统在平衡态 x 的熵；S_0 为任意常量，等于系统在初态 x_0 的熵. 注意，由(6.12)式所定出的熵值 S 中包含一个任意常量 S_0. 换句话说，由(6.12)式只能定出两平衡态的熵之差. 实际上，对于热力学问题来说，需要求的也正是在初、终两态熵的变化.

根据热力学第一定律，$đQ = dU + p dV$，所以，(6.12)式又可写作

$$S - S_0 = \int_{(x_0)}^{(x)} \frac{dU + pdV}{T} \tag{6.13}$$

由(6.12)式可见,熵是能量除以温度,它的单位可用J/K、cal/K 表示.

对于无限小的过程,(6.12)式和(6.13)式可写作

$$TdS = đQ \tag{6.14}$$

$$TdS = dU + pdV \tag{6.15}$$

(6.15)式是热力学第二定律的基本微分方程.

对于熵,我们强调以下几点:

(1) 当系统的平衡态确定后,熵就完全确定了,与通过什么路径(过程)到达这一平衡态无关.熵是描述平衡态参量(如 p、T 或 p、V)的函数.

(2) 虽然原则上由(6.12)式计算出的熵值包含一个任意常量,但在许多实际问题中,为了方便起见,常选定一个参考态并规定在参考态的熵值为零,从而就定出了其他态的熵值.例如在热力工程中制定水蒸气性质表时,取 0 ℃时的饱和水的熵值为零.

(3) 由(6.12)式或(6.13)式计算初、终两态熵的改变时,其积分路线代表连接这初、终两态的任一可逆过程.这就是说,热力学系统在任意给定的两平衡态之间熵的差,等于沿连接这两平衡态的任一可逆过程(即 $p-V$ 图中的积分路线)中$\frac{đQ}{T}$的积分.

(4) 当系统由一平衡初态通过一不可逆过程到达另一平衡终态时,计算在这个不可逆过程中初、终两态熵之差的方法有:

a. 可设计一个连接同样初、终两态的任一可逆过程,用(6.12)式和(6.13)式计算.

b. 把熵作为状态参量的函数形式计算出来,再以初、终两态状态参量值代入计算熵的改变.

c. 如果已对一系列平衡态的熵值制出了图表(如上述水蒸气表),那么就可查表计算初、终两态熵之差.

(5) 热力学上通常把均匀系(即各部分完全一样的热力学系统)的参量和函数分为两类:一类是与总质量成正比的广延量;一类是与总质量无关的,叫强度量.熵和热容、体积、内能、焓等都是广延量,而压强、温度、密度、比热等为强度量.

[例题 1] 求理想气体的态函数熵.

[解] 考虑 1 mol 理想气体,其物态方程为 $pV_m = RT$.由 § 5-6 可知,$dU_m = C_{V,m}dT$,U_m 是 1 mol 理想气体的内能,摩尔定容热容 $C_{V,m}$只是温度 T 的函数.用 S_m 表示 1 mol 理想气体的熵,于是(6.15)式化为

$$dS_m = \frac{dU_m + pdV_m}{T} = C_{V,m}\frac{dT}{T} + R\frac{dV_m}{V_m}$$

求积分,即得 1 mol 理想气体的熵为

$$S_{\mathrm{m}}=\int_{T_0}^{T}C_{V,\mathrm{m}}\frac{\mathrm{d}T}{T}+R\ln\frac{V_{\mathrm{m}}}{V_{\mathrm{m0}}}+S'_{\mathrm{m0}} \tag{6.16}$$

其中 S'_{m0}是 1 mol 理想气体在参考态(T_0、V_{m0})的熵.

如果温度范围不大,$C_{V,\mathrm{m}}$可视为常量,则上式可写为

$$S_{\mathrm{m}}=C_{V,\mathrm{m}}\ln T+R\ln V_{\mathrm{m}}+(S'_{\mathrm{m0}}-C_{V,\mathrm{m}}\ln T_0-R\ln V_{\mathrm{m0}})$$

令 $S_{\mathrm{m0}}=S'_{\mathrm{m0}}-C_{V,\mathrm{m}}\ln T_0-R\ln V_{\mathrm{m0}}$,则得

$$S_{\mathrm{m}}=C_{V,\mathrm{m}}\ln T+R\ln V_{\mathrm{m}}+S_{\mathrm{m0}} \tag{6.17}$$

对于物质的量为 $\nu\left(\nu=\dfrac{m}{M}\right)$ 的理想气体,其熵可以写为

$$S=\nu C_{V,\mathrm{m}}\ln T+\nu R\ln V+S_0 \tag{6.18}$$

其中 $V=\nu V_{\mathrm{m}}$,$S_0=\nu(S_{\mathrm{m0}}-R\ln\nu)$.

若以 T 和 p 为独立参量,则用类似的方法可得

$$S_{\mathrm{m}}=\int_{T_0}^{T}C_{p,\mathrm{m}}\frac{\mathrm{d}T}{T}-R\ln\frac{p}{p_0}+S'_{\mathrm{m0}} \tag{6.19}$$

其中 S'_{m0}表示在参考态(T_0、p_0)的熵.与(6.17)式和(6.18)式对应的公式分别为

$$S_{\mathrm{m}}=C_{p,\mathrm{m}}\ln T-R\ln p+S_{\mathrm{m0}};(S_{\mathrm{m0}}=S'_{\mathrm{m0}}-C_{p,\mathrm{m}}\ln T_0-R\ln p_0) \tag{6.20}$$

$$S=\nu C_{p,\mathrm{m}}\ln T-\nu R\ln p+S_0.(S_0=\nu S_{\mathrm{m0}}) \tag{6.21}$$

[例题 2]　已知在 $p=1.01\times10^5$ Pa,$T=273.15$ K,冰熔化为水时,熔化热 $l_{\mathrm{m}}=80\ \mathrm{cal\cdot g^{-1}}$①.求 1 kg 的冰化为水时,熵的变化.

[解]　在一大气压下,冰水共存的平衡态温度 $T=273.15$ K.设想有一恒温热源,其温度比 273.15K 大一无穷小量,令冰水系统与这热源接触,不断从热源吸取热量以使冰逐渐熔化.由于温差为无穷小,状态变化过程进行得无限缓慢,过程的每一步系统都近似处于平衡态,温度为 273.15 K.这样的过程是可逆的,由(6.12)式得

$$S_2-S_1=\int_1^2\frac{đQ}{T}=\frac{1}{T}\int_1^2 đQ=\frac{Q}{T}=\frac{ml_{\mathrm{m}}}{T}$$

$$=\frac{80\ \mathrm{cal\cdot g^{-1}}\times1\ 000\ \mathrm{g}}{273.15\ \mathrm{K}}=293\ \mathrm{cal\cdot K^{-1}}=1.23\times10^3\ \mathrm{J\cdot K^{-1}}$$

[例题 3]　水的比定压热容 $c_p=1.00\ \mathrm{cal\cdot g^{-1}\cdot K^{-1}}$,在定压下将 1 g 水从 $T_1=273.15$ K加热到 $T_2=373.15$ K,求其熵的变化.

[解]　设想有一系列的温度彼此相差无限小的恒温热源,这些热源的温度分布于 T_1 到 T_2 之间.利用这一系列的热源,设想如下的可逆过程使水温升高(在定压下).先将 $T_1=273.15$ K 的水与一热源接触,这热源的温度为 $T_1+\mathrm{d}T$,这时在温差无限小的水和热源间进行热传导,水吸收微量的热量 $đQ=c_p\mathrm{d}T$,水温升高 $\mathrm{d}T$,这过程近似地为可逆等温过程.然后再使水与另一热源接触,该热源的温

① 1 cal=4.184 J,cal 现已不推荐使用,例 2 与例 3 为了介绍 cal 的概念,方便读者阅读以前的文献,故仍保留用 cal.

度又比这已升高的水温高一无限小量.依次进行,直到使水温达到 $T_2=373.15\ \text{K}$ 为止.在这设想的可逆过程中,熵的增加为

$$\Delta S=\left(\frac{c_p\mathrm{d}T}{T_1}+\frac{c_p\mathrm{d}T}{T'}+\cdots+\frac{c_p\mathrm{d}T}{T_2}\right)\cdot m$$

$$=\int_{T_1}^{T_2}\frac{mc_p\mathrm{d}T}{T}=mc_p\int_{T_1}^{T_2}\frac{\mathrm{d}T}{T}$$

$$=mc_p\ln\frac{T_2}{T_1}=0.314\ \text{cal}\cdot\text{K}^{-1}\approx 1.31\ \text{J}\cdot\text{K}^{-1}$$

由于熵的变化只由初、终两态决定,所以在实际的定压不可逆过程中,水在相同的初态和终态间的熵差,也就等于上面的计算结果.

三、$T-S$ 图(温熵图)

由(6.14)式可见,在任一微小的可逆过程中,系统从外界吸收的热量 $đQ$ 为

$$đQ=T\mathrm{d}S$$

对有限的可逆过程,系统从外界吸收的热量 Q 就是上式的积分:

$$Q=\int_{x_0}^{x}T\mathrm{d}S \tag{6.22}$$

在§5-2中,我们曾用 $p-V$ 图示法表示系统在准静态过程中所做的功.与此类似,根据(6.22)式热量也可用图示法来表示.熵是平衡态状态参量的函数.例如,若系统以 T、p 为独立参量,则 $S=S(T,p)$,于是,也可选 T、S 为独立参量,而把压强 p 视为 T、S 的函数,因而可作 $T-S$ 图(温熵图),如图 6-15 所示.在 $T-S$ 图上,每一个点代表一个平衡态;每一条曲线代表一个可逆过程.例如,等温过程在 $T-S$ 图中用与水平轴平行的直线表示.(6.22)式右方的积分,在 $T-S$ 图上就是积分曲线下的面积,如图 6-15 中画斜线的部分所示.这样,就把可逆过程中系统所吸收的热量 Q,用 $T-S$ 图上相应曲线下的面积表示出来了.由于 $T-S$ 图有这样特殊的作用,所以 $T-S$ 图也可叫示热图.熵作为一个坐标,可以和热力学温度 T 构成示热图这一点,已经很能说明熵这个物理量的用途.实际上,引入熵这一参量后,对热量的分析就方便得多了.

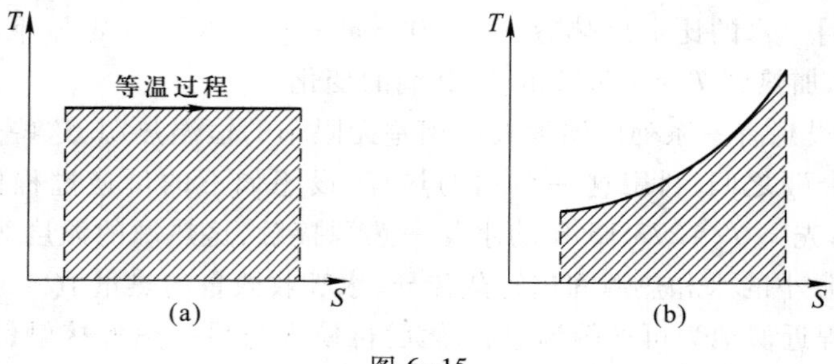

图 6-15

这里值得特别强调的是可逆绝热过程,在这过程中 $đQ=0$,于是根据公式 $đQ=T\mathrm{d}S$ 可得

$$TdS = 0$$

但 $T \neq 0$,所以

$$dS = 0$$

这就是说,在可逆绝热过程中熵的数值不变,这是熵这个物理量的一个重要特性.在 $T-S$ 图上,与 T 轴平行的直线就表示可逆绝热过程.例如,图 6-16 所画两条这样的直线 bc 和 da 就分别代表两个可逆绝热过程.

由公式 $đQ = TdS$ 还可看出,若系统从外界吸收热量($đQ>0$),则 $dS>0$(注意 T 总是大于零的),这表示系统的熵增加;若系统向外界放热($đQ<0$),则 $dS<0$,这表示系统的熵减小.例如在图 6-16 所示的 ab 过程中,$dS>0$,所以系统吸热;在 cd 过程中,$dS<0$,系统放热.在图 6-16 中循环过程 $abcda$ 是由两个等温过程和两个绝热过程组成的,因而是可逆卡诺循环.矩形 $abcd$ 内所包围的面积就是系统在经历一个可逆卡诺循环后从外界净吸收的热量.由热力学第一定律可知,这净吸收的热量就等于系统经历一循环过程后对外界所做的功.对于任意的循环过程(图 6-17)这个结论同样成立,即在 $T-S$ 图上闭合曲线内所包围的面积等于系统经历一可逆循环过程后从外界净吸收的热量,而这也就等于在循环过程中系统对外所做的功.

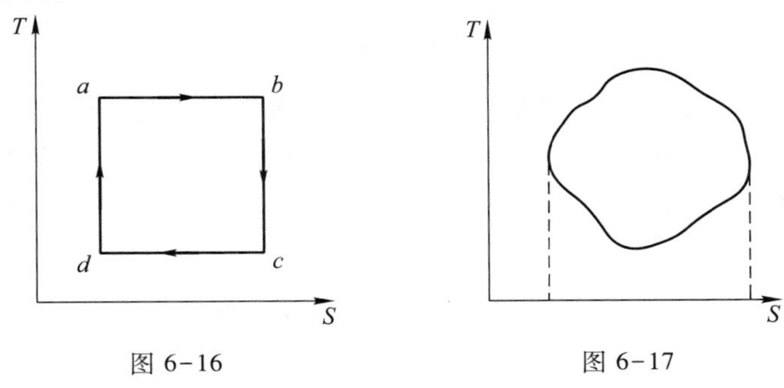

图 6-16　　　　图 6-17

[例题 4] 在低温工程中,透平式膨胀机是一种重要的制冷设备,气体经膨胀机绝热膨胀而降温.设膨胀前空气的压强为 $p_1 = 6.0$ atm①,温度为 $T_1 = 303$ K,在透平膨胀机中膨胀到压强为 $p_2 = 1.0$ atm.假设是可逆绝热过程,从空气的 $T-S$ 图估计膨胀后气体的温度.

[解] 图 6-18 表示空气的 $T-S$ 图,图中向左下方倾斜的线是等压线,线旁标出了该等压线上的压强值.从每一等压线可以查出在该压强下与不同温度对应的熵值(横坐标).图中向右下方倾斜的线是等焓线,此题不用.

在图中,先找到表示平衡态(6.0 atm、303 K)的点.由于在可逆绝热过程中熵不变,所以由这点作 T 轴平行线交 $p_2 = 1.0$ atm 线于另一点,由这点的纵坐标就可求出终态的温度为 $T_2 \approx 193$ K②.

---

① 1 atm $= 1.013\times10^5$ Pa,atm 现已不推荐使用,但为了与图 6-18(引用自相关工具书)保持一致,本题仍采用 atm 为单位,图中也仍采用 cal 为单位(1 cal = 4.184 J).

② 许多物质的熵函数图或表可查本书末所引参考书[8—10].

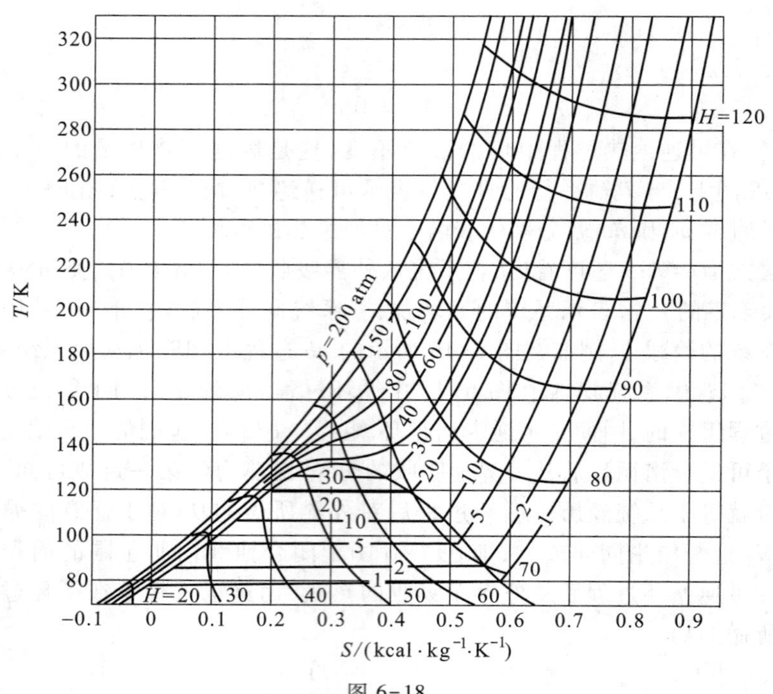

图 6-18

实际过程显然是不可逆绝热过程.一个具体膨胀的实际结果是,空气温度只降到 $T=223$ K.从图 6-18 可以看出在这个实际的不可逆绝热过程中熵增加了,这个道理将在下节叙述.

*§6-8 熵增加原理

在§6-7 中我们根据热力学第二定律所导出的卡诺定理引入了态函数熵.我们还没有说明,如何用熵来判断过程进行的方向,本节将讨论这个问题.下面我们先分析在一些典型的不可逆过程中熵的变化,然后说明如何用态函数熵来判断过程的方向.

一、在一些不可逆过程中熵的变化的计算

1. 理想气体向真空膨胀过程 图 6-4 表示了这个过程.设初态体积为 V_1,终态体积为 V_2.在这一过程中,系统和外界没有热量交换,系统对外界也没有做功,所以由热力学第一定律 $U_2-U_1=Q+A$ 可得

$$U_2=U_1$$

式中的下标 1、2 分别表示初、末状态.由于理想气体的内能只是温度的函数,与体积无关,所以上式也就表明,在理想气体向真空自由膨胀后其温度不变.

气体向真空自由膨胀是不可逆过程,如何计算这一过程初、终两态熵的变化呢? *§6-7 中曾指出计算熵的变化公式是

$$S_2 - S_1 = \int_1^2 \frac{đQ}{T} = \int_1^2 \frac{dU + pdV}{T}$$

需要指出的是,虽然在气体向真空自由膨胀这一不可逆过程中$đQ=0$,但如以$đQ=0$代入上式从而得出$S_2=S_1$(熵不变)的结论,则是错误的.计算一个不可逆过程初、终态熵的变化的方法是:寻求另一个连接同样初、终态的可逆过程,由上式以这可逆过程为积分路径计算S_2-S_1.由于熵改变只由初、终态确定,与过程无关,所以这样算出的S_2-S_1就是具有同样初、终态的不可逆过程熵的变化.

具体地说,在理想气体向真空自由膨胀这一不可逆过程中,由于初、终态温度不变(设为T),只是体积由V_1增大到V_2,所以可用理想气体等温膨胀的可逆过程来连接该初、终态,即设想理想气体与一温度恒为T的热源相接触,维持理想气体的温度T比热源温度小一无穷小量.这样,理想气体从热源吸热是可逆的,气体吸热、体积膨胀从初态(T、V_1)变到终态(T、V_2).

对于理想气体等温膨胀这一可逆过程$dU=0$,所以有$đQ=dU+pdV=pdV$,于是

$$S_2 - S_1 = \int_1^2 \frac{đQ}{T} = \int_1^2 \frac{pdV}{T}$$

$$= \nu R \int_{V_1}^{V_2} \frac{dV}{V} = \nu R \ln \frac{V_2}{V_1} \qquad (6.23)$$

这也就是理想气体向真空自由膨胀,从初态(T、V_1)变到终态(T、V_2)时熵的变化.因为$V_2>V_1$,这结果表明$S_2-S_1>0$.从这个例子我们第一次看到,在不可逆绝热过程中熵增加.

2. 热传导过程　热传导过程是不可逆过程的另一典型例.如图6-19所示,在由绝热壁构成的容器内,中间用导热隔板分成两部分,两部分的体积均为V_m,各盛有1 mol的同种理想气体.设在开始时左半气体有较高温度T_A,右半气体有较低温度T_B;经过足够长的时间后,两部分气体达到共同的热平衡温度:

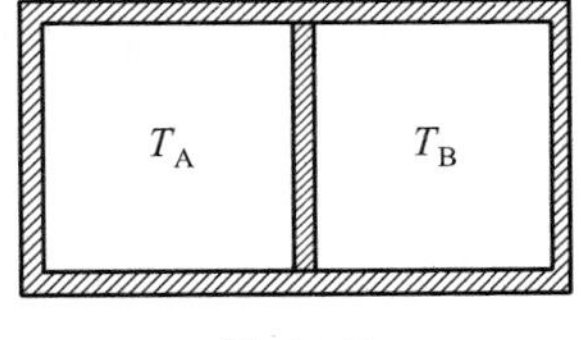

图 6-19

$$T = \frac{1}{2}(T_A + T_B)$$

现在来计算这一热传导过程初、终态熵的变化.

在*§ 6-7 例1中已算出理想气体熵函数形式为

$$S_m = C_{V,m} \ln T + R \ln V_m + S_{m0}$$

在初态,左半气体熵S_{mA}为

$$S_{mA} = C_{V,m} \ln T_A + R \ln V_m + S_{m0}$$

右半气体熵S_{mB}为

$$S_{mB} = C_{V,m} \ln T_B + R \ln V_m + S_{m0}$$

整个系统初态的熵为

$$S_1=S_{mA}+S_{mB}=C_{V,m}\ln(T_A\cdot T_B)+2R\ln V_m+2S_{m0}$$

在终态,左右两半气体具有共同温度 $T=\frac{1}{2}(T_A+T_B)$,其熵为

$$\begin{aligned}S_2&=2C_{V,m}\ln T+2R\ln V_m+2S_{m0}\\&=C_{V,m}\ln T^2+2R\ln V_m+2S_{m0}\end{aligned}$$

所以

$$S_2-S_1=C_{V,m}\ln\frac{T^2}{T_A\cdot T_B}=C_{V,m}\ln\frac{(T_A+T_B)^2}{4T_A\cdot T_B}$$

当 $T_A\neq T_B$ 时,存在不等式 $T_A^2+T_B^2>2T_AT_B$,由此很容易证明,应有 $(T_A+T_B)^2>4T_AT_B$.于是,得到结论:

$$S_2-S_1>0.$$

在这个热传导例子中,我们再一次看到,不可逆绝热过程中熵增加.

3. 焦耳热功当量实验 在焦耳热功当量实验中,通过重物下落做功、旋转叶片、搅动盛于绝热容器中的水,使水温升高.这是一个不可逆绝热过程.在这一过程中,重物下落的功转化为水的内能的增加,水在定压下温度由 T_1 升到 T_2.为计算这一过程初、终状态熵的改变,就必须用一可逆过程把同样的初、终状态连接起来.为此,我们设想有一系列彼此温度相差无限小的恒温热源,这些恒温热源的温度范围分布在 T_1 到 T_2 之间.将盛水容器的一壁改为透热壁,通过这透热壁使水与这一系列恒温热源依次相接触.开始时,使初态为$(T_1、p)$的水与$T_1+\mathrm{d}T$的恒温热源接触,水在定压下吸收热量$\text{đ}Q$ 从而温度升高 $\mathrm{d}T$;再使水与另一温度稍高的热源接触继续吸热升温.由于每次吸收热量时,系统与热源之间的温差都是无限小的.所以,这过程是可逆的,最后水达到终态$(T_2、p)$.对于定压过程,$\text{đ}Q=\nu C_{p,m}\mathrm{d}T$,所以

$$S_2-S_1=\int_{T_1}^{T_2}\frac{\text{đ}Q}{T}=\int_{T_1}^{T_2}\nu C_{p,m}\frac{\mathrm{d}T}{T}$$

若水的定压热容为常量,则得

$$S_2-S_1=\nu C_{p,m}\ln\frac{T_2}{T_1}$$

这也就是焦耳热功当量的实验中,水从初态$(T_1、p)$变到终态$(T_2、p)$熵的变化.由于 $T_2>T_1$,$\nu C_{p,m}>0$,所以 $S_2-S_1>0$.我们又看到,经过一不可逆绝热过程后系统的熵增加.

二、熵增加原理

根据卡诺定理可以普遍证明:

当热力学系统从一平衡态经绝热过程到达另一平衡态,它的熵永不减少;如果过程是可逆的,则熵的数值不变;如过程是不可逆的,则熵的数值增加.

这叫做熵增加原理.在可逆绝热过程中熵不变,我们在*§6-7 中已作了证明.关于在不可逆绝热过程中熵增加的普遍证明,可见附录 6-2.

根据熵增加原理，可以作出判断：不可逆绝热过程总是向着熵增加的方向进行的. 而可逆绝热过程则总是沿着等熵线进行的.

这一结论对于实际问题有指导意义.我们举制冷机为例.如图 6-20 所示，令制冷机的工作物质在热源 T_1(环境温度)和被冷却物体之间进行循环(参见图 5-24)，使物体从室温 T_1 降到低温 T_2.设经历了若干循环过程后，工作物质从物体吸走热量 Q，外界向制冷机做功为 A，而热源 T_1 从工作物质吸收热量 $Q+A$.现在取物体、工作物质和热源 T_1 为热力学系统，则这系统经历的是绝热过程. 下面列出系统中各物体熵的变化之和：

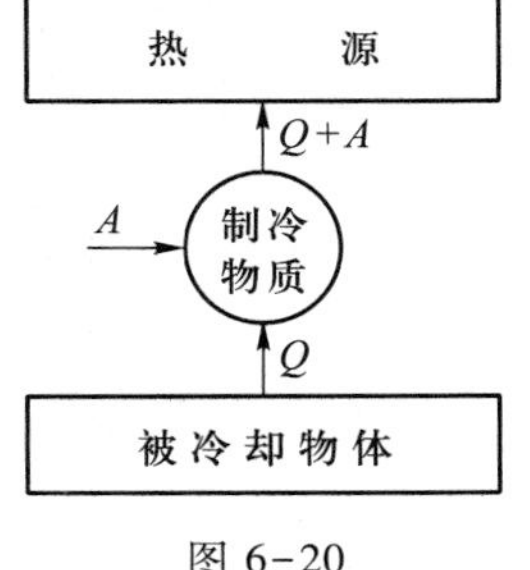

图 6-20

被冷却物体熵的变化　$\Delta S=S_2-S_1$

制冷机工作物质熵的变化　$\Delta S=0$

热源 T_1 熵的变化　$\Delta S=\dfrac{Q+A}{T_1}$

整个系统熵的变化为

$$S_2-S_1+\frac{Q+A}{T_1}$$

应用熵增加原理应有

$$S_2-S_1+\frac{Q+A}{T_1}\geqslant 0$$

对各项乘以 T_1，并移项可得

$$A\geqslant T_1(S_1-S_2)-Q$$

由此可见，制冷机所需的最小功($A_{\min}$)为

$$A_{\min}=T_1(S_1-S_2)-Q$$

查物质热力学性质表可以求出，被冷却物体从初态到终态所放出的热量 Q 以及熵的变化 S_2-S_1，于是由上式可以估算这一制冷机所需消耗的最小功.这当然是有实际价值的.

熵增加原理又常表述为：

一个孤立系统的熵永不减少.

这个结论是显然的，孤立系统是与外界不发生任何相互作用的系统，所以它一定不从外界吸热.这样，在一孤立系统内所进行的过程必定是绝热过程.因而它的熵永不会减少.实际上，在孤立系统内部自发进行的涉及热的过程必然是不可逆过程，而不可逆过程的结果将使孤立系统达到平衡态，这时系统的熵具有极大值.如果在孤立系统变化时，态函数熵有几个可能的极大值，则其中最大的极大值相当于稳定平衡，其他较小的极大值相当于亚稳平衡.

*§ 6-9　熵与热力学概率

在 § 6-3 中曾初步说明：一个不受外界影响的孤立系统，其内部发生的过程，总是由概率小的状态向概率大的状态进行.现在由熵增加原理又知道，孤立系统的熵永不减少.这样看来，熵与某种概率间可能有联系.在统计物理学中确实证明了这种联系.现在对此作一些说明.

要把问题谈清楚，先得对微观状态和宏观状态的概念作确切的说明.为简单起见，我们讨论由单原子分子所组成的理想气体.要确定气体每个分子的力学运动状态需要指出分子的位置和速度.对于气体的每一个确定的微观状态，都必须指明其中每个分子所处的位置和所具有的速度.然而，为决定气体的宏观热力学性质并不需要这种详细的微观描写.例如，当讨论分子数密度（或质量密度）这一宏观性质时，只需确定任一空间体积元内的分子数就行了，而并不需要了解究竟哪一个分子在这体积元内.在§3-3讲玻耳兹曼分布律时采用的就是这种描述法，即只指明当系统在力场中处于平衡状态时，在 $x \sim x+dx, y \sim y+dy, z \sim z+dz, v_x \sim v_x+dv_x, v_y \sim v_y+dv_y, v_z \sim v_z+dv_z$ 区间内的分子数 dN 是多少，而不问究竟哪个分子在这坐标和速度区间内.对任一给定的坐标区间元和速度区间元内分子数分布确定后，我们就说确定了系统的宏观状态.利用这种分子数分布，我们就能把理想气体的宏观热力学性质（如内能、密度）计算出来.

应该注意，宏观状态与微观状态是有区别的，这可以用下列比喻来说明.设有1，2，3，4四个小球分布在A、B两个小盒内.图6-21(a)表明，可有16种分配法，这16种分配法详细确定了哪一个球在哪个盒内，每个盒内有多少个球.但是，假如我们并不需要详细了解前者，而只问在A、B两个盒内的球数的分布，那么如图6-21(b)所示，只需要指出五种可能的分布情况就行了.每一种确定的球数分布可以包含对四个球的几种具体分配法，如A盒内有三个球，B盒内有一个球就包含四种分配法[图6-21(b)右边 n_i 栏下所示的数目].在这个比喻中，每一确定的球数分布相当于前面实际问题中所说的一种宏观状态（即确定分子数分布），而这个比喻中每一种具体分配法相当于前述的一种微观状态.由此可以了解，每一宏观状态可以包含多个微观状态.

统计理论中的一个基本假设是：对于孤立系统（总能量，总分子数一定），所有微观运动状态是等概率的.这就是说，虽然在这一瞬间或那一瞬间，系统的微观运动状态随时在变化，但在足够长的时间内，任一微观状态出现的机会相等.既然各微观状态是等概率的，那么各宏观状态就不可能是等概率的，哪一个宏观状态包含的微观运动状态数目多，这个宏观状态出现的机会就大.因此，可以引入热力学概率的概念，它的定义是：与任一给定的宏观状态相对应的微观状态数，称为该宏观状态的热力学概率，用 W 表示.

统计物理学中证明，熵与热力学概率存在着下列关系：

$$S = k\ln W, \tag{6.24}$$

其中 k 是玻耳兹曼常量.上式叫做玻耳兹曼关系.

(6.24)式表明，熵增加原理的微观实质是：孤立系统内部发生的过程总是从热力学概率小的状态向热力学概率大的状态过渡.

现在从热力学概率的观点分析一下理想气体向真空自由膨胀过程.如图

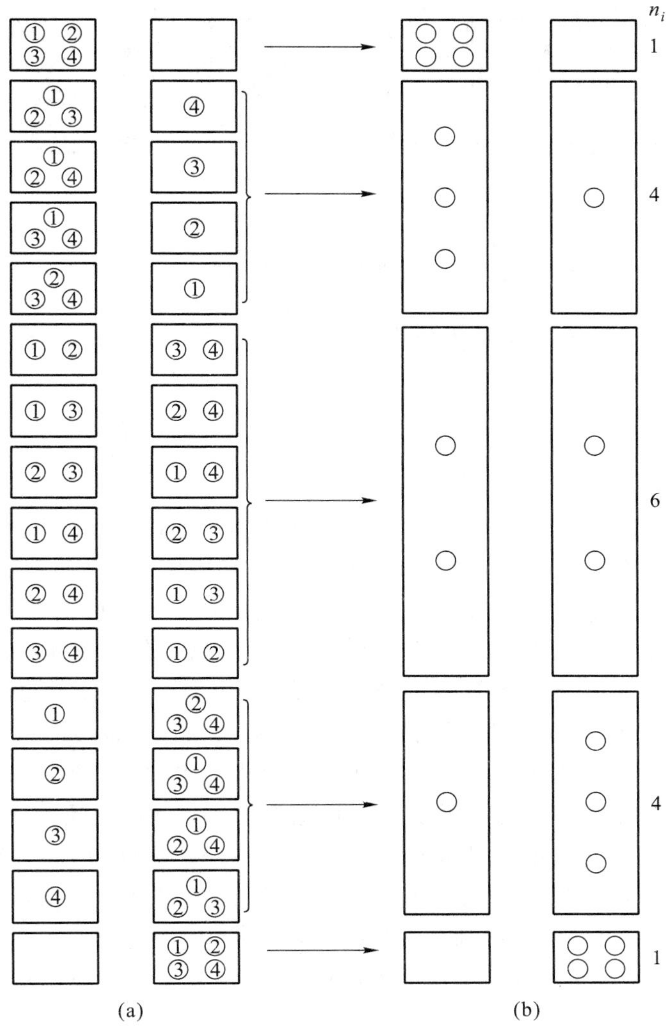

图 6-21

6-22所示，贮于绝热容器内的理想气体，初态温度为 T，体积为 V_1. 抽去隔板后，气体向真空自由膨胀，终态温度为 T，体积为 V_2. 在初态每个气体分子活动空间的体积是 V_1，而在终态每个分子则可处于体积为 V_2 的空间内任一处. 这就是说，每个分子活动的空间体积增加为初态时的 $\frac{V_2}{V_1}$ 倍. 前面讲到，每个分子的力学运动状态由位置区间、速度区间所确定. 在理想气体向真空自由膨胀后，由于温度未变，所以每一分子的速度分布概率不变，只是每一分子在空间分布的可能状态由于体积增大而增加了，即每一分子的微观运动状态数由于这后一因素增为原来的 $\frac{V_2}{V_1}$ 倍（参考习题 30）. 设理想气体的物质的量是 ν，则总分子数是 νN_A

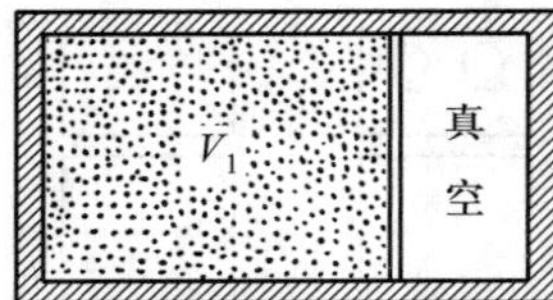

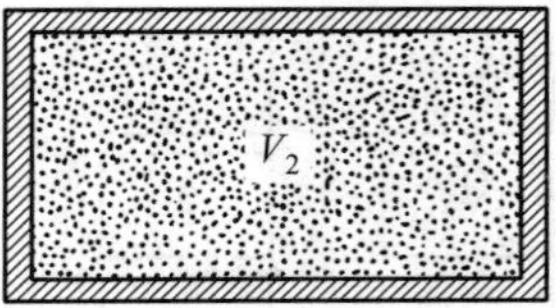

图 6-22

(N_A 为阿伏伽德罗常量).因此,当理想气体体积从 V_1 膨胀到 V_2 后,整个气体系统的微观运动状态数增加为原来的$\left(\frac{V_2}{V_1}\right)^{\nu N_A}$倍.由(6.24)式即有

$$\Delta S = k\ln\left(\frac{V_2}{V_1}\right)^{\nu N_A} = \nu N_A k\ln\frac{V_2}{V_1} = \nu R\ln\frac{V_2}{V_1}$$

其中 $R=N_A k$.这正是(6.23)式,这里是从热力学概率的观点分析得出的.

在解释熵的微观意义时常用无序性的概念代替热力学概率概念.仍以理想气体为例,如果设想它的所有分子都处于同一速度微元区间和同一空间微元区间内,那么气体各分子运动是很有规则的,这时宏观状态的热力学概率是一,而熵为零.当理想气体的各个分子在空间分布的范围越广速度分布的范围越大时,气体就越加处于无序的状态,这时热力学概率就大,而熵也越大.

在*§6-7 例 2 中的计算表明,冰在 0 ℃熔化为水时熵增加.与此类似,如固体的升华,液体的蒸发过程都要吸热而引起熵的增加.从熵反映物质无序性这一观点看来,在固态物质中微观粒子按一定的秩序有规则地排列成晶格点阵,而在熔化为液体时这种规则排列就变得比较不规则了,在液体中只保留了局部的规则排列;到了气体状态,分子的分布是杂乱无章的.从固体到液体,再到气体的过程中熵的增加反映了微观粒子这种无序性的增加.熵是微观粒子热运动所引起的无序性的定量量度.

最后我们指出,虽然从(6.24)式看来,孤立系统趋于平衡态的过程就是向热力学概率大的状态过渡的过程,但是可能发生涨落.从统计物理看来,相反的过程原则上也是可能的,只是概率很小.特别是对于由大量分子所组成的系统来说,计算表明这种可能性非常非常小,实际上可以认为是观察不到的.

*§6-10 熵流与熵产生概念

孤立系统或绝热过程中熵永不减少,这是熵增加原理;如果已给出初态和终态的熵,那么根据此原理则可以对孤立系统或不可逆绝热过程的进行方向作出判断.这是前面讲的热力学方法的特点.然而在不可逆过程中系统要经历一系列非平衡态,若能将热力学方法在非平衡态过程中加以推广是很有意义的.下面我们简单介绍一下在不可逆过程热力学中熵流及熵产生的概念.

我们限于讨论如下的非平衡态，即总的系统虽然处于非平衡态，但可以把总系统分为许多宏观小、微观大的小部分，各小部分近似处于局域平衡态，有其局域宏观量（如温度、内能及熵等），我们设这些局域宏观量仍满足各热力学基本公式.所谓宏观小、微观大，可以举一个例作说明，在冰点温度和一个大气压下，1 cm^3体积中所含气体分子数约为 2.7×10^{19}个，如果所划分的各小部分体积为 10^{-9} cm^3，这可以说是宏观小的体积了，但在其内仍有 2.7×10^{10}个分子，这数目从微观看来还是足够大的，这样，当我们考虑测量物理量的时间从微观看是足够长的时候，作为每一小部分的统计平均的宏观量值都可确定；而另一方面假设各小部分之间的影响又非常小，使每一小部分的平衡可以维持.若各处局域宏观量不随时间变化，则称这种特殊状态为稳定非平衡态（以下简称稳定态）.

许多不可逆过程是由物体内部某种性质不均匀引起的输运过程，例如，当系统内部温度不均匀时就在其内部出现热传导.其他有扩散过程、导电过程及黏性（动量输运）过程等.下面以热传导过程为例引出熵流及熵产生概念.

[例题 5]　考虑一热力学系统由一均匀铜棒及两个大热源组成.铜棒的一端处于温度为 T_1 的大热源中，另一端处于温度为 T_2 的大热源中，$T_1>T_2$.以 Φ 表示从 T_1 经铜棒到 T_2 的热流（即单位时间内传导的热量）.铜棒已达于稳定态，试求单位时间内整个系统熵的变化.

[解]　按题意，以均匀铜棒及两个大热源为热力学系统.因铜棒处于稳定态，它的熵没有变化；高温热源的熵在单位时间内的减少量为 Φ/T_1，而低温热源的熵在单位时间内的增加量为 Φ/T_2，因此，整个热力学系统在单位时间内的熵的变化为

$$\frac{\Phi}{T_2}-\frac{\Phi}{T_1}>0$$

从另一观点对此例题作讨论，目的是向读者介绍熵流及熵产生的概念.在此例题中若单从均匀铜棒系统来研究，那么每单位时间内有等于 Φ/T_1 的熵由高温热源进入铜棒，我们称有 Φ/T_1 的熵流入铜棒；与此类似，有等于 Φ/T_2 的熵自铜棒流出.每单位时间流出铜棒的熵超过流入其内的熵；从熵流动观点看来，单对均匀铜棒系统讲，可认为在铜棒内部产生了熵，称之为熵产生，用以补偿上述熵流出与流入的差.在本问题中铜棒内部每单位时间的熵产生为

$$\frac{\mathrm{d}S}{\mathrm{d}t}=\frac{\Phi}{T_2}-\frac{\Phi}{T_1}$$

称 $\mathrm{d}S/\mathrm{d}t$ 为熵产生率，以 σ 表示.上式又可写为

$$\sigma\equiv\frac{\mathrm{d}S}{\mathrm{d}t}=\Phi\ \frac{T_1-T_2}{T_1T_2}$$

若设铜棒两端的热源温差很小，分别以 $T+\Delta T$ 及 T 表示，则上式又可写为

$$\sigma=\frac{\Phi}{T}\ \frac{\Delta T}{T}\equiv I_S\ \frac{\Delta T}{T}>0$$

已知 Φ 表示热流,定义 I_S 为熵流.在有热流情况下,铜棒的熵产生率与熵流有以上的关系.

读者自己还可以就下例作定性讨论,设上述铜棒只与温度恒定为 T 的一个大热源相接触,现在铜棒两端加上电压(电势差),设铜棒已达到稳定态,有电流(I)流经其中,试讨论这种情况下熵产生率与电流的关系.

另外,把不同输运过程的熵产生率相加则可以讨论两者耦合流,例如,热流(熵流)和电流的耦合流.读者可以参考有关专著(参考书[11])

在讨论稳定态许多问题中熵流和熵产生概念有用.例如,可把地球视为处于稳定态非平衡系统,在太阳及其行星系的大尺度上,地球吸收太阳的辐射热与地球向太阳系空间的辐射热相平衡(planetary energy balance).太阳在高温下辐射,设其发射温度为 T_S,地球在低温下辐射,以 T_R 表示有效辐射温度,$T_S>T_R$.以地球而论,它吸收太阳热后,其内部经历了各种熵产生过程,诸如气候过程、大洋环流、生命过程等,而从地球系统的总体估算,其熵产生率(σ)为

$$\sigma=\Phi\left[\frac{1}{T_R}-\frac{1}{T_S}\right]$$

研究地球系统内各种具体过程的熵产生是多年来的重要课题.有兴趣的读者可参见参考书[12].

在不可逆过程热力学中可以证明:对于近平衡系统,在具有固定边界条件下,稳定态时熵产生率最小.这称为最小熵产生原理,这原理为判断稳定态性质提供了热力学方法.限于本书目的,对此不作证明与讨论,读者可阅参考书[11].

注意,对于没有固定的边界条件且远离平衡的非平衡系统,最小熵产生原理失效.例如在地球从热带到极地的热传输过程中,气象上有许多因素不能固定,因而没有最小熵产生原理有效的前提条件.作为热力学方法.近年来有人尝试对这种情况用熵产生最大化假说,但尚无定论.读者可参见参考书[12].

附录 6-1 卡诺用热质说对卡诺定理的证明

卡诺第一个指出,热机必须工作于两个温度之间.但从§6-1所引他的话中可看出,他认为把热量从高温传到低温而做功,犹如水力机做功是由于水从高处流到低处一样,与水量守恒对应的是热量(热质)守恒.卡诺对其定理的证明如下.设甲为可逆机,乙为不可逆机,它们工作于同样的两个恒温热源之间.甲机从高温热源吸热 Q_1,对外做功 A;乙机从高温热源吸热 Q'_1,对外做功 A'.它们的效率分别为

$$\eta_{甲}=\frac{A}{Q_1}$$

$$\eta_{乙}=\frac{A'}{Q'_1}$$

现在证明 $\eta_{甲} \geqslant \eta_{乙}$. 控制热机使 $Q_1 = Q'_1$. 用反证法,设 $\eta_{乙} > \eta_{甲}$,则由于 $Q_1 = Q'_1$,根据上述效率公式必有 $A' > A$. 今甲既为可逆机,而 A' 又比 A 大,则可以把甲、乙两机联合起来,用乙机的功 A' 使甲机反向进行工作,这时甲机将接受外界(乙机)的功 A 而向高温热源放出热量 Q_1. 当这联合的两机经历一循环过程后,两机的工作物质都恢复了原状,高温热源净吸收热量 $Q_1 - Q'_1 = 0$,因而没有变化. 但是这联合机对外有净功 $A' - A > 0$.

前已说明,卡诺根据热质说把水力机与热机对比,认为热质守恒,即当热量从高温传到低温时热质的数量(热量)不变. 这样,卡诺认为应有 $Q_2 = Q_1$, $Q'_2 = Q'_1$. 据此卡诺又得出结论,在两机联合经历一个循环过程后,低温热源也没有变化. 这样,两机联合的结果所多出的净功 $A' - A > 0$ 是无中生有的,这是一种永动机,卡诺认为这是不能实现的. 因此卡诺得出结论,$\eta_{乙} > \eta_{甲}$ 不可能,必定应是 $\eta_{甲} \geqslant \eta_{乙}$.

在卡诺提出其定理时,热力学第一定律还未建立. 而卡诺证明中用的永动机不可能恰是热力学第一定律,但所根据的热质说又是违背热力学第一定律的. 后来,在 1840 年以后,焦耳的热功当量实验工作陆续发表,开尔文、克劳修斯等人就注意到上述矛盾. 因为根据当时焦耳的工作,热量应该转化为机械能,而按卡诺的热机理论热量从高温传到低温其量守恒(热质说). 经过开尔文、克劳修斯等人的研究发现,在热机中从高温热源到低温热源确实损失了热量,这些热量转化为功. 于是建立能量转化和守恒定律在当时的一个主要障碍被排除了,热质说被否定了. 同时也就看到只用热力学第一定律不能证明卡诺定理,这里还需要一个新的原理,于是克劳修斯、开尔文先后以他们自己的表述提出了热力学第二定律. 从以上叙述我们看到,一方面热质说的错误理论阻碍了卡诺完全解决问题,另一方面,热力学第一、第二定律是在长期的、多方面的大量实践基础上,冲破热质说的束缚建立起来的.

附录 6-2　熵增加原理的证明

现在我们对熵增加原理作出普遍证明. 虽然这种普遍证明比较抽象,但是从证明过程中却可以清楚地看出熵增加原理是热力学第二定律的直接结果.

卡诺定理表明:在两个各有一定温度的高温热源和低温热源之间工作的一切不可逆热机,其效率必然小于工作于同样两个温度之间的可逆热机的效率,即

$$\eta = 1 - \frac{Q_2}{Q_1} \leqslant 1 - \frac{T_2}{T_1}$$

其中等号只适用于可逆热机. 上式中的 Q_1、Q_2 都是正的,将上式乘 Q_1,除 T_2,则得

$$\frac{Q_1}{T_1} - \frac{Q_2}{T_2} \leqslant 0$$

如果采用热力学第一定律中对 Q 规定的代数符号,则上式可改写为

$$\frac{Q_1}{T_1}+\frac{Q_2}{T_2}\leqslant 0$$

其中 Q_1 是工作物质从高温热源 T_1 所吸收的热量,Q_2 是工作物质从低温热源 T_2 所吸收的热量(吸收热量若为负时,表示实际为放热).

现在讨论一个较为普遍的循环过程.设工作物质在这循环过程中与 n 个热源接触,第 i 个热源具有温度 T_i,工作物质从这热源吸收的热量为 ΔQ_i,我们将证明这时存在下列不等式:

$$\sum_{i=1}^{n}\frac{\Delta Q_i}{T_i}\leqslant 0 \tag{6.25}$$

为了证明这个不等式,我们利用一个辅助热源,即设想另有一个热源,温度为 T_0,有 n 个可逆卡诺机,第 i 个卡诺机工作于 T_0 与 T_i 之间,从 T_0 吸收热量 ΔQ_{0i},从 T_i 吸收热量 $-\Delta Q_i$(即恰好补偿掉原来循环过程中工作物质在 T_i 热源发生的热量交换 ΔQ_i,从而使热源 T_i 恢复原态).卡诺机既然是可逆的,则根据(6.5)式应有

$$\Delta Q_{0i}=\frac{T_0}{T_i}\Delta Q_i$$

对 i 求和即得

$$\Delta Q_0=\sum_{i=1}^{n}\Delta Q_{0i}=T_0\sum_{i=1}^{n}\frac{\Delta Q_i}{T_i} \tag{6.26}$$

当 n 个可逆卡诺机与原循环过程配合动作之后,n 个热源 T_i 都恢复了原状,最后的效果只是辅助热源 T_0 放出了热量 ΔQ_0,同时对外做了功 ΔQ_0.若 ΔQ_0 为正,则违反热力学第二定律的开尔文表述,因此必有 $\Delta Q_0\leqslant 0$,即

$$T_0\sum_{i=1}^{n}\frac{\Delta Q_i}{T_i}\leqslant 0$$

但 $T_0>0$,所以由此得到

$$\sum_{i=1}^{n}\frac{\Delta Q_i}{T_i}\leqslant 0$$

如果工作物质所进行的循环是可逆的,那么,可以令它向反向进行,ΔQ_i 都写为 $-\Delta Q_i$,这时(6.25)式化为

$$\sum_{i=1}^{n}\frac{-(\Delta Q_i)}{T_i}\leqslant 0$$

即

$$\sum_{i=1}^{n}\frac{\Delta Q_i}{T_i}\geqslant 0$$

要使上式及(6.25)式两个不等式同时成立、必有

$$\sum_{i=1}^{n}\frac{\Delta Q_i}{T_i}=0$$

如果这个循环过程是不可逆的，则(6.25)式中只能取不等号.因为假如对不可逆循环仍有等号，则上述证明中，由(6.26)式可得 $\Delta Q_0 = 0$，这个不可逆过程所产生的效果都已恢复原状，而未引起其他变化，这是不可能的.

对于一个更普遍的循环过程，则可如*§6-7 一中的办法，设想在上述证明中热源数目 $n \to \infty$，这时(6.25)式推广为

$$\oint \frac{đQ}{T} \leqslant 0 \tag{6.27}$$

其中 $đQ$ 表示工作物质在温度为 T 的热源处所吸收的热量.这个公式叫做克劳修斯等式及不等式.

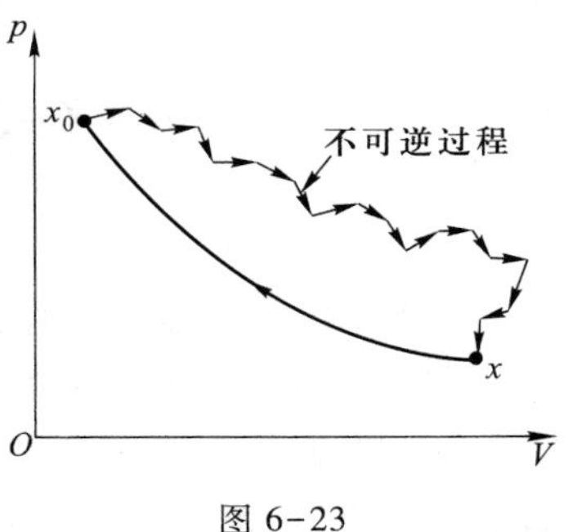

图 6-23

现在考虑一个任意的不可逆过程，使物体系由某一平衡态(初态 x_0)变到另一平衡态(终态 x).如图 6-23 所示，假设有一个任意的可逆过程正好能使物体系由终态回到初态，则这个可逆过程与原来的不可逆过程合起来构成一个循环过程.由于这个循环过程中有一段是不可逆的，所以总的说来，这个循环过程是不可逆的.应用(6.27)式，取不等号可得

$$\int_{(x_0)}^{(x)} \frac{đQ}{T} + \int_{(x)}^{(x_0)} \frac{đQ_r}{T} < 0$$

其中 $đQ$ 是不可逆过程中所吸收的微热量，$đQ_r$ 是可逆过程中所吸收的微热量.根据(6.13)式有

$$\int_{(x)}^{(x_0)} \frac{đQ_r}{T} = S_0 - S$$

其中 S_0 和 S 分别为热力学系统在初态和在终态的熵.代入上式，即得

$$\int_{(x_0)}^{(x)} \frac{đQ}{T} < S - S_0 \tag{6.28}$$

这是一个任意的不可逆过程所应遵从的不等式，是不可逆过程的热力学第二定律的数学表述.

假如不可逆过程是绝热的，则 $đQ = 0$，(6.28)式化为

$$S > S_0 \tag{6.29}$$

这就是说，经过一个不可逆绝热过程，熵的数值增加了.在*§6-7 三中已经证明，在可逆绝热过程中熵的数值不变.把这两个结论综合起来，就得到熵增加原理.

对于一个无限小的不可逆过程(6.28)式化为

$$TdS > đQ$$

再应用热力学第一定律可得

$$TdS > dU - đA$$

*§6-7 中曾讲过，对于可逆过程有

$$TdS = đQ$$

把两者写在一起，就有

$$TdS \geqslant đQ \tag{6.30}$$

或

$$TdS \geqslant dU - đA \tag{6.31}$$

其中等号是对可逆过程而言的，不等号是对不可逆过程而言的.这个式子也可以作为热力学第二定律的数学表述.

*附录 6-3　绝对零度不能达到原理
——热力学第三定律

热力学第三定律本不必属于本课程讲授范围，但它的内容涉及对热力学温标（或称绝对温度）的一个重要性质，故在此作一简明介绍.

热力学第三定律是由低温领域研究中得到的一个独立的普遍定律，它有许多不同表述（见参考书[13]）.1906 年能斯特（W.H.Nernst）从研究各种化学反应于低温下的测量性质提出了一个普遍原则，现称之为能斯特定理，即：凝聚系的熵在等温过程中的改变随绝对温度的近于零（$T\to0$ K）而趋于零，表为

$$\lim_{T\to0}(\Delta S)_T = 0 \tag{6.32}$$

其中$(\Delta S)_T$符号表示在等温过程中熵的改变，它是在等温过程中因其他热力学参量的改变而引起的熵的变化；例如在本书图 5-26 的 $p-V$ 图中 T_2 等温线因 V 的改变可以引起在此等温过程中熵的变化.

1912 年能斯特根据他的定理提出绝对零度不能达到原理如下：

不可能在有限的过程下使一个物体冷却到绝对温度的零度.

在热力学中我们以这一表述作为热力学第三定律的表述.它的正确性与一切实际观测相合而为大家公认.这是独立于热力学第一及第二定律的又一热力学定律.

限于本教材性质，下面只简单叙述一下如何从能斯特定理得到绝对零度不能达到原理.仍用 $p-V$ 图，在 $p-V$ 图中试设想画一条代表 $T=0$ K 下等温过程的等温线.由能斯特定理，在这条等温线上任一点的熵[以 $S(0)$ 表示]不会因体积参量的变化而改变；这就是说，以能斯特定理为根据，$T=0$ K 下的等温线也是等熵线.现在我们设想以最有效的产生低温的过程，可逆绝热过程，来降低物体的温度；假如用可逆绝热过程不能达到绝对零度，那么任何其他过程都不可能达到绝对零度.设想在 $p-V$ 图上画一条代表可逆绝热过程的绝热线降温.设若此可逆绝热线（注意，可逆绝热线上熵不变）可使物体温度降到绝对零度，那么，它必然与前述绝对零度的等温线[其上的熵为 $S(0)$]相交，而这就是使两条等熵线相交了；由于两等熵线不能相交，所以不可能通过可逆绝热过程使一个物体从 $T\neq0$ K 的状态达到绝对零度.这就简单讨论了：由于能斯特定理，热力学绝对零度不

可能达到.其实,绝对零度不能达到原理与能斯特定理表述是等效的,也可以由绝对零度不能达到原理推导出能斯特定理,请见参考书[14].

热力学第三定律并不阻止人们想方设法尽可能地接近绝对零度值.目前,人们能达到的最低温度已达 $10^{-8} \sim 10^{-9}$ K 的数量级.

能斯特定理表述在计算化学反应熵变化问题中有广泛应用.其方便之处在于以易于测量的、在化学反应中焓的变化及比热值,依照能斯特定理计算其熵变化,详见参考书[13].

最后指出:能斯特定理表述中的等温过程不限于体积、压强的改变,可以包括相变、化学变化;因此,绝对温度趋于零时,同一物质处在热力学平衡的一切形态有相同的熵,是一个常量.这一结论对一切物质都适用,可以把它取值为零,据此确定的熵称为绝对熵.

* 附录 6-4　负热力学温度

根据(6.5)式

$$\frac{Q_2}{Q_1}=\frac{T_2}{T_1} \tag{6.5}$$

我们曾定义了热力学温标(开尔文温标)或称绝对温度,以 x K 表示,x 为温度数值,它与测温物质的性质无关.$T>0$

若仍用(6.5)式定义,且仍取水的三相点温度 273.16 K 作为基准值,但在(6.5)式中取 $T<0$,这种温度状态是否存在? 若它存在,这负热力学温度是什么意义呢? 它与已定义的 $T>0$ 温度状态的冷热如何相比?

为说明问题,我们讨论一个简单例子,即考虑一晶体中的 N 个原子核自旋系统,并假定其核自旋磁矩只能取与外磁场平行及反平行两个方向.设此系统处于恒定外磁场 $\boldsymbol{B}$ 中,那么每一核自旋磁矩 μ_0 与 $\boldsymbol{B}$ 平行的能量为 $\varepsilon_1=-\mu_0 B$,与外磁场反平行时能量为 $\varepsilon_2=+\mu_0 B$,整个核自旋系统的最低能量状态为 $-N\mu_0 B$,这时,所有 N 个核自旋磁矩都和外磁场方向平行,这是一个高度有序的状态;当所有 N 个核自旋都与外磁场反平行时,总能量为 $+N\mu_0 B$,也是一个高度有序的状态.

下面用玻耳兹曼分布律来研究上述情况.本书 § 3-3 中我们讲了玻耳兹曼分布律,它是经典统计中一个普遍规律.晶体中原子核自旋系统属于定域系,可以说明它也服从玻耳兹曼分布①.所谓定域系是指系统中各子系的每一个(这里即指每个核自旋)都有其自己特定的范围.根据玻耳兹曼分布,上述核自旋系统中核自旋出现在能级 ε_1 上的核自旋数为

① 参考:章立源,林宗涵,包科达.量子统计物理学.北京:北京大学出版社,1987:136.

$$N_1 \propto e^{-\varepsilon_1/kT}$$

k 为玻耳兹曼常量，出现在能级 ε_2 上的粒子数为

$$N_2 \propto e^{-\varepsilon_2/kT}$$

因而有

$$\frac{N_2}{N_1}=e^{-(\varepsilon_2-\varepsilon_1)/kT} \tag{6.33}$$

若以 0_+ K 表示在 $T>0$ 区域内热力学温度值趋于零，则由(6.33)式可见，当 $T\to 0_+$K 时有

$$\frac{N_2}{N_1}\to e^{-\infty}=0$$

这时核自旋系统内全部核自旋都处于与外磁场平行的状态，系统处于高度有序的状态，熵取最小值，系统内能 $U=-N\mu_0 B$，能量最低. 随着温度的升高则有越来越多的核自旋跃迁到高能级态上，但只要 $T>0$，则一直有 $N_2<N_1$，而内能 $U=N_1\varepsilon_1+N_2\varepsilon_2$ 则随热力学温度的上升而增加，同时核自旋系统的无序性也愈益增加；当温度升到 $T\to\infty$ 时，则由(6.33)式有 $N_2=N_1$，$U=0$，这时系统的熵值达到极大. 以上表明，只要 $T>0$，核自旋系统中各核自旋态的分布比值(N_2/N_1)由 0 增到 1，在此过程中内能和熵是同时增加的，但没有可能出现 $N_2>N_1$ 的粒子分布.

如果有可能在实验中实现 $T<0$ 的热力学温度状态，那么与上面讨论相类似可知应能出现 $N_2>N_1$ 的情况. 在前述核自旋系统中的各核自旋高能级态出现的概率大于低能级态出现的概率. 当 $T\to 0_-$ K 时，全部核自旋集中到高能级态上，内能 $U=N\varepsilon_2$ 达到极大值，此状态也是一种高度有序的状态，熵再次取最小值；当 $T=-\infty$ 时有 $N_2=N_1$，这时核自旋系统最无序，熵值达到极大.

以上所讲，在 $T<0$ K 热力学状态中，粒子分布数出现反转，简称布居反转.

可用如图 6-24 表示上述内能与熵变化.

易于将上述讨论推广到具有多个有限能级的情况，当最高能级值有上界，能级的数目有限时就存在负热力学温度状态.

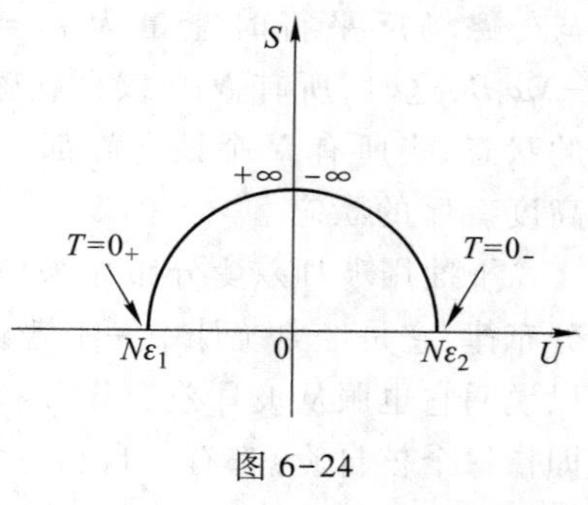

图 6-24

实验上能否设法实现负热力学温度状态？这是关键所在. 1951 年 E. M. Purcell 和 R. V Pound 找到了能够满足产生负热力学温度各种条件的系统，这是 LiF 晶体中锂离子核自旋系统(称此核自旋系统为 LiF 晶体中一个子系统)，室温下该晶体点阵的热容较大. 他们把 LiF 晶体在强磁场中磁化，进而在约 0.2 μs(小于锂核自旋的拉莫尔进动周期)时间内使磁场迅速反向；由于在这种晶体中核自旋之间在约 10^{-5} s 内(t_2)即可达到核自旋子系统之内的平衡，而核自旋与晶体点阵之间达到平衡的时间则约

为 2 分钟(t_1),因此有可能外磁场反向了,但核自旋子系统内各核磁矩还来不及转向,于是磁自旋子系统达成与磁场反向磁化的状态,在核自旋子系统与晶格点阵达到平衡前,在核自旋子系统内实现了处于高能态核自旋数多于较低能态的核自旋数,这样,核自旋子系统达到了负热力学温度的状态.本实验对 LiF 晶体的核自旋子系统在约 2 分钟时间内证明了负热力学温度的存在.当核自旋子系统与晶体达到热平衡状态后就又回到了正热力学温度状态.

从图 6-24 可见,处于负热力学温度状态下系统的能量高于正热力学温度状态下的能量.若用内能的大小来衡量系统的热和冷的程度,那么负热力学温度比正热力学温度热.注意,正负无穷大热力学温度并非最热和最冷,它们只具有中间大小的内能,而且两者都表示在两能级上粒子的等量分布,熵取极大值.以冷热程度温度的顺序为:

$$0_+\text{K},\cdots,+100\ \text{K},+200\ \text{K},\cdots,\pm\infty\ \text{K},\cdots,-200\ \text{K},-100\ \text{K},\cdots,0_-\text{K}$$

负热力学温度下粒子数布居反转状态在激光中得到实际上的应用.

热力学第一定律是能量守恒和转化定律,在负热力学温度下仍应遵守自然界这个普遍的物质规律.

热力学第二定律有克劳修斯表述及开尔文表述,在负热力学温度下它们又如何呢?

先谈克劳修斯表述,它的表述为:不可能把热量从低温物体传到高温物体而不引起其他变化,即热传导为不可逆过程.在负热力学温度情况下,设有一高温物体 $T_1=-50$ K,低温物体 $T_2=-100$ K,现有 Q 单位热量($Q>0$)从-50 K 的物体传到-100 K 的物体,则总熵变化 ΔS 应为

$$\Delta S=\frac{-Q}{-50}+\frac{+Q}{-100}=\frac{Q}{100}>0$$

这表明,在负热力学温度区域,热量从高温传向低温物体时,系统无序性是增加的,这就是自然界可以自动进行的情况;设若热量从低温物体传向高温物体,则应有 $\Delta S<0$,这就是不可能自动进行的.所以克劳修斯表述在负热力学温度区不必修改.

在 $T>0$ 时热力学第二定律的开尔文表述是:不可能从单一热源吸收热量使之完全变为有用的功而不产生其他影响.现在仿照在正热力学温度下求卡诺热机效率的讨论方法,将它用到热力学负温度区域.若仍设高温热源温度 $T_1=-50$ K,低温物体 $T_2=-100$ K,由于(6.5)式不变,故仍有

$$\eta=1-\frac{T_2}{T_1}=1-\frac{-100}{-50}=-1<0$$

η 为负值,何故? 由(6.5)式看来有

$$\frac{Q_2}{Q_1}=\frac{T_2}{T_1}=\frac{-100}{-50}=2$$

这表明,在负热力学温度领域,当从高温热源 T_1 取出热量 Q_1 时,必须有 $Q_2=2Q_1$ 的热量进入低温热源 T_2.从能量守恒原理分析,这时的情况是:热机的工作物质

从高温热源吸取热量 Q_1，外界又对热机做功 W（注意，不是热机对外做功），而 W 与 Q_1 之和，即 $Q_2=Q_1+W$，传入了低温热源.这说明，在负热力学温度区域，功转化为热不可能不产生其他影响，在本例中功变为热的代价就是伴随发生了热传导不可逆过程.简单讲，在负热力学温度区域内，功转化为热不能自动进行.因此，在负热力学温度区，开尔文说法应改为：

使一定的功全部转化成热而不产生其他影响是不可能的.

为了把 $T>0$ K 及 $T<0$ K 都概括进去，Ramsey 提出一种表述：

不可能从单一正热力学温度热源吸取热量，使之完全变为有用的功，或通过做功变热，把它全部传给一负热力学温度热源，而不产生其他影响.

如果把在正热力学温度下的制冷机装置用到负热力学温度下则可以对外做功.读者可自行证明.

*附录 6-5 涨 落

前文提到，热力学系统有涨落，一切与热运动有关的宏观量（如密度、内能等）数值都是统计平均值。本附录对热力学宏观量围绕统计平均值的涨落，稍作基本说明。

设想一密闭真空容器，对它输入大量分子气体。设该系统为孤立系，那么经一相当长的时间后，从宏观看来，系统的分子数密度、内能等热力学量将达到空间均匀分布的统计平均值，系统达到平衡态。设若我们有办法观察容器内气体分子运动，我们可看到其中每个分子约以几百米每秒的速率运动，而在它们前进过程中，每个分子不断地和其它分子或器壁碰撞，碰后改变了原来运动方向，又在新方向上直线前进，直到再发生碰撞。

设想容器划分为容积相等的左与右两部分，左与右两部分气体分子可自由通过。自然，每部分气体分子数的统计平均值为总分子数的一半。若能在任一给定瞬间来测量气体分子数，我们可以发现，在某一瞬间有较多数的分子向容器左半（或右半）飞去，于是，在此短暂的瞬间，左半（或右半）容器内气体分子数将比统计平均值 $N/2$ 大，即分子数密度偏离了在空间的均匀分布。在任一给定瞬间，局部范围的宏观热学量偏离其统计平均值的现象叫做涨落。

现在计算由单原子分子组成的理想气体的内能涨落，设想有一盒理想气体与一温度为 T 的单一热源接触而达于热平衡，以 U 表示气体的宏观内能。由于气体与单一热源间有热交换作用，所以气体的内能量 E 不断地有瞬间变化，例如可取 $E_1, E_2, \cdots, E_r$ 等一系列不同值，而 U 表示其统计平均值。以 $E-U$ 表示气体能量与其统计平均值的偏差，它在不同瞬间可取一系列不同的值，且可正可负。现在求这偏差的平方平均值

$$\overline{(E-U)^2}$$

式中画一横线表示取平均值（下同）。

为具体说明平均值的意义，我们设想有 S 个（$S\to\infty$）与上述理想气体系性质完全相同的一系列系统，这些系统中每一个都是由同样的 N 个单原子分子组成，并且都与温度恒为 T 的单一热源达到热平衡，所不同的只是，设想这些系统中的每一个都具有一个确定的 E 值，即上述的 $E_1, E_2, \cdots, E_r$ 等。由于单一热源热容量很大，任何有限能量的变化都不会影响其温度。在这设想的 S 个系统中有 S_r 个系统具有能量 E_r，用 S_r/S 表示系统能量取 E_r 的机会大小；若 S_r/S 值大，就表示在微观长的时间内系统 S 取 E_r 值的概率大。在这设想的 S 个系统中每一系统都有确定的 $(E-U)^2$ 值，现在求其 $(E-U)^2$ 的平均值。

在我们所讨论的单原子理想气体特例下有

$$E=\sum_{i=1}^{N}\varepsilon_i$$

$$U=N\overline{\varepsilon}$$

其中 ε_i 表示理想气体中第 i 个分子的能量，$\overline{\varepsilon}$ 是诸分子的平均能量，$\sum\limits_{i=1}^{N}$ 表示对理想气体中所有的 N 个分子求和。于是

$$E-U=\sum_i(\varepsilon_i-\overline{\varepsilon})$$

$$\overline{(E-U)^2}=\sum_{i,j}\overline{(\varepsilon_i-\overline{\varepsilon})(\varepsilon_j-\overline{\varepsilon})}$$

对于理想气体，除分子间碰撞的一瞬间外，不同分子 i,j 间的运动是完全无关的，另外，$(\varepsilon_i-\overline{\varepsilon})$ 及 $(\varepsilon_j-\overline{\varepsilon})$ 取值范围相同，各自可正可负完全无规，所以当 i,j 为不同分子时有

$$\sum_{i\neq j}\overline{(\varepsilon_i-\overline{\varepsilon})(\varepsilon_j-\overline{\varepsilon})}=\sum_{i\neq j}\overline{(\varepsilon_i-\overline{\varepsilon})}\;\overline{(\varepsilon_j-\overline{\varepsilon})}=0$$

从而有

$$\begin{aligned}\overline{(E-U)^2}&=\sum_i\overline{(\varepsilon_i-\overline{\varepsilon})^2}\\&=N(\overline{\varepsilon^2}-\overline{\varepsilon}^2)\end{aligned}\tag{6.34}$$

按能量按自由度均分定理有

$$\overline{\varepsilon}=\frac{3}{2}kT,$$

又，从麦克斯韦速率分布律可计算 $\overline{\varepsilon^2}$，得

$$\overline{\varepsilon^2}=\frac{15}{4}(kT)^2$$

代入(6.34)式得

$$\overline{(E-U)^2}=\frac{3}{2}N(kT)^2$$

这是本例中理想气体内能涨落的平方平均值，以 U^2 除得

$$\frac{\overline{(E-U)^2}}{U^2}=\frac{2}{3N}$$

由此可得

$$\sqrt{\frac{\overline{(E-U)^2}}{U^2}}\sim\frac{1}{\sqrt{N}} \tag{6.35}$$

由此可见,内能的相对涨落与总分子数的平方根($\sqrt{N}$)成反比。当 N 很大时相对涨落很小,此结论有普遍性。

一般仪器所能观察的物理量值远远大于涨落值,可以不必考虑涨落对其影响。但是,近代有些精密仪器的测量精度已不可忽视涨落引起的影响。

第六章思考题

1. 为什么热力学第二定律可以有许多不同的表述?

2. 有人说:"功可以完全变为热,但热不能完全变为功."试评论之.

3. 克劳修斯表述是否是说热量不能从低温物体传到高温物体?

4. 有人说:"不可逆过程就是不能往反方向进行的过程."对吗?

*5. 如图 6-25 所示,一定压强下的氢气和氧气进入燃烧室.发生化学反应,其产物是高温水蒸气.试由热力学第二定律的开尔文表述论证这个过程是不可逆的.

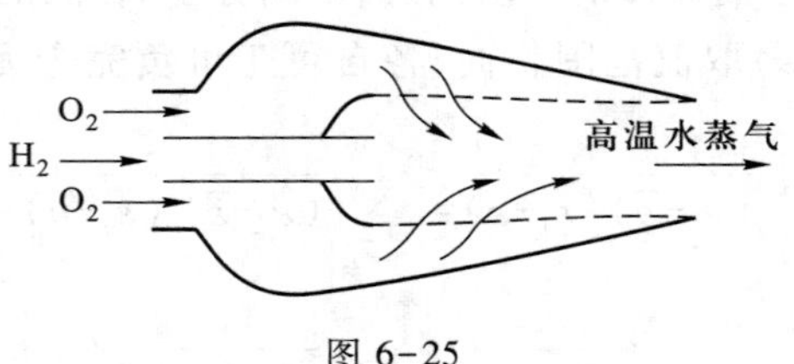

图 6-25

(提示:用反证法,并利用第五章习题 18 中所讲的燃料电池做功使重物升高.)

6. 由热力学第二定律及欧姆定律说明,在导体中通有有限大小电流的过程是不可逆的.

7. 普朗克针对焦耳热功当量实验提出:不可能制造一个机器,在循环动作中把一重物升高而同时使一热库冷却.这就是热力学第二定律的普朗克表述,试由开尔文表述论证这一表述成立.

8. 下列过程是否可逆? 为什么?

(1) 在恒温下加热使水蒸发.

(2) 由外界做功,设法使水在恒温下蒸发.

(3) 通过活塞(设活塞与容器器壁间无摩擦)缓慢地压缩容器中的空气.

(4) 在体积不变的情况下加热容器内的空气,使其温度由 T_1 升到 T_2.

(5) 在一绝热容器内,不同温度的两种液体混合.

(6) 高速行驶的卡车突然刹车停止.

9. 有人想利用海洋不同深度处温度不同制造一种机器,把海水的内能变为有用的机械功,这是否违反热力学第二定律?

10. 证明绝热线与等温线不能相交于两点.

11. 证明两绝热线不能相交.

12. 外界温度保持均匀恒定时进行的任一循环过程是否可能对外做正功?是否可能做负功(指总功)?如果循环过程是可逆的,那么是做正功还是做负功(指总功)?试讨论之.

13. 理想气体卡诺循环是由热源吸取一定热量而对外做功的,这是否与第二定律矛盾?

14. 逆向卡诺循环正是将热量由低温物体传到高温物体,而系统本身又恢复原状的.这是否违背第二定律?

15. 设想有一个装有理想气体的导热容器,放在温度恒定的盛水大容器中.令气体缓慢膨胀,这时由于它在膨胀过程中温度不变,所以内能也不变.因此,气体膨胀过程中对外界所做的功在数值上等于由水传给它的热量.如把水看作热源,则这个过程是否违背了热力学第二定律?

16. 如图 6-26 所示,体积为 $2V_0$ 的导热容器,中间用隔板隔开,左边盛有理想气体,压强为 p_0,右边为真空,外界温度恒定为 T_0.

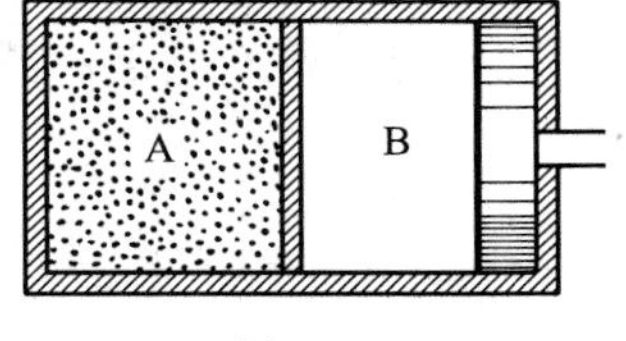

图 6-26

(1) 将隔板迅速抽掉,气体自由膨胀到整个容器,问在过程中气体对外做功及传热各等于多少.

(2) 然后,利用活塞 B 将气体缓慢地压缩到原来体积 V_0,在这过程中外界对气体做功及传热各等于多少?由于有过程(2),能否说过程(1)是可逆过程?为什么?

17. 有人声称设计出一热机工作于两个温度恒定的热源之间,高温热源和低温热源分别为 $T_1 = 400$ K 和 $T_2 = 250$ K;当这热机从高温热源吸收热量 1.05×10^8 J 时,对外做功 20 kW·h,而向低温热源放出的热量恰为两者之差(化为同一单位)这可能吗?

18. 燃料电池(见第五章习题 18)的效率要受卡诺定理的限制吗?

*19. 在 $T-S$ 图上,画出下列理想气体准静态过程曲线:(1) 等体过程;(2) 等压过程;(3) 等温过程;(4) 绝热过程.

20. 把盛有 1 mol 气体的容器等分成一百个小格.如果分子处在任一小格内的概率都相等,试计算所有分子都跑进同一小格的概率.

*21. 水的表面张力系数 γ(单位为 $N\cdot m^{-1}$)随温度的变化列于表 6-1.试由表中数据,利用(6.8)式,估计一下水的表面内能随温度的变化趋势.

表 6-1 不同温度下水的表面张力系数

t/℃	$\gamma/(10^{-3}\mathrm{N}\cdot\mathrm{m}^{-1})$	t/℃	$\gamma/(10^{-3}\mathrm{N}\cdot\mathrm{m}^{-1})$
0	75.50	350	3.64
40	69.48	355	2.71
80	62.69	360	1.85
120	54.96	364	1.22
160	46.51	368	0.66
200	37.77	370	0.42
240	28.52	372	0.20
280	18.94	373	0.10
320	9.84	374.15	0

*22. 在纯力学运动中熵变化吗？

*23. 把 1.00 kg 的 0 ℃ 的冰投入大湖中，设大湖温度比 0 ℃ 高出一微小量，于是冰逐渐熔化.问：

(1) 冰的熵有何变化？

(2) 大湖的熵有何变化？

(3) 两者熵变化之和是多少？

第六章习题

1. 一制冷机工作在 $t_2=-10$ ℃和 $t_1=11$ ℃之间，若其循环可看作可逆卡诺循环的逆循环，则每消耗 1.00 kJ 的功可由冷库中取出多少热量？

2. 设一动力暖气装置由一个热机和一个制冷机组合而成.热机靠燃料燃烧时放出的热量工作，向暖气系统中的水放热，并带动制冷机.制冷机自天然蓄水池中吸热，也向暖气系统放热.设热机锅炉的温度为 $t_1=210$ ℃，天然水的温度为 $t_2=15$ ℃，暖气系统的温度为 $t_3=60$ ℃，燃料的燃烧热为 $2.09\times10^7\ \mathrm{J\cdot kg^{-1}}$，试求燃烧 1.00 kg 燃料，暖气系统所得的热量.假设热机和制冷机的工作循环都是理想卡诺循环.

3. 一理想气体准静态卡诺循环，当热源温度为 100 ℃，冷却器温度为0 ℃时，做净功 800 J.今若维持冷却器温度不变，提高热源温度，使净功增为 1.60×10^3 J，则这时

(1) 热源的温度为多少？

(2) 效率增大到多少？设这两个循环都工作于相同的两绝热线之间.

4. 一热机工作于 50 ℃与 250 ℃之间，在一循环中对外输出的净功为1.05×10^5 J，求这热机在一循环中所吸入和放出的最小热量.

5. 一可逆卡诺热机低温热源的温度为 7.0 ℃，效率为 40%.若要将其效率提高到 50%，则高温热源的温度需提高几摄氏度？

6. 一制冰机低温部分的温度为-10 ℃，散热部分的温度为 35 ℃，所耗功率为 1 500 W，制

冰机的制冷系数是逆向卡诺循环制冷机制冷系数的$\frac{1}{3}$.今用此制冰机将 25 ℃ 的水制成 −10 ℃的冰,问制冰机每小时能制冰多少千克(冰的熔化热为 $3.35\times10^2\ \mathrm{J\cdot g^{-1}}$,冰的比热为$2.09\ \mathrm{J\cdot g^{-1}\cdot K^{-1}}$).

7. 试证明:任意循环过程的效率,不可能大于工作于它所经历的最高热源温度与最低热源温度之间的可逆卡诺循环的效率.

(提示:先讨论任一可逆循环过程,并以一连串微小的可逆卡诺循环代替这循环过程.如以 T_m 和 T_n 分别代表这任一可逆循环所经历的最高热源温度和最低热源温度.试分析每一微小卡诺循环效率与 $1-\frac{T_n}{T_m}$的关系.)

*8. 若准静态卡诺循环中的工作物质不是理想气体而服从物态方程 $p(V_m-b)=RT$.试证明这卡诺循环的效率公式仍为 $\eta=1-\frac{T_2}{T_1}$(参考第五章习题 13).

注意,不讲本章打 * 各节者,以下习题均不做.

9. (1) 利用(6.7)式证明,对 1 mol 范德瓦耳斯气体有

$$\left(\frac{\partial U_m}{\partial V_m}\right)_T=\frac{a}{V_m^2}$$

(2) 由(1)证明:

$$U_m=U_{m0}+\int_{T_0}^{T}C_{V,m}\mathrm{d}T+a\left(\frac{1}{V_{m0}}-\frac{1}{V_m}\right)$$

(3) 设 $C_{V,m}$为常量,证明上式可写为

$$U_m=U'_{m0}+C_{V,m}T-\frac{a}{V_m}$$

其中 $U'_{m0}=U_{m0}-C_{V,m}T_0+\frac{a}{V_{m0}}$.

10. 设有 1 mol 范德瓦耳斯气体,证明其准静态绝热过程方程为

$$T(V_m-b)^{\frac{R}{C_{V,m}}}=\text{常量}$$

设该气体的摩尔定容热容 $C_{V,m}$为常量.

(提示:利用习题 9 的结果)

11. 接上题,证明范德瓦耳斯气体准静态绝热过程方程又可写为

$$\left(p+\frac{a}{V_m^2}\right)(V_m-b)^{\frac{C_{V,m}+R}{C_{V,m}}}=\text{常量}$$

12. 证明:范德瓦耳斯气体进行准静态绝热过程时,气体对外做功为

$$C_{V,m}(T_1-T_2)-a\left(\frac{1}{V_{m1}}-\frac{1}{V_{m2}}\right)$$

设 $C_{V,m}$为常量.

13. 证明:对 1 mol 服从范德瓦耳斯方程的气体有下列关系:

$$C_{p,m}-C_{V,m}=\frac{R}{1-\dfrac{2a(V_m-b)^2}{RTV_m^3}}$$

(提示:要利用范德瓦耳斯气体的如下关系:

$$\left(\frac{\partial v}{\partial T}\right)_p=\frac{R}{\dfrac{RT}{V_m-b}-\dfrac{2a(V_m-b)}{V_m^3}}$$

14. 若用范德瓦耳斯气体模型,试求在焦耳测定气体内能实验中气体温度的变化.设气体摩尔定容热容 $C_{V,m}$ 为常量,摩尔体积在气体膨胀前后分别为 V_{m1}、V_{m2}.

15. 利用上题公式,求 CO_2 在焦耳实验中温度的变化.设气体的摩尔体积在膨胀前是 2.0 $L\cdot mol^{-1}$,在膨胀后为 4.0 $L\cdot mol^{-1}$.已知 CO_2 的摩尔热容为$3.38R$,$a=3.6\ atm\cdot L^2\cdot mol^{-2}$.

16. 对于一摩尔范德瓦耳斯气体,证明经节流膨胀后其温度的变化 T_2-T_1 为

$$T_2-T_1=\frac{1}{C_{V,m}+R}\left[\left(\frac{2a}{V_{m2}}-\frac{2a}{V_{m1}}\right)-\left(\frac{RT_2b}{V_{m2}-b}-\frac{RT_1b}{V_{m1}-b}\right)\right]$$

设气体的摩尔热容为常量.

17. 假设 1 mol 气体在节流膨胀前可看作范德瓦耳斯气体,而在节流膨胀后可看作理想气体,气体的摩尔定容热容 $C_{V,m}$ 为常量.试用上述模型证明,气体节流膨胀前后温度的变化为

$$\Delta T=T_2-T_1=\frac{1}{C_{V,m}+R}\left(RT_1\frac{b}{V_{m1}-b}-\frac{2a}{V_{m1}}\right)$$

试在 T_1-V_{m1} 图上画出 $\Delta T=0$ 的曲线(即转换温度曲线),并加以讨论.

18. 接上题,从上题作图来看,$T^{\circ}=\dfrac{2a}{Rb}$具有什么意义?(称 T° 为上转换温度).若已知氮气 $a=1.35\times10^6\ atm\cdot cm^6\cdot mol^{-2}$,$b=39.6\ cm^3\cdot mol^{-1}$,氦气 $a=0.033\times10^6\ atm\cdot cm^6\cdot mol^{-2}$,$b=23.4\ cm^3\cdot mol^{-1}$,试求氮气和氦气的上转换温度.

19. 在焦耳测定气体内能的实验装置中,当开关未打开前,一边容器内盛有 n_A 摩尔的范德瓦耳斯气体,另一边容器内盛有 n_B 摩尔的同一种范德瓦耳斯气体,容器两边体积均为 V,初态温度均为 T_1.当开关打开后,设气体经历一绝热过程最后这 n_A+n_B 摩尔的气体充满整个容器达到新的平衡态,求在这过程中气体温度的变化.设气体的 $C_{V,m}$ 为常量.

20. 利用第五章习题 14 的数据,计算在 24 ℃,2.982 4 kPa(饱和蒸气压)条件下水蒸气凝结为水时熵的变化.

21. 设有 1 mol 的过冷水蒸气.其温度和压强分别为 24 ℃和 1 bar.当它转化为 24 ℃下的饱和水时,熵的变化是多少?计算时假定可把水蒸气看作为理想气体,并可利用上题数据.

(提示:设计一个从初态到终态的可逆过程进行计算,如图 6-27 所示.)

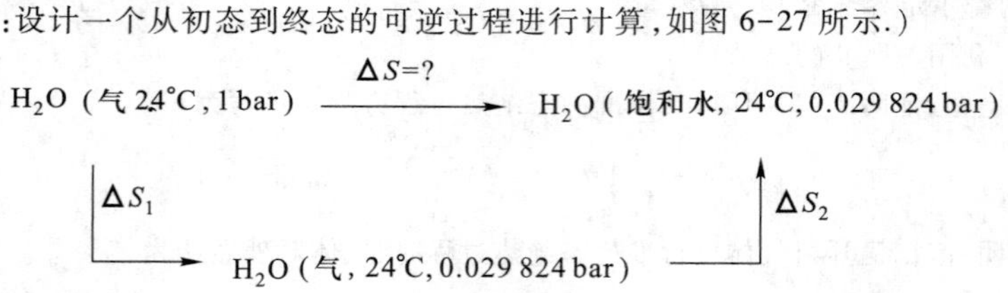

H_2O (气 24℃, 1 bar) —— $\Delta S=?$ ——→ H_2O (饱和水, 24℃, 0.029 824 bar)

ΔS_1 ↓　　　　　　　　　　↑ ΔS_2

→ H_2O (气, 24℃, 0.029 824 bar) →

图 6-27

22. 根据第六章图 6-18 中空气的焓、熵图,对下列问题作出估算:

(1) 空气由 $p_1=40$ atm,$T_1=260$ K,节流膨胀到 $p_2=1$ atm,温度降低多少?

(2) 若等熵膨胀到 $p_2=1$ atm,温度降低多少?试比较之.

23. 设有 1 mol 理想气体从平衡态 1 变到平衡态 2(见图 6-28).试利用图中虚线所示的可逆过程计算其熵的变化,并证明所得结果与(6.21)式计算的结果相同.设理想气体的摩尔热容 $C_{p,m}$ 和 $C_{V,m}$ 均为常量.

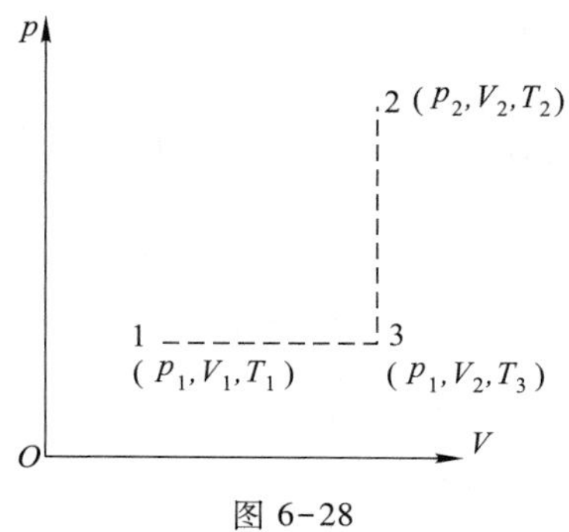

图 6-28

24. 在一绝热容器中，质量为 m，温度为 T_1 的液体和相同质量但温度为 T_2 的液体在一定压强下混合后达到新的平衡态；求系统从初态到终态熵的变化，并说明熵增加.设已知液体比定压热容 c_p 为常量.

25. 由第五章习题 15 的数据.计算 1 mol 的铜在一大气压下，温度由 300 K 升到 1 200 K 时熵的变化.

26. 如图 6-29 所示，1 mol 理想气体氢($\gamma=1.4$)在状态 1 的参量为 $V_{m1}=20$ L，$T_1=300$ K；在状态 3 的参量为 $V_{m3}=40$ L，$T_3=300$ K.图中 1—3 为等温线，1—4 为绝热线，1—2 和 4—3 均为等压线，2—3 为等体线，试分别由三条路径计算 $S_{m3}-S_{m1}$：

(1) 1—2—3；

(2) 1—3；

(3) 1—4—3.

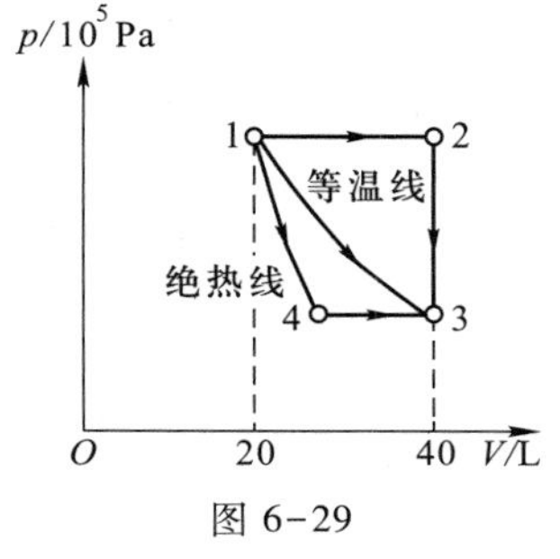

图 6-29

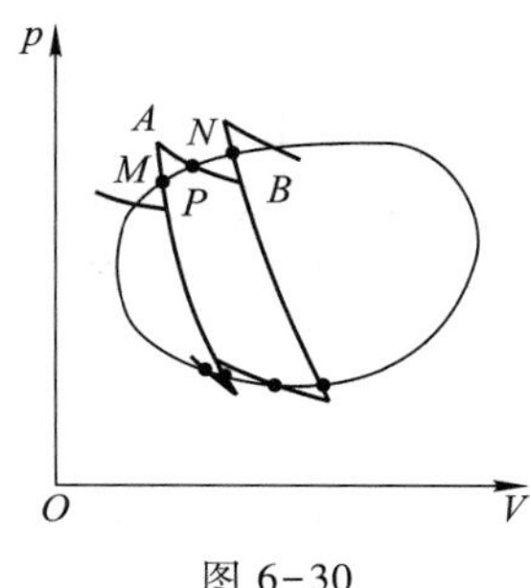

图 6-30

27. 在第六章图 6-12 中，我们曾用一连串微小可逆卡诺循环去代替一任意可逆循环.如图 6-30 所示，设在一微小卡诺循环的 APB 段，系统吸收热量 Q'，而在任意循环的相应段 MPN 系统吸收热量 Q，试证明 $Q'-Q$ 等于 MAP 的面积减去 PNB 的面积.由此可见，$Q'-Q$ 为二级无穷小量.

28. 一实际制冷机工作于两恒温热源之间，热源温度分别为 $T_1=400$ K，$T_2=200$ K.设工作物质在每一循环中，从低温热源吸收热量为 8.37×10^2 J，向高温热源放热 2.51×10^3 J.

(1) 在工作物质进行的每一循环中，外界对制冷机做了多少功？

(2) 制冷机经过一循环后，热源和工作物质熵的总变化(ΔS)是多少？

(3) 如设上述制冷机为可逆机，则经过一循环后，热源和工作物质熵的总变化应是多少？

(4) 若(3)中的可逆制冷机在一循环中从低温热源吸收热量仍为 8.37×10^2 J，试用(3)中结果求该可逆制冷机的工作物质向高温热源放出的热量以及外界对它所做的功.

29. 接上题,(1) 试由计算数值证明:实际制冷机比可逆制冷机额外需要的外界功值恰好等于 $T_1\Delta S$(T_1、ΔS 见上题).

(2) 实际制冷机额外多需的外界功最后转为高温热源的内能.设想利用在这同样的两恒温热源之间工作的一可逆热机,把这内能中一部分再变为有用的功,问能产生多少有用的功.

30. 如图 6-31(a)所示,在边长为 L 的立方形盒内盛有单原子分子理想气体.设每一分子的质量为 m.由量子力学可以证明,每一个分子的能量只能取下列一系列间断值 ε:

$$\varepsilon = \frac{\hbar^2}{2m}\frac{\pi^2}{L^2}(n_x^2 + n_y^2 + n_z^2)$$

其中 $n_x, n_y, n_z = 1,2,3,\cdots, \hbar = 1.054\times10^{-34}\ \mathrm{J\cdot s}$.

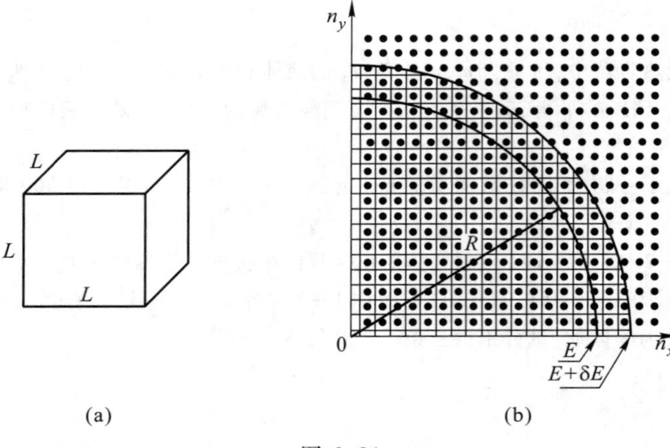

(a) (b)

图 6-31

如图 6-31(b)所示,取 n_x、n_y、n_z 为坐标轴,则在这图中每一组(n_x、n_y、n_z)对应于一个点,亦即分子的一种力学运动状态.试证明:

(1) 在 $\varepsilon \leqslant E$ 内的点数(即状态数)为

$$\frac{1}{8}\left(\frac{4}{3}\pi R^3\right)$$

其中 $R^2 \equiv \left(\frac{L}{\pi\hbar}\right)^2(2mE)$.(设 E 所对应的 n_x、n_y、n_z 数值很大.)

(2) 在 E 和 $E+\delta E$ 能量范围内的点数(即状态数)为

$$\frac{V}{4\pi^2\hbar^3}(2m)^{\frac{3}{2}}E^{\frac{1}{2}}\delta E.$$

由此可见,每一分子的力学运动状态数与体积 V 成正比.

第七章　固　　体

在通常条件下，物质有三种不同的聚集态：气态、液态和固态.液态和固态，统称为凝聚态.长期以来，在科研、生产和日常生活中都广泛利用固体材料，因此，固体在材料科学技术中占有特殊重要的地位，按指定性能设计新的固体材料已成为固体物理的重要研究内容.近60年来，固体物理已发展成为物理学中一门独立的综合性学科，成为物理学最广阔和最重要的部分之一.由于各种尖端科学技术对固体材料提出多种多样的要求，因此固体物理同现代尖端技术的发展有着非常密切的联系.例如，原子能技术需要耐放射性辐射的固体材料；高速飞行、火箭导弹需要耐高温、耐辐射、强度高、质地轻的合金材料；无线电电子技术需要半导体器件、铁氧体元件等由固体制成的新型器件.在科研和生产需要的推动下，新的现象不断发现，新的规律不断揭示，新理论和新技术相互促进相辅相成，从而使固体物理在近代原子理论的基础上得到飞速的巨大的发展.

需要指出的是，近年来固体物理学的研究领域已有很大的扩展，研究对象由内部原子（或分子）呈周期排列的晶体发展到内部原子没有规则排列的非晶态（玻璃态）固体，以及内部原子呈准周期排列的准晶又发展到结构与非晶态固体十分相似的液体，还有在一些方向不规则，但在另一些方向有某种规则排列的液态晶体（简称液晶），此外还有在流动时毫无阻力的超流体.因此，固体物理这一名称已不足以概括整个研究领域，而扩展成为凝聚态物理.

§7-1　晶　　体

固体可以分为晶体与非晶体两大类.岩盐、云母、明矾、水晶、冰、金属等都是晶体；玻璃、松脂、沥青、橡胶、塑料、人造丝等都是非晶体.从本质上说，非晶体是黏性很大的液体.1982年以色列科学家丹尼尔-谢赫特曼发现的准晶则是一种介于晶体与非晶体之间的固体，他也因这一重大发现而获得2011年诺贝尔化学奖.本章只重点讨论晶体的物理性质.

一、晶体的宏观特性

人们对晶体的认识，首先是从它们的外部形状开始的.石英、明矾等某些天然晶体的外形都是由若干个平面围成的凸多面体.图7-1是NaCl晶体的外形，图7-2是石英晶体的外形，图7-3是方解石晶体的外形.围成这样一个凸多面体的面称为晶面，晶面的交线称为晶棱，晶棱的汇集点称为顶点.同一种晶体的外形，尽管表面上看来很不一样，但却具有共同的特点，即各相应晶面间的夹角恒定不

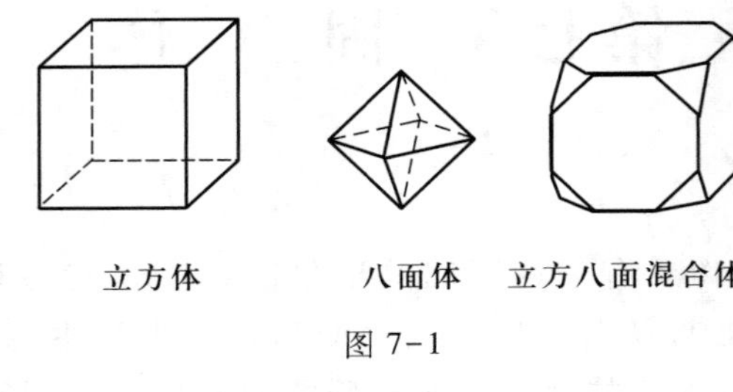

立方体 八面体 立方八面混合体

图 7-1

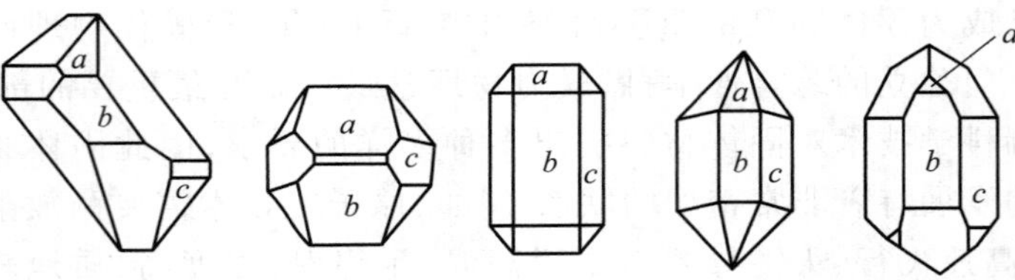

图 7-2

变.这条规律称为晶面角守恒定律.例如，对石英晶体（图7-2），a、b 面间的夹角总是 141°47′，b、c 面间的夹角总是120°00′，a、c 面间的夹角总是113°08′；对方解石（图7-3），a、b、c 面间夹角不是78°5′就是 101°55′；对于 NaCl 晶体（图7-1），不管外形是立方体、八面体还是立方和八面混合体，各晶面间夹角都是 90°.晶面角守恒定律是晶体学中最重要的定律之一，是鉴别各种矿石的重要依据.

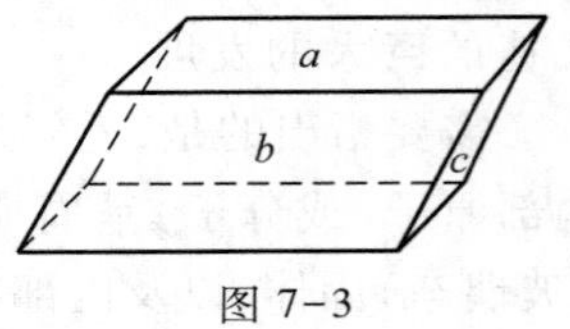

图 7-3

晶体的一个基本特性是各向异性，即在各个不同的方向上具有不同的物理性质，如力学性质（硬度、弹性模量等）、热学性质（热膨胀系数、导热系数等）、电学性质（电容率、电阻率等）、光学性质（吸收系数、折射率等）.云母的结晶薄片，在外力作用下很容易沿平行于薄片的平面裂开，但在薄片上裂开则要困难得多.与此类似，石膏也容易沿一定方向裂成薄片，岩盐则容易裂成立方体.晶体的这种易于劈裂的平面称为解理面，显露在晶体外表的晶面往往是一些解理面.解理面的存在说明晶体在不同方向上具有不同的力学性质.非晶体破碎时因各向同性而没有解理面，例如，玻璃碎片的形状就是完全任意的.在云母片上涂上一层薄薄的石蜡，然后用烧热的钢针去接触云母片的反面，则石蜡将以接触点为中心，逐渐向四周熔化，结果熔化了的石蜡成椭圆形（图7-4）.如用玻璃片做同样的实验，则熔化了的石蜡成圆形.这说明云母片在不同方向上的导热系数不同，而玻璃则相同.晶体的热膨胀也具有各向异性，如石墨加热时，沿某些方向膨胀，沿另一些方向则收缩.

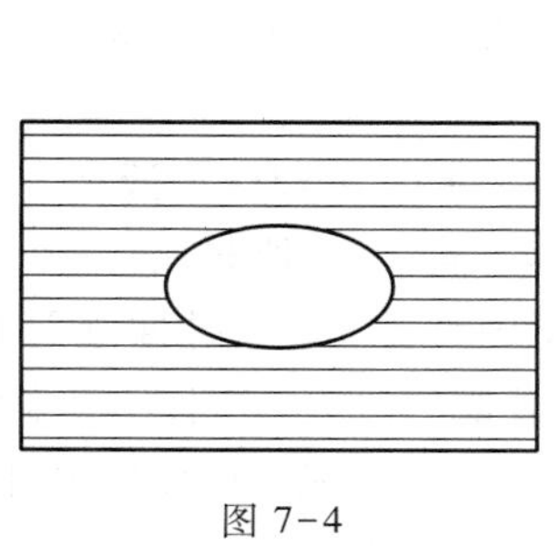

图 7-4

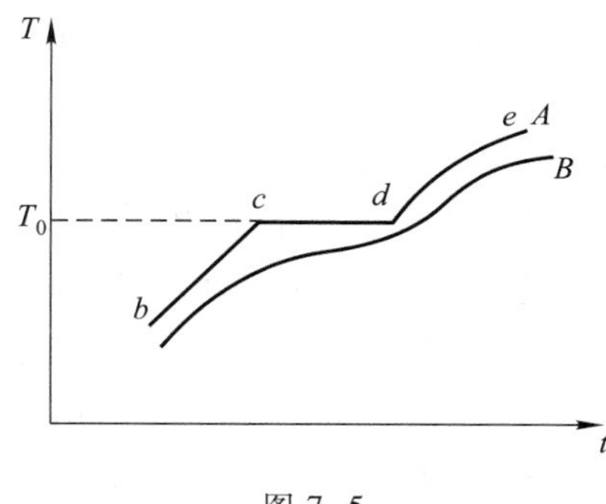

图 7-5

晶体的另一基本特点是具有一定的熔点.在一定的压强下,对某一种纯净的晶体加热,在晶体还没有开始熔化的时候,它的温度逐渐升高,如图7-5上曲线 A 中 bc 段所示,图中纵轴 T 表示温度,横轴 t 表示时间.到达温度 T_0 时,晶体开始熔化,从这时开始,直到晶体全部熔为液体这段时间里,固态与液态共存,虽然继续加热,温度保持为 T_0 不变,曲线 A 中 cd 段就是晶体从开始熔化到全部熔化的过程,温度 T_0 就是晶体的熔点.晶体全部熔成液体后,再继续加热,温度就会升高,对应于曲线 A 中 de 段.非晶体没有一定的熔点,在熔化过程中,随着温度的升高,它首先变软,然后逐渐由稠变稀,图7-5中曲线 B 的拐曲部分表示非晶体在全部熔化前的软化过程.例如,在吹制玻璃器皿时,将玻璃放在火焰上加热,玻璃并不立刻熔成液体,而是首先变软,利用这点,就可以将它拉细、吹成泡、或将两块粘合起来,制成所需要的形状.

金属和岩石虽没有规则的几何外形,各方向的物理性质也都相同,但由于它们是由许多晶粒构成的,因此,它们实质上是晶体,并具有一定的熔点.用金相显微镜观察磨光了的金属表面,就会发现,金属是由许多小的晶粒构成的,如图7-6所示.通常,材料的晶粒线度一般为 $10^{-4}\sim10^{-3}$ cm 最大可达 10^{-2} cm,每立方厘米里至少有一千万个晶粒.每一晶粒内部是各向异性的,但由于晶粒在空间方位上排列是无规则的,所以金属整体表现出各向同性.我们称石英、明矾等具有

铁的显微组织 ×500

图 7-6

规则外形且各向异性的单个大晶体为单晶体，而称金属、岩石等由许多晶粒（即单晶微粒）构成的晶体为多晶体.具有一定的熔点是一切晶体的宏观特性，是晶体和非晶体的主要区别.

一般的金属材料虽然都是多晶体，但是，可以用原子沉积法和液态金属急冷法获得非晶态的金属.非晶态金属的结构类似于液体，是一种非晶体，又称金属玻璃.由于非晶态金属具有强度高、韧性大、耐腐蚀性能好、导磁性强等优良性能，因此，各个国家的科学工作者都对它进行了大量的研究，三十多年来已取得了飞速的发展.但非晶态金属目前仍是一门非常年轻的学科，虽然在 20 世纪 50 年代已通过真空镀膜法和化学镀膜法获得非晶态金属，但直到 1960 年发展了液态金属急冷（冷却速度为 $10^6 \sim 10^{10}$ K/s）的技术获得非晶态金属以后，才引起各国注意，使研究者越来越多.1970 年以后，又发展了直接从液态金属获得线材或条材的工艺，从而又开展了材料学以及应用等方面的研究工作.目前研究的主要是非晶态合金，有关非晶态超导材料和非晶态半导体材料的研究也在积极开展.

二、晶体的微观结构

对晶体微观结构的认识是随着生产和科学的发展而逐渐深入的.矿物的开采使人们对晶体的外部特点有所了解，在 1669 年就发现了晶体具有恒定夹角的规律.在 18 世纪，生产和科学的发展，已提出对晶体的成分和结构进行研究的要求.例如，硝石成因的研究和成分的分析，就是由于当时火药生产的发展提出的任务.在 19 世纪，由于对钢和其他金属原材料在数量上和质量上提出了更高的要求，在研究冶炼方法和冶炼过程时，开始研究金属的微观结构，曾用显微镜观察用化学药品腐蚀的金属表面.此外，对各种矿物的鉴定和分析也推动了对晶体结构的进一步了解.根据单晶体外形规则性和物理性质各向异性，1860 年就有人设想晶体是由原子规则排列而成的.1895 年发现了 X 射线，1912 年劳埃德就用它作为窥探晶体内部结构的有力工具，利用 X 射线衍射现象，首次确切地证实了晶体内部粒子有规则排列的假设.现在，已能直接用电子显微镜对晶体内部结构进行观察和照相，更有力地证明了这种假设的正确性.

因为晶体中粒子是有规则地、周期性地排列着的，所以，如果用点表示粒子（分子、原子、离子或原子集团）的质心，则这些点在空间的排列就具有周期性.表示晶体粒子质心所在位置的这些点称为结点（现称为阵点或格点），结点的总体称为空间点阵（现称为空间格子或晶格）.空间点阵的平移周期性指的是，从点阵中任何一个结点出发，向任何方向延展，经过一定距离后，如遇到另一结点，则经过相同距离后，必遇到第三个结点（图 7-7）……这种距离称为平移周期，不同的方向有不同的平移周期.由于空间点阵的平移周期性，可取一个以结点为顶点，边长等于平移周期的平行六面体作为一个基本的几何单元，它的重复排列，可以

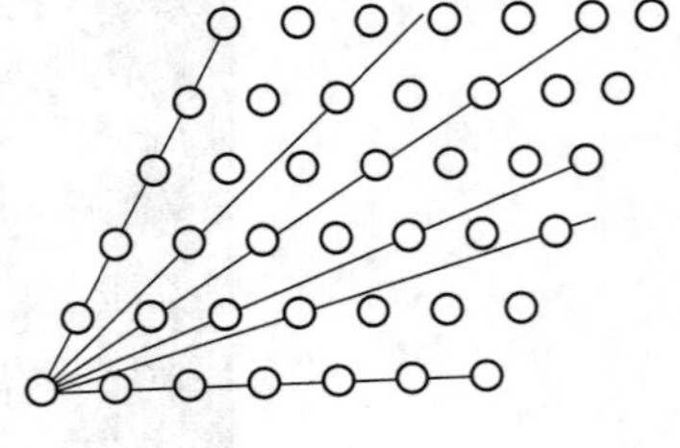

图 7-7

形成整个点阵，这种几何单元称为**原胞**.如果只要求反映平移周期性的特征，原胞可以取最小的重复单元，结点只在顶角上，内部和面上都不含其他结点.但是，考虑到每种晶体还有自己特殊的对称性（如有对称轴、对称中心和对称平面等），为了同时反映这种对称性，结晶学中所取的原胞体积不一定是最小的，结点不仅在顶角上，而且可以在体心或面心，但原胞边长总是一个平移周期，原胞各边的尺寸称为**晶格常量**.例如，在面心立方晶格和体心立方晶格的情形下，可以分别取以顶点到面心连线为边所形成的菱面体[图7-8(a)]，和以顶点到体心连线为边所形成的菱面体[图 7-8(b)]作为原胞，这时原胞体积虽然最小，但却不能反映出立方晶系的全部对称性，而以面心和体心上有结点的立方体作为原胞，就能反映出晶体的这种特殊的对称性.

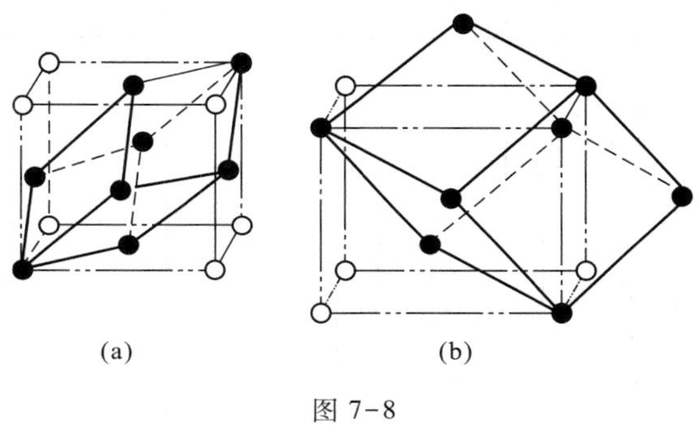

图 7-8

需要指出的是，晶体除具有平移周期性这种对称性以外，还具有旋转对称性.所谓 n 次旋转对称性，是指晶体中存在旋转对称轴，晶体绕此轴转动$\dfrac{2\pi}{n}$角度后能与自身重合.对于具有平移周期性（或称平移对称性）的晶体说，晶体中只能具有 $n=2,3,4,6$ 这四种旋转对称轴，不能具有 5 次（即 $n=5$）及 6 次以上（即 $n>6$）的旋转对称轴.但是在 1984—1985 年间，国外却有人在急冷的铝锰合金中发现了 5 次旋转对称性，继而我国也有人在钛钒镍合金中发现了同样的对称性，并随后发现了 8 次和 12 次的旋转对称性.具有 $n=5,8,12$ 这类物体的内部原子不可能呈严格意义上的周期排列，只能呈所谓的准周期排列，这类物体统称为**准晶**，对准晶的研究是凝聚态物理中一个新兴的研究领域，具有广阔的发展前景.

在结晶学中，根据原胞各边所夹的角度，各边的长短，以及结点在原胞中排列的情况，将晶体分为 7 个晶系，将晶格分为 14 种类型，如表7-1和图7-9所示.表中 a、b、c 分别是原胞中三边的长度，而 α、β、γ 分别是 b 边和 c 边、c 边和 a 边、a 边和 b 边之间的夹角.最常见的晶格有体心立方晶格（属于这类晶格的有：铬、钒、钨、钼、α 铁等）、面心立方晶格（属于这类点阵的有：铝、铜、镍、铅、金、银、γ 铁、食盐、金刚石、锗、硅等）和六方晶格（属于这类点阵的有：锌、镁、铍、镉等）.

表 7-1

晶 系	组成晶格的平行六面体(原胞)的形状
三 斜	$a\neq b\neq c;\alpha\neq\beta\neq\gamma\neq 90°$
单 斜	$a\neq b\neq c;\alpha=\gamma=90°\neq\beta$
正 交	$a\neq b\neq c;\alpha=\beta=\gamma=90°$
三 方	$a=b=c;\alpha=\beta=\gamma\neq 90°$
六 方	$a=b\neq c;\alpha=\beta=90°;\gamma=120°$
四 方	$a=b\neq c;\alpha=\beta=\gamma=90°$
立 方	$a=b=c;\alpha=\beta=\gamma=90°$

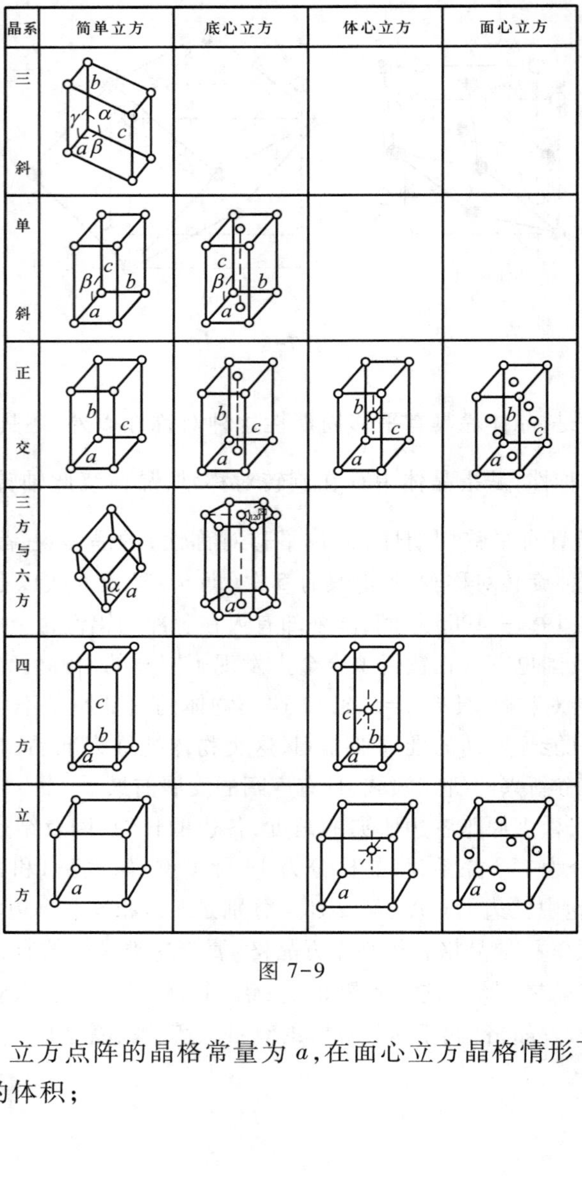

晶系	简单立方	底心立方	体心立方	面心立方
三斜				
单斜				
正交				
三方与六方				
四方				
立方				

图 7-9

[例题 1] 立方点阵的晶格常量为 a,在面心立方晶格情形下,求:

(1) 原胞的体积;

（2）原胞的结点数；

（3）最邻近结点间距离；

（4）最邻近结点的数目；

（5）以顶点到面心连线为边所形成的菱面体［图 7-8(a)］作为原胞，此原胞的体积和包含的结点数.

［解］（1）原胞的体积为 a^3.

（2）原胞顶点上每一结点为 8 个原胞所共有，只有 1/8 属于原胞，共有 8 个顶点，因此顶点上结点总共有 1 个结点属于原胞. 面心上结点为 2 个原胞所共有，只有 1/2 属于原胞，共有 6 个面心结点，因此总共有 3 个面心结点属于原胞. 原胞的结点数为这两项之和. 所以，原胞的结点数为 4.

（3）顶点上结点和邻近的面心上结点就是最邻近结点. 取顶点的坐标为 $(0,0,0)$，其邻近一面心结点的坐标为 $\left(\frac{a}{2},\frac{a}{2},0\right)$，两者距离为

$$d=\sqrt{\left(\frac{a}{2}\right)^2+\left(\frac{a}{2}\right)^2}=\frac{\sqrt{2}}{2}a$$

（4）与坐标为 $(0,0,0)$ 的结点最邻近的一些结点的坐标为

$$\left(\frac{a}{2},\frac{a}{2},0\right),\quad\left(\frac{a}{2},-\frac{a}{2},0\right),\quad\left(-\frac{a}{2},\frac{a}{2},0\right),\quad\left(-\frac{a}{2},-\frac{a}{2},0\right),$$

$$\left(0,\frac{a}{2},\frac{a}{2}\right),\quad\left(0,\frac{a}{2},-\frac{a}{2}\right),\quad\left(0,-\frac{a}{2},\frac{a}{2}\right),\quad\left(0,-\frac{a}{2},-\frac{a}{2}\right),$$

$$\left(\frac{a}{2},0,\frac{a}{2}\right),\quad\left(\frac{a}{2},0,-\frac{a}{2}\right),\quad\left(-\frac{a}{2},0,\frac{a}{2}\right),\quad\left(-\frac{a}{2},0,-\frac{a}{2}\right).$$

因此，最邻近结点的数目为 12.

（5）因为菱面体通过结点 $(0,0,0)$ 的 3 条边的端点，它们的坐标分别为 $\left(\frac{a}{2},\frac{a}{2},0\right)$，$\left(0,\frac{a}{2},\frac{a}{2}\right)$ 和 $\left(\frac{a}{2},0,\frac{a}{2}\right)$ 所以根据求平行六面体体积的公式，求得菱面体的体积为

$$\begin{vmatrix}\frac{a}{2} & \frac{a}{2} & 0\\ 0 & \frac{a}{2} & \frac{a}{2}\\ \frac{a}{2} & 0 & \frac{a}{2}\end{vmatrix}=\frac{1}{4}a^3$$

此菱面体只有八个顶点上有结点，而每一结点为八个菱面体所共有. 所以，以菱面体作为原胞，每一原胞只包含一个结点.

四十多年来表面物理作为一个新兴的科研领域已经蓬勃发展起来. 晶体的表面指的是晶体最外表的几个原子层和吸附在它上面的原子、分子及其覆盖层，其厚度在零点几纳米（符号为 nm，$1\,\text{nm}=10^{-9}\,\text{m}$）到几纳米之间. 表面的存在，破

坏了晶体的三维周期性,结果使粒子在表面重新排列,这一薄层的原子既受到体内的束缚,又受到环境的影响,形成与体内不同周期的结构.图 7-10 中画出了四种情形下表面层粒子的排列情形.除少数例外,表面原子的排列还很难由理论预料,而且测量方法也不够成熟.

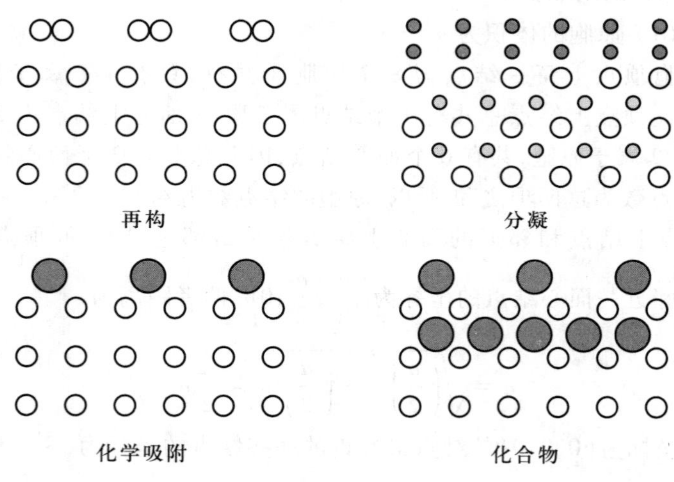

图 7-10

表面物理的研究成果对冶金、石油化工、电子技术、计算机技术等工业部门以及新材料、新器件的研制都具有重大影响.例如,金属的变脆、磨损、氧化等现象都与金属表面的结构和成分有关.又例如,催化剂表面上进行的化学反应的速度,就是和表面的吸附、凝聚等现象密切相关的.再例如,半导体表面的研究一直是器件工艺和物理研究中的一个重要课题,它促进了一些新型表面器件的发展,对于电子技术、特别是计算机技术的发展产生了新的影响.

值得一提的是,对一般晶体微粒来说,表面原子的数目与内部原子的数目相比起来,其比值很小可以忽略不计,但当微粒的线度小到 nm 的量级时情况就不同了.对于由线度为 1~100 nm 的超微颗粒组成的纳米材料来说,比值很大,可以达到 50%左右.由于界面原子的结构与内部原子的结构很不相同,这样大的比值就使纳米材料具有一系列异常行为和奇特性质,使它在很多领域有广泛的应用.目前研究与制备各种用途的纳米材料已经成为新兴的研究领域,有广阔的应用前景.

§7-2 晶体中粒子的结合力和结合能

晶体中粒子之间存在着相互作用力,这种力称为结合力.结合力是决定晶体性质的一个主要因素.正是这种力使粒子规则地聚集在一起形成晶格,也正是这种力,使晶体具有弹性、具有确定的熔点和熔化热,决定晶体的热膨胀系数等.例如,作铅笔芯的原料,黑色的软石墨,和能切割玻璃的透明的金刚石,都是由碳原子构成的,两者的性质却差别很大.石墨可以做耐 2 000~3 000 ℃高温的坩埚,金刚石超过 700 ℃时就会燃烧起来;石墨的比重为 2.1,金刚石的比重为 3.5;石墨的导电性较好,可以制成电化学或冶金过程的电极,金刚石则几乎不导电,根本原因就在于它们里面的碳原子之间结合力的性质不同.因此,要深入晶体的微观结构去了解晶体性质千差万别的原因,从而达到控制晶体性质的目的,就必须首先了解结合力的本质和有关结合力的规律.

一、晶体中粒子的结合力

使晶体中粒子结合在一起的力,称为化学键,它是决定晶体基本性质的根本原因.化学键主要有离子键、共价键、范德瓦耳斯键、金属键和氢键这五种类型.化学键决定的基本物性有:密度、硬度、弹性、热学性质、光学性质、电磁性质等.为了对这几种键产生的原因作一些简单的说明,先简单叙述一些原子结构的知识.原子是由带正电的原子核和带负电的电子组成的,原子核所带正电荷和原子中全部电子所带的负电荷在数量上正好相等,因而整个原子呈电中性.根据量子理论和原子光谱实验事实,知道电子绕原子核的运动是分层的,称为电子壳层.第一个壳层称为 K 层,K 层可以有一个或两个电子,分别对应于氢原子和氦原子.锂原子有三个电子,其中两个电子将第一壳层填满,第三个电子则位于第二个壳层.第二个壳层称为 L 层,它可以有 8 个电子.氖原子有 10 个电子,正好将 K 和 L 这两个壳层填满.钠原子有 11 个电子,其中第十一个电子位于第三个壳层,即所谓 M 层.如果一个原子最外部的电子壳层正好填满了电子,则这种原子化学性质特别稳定.例如,氦、氖、氩这些惰性气体的原子就是如此.如果一个原子最外部电子壳层中电子(称为价电子)少,如锂、钠、镁等原子,则它们很容易失去价电子而变成带正电的离子,如 Li^+、Na^+、Mg^{2+} 等.如原子的价电子多,则原子有获得电子而使外层电子饱和的趋势,例如,氟、氯原子从外部获得一个电子后将壳层填满,成为带负电的离子 F^-、Cl^-.我们称倾向于失去价电子的这种元素为正电性元素,倾向于获得电子的这种元素为负电性元素.

现对五类化学键简单介绍如下:

1. 离子键 由正电性元素和负电性元素组成晶体时,正电性元素失去电子而成带正电的正离子,负电性元素获得电子而成带负电的负离子,正、负离子之间的静电力,使这些离子结合起来.这种将正、负离子结合在一起的静电力,称为离子键.由离子键的作用而组成的晶体,称为离子晶体.最典型的离子晶体是 NaCl(图7-11).钠原子失去一个价电子而成为钠离子 Na^+,氯原子获得一个电子而成为氯离子 Cl^-,从晶体整体来看,在每一个 Cl^- 周围有六个 Na^+,在每一个 Na^+ 周围也有六个 Cl^-,这时不能再将一个 Na^+ 和一个 Cl^- 看成为一个 NaCl 分子,因为在离子晶体中分子已没有什么意义了.离子晶体是由正、负离子构成的一个整体,是由正、负离子排列形成的空间点阵,Na^+ 和 Cl^- 都各自在空间形成面心立方点阵.由于离子键的作用强,因此离子晶体具有高的熔点,低的挥发性和大的压缩模量.例如,半导体材料中的硫化镉、硫化铝是重要的离子晶体.

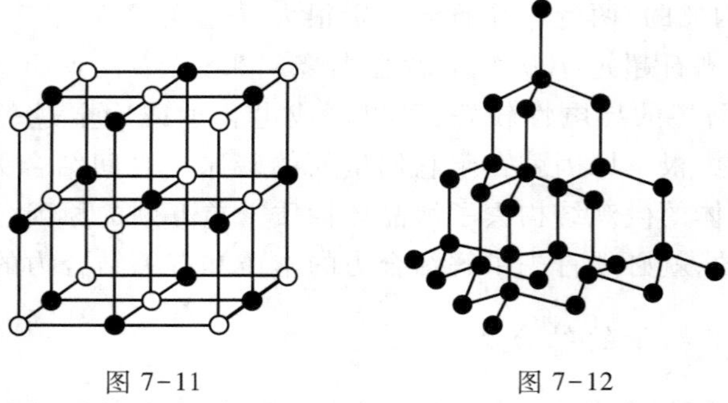

图 7-11 图 7-12

2. 共价键 当两个氢原子组成氢分子时,两个电子同时围绕两个原子核运动,为两个原子所共有,这种因共有电子而产生的结合力称为共价键.氢原子就是靠共价键形成氢分子的.完全由负电性元素组成晶体时,粒子之间的结合力就是共价键.碳原子、硅原子、锗原子的外层有四个价电子,虽负电性不强,但可以共有的电子最多,因此最易用共价键形成晶体.由共价键的作用而组成的晶体称为原子晶体.这时,分布在点阵结点上的粒子是原子.典型的原子晶体有金刚石(C)和金刚砂(SiC).在金刚石晶体中,每个碳原子与邻近的四个碳原子以共价键相结合(图 7-12).共价键的作用很强,所以原子晶体硬度大、熔点高、导电性低、挥发性低.半导体中的重要材料硅、锗、碲都是原子晶体.

3. 范德瓦耳斯键 外层电子已饱和的原子(如氩、氖、氪、氙等)和分子(如 HCl、HBr、CO、O_2 等),在低温下组成晶体时,粒子间有一定的吸引力,但这个吸引力是很微弱的,这与气体中分子之间的吸引力性质相同.这种结合力称为范德瓦耳斯键.它是和电子在分子(或原子)内部的瞬时位置相关的,两分子(或原子)中电子的一种瞬时位置可以使两分子相互吸引[图 7-13(a)],另一种瞬时位置可以使两分子相互排斥[图 7-13(b)].但是,由于相互吸引的组态势能低,相互排斥的组态势能高,因此,由于势能低的组态出现的概率比势能高的组态出现的概率要大,相互吸引的组态出现的概率就比相互排斥的组态出现的概率要大,结果平均说来,两个分子之间有一个净余的引力.

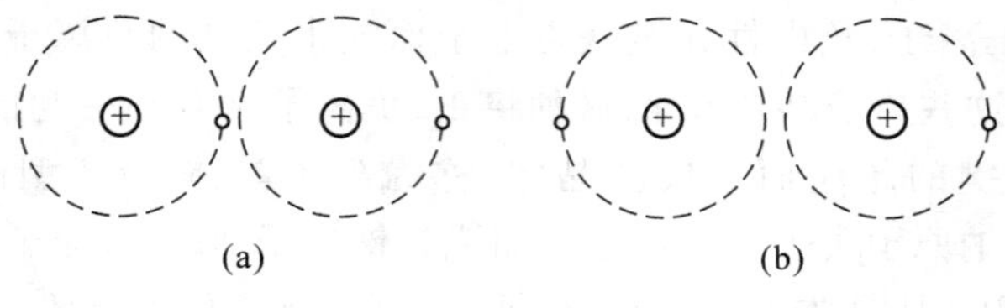

图 7-13

由范德瓦耳斯键的作用所组成的晶体称为分子晶体.这时,在点阵结点上的粒子是分子,分子保持它原来的结构,这是和其他各类晶体的不同之处.

图 7-14是碘分子晶体结构的示意图.低温下的惰性气体以及许多有机化合物构成的晶体就属于分子晶体这一类.由于分子自身内部的结合力很强,而分子之间的结合力,即范德瓦耳斯键很弱,所以硬度小、熔点低、易于挥发就成为分子晶体的特点.

4. 金属键 组成金属的原子都是正电性元素,原子失去部分的价电子而以正离子的形式排列在点阵的结点上,脱离原子的电子称为自由电子,自由电子为全体正离子所共有,自由地在正离子所形成的点阵内运动.自由电子的总体称为电子气.正离子与电子气之间的作用力使各粒子结合在一起,这种结合力称为金属键.由金属键的作用而组成的晶体叫做金属晶体,简称金属.和离子晶体以及原子晶体不同,由于金属键无方向性,金属中各粒子在排列上并无严格要求,因而金属的范性(外力撤除后保持形变的性质)较大.金属键的作用可以很强,因此金属可以具有高的熔点、高的硬度和低的挥发性.金属内由于存在电子气,因而具有良好的导电性和导热性.金属点阵的形式不同,性质也不同.例如,体心立方点阵的 α 铁几乎不溶解碳,而面心立方点阵的 γ 铁却可溶解 2%的碳,γ 铁也比 α 铁的密度大.

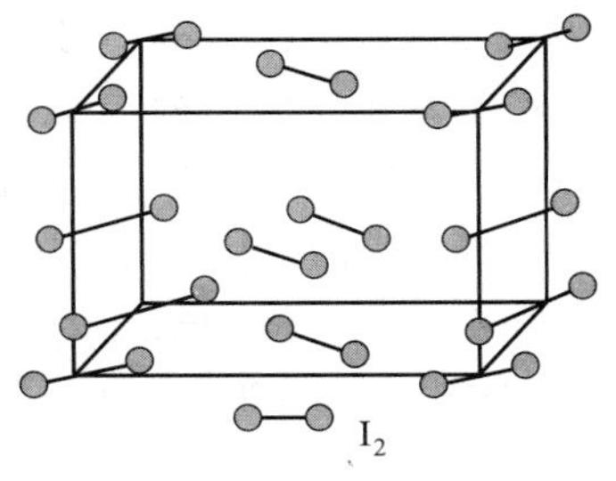

图 7-14

5. 氢键 氢键是由氢原子参与的一种特殊类型的化学键.由于氢原子的核外只有一个电子,在该电子与负电性原子的外层电子形成共价键后氢原子的原子核几乎完全暴露在外,还可以与其他负电性原子相互吸引.这种在共价键以外氢原子所独有的与其他负电性原子的吸引力称为氢键.以氢键结合的晶体称为氢键晶体.冰、氟化氢晶体以及一些铁电晶体中都有氢键.在冰中每个氧原子周围有四个氢原子,其中两个氢原子通过共价键与它连接,另两个氢原子通过氢键与它连接.对位于两个氧原子之间的氢原子来说,平衡位置不在两氧原子连线的中点而偏向一边,和离它较近的氧原子以共价键结合,和离它较远的氧原子则以氢键结合.

需要指出的是,对于大多数晶体,结合力不是单纯的,而是综合性的,即晶体的结合往往是几种键共同作用的结果.例如,石墨与金刚石同样是由碳原子组成的,但石墨却有三种键共同作用.图 7-15 是石墨结构的示意图.石墨晶体是铁黑色的软质鳞片状晶体.它具有层状结构,层中每一碳原子有三个电子以共价键与周围的三个碳原子相互作用;另一个电子为层中所有碳原子共有,而以金属键与层中所有碳原子相互作用,这种只有一个碳原子厚度的二维碳原子层称为石墨烯;层与层之间则以范德瓦耳斯键相互作用.因此,共价键、金属键和分子键这三种键在石墨晶体中

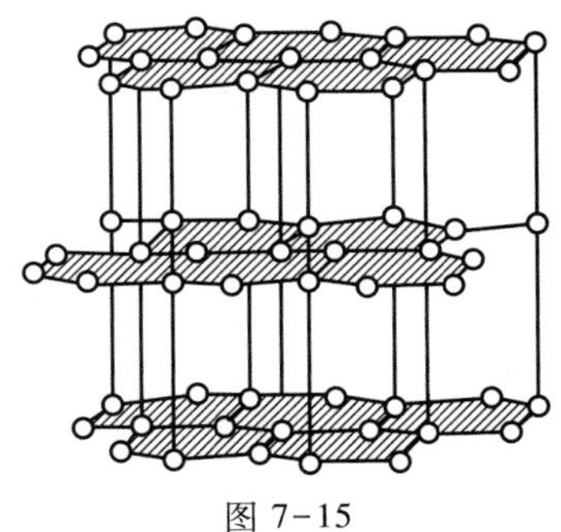

图 7-15

都起作用.由于层与层之间的作用力弱,所以石墨很柔软,适宜作轴承中的润滑剂.由于层与层之间的距离较大,因此,石墨的比重小于金刚石的比重.由于每一层中的各个碳原子结合得比金刚石中的强,所以具有较高的熔点,又由于每一层中有共有电子,所以又具有金属的良好导电性.从这个例子可以清楚地看出,结合力是决定固体性质的重要因素.石墨烯一直被认为无法单独存在,直到 2004 年英国物理学家安德烈-海姆和俄国物理学家康斯坦丁-诺沃肖洛夫才成功地从石墨中分离出石墨烯,证实它可以单独存在,两人因此共同获得 2010 年诺贝尔物理学奖.再如,锗和硅的结合力基本上是共价键,在温度趋于绝对零度时,它们是和金刚石一样的绝缘体,但其电子比金刚石内要自由些,所以在室温下就有一定的电导率,并随温度的升高而增加.

二、结合力的普遍特征　结合能

以上 5 种化学键,虽然它们的起源不同,性质不同,但也具有共同的特征.简略地说,这种特征就是:结合力可以分为排斥和吸引两部分;在两相邻粒子间距离 r 大时,吸引力大于排斥力,因而粒子间相互吸引;随着距离的减小,吸引力和排斥力都增大,但排斥力比吸引力增大得快,因此在 r 为某一值 r_0 时,两力抵消,合力为零,粒子处于平衡位置;粒子间距离比 r_0 更小时,排斥力大于吸引力,这时表现为互相排斥.在一些简单的情况下,例如,在范德瓦耳斯键和离子键的情形下,整个晶体的相互作用能与气体分子间的势能相似,可以写成下列形式:

$$E_p = \frac{A_m}{r^m} - \frac{A_n}{r^n}$$

式中$\frac{A_m}{r^m}$表示斥力所引起的相互作用能,$-\frac{A_n}{r^n}$表示引力所引起的相互作用能,r 是两相邻粒子间距离.由于排斥能随距离的变化比吸引能迅速,因而 $m>n$.A_m、A_n、m、n 的大小由晶体的结构和作用力的性质所决定.例如,对离子晶体来说,$n=1$,m 则在 5 与 10 之间,对 NaCl 来说,$m=9.4$,对 ZnS 来说,$m=5.4$,相互作用能 E_p 与 r 之间的关系曲线如图 7-16 所示.根据相互作用力

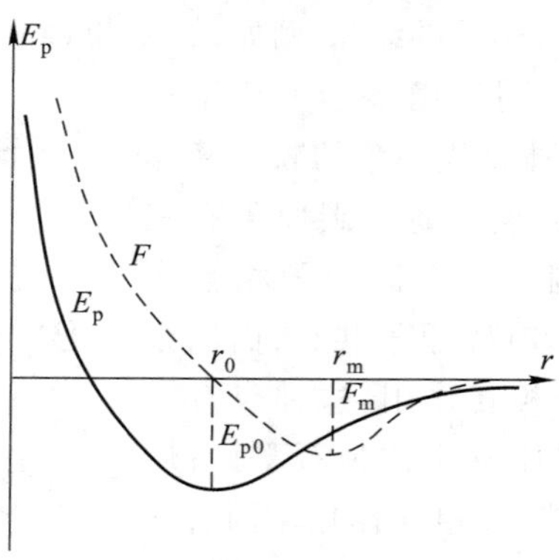

图 7-16

$$F=-\frac{\mathrm{d}E_{\mathrm{p}}}{\mathrm{d}r},$$

可以将力 F 以虚线画在同一图上.图中 r_0 表示晶体不受外力作用时两相邻粒子间距离,此时能量最低,$E_{\mathrm{p}}=-E_{\mathrm{p0}}$.当 $r<r_0$ 时,作用能曲线有很陡的负斜率,相当于很强的斥力;当 $r>r_0$ 时,能曲线的斜率为正,这相当于引力,$r=r_{\mathrm{m}}$ 时引力达到最大值 F_{m}.从作用能曲线还可以看出,如果供给晶体的能量等于 E_{p0},就可以将组成晶体的粒子分拆开来,E_{p0}的值越大,说明粒子的结合越强,能量 E_{p0}称为结合能.由结合能的大小可以看出晶体中粒子结合的牢固程度.例如,金刚石的结合能为 7.11×10^5 J/mol,铁的结合能为 4.02×10^5 J/mol,氯化钠的结合能为 7.71×10^5 J/mol,而分子晶体氩的结合能只有 7.54×10^3 J/mol.结合能的大小是可以用实验方法间接测定的(分子晶体的结合能可以直接测定,它的结合能就是升华热),再根据压缩系数的实验数据,还加上一些理论上的考虑,就可以求出结合能公式中的四个常量 A_m、A_n、m、n.例如,对分子晶体来说,$n=6$,$m\approx10$,对金属来说 $n=1$,$m=2$.

[例题 2] 计算由 N 个一价正离子和 N 个一价负离子交错排列着的一维点阵的静电相互作用能量.

[解] 除了靠近两端的少数离子外,其他离子与周围离子相互作用的情形都相同.选择其中任一正离子 A_0,考虑它与其余离子的静电相互作用能量(图 7-17).A_0 离子所带的电荷为$+e$,与 A_0 最邻近的两个离子 A_1 和 A_{-1}都是负离子,所带电荷为$-e$,$e=1.6\times10^{-19}$ C.A_0 与 A_1 的静电相互作用能量为

$$\phi_1=-\frac{e^2}{4\pi\varepsilon_0 r}$$

式中 r 为两相邻离子间距离,ε_0 为真空电容率:

$$\varepsilon_0=8.9\times10^{-12}\ \mathrm{C^2/(N\cdot m^2)}$$

同理,A_0 与 A_{-1}的静电相互作用能量也为 ϕ_1.其次,考虑与 A_0 离子相距 $2r$ 的两个正离子 A_2 与 A_{-2},去求它们与 A_0 离子的静电相互作用能量.A_0 离子与 A_2 离子的静电相互作用能量为

$$\phi_2=\frac{e^2}{4\pi\varepsilon_0\cdot 2r}=-\frac{1}{2}\phi_1$$

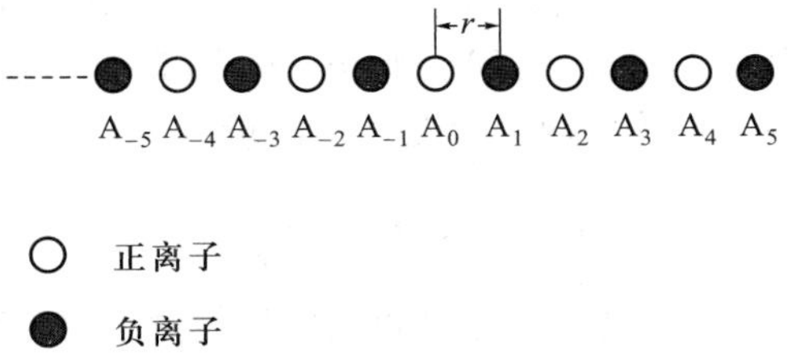

图 7-17

同理，A_0 离子与 A_{-2} 离子的静电相互作用能量也为 $\phi_2=-\frac{1}{2}\phi_1$. 再次，考虑与 A_0 离子相距 $3r$ 的两个负离子 A_3 与 A_{-3}，去求它们与 A_0 离子的静电相互作用能量. A_0 离子与 A_3 离子的静电相互作用能量为

$$\phi_3=-\frac{e^2}{4\pi\varepsilon_0\cdot 3r}=\frac{1}{3}\phi_1$$

同理，A_0 离子与 A_{-3} 离子的静电相互作用能量也为 $\phi_3=\frac{1}{3}\phi_1$. 用同样的方法考虑其余离子与 A_0 离子的静电相互作用能量，可见

$$\phi_4=-\frac{1}{4}\phi_1$$

$$\phi_5=\frac{1}{5}\phi_1$$

…………

最后求得 A_0 离子与所有其余离子的静电相互作用能量为

$$\begin{aligned}\phi&=2\phi_1+2\phi_2+2\phi_3+2\phi_4+2\phi_5+\cdots\\&=2\phi_1\left(1-\frac{1}{2}+\frac{1}{3}-\frac{1}{4}+\frac{1}{5}-\cdots\right)\end{aligned}$$

因为当 $-1<x\leqslant 1$ 时

$$\ln(1+x)=x-\frac{x^2}{2}+\frac{x^3}{3}-\frac{x^4}{4}+\cdots$$

所以

$$1-\frac{1}{2}+\frac{1}{3}-\frac{1}{4}+\cdots=\ln 2$$

因此

$$\phi=2\phi_1\ln 2=\alpha\phi_1=-\alpha\frac{e^2}{4\pi\varepsilon_0 r}$$

式中用 α 表示常数 $2\ln 2$.

一个由 N 个正离子和 N 个负离子所组成的一维点阵共有 $2N$ 个离子，每个离子与所有其余的离子的静电相互作用能量都是 ϕ（点阵两端少数离子除外），但总的静电相互作用能量并不是 $2N\phi$ 而是 $N\phi$，因为我们只能把每一对相互作用计算一次. 所以，一维点阵的静电相互作用能量应为

$$E''_{\mathrm{p}}=N\phi=-\alpha\frac{Ne^2}{4\pi\varepsilon_0 r}$$

一般情况下，单价离子晶体的静电相互作用能量仍可以写成上面的形式，不同的只是，α 不等于 $2\ln 2$，而由晶体的结构所决定. 例如，对 NaCl 来说，α 等于 1.75，对 CsCl 来说，α 等于 1.76，对二价离子晶体来说，这时，两相邻离子的静电相互作用能量为

$$\phi_1=-\frac{(2e)^2}{4\pi\varepsilon_0 r}$$

而 $\phi=\alpha\phi_1$ 和 $E''_p=N\phi$ 仍成立.因而

$$E''_p=-\alpha\frac{N(2e)^2}{4\pi\varepsilon_0 r}$$

例如,对 ZnS 来说,Zn^{2+} 和 S^{2-} 都是二价离子,这时,$\alpha=1.64$.由晶体结构所决定的常数 α 称为马德隆常量.一般情况下,对离子晶体来说,吸引能部分应为

$$E''_p=-\frac{A_n}{r^n}=-N\alpha\frac{e_1e_2}{4\pi\varepsilon_0 r}$$

式中 e_1、e_2 分别为两种离子所带电荷的绝对值.排斥能部分 E'_p 也与 N 成正比,因此可以写成

$$E'_p=\frac{A_m}{r^m}=N\frac{a_m}{r^m}$$

所以,对离子晶体来说,相互作用能为

$$E_p=\frac{A_m}{r^m}-\frac{A_n}{r^n}=N\left(\frac{a_m}{r^m}-\frac{\alpha e_1c_2}{4\pi\varepsilon_0 r}\right)$$

式中 r 为离子晶体中相邻两离子间的距离.

[例题 3]　NaCl 晶体在平衡状态时相邻两离子间距离为 $r_0=2.81\times10^{-10}$ m,求 NaCl 晶体的结合能 E_{p0}.

[解]　因为在 $r=r_0$ 时,相互作用能 E_p 的值为极小,所以

$$\left(\frac{\mathrm{d}E_p}{\mathrm{d}r}\right)_{r=r_0}=0$$

因而

$$N\left(-\frac{ma_m}{r_0^{m+1}}+\frac{\alpha e^2}{4\pi\varepsilon_0 r_0^2}\right)=0$$

于是有

$$a_m=\frac{\alpha e^2}{4\pi\varepsilon_0 m}r_0^{m-1}$$

所以结合能

$$E_{p0}=-N\left(\frac{a_m}{r_0^m}-\frac{\alpha e^2}{4\pi\varepsilon_0 r_0}\right)=\frac{N\alpha e^2}{4\pi\varepsilon_0 r_0}\left(1-\frac{1}{m}\right)$$

对 NaCl 晶体来说,$m=9.4$,因而对 1 mol NaCl 来说,

$$E_{p0}=-\frac{6.023\times10^{23}\times1.75\times(1.6\times10^{-19})^2}{4\pi\times8.9\times10^{-12}\times2.81\times10^{-10}}\left(1-\frac{1}{9.4}\right)\ \mathrm{J/mol}$$
$$=-7.5\times10^4\ \mathrm{J/mol}$$

***[例题 4]**　由绝热压缩率 $\kappa_S=-\dfrac{1}{V}\dfrac{\mathrm{d}V}{\mathrm{d}p}$的观测值

$$3.3\times10^{-11}\,\mathrm{m^2/N}$$

确定 NaCl 晶体排斥能的幂指数 m.

［解］ 因为在绝热过程中

$$\mathrm{d}E_{\mathrm{p}}=-p\mathrm{d}V$$

（内能中动能部分的变化很小，可略去不计）所以

$$\frac{\mathrm{d}p}{\mathrm{d}V}=-\frac{\mathrm{d}^2E_{\mathrm{p}}}{\mathrm{d}V^2}$$

而

$$\frac{1}{\kappa_S}=V\frac{\mathrm{d}^2E_{\mathrm{p}}}{\mathrm{d}V^2}$$

对于 NaCl 晶体，体积

$$V=2Nr^3$$

式中 N 是总的分子数，r 是 Na^+ 和最邻近 Cl^- 之间的距离.从而

$$\frac{\mathrm{d}E_{\mathrm{p}}}{\mathrm{d}V}=\frac{\mathrm{d}E_{\mathrm{p}}}{\mathrm{d}r}\frac{\mathrm{d}r}{\mathrm{d}V}$$

$$\frac{\mathrm{d}^2E_{\mathrm{p}}}{\mathrm{d}V^2}=\frac{\mathrm{d}E_{\mathrm{p}}}{\mathrm{d}r}\frac{\mathrm{d}^2r}{\mathrm{d}V^2}+\frac{\mathrm{d}^2E_{\mathrm{p}}}{\mathrm{d}r^2}\left(\frac{\mathrm{d}r}{\mathrm{d}V}\right)^2$$

在平衡状态时，$r=r_0$，$\frac{\mathrm{d}E_{\mathrm{p}}}{\mathrm{d}r}=0$，而且

$$\left(\frac{\mathrm{d}r}{\mathrm{d}V}\right)^2=\frac{1}{36N^2r^4}=\frac{1}{36N^2r_0^4}$$

因此

$$\frac{1}{\kappa_S}=\frac{1}{18Nr_0}\left(\frac{\mathrm{d}^2E_{\mathrm{p}}}{\mathrm{d}r^2}\right)_{r=r_0}$$

因为对 NaCl 晶体来说，相互作用能

$$E_{\mathrm{p}}=N\left(\frac{a_m}{r^m}-\frac{\alpha e^2}{4\pi\varepsilon_0 r}\right)$$

$$=\frac{N\alpha e^2}{4\pi\varepsilon_0}\left(\frac{r_0^{m-1}}{m}\cdot\frac{1}{r^m}-\frac{1}{r}\right)$$

所以

$$\frac{\mathrm{d}E_{\mathrm{p}}}{\mathrm{d}r}=\frac{N\alpha e^2}{4\pi\varepsilon_0}\left(\frac{-r_0^{m-1}}{r^{m+1}}+\frac{1}{r^2}\right)$$

$$\frac{\mathrm{d}^2E_{\mathrm{p}}}{\mathrm{d}r^2}=\frac{N\alpha e^2}{4\pi\varepsilon_0}\left[\frac{(m+1)r_0^{m-1}}{r^{m+2}}-\frac{2}{r^3}\right]$$

因此

$$\left(\frac{\mathrm{d}^2E_{\mathrm{p}}}{\mathrm{d}r^2}\right)_{r=r_0}=\frac{N\alpha e^2(m-1)}{4\pi\varepsilon_0 r_0^3}$$

而

$$\frac{1}{\kappa_S}=\frac{(m-1)\alpha}{18r_0^2}\cdot\frac{e^2}{4\pi\varepsilon_0 r_0^2}$$

因而得到

$$\begin{aligned}m&=1+\frac{18r_0^2}{\kappa_S\alpha}\cdot\frac{4\pi\varepsilon_0 r_0^2}{e^2}\\&=1+\frac{18\times(2.81\times10^{-10})^2}{3.3\times10^{-11}\times1.75}\cdot\frac{4\pi\times8.9\times10^{-12}\times(2.81\times10^{-10})^2}{(1.6\times10^{-19})^2}\\&=9.4\end{aligned}$$

三、晶体弹性的微观解释

根据结合力的共同特点，很容易说明晶体的弹性.例如，在立方点阵的情况下[图 7-18(a)]，当晶体沿 αδ 方向被拉伸时，粒子 α 和粒子 δ，粒子 β 与粒子 γ 之间的距离增大使吸引力大于排斥力，结果出现一总的吸引力，以反抗外力的作用.外力去掉后，在引力的作用下，粒子回到自己的平衡位置，点阵也恢复原来的形状，因此晶体形变消失而呈现弹性.与此相反，当晶体沿着 αδ 方向被压缩时，粒子间因距离减小而出现一总的排斥力，当外力撤除后，在斥力的作用下，粒子回到自己的平衡位置，从而使晶体的形变消失而呈现弹性.在切变的情形下，立方点阵中每一个原胞都由立方体变成斜方体[图 7-18(b)]，α 与 γ 之间的距离因缩短而呈现斥力，β 与 δ 之间的距离因增大而出现引力，在形变不大时，粒子 β 与粒子 δ 之间的引力，和粒子 α 与粒子 γ 之间的斥力可以认为是相等的，并由于它们的方向对于外力所作用的平面是对称的，因而总的相互作用力是切向力，这就是切应力的来源.

胡克定律也很容易从微观上得到说明.不受外力时粒子之间的平均距离是图 7-19 中的 r_0.在受外力而发生形变时，如形变在相当于图上 E_1 和 E_2 两点的范围内，粒子间的作用力是与粒子间距离的变化 $r-r_0$ 成正比的，这在宏观上就表现为应力与应变成正比.

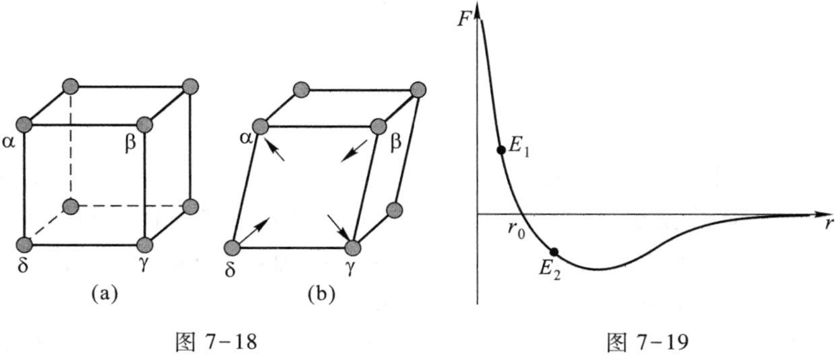

图 7-18　　图 7-19

§7-3 晶体中粒子的热运动

决定物质热学性质的内因是分子力和分子的热运动.在气体的很多问题中,分子热运动占主要地位,分子力是比较次要的,从能量的观点来看,粒子间相互作用能比每一自由度平均热运动动能$\frac{1}{2}kT$小得多.相反地,在晶体的情形下,粒子间相互作用是强烈的,相互作用能比每一自由度平均热运动动能$\frac{1}{2}kT$大得多.因此,一般说来,晶体中粒子的热运动并不能破坏粒子之间的结合,只是使粒子在它的平衡位置附近做微小的振动.晶体中粒子这种在平衡位置附近的微振动常称为热振动.热振动是晶体中粒子热运动的基本形式,热膨胀、热传导等现象都直接决定于热振动.由于热振动的能量随温度而变,因而热振动也直接决定了晶体的热容.另一种比较剧烈的热运动是少数粒子脱离结点的运动,从而使粒子由一个地方移到另一个地方,也正是这种运动,才引起扩散和离子导电(靠离子的移动来实现导电)等现象.粒子之所以能从晶体中一个地方移到另一个地方,与晶体中空位和填隙粒子这两种热缺陷是密切相关的(图 7-20).

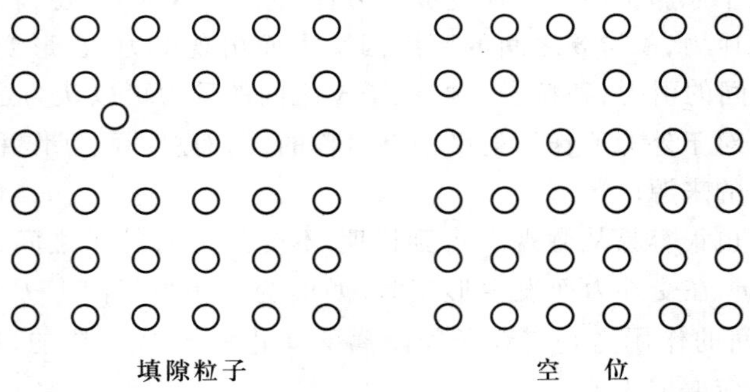

图 7-20

一、热振动

由于粒子间相互作用能比平均热运动动能大得多,因此,在一般温度下,大多数粒子只能做热振动,只有少数粒子能够脱离结点形成空格点和填隙粒子.在室温时,对大多数晶体来说,热振动振幅的数量级为 0.01 nm,还不到粒子间距离(0.15~0.2 nm)的十分之一.由于粒子离开平衡位置时受到周围各个粒子的作用力,因此,振动是十分复杂的,粒子在平衡位置附近描绘出一条复杂的轨迹.虽然如此,但总可以将粒子的振动分解为三个互相垂直的方向上的振动,因而每一个粒子的振动具有三个自由度.根据能均分定理,每一振动自由度的平均动能和平均势能都等于$\frac{1}{2}kT$，因此，每一振动自由度的平均能量为 kT，而每一粒子的平均振动能量为 $3kT$. 对于一切由元素结晶成的固体说来，1 mol 晶体中有 N_A 个粒子，因此，1 mol 固体总的振动能量为

$$U_0 = N_A \cdot 3kT = 3RT$$

式中 R 是摩尔气体常量. 由于固体的热膨胀系数很小，因膨胀而对外做的功可以忽略不计，因此，可以不必区分定压热容和定容热容，而笼统地称为热容. 对固体来说，摩尔热容 C_m 就是升高（或降低）1 ℃ 时每 1 mol 质量的固体所增加（或减少）的振动能量，即

$$C_m = \frac{dU_0}{dT} = 3R = 25\ J \cdot mol^{-1} \cdot K^{-1}$$

这个论断只有在充分高的温度下才为实验所确证，称为**杜隆-珀蒂定律**. 某一温度是否可以认为充分高，得对具体晶体作具体分析后才可以确定. 对大多数晶体来说，例如，Al、Cu、Cd、Au 等金属，室温已可以认为充分高了，而对金刚石来说，1 000 ℃ 的温度才能被认为充分高. 在室温下，某些固体的摩尔热容如表 7-2 所示.

表 7-2　几种固态元素的摩尔热容

物质		摩尔热容/($J \cdot mol^{-1} \cdot K^{-1}$)	物质		摩尔热容/($J \cdot mol^{-1} \cdot K^{-1}$)
铝	Al	25.7	铜	Cu	24.7
金刚石	C	5.65	锡	Sn	27.8
铁	Fe	26.6	铂	Pt	26.3
金	Au	26.6	银	Ag	25.7
镉	Cd	25.6	锌	Zn	25.5
硅	Si	19.6	硼	B	10.5

非金属中的热传导，是由粒子热振动之间相互联系所引起的. 在温度较高的区域，粒子的振动能量较大，因振动相互关联，热运动能量就要传给邻近的粒子而逐次地传递出去.

热振动时粒子间的平均距离发生变化，温度越高，距离越大，这就是热膨胀现象. 当温度改变不大时，固体单位长度的改变量$\frac{\Delta l}{l}$近似地和温度改变量 Δt 成正比，即

$$\frac{\Delta l}{l} = \alpha \Delta t$$

式中 α 称为**线胀系数**. 在单晶体中，由于各向异性，不同方向上的线胀系数可能是不同的，例如，石英晶体沿着对称轴方向的线胀系数是 $7.8\times10^{-6}\ K^{-1}$，而沿垂直方向的线膨胀系数是 $14.2\times10^{-6}\ K^{-1}$. 表 7-3 中列出一些各向同性固体材料在室温附近的 α 值.

表 7-3 室温附近固体的线胀系数 α

（单位为 10^{-6} K^{-1}）

物质	熔凝石英	殷钢（Ni36%Fe64%）	硬玻璃	钨	铂	普通玻璃
线胀系数	0.4	0.9	3	4.3	8.9	9
物质	纯铁	钢	镍	金	铜	黄铜
线胀系数	12	11	13	14	17	19
物质	银	锡	铝	软焊锡	铅	冰
线胀系数	19	20	24	25	29	51

从表 7-3 可以看出，固体的膨胀是十分微小的.但由于使固体发生很小形变时需要很大的应力，所以热膨胀虽不很大却可以引起很大的应力.我们可以由相互作用能曲线的形状，一般地说明热膨胀的原因.在一定温度下，由于粒子在平衡位置附近振动，因而具有动能 E_k，总能量为 E_k 与相互作用能 E_p 之和，在整个运动过程中是守恒的.由图 7-21 中可以看出，粒子间最接近的距离是 r'，最远的距离是 r''.由于距离减小所引起的斥力增长比由于距离增大所引起的引力快得多，因而粒子间接近的距离 r_0-r' 比粒子间远离的距离 $r''-r_0$ 来得小，因此平均距离 $\bar{r}=\dfrac{r+r''}{2}$ 增大了，随着温度的升高，E_k 增大，平均距离也随之增大.图7-21中曲线 OO' 表示点阵常量 $\bar{r}$ 随 E_k 而变的情形.由此可见，根据相互作用能曲线的不对称性，可以说明晶体受热后要膨胀的原因.不仅如此，由相互作用能函数还可以定量地计算出热膨胀系数，结果和实验符合一致.

在晶体晶格的结点上，各粒子的热振动并不是彼此独立的.事实上，由于固体中粒子之间有很强的结合力，彼此连接在一起，某一粒子的运动，必然会引起其他粒子的运动，好像一环扣一环的铁链一样，动其一环，就会使整个链子动起来.因此，热振动必然以波的形式在晶体中传播.这样，在有限大小的晶体内，由于界面处波的反射，就会形成各种波长和各种频率的驻波.如晶体有 N 个原胞，每个原胞内有 n 个原子，则由于每个原子有三个自由度，原子的总数为 nN，晶体内各个原子自由度的总和就是 $3nN$.因为晶体中驻波的数目应等于晶体的自由度数，也就是晶体内所有原子自由度的总和，所以晶体内驻波的数目就是 $3nN$.晶体中各种可能发生的热振动，都可以看作这 $3nN$ 个驻波的合成结果.频率在 ν 和 $\nu+d\nu$ 之间的驻波数可以用分布函数$\rho(\nu)$表示为$\rho(\nu)d\nu$.对于真正的晶体，频率分布函数 $\rho(\nu)$ 的计算是非常复杂的.例如，单原子简单立方晶格的计算结果如图 7-22 所示.根据量子理论，驻波的能量是量子化的，频率为 ν 的驻波的能量发生变化时，其改变量只能是 $h\nu$ 的整数倍，而不能是 $h\nu$ 的分数倍，h 为普朗克常量.从而可以引入声子的概念，认为驻波是由声子组成的，声子的能量为 $h\nu$.温度升高时，热振动的能量增大，声子数就增多.可以证明，温度为 T 时，频率为 ν 的热振动的平均能量为

$$\bar{\varepsilon}=\frac{h\nu}{e^{\frac{h\nu}{kT}}-1}$$

当 $kT\gg h\nu$ 时，$e^{\frac{h\nu}{kT}}\approx 1+\dfrac{h\nu}{kT}$，因而 $\bar{E}=kT$.可见，只有在温度高到 $T\gg\dfrac{h\nu}{k}$时，能均分定理才能使用.

在气体分子动理论中,曾证明导热系数

$$\kappa = \frac{1}{3}\rho c_V \bar{v} \lambda$$

它也可以用来说明非金属的导热系数,只要将 ρc_V 看作单位体积声子的热容,将 $\bar{v}$ 看作声子的平均速度,将 λ 看作声子的平均自由程.也就是说,在非金属中声子对导热起决定作用.对金属来说,声子引起的热传导是次要的,导热是靠大量的自由电子进行的.

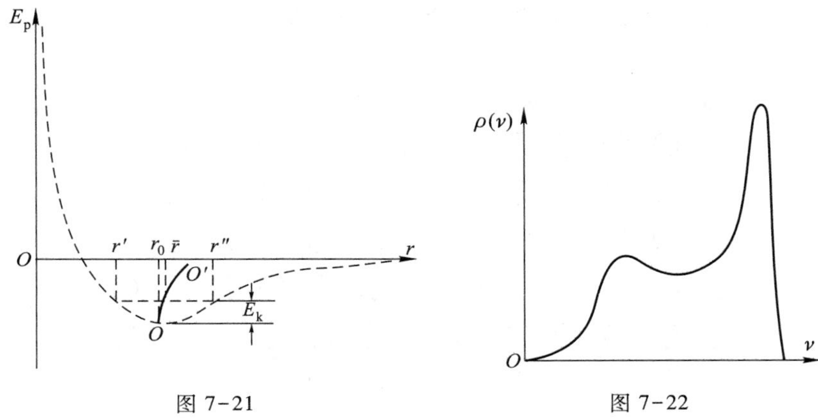

图 7-21　　　　图 7-22

二、热缺陷的产生和运动　扩散

晶体中粒子的热运动能量和气体中一样,也有一定的统计分布.在一定温度下,总有一些粒子具有足够的能量脱离平衡位置而形成缺陷,这种由于粒子热运动而产生的缺陷,称为热缺陷.热缺陷可分为填隙粒子和空位这两种.填隙粒子形成的机制如图7-23所示.表面上的两个粒子 α 和 β 通过填隙的方式移动到图(b)所示的位置.空位形成的机制如图 7-24 所示.开始时,表面上有一粒子 α 移到表面上另一正规位置,使在表面上产生一个空位,因而附近粒子就可以跑到这空位上去而使空位往里移动.图 7-24 上所标数字 1,2,3,4,5,6 表示粒子跳动的先后次序.1′,2′,3′,4′,5′表示另一空位形成时粒子跳动的先后次序.通过上述方式,空位和填隙粒子这两种热缺陷就可以出现在晶体中的任何地方.如粒子的半

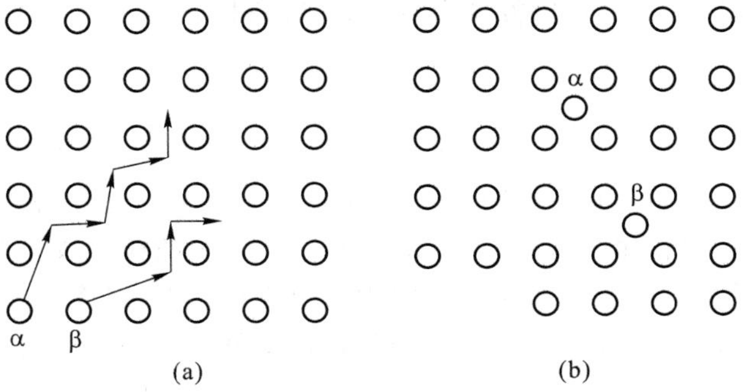

图 7-23

径比较小,就可以以填隙的方式从一处移到另一处;如粒子的半径比较大,则在周围出现空位后,也就可以跳到周围的空位上去,待附近出现另一空位时再行跳动,因此也可以从一处移到另一处.总之,由于热缺陷的存在,及其在晶体中能够运动,就可以使晶体中的粒子由一个地方移到另一个地方.固体中扩散的机制就是如此.在有电场时离子晶体之所以能够导电,也是由于热缺陷的存在和运动,使离子晶体中的离子能够在电场作用下移动的缘故.

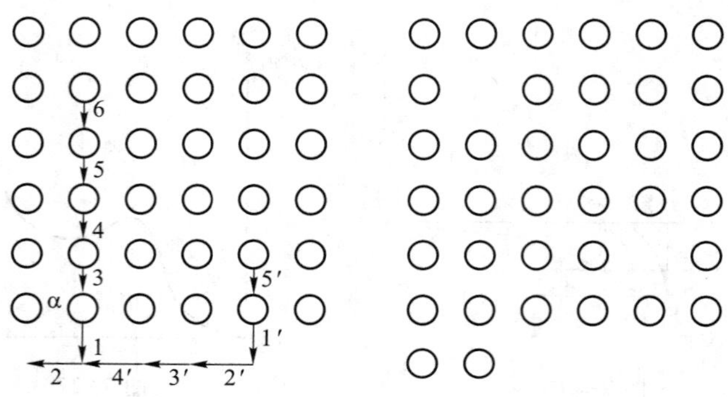

图 7-24

在一定温度下,总有一部分粒子具有足够的能量脱离原位而形成热缺陷.对一定的晶体来说,能脱离原位的粒子数目完全由温度所决定.实际晶体中的缺陷是多种多样的,有在表面上的,有在晶体之间的界面上的,有在晶体内部的.首先,实际上一般晶体的晶粒就不是完全规则的晶格,而是由很多微小的晶块组成,小晶块彼此间以微小的角度(在几秒或几分的范围内)排列着,晶块的线度在$10^{-6}\sim10^{-4}$ cm的范围内,晶粒的这种结构称为嵌镶结构.晶体内部粒子排列上的一种特殊结构——位错,也是一种很重要的缺陷.位错对晶体的强度和范性可以说起着决定性的作用.此外,由于杂质的存在可以使点阵发生畸变,这种因杂质而引起的缺陷在半导体中十分重要,每十亿原子中有一个杂质原子,就足以使物体的电学性质发生变化.

根据统计理论,在一定的温度下,热缺陷的数目为

$$n' = Ne^{-\frac{u'}{kT}} \tag{7.1}$$

$$n'' = Ne^{-\frac{u''}{kT}} \tag{7.2}$$

(7.1)式表示空位数 n' 与温度 T 的关系,其中 N 表示晶格中结点的总数,u'表示将粒子由结点移到表面所需要的能量.(7.2)式表示填隙粒子数 n''与温度 T 的关系,其中 u''表示将粒子由表面移到间隙中去所需的能量.因而温度越高,热缺陷的数目越大,而且是一指数关系.上述结果可以这样理解:在某一温度下,结点上的粒子能脱离原位的概率,决定于玻耳兹曼分布定律,即 $e^{-\frac{u'}{kT}}$或 $e^{-\frac{u''}{kT}}$,因而热缺陷的数目应如上两式所示.必须指出,热缺陷的数目比起处在正常位置上的粒子的

数目来是小得很多的.

［**例题 5**］　假设把一个钠原子从钠晶体的内部移到边界上,所需要的能量为 1 eV,计算 1 000 K 下空位数目占粒子总数的百分比.

［**解**］　由题知

$$u' = 1\ \mathrm{eV} = 1.6 \times 10^{-19}\ \mathrm{J}$$

$$kT = 1.38 \times 10^{-23} \times 1\,000\ \mathrm{J} = 1.38 \times 10^{-20}\ \mathrm{J}$$

由(7.1)式求得

$$\frac{n'}{N} = \mathrm{e}^{-\frac{u'}{kT}} = \mathrm{e}^{-\frac{1.6}{1.38}\times 10} \approx \mathrm{e}^{-12} \approx 10^{-5}$$

因此,即使在 1 000 K 这样高的温度下,空位数目还只占粒子总数的 0.001%.

现在我们来研究热缺陷在晶体中的运动规律.要使空位附近的粒子跳到空位上去也需要有一定的能量 $\Delta u'$,$\Delta u'$称为空位移动的激活能,粒子具有足够的能量跳到邻近空位上去的概率为 $\mathrm{e}^{-\frac{\Delta u'}{kT}}$.设靠近空位的粒子的振动周期为 τ_0',则粒子每秒振动次数为$\frac{1}{\tau_0'}$,在这些振动次数中,有$\frac{1}{\tau_0'}\mathrm{e}^{-\frac{\Delta u'}{kT}}$多次具有足够的能量能跳到空位上去.因此,空位移动一次平均所需的时间,即邻近空位的粒子跳到空位上去平均所需的时间为

$$\tau' = \frac{1}{\frac{1}{\tau_0'}\mathrm{e}^{-\frac{\Delta u'}{kT}}} = \tau_0'\mathrm{e}^{\frac{\Delta u'}{kT}} \tag{7.3}$$

根据同样的道理,使填隙粒子移动一次平均所需的时间为

$$\tau'' = \tau_0''\mathrm{e}^{\frac{\Delta u''}{kT}} \tag{7.4}$$

式中 τ_0'' 为填隙粒子振动周期,$\Delta u''$为填隙粒子移动的激活能.从上两式可见,温度越高,热缺陷移到相邻位置所需的时间就越短,也就越容易从一处移向另一处.

固体中的扩散过程在室温下进行得很缓慢,但在温度升高后就可以变得很显著.例如,将底面磨得很好的锌筒放在另一个铜筒上,加热到 220 ℃时,在 12 小时内就可以焊接起来而形成厚约 0.3 mm 的中间层.固体中的扩散在制造金属材料或半导体材料中起着十分重要的作用.例如,钢的表面渗碳,就是将碳扩散入钢中,使表面的含碳量增大,以增加钢的表面硬度,工业上广泛应用的渗铝法,就是将铝扩散到钢中去,使钢件具有高的耐热性.又如,半导体中化学成分微小的变化,甚至 10^{-5}%,也会对半导体的电学、光学及光电性质有显著的影响.因此,在半导体中常常用扩散的方法渗入一定量所需要的杂质,以达到控制半导体性质的目的.研究扩散对于研究耐热合金强度减低的机制有很大的意义,从而对解决高温材料起重大的推动作用.此外,扩散在金属的热处理、粉末冶金、固体中发生的相变过程等方面,都起着重要的作用.

研究扩散时,最常用的方法是在试样上敷一层扩散元素,在一定的温度下加

热一定的时间后,就可以根据扩散原子按试样深度的分布情况测定扩散系数的值.图 7-25 是试样加热到 220 ℃(曲线 A)和 285 ℃(曲线 B)时银在铅中扩散一小时后银原子浓度 C 按试样深度的分布曲线.C_0 表示表面处银原子的浓度.从图中可以清楚看出,扩散系数是随温度升高而急剧增大的.

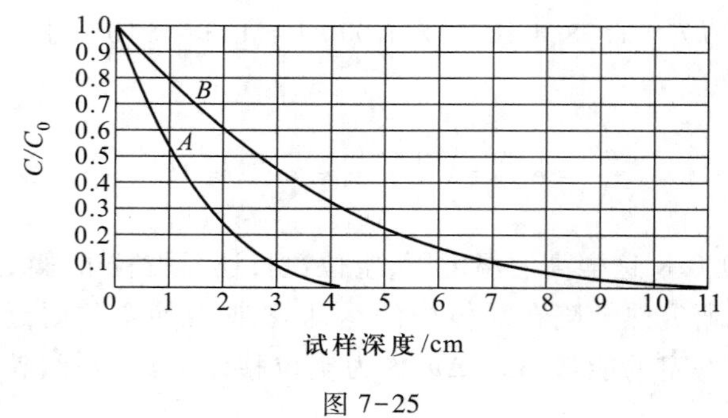

图 7-25

根据扩散粒子是否与点阵中的粒子相同,可以将固体中的扩散分为两大类:一类是自扩散,即同种粒子在点阵中的扩散,如铜原子在铜晶体中的扩散,铁原子在铁晶体中的扩散等;另一类是异扩散,例如碳在铁晶体中的扩散,铜在铅晶体中的扩散等.应当指出,在研究自扩散时,必须利用放射性同位素,使被研究的粒子带上"标记".例如,在研究铅的自扩散时,就要在铅的表面上敷一层放射性铅,以观察具有放射性的铅原子在铅晶体中的扩散.

无论是自扩散还是异扩散,扩散的宏观规律在形式上都和气体扩散的宏观规律相似.单位时间内通过单位面积输运的粒子数与浓度梯度成正比,不同的只是扩散系数的值,即

$$\mathrm{d}n = -D\frac{\mathrm{d}C}{\mathrm{d}z}\mathrm{d}S\mathrm{d}t \tag{7.5}$$

式中$\frac{\mathrm{d}C}{\mathrm{d}z}$为浓度 C(单位体积中粒子的数目)沿方向 z 变化的浓度梯度,$\mathrm{d}n$ 即为 $\mathrm{d}t$ 时间内通过 $\mathrm{d}S$ 面的粒子数.

和气体一样,固体中的扩散也是热运动所引起的.由于热缺陷的存在和热缺陷的运动,使固体中的粒子能从一处移向另一处,因而就使扩散过程得以进行.在气体情况下,前面已讨论过,扩散系数

$$D = \frac{1}{3}\bar{v}\lambda$$

在固体情形下,通过完全类似的分析,可以证明,自扩散系数

$$D = \frac{1}{6}\frac{\delta^2}{\tau} \tag{7.6}$$

式中 δ 是两相邻结点的距离，τ 是粒子移动一次（移动距离 δ）平均所需的时间，因此 $\frac{\delta}{\tau}$ 相当于气体情形下热运动的平均速度 $\bar{v}$. 在气体情形下，我们考虑相隔 2λ 的两层气体交换分子，而现在考虑相隔 δ 的两层固体交换粒子，因此 δ 相当于 2λ. 在表示气体的扩散系数公式中，以 $\frac{\delta}{\tau}$ 代替 $\bar{v}$，以 $\frac{\delta}{2}$ 代替 λ，就得到固体情形下表示扩散系数的(7.6)式.

如果粒子是靠空位的移动而移动的，则只有当近邻是一个空位时，它才能移动. 因为粒子旁有空位的概率为 n'/N，所以粒子移动一次平均所需的时间应是 $\frac{N}{n'}$ 乘以 τ'（邻近空位的粒子跳到空位上去平均所需时间），即

$$\tau=\frac{N}{n'}\tau'=\mathrm{e}^{\frac{u'}{kT}}\cdot\tau_0'\mathrm{e}^{\frac{\Delta u'}{kT}}=\tau_0'\mathrm{e}^{\frac{u'+\Delta u'}{kT}}=\tau_0'\mathrm{e}^{\frac{\varepsilon'}{kT}}$$

如果粒子是靠填隙粒子的移动而移动的，则只有当结点上的粒子进入填隙位置时，它才能移动，这时粒子移动一次平均所需的时间应为

$$\tau=\frac{N}{n''}\tau''=\mathrm{e}^{\frac{u''}{kT}}\cdot\tau_0''\mathrm{e}^{\frac{\Delta u''}{kT}}=\tau_0''\mathrm{e}^{\frac{u''+\Delta u''}{kT}}=\tau_0''\mathrm{e}^{\frac{\varepsilon''}{kT}}$$

所以，无论哪一种扩散机制，τ 都可表示为

$$\tau=\tau_0\mathrm{e}^{\frac{\varepsilon}{kT}}$$

在空位机制的情形下，τ_0 为 τ_0'，ε 为 ε'；在填隙机制的情形下，τ_0 为 τ_0''，ε 为 ε''. 将上式代入(7.6)式，即得

$$D=\frac{1}{6}\frac{\delta^2}{\tau_0}\mathrm{e}^{-\frac{\varepsilon}{kT}}=\frac{1}{6}\frac{\delta^2}{\tau_0}\mathrm{e}^{\frac{-N_A\varepsilon}{RT}}=D_0\mathrm{e}^{-\frac{Q}{RT}}\qquad(7.7)$$

式中 N_A 是阿伏加德罗常量，R 是普适气体常量. 由此得到结论，自扩散系数应随温度 T 的增高而指数地增高. 自扩散系数与温度的这种关系，已很好地为实验所证实. 在铋的自扩散情形下，以实验数据画出 $\ln D$ 与 $\frac{1}{T}$ 的关系，结果为一条直线，如图 7-26 所示，这与理论结果

$$\ln D=\ln D_0-\frac{Q}{R}\frac{1}{T}$$

符合. 根据此直线的斜率 $-\frac{Q}{R}$，可定出扩散激活能 $Q=N_A\varepsilon$ 的值. 而根据这直线在横轴上的截距 $\ln D_0$ 可定出 D_0 的值，几种元素的自扩散激活能 $Q=N_A\varepsilon$

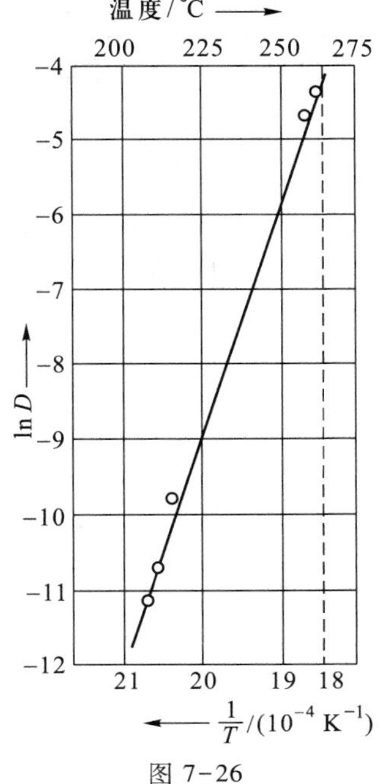

图 7-26

和 D_0 的实验结果如表7-4所示.

表 7-4　几种元素的自扩散激活能 Q 和 D_0 之实验值

	一氧化碳	铜	铅	金	银	钨
$D_0/(10^{-4}\ m^2\cdot s^{-1})$	0.367	0.18	4.0	0.157	0.9	11.5
$Q/(10^5\ J\cdot mol^{-1})$	2.81	1.95	1.15	2.22	1.92	5.95

扩散系数与温度密切有关.在低的温度下,扩散进行得非常缓慢.随着温度的升高,扩散过程大大加快.在进行钢的热处理时,将钢加热到足够高的温度进行退火或回火时,扩散过程就使点阵的形变得以恢复,并使化学成分均匀一致;而将加热到高温的钢突然冷却到室温进行淬火时,由于扩散的缓慢使碳不能从钢中析出而成渗碳体(Fe_3C),使硬度大大提高.高温时发生的蠕变也是与扩散过程分不开的,由于扩散的加速,就使晶体中粒子易于向外力的方向流动而发生范性形变.因为扩散激活能与结合能密切有关,所以确定扩散系数还能够更好地鉴定金属结合的性质.

异扩散的情形与自扩散的情形相似,但异扩散激活能都较自扩散激活能小,因而异扩散系数总是大于自扩散系数.表 7-5 中列举了几种元素在铅中扩散激活能 Q 的值.这是由于异原子在其周围引起了点阵畸变,而点阵畸变降低了扩散激活能.由此可见,异原子与点阵中的粒子差异越大,畸变越大,扩散也就越容易进行.

表 7-5　几种元素在铅中扩散时扩散激活能 Q 之实验值

扩散元素	铅	铊	锡	金	银	铋	汞	镉
$Q/(10^5\ J\cdot mol^{-1})$	1.15	0.879	0.896	0.544	0.636	0.799	0.796	0.754

[例题 6]　金的空间点阵为面心立方,最邻近粒子间的距离为 $\delta=0.288$ nm.根据自扩散系数的实验值,测得 $D_0=1.57\times10^{-5}m^2/s$ 和 $Q=221.8\times10^3\ J\cdot mol^{-1}$根据这些数据,估算靠近空位的粒子振动周期 τ_0',并估算粒子由结点移到表面所需的能量 u'和粒子跳到邻近空位上去所需的能量 $\Delta u'$这两者之和 ε'.

[解]　由(7.7)式知

$$D_0=\frac{1}{6}\frac{\delta^2}{\tau_0'}$$

因而求得

$$\tau_0'=\frac{1}{6}\frac{\delta^2}{D_0}=\frac{1}{6}\frac{(0.288\times10^{-9}m)^2}{1.57\times10^{-5}m^2/s}$$
$$=8.8\times10^{-16}s$$

由(7.7)式还知

$$Q=N_A\varepsilon'=N_A(u'+\Delta u')$$

因而求得

$$\varepsilon' = u' + \Delta u' = \frac{Q}{N_A}$$

$$= \frac{221.8 \times 10^3}{6.02 \times 10^{23} \times 1.6 \times 10^{-19}} \text{ eV} = 2.3 \text{ eV}$$

*§ 7-4　晶体的范性形变和位错

一般的金属材料都是多晶体,在外力的作用下,金属尽可能地保持这个具有最低能量的晶体结构,材料的外形可能有很大的变化,但是材料的晶体结构保持不变.

弹性形变的特征是外力撤除后形变就消失,即它不是永久的变形.范性形变的特征是外力撤除后形变不消失,即它是永久的变形,但这种变形并不破坏材料的晶体结构.实际的固体材料都不是理想的完整晶体,内部存在着杂质和缺陷,它们对材料性能的影响极大.固体的力学性质,在很大程度上,是由缺陷的性质、数量和分布所控制的.例如,晶粒间界的成分和结构与晶粒的成分和结构不同,往往使材料有新的性能.非晶态金属中的原子排列和主要缺陷与晶态金属中的原子排列和主要缺陷有本质上的差别.一种观点认为非晶态金属的高强度来源于材料中没有晶粒间界;另一种观点则认为一块非晶态金属相当于一个没有晶粒的晶粒间界.

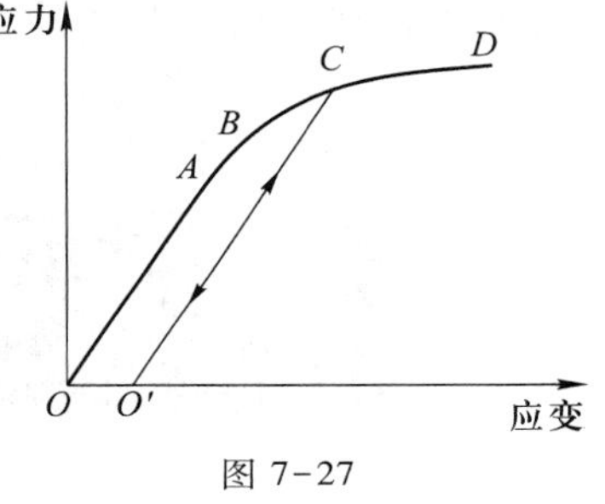

图 7-27

物体在外力拉伸下开始发生形变直到断裂为止的整个过程如图 7-27 所示.在 OA 段应力与应变成比例,这是胡克定律适用的弹性范围.A 点所对应的应力称为**比例极限**.AB 段仍是弹性形变,但应力与应变已不成比例.B 点所对应的应力称为**弹性极限**.当应力超过 B 再继续增加时就将引起范性形变,如达到图中 C 点后撤除外力,物体将沿 CO'变化,最后留下一定的剩余应变 OO'.应力达到图中的 D 点时,物体发生断裂,D 点的应力称为**强度极限**.金属材料的强度极限是对缺陷敏感的一种性能.用同一种材料的不同样品测得的强度极限值,往往差异很大,而且和根据理想完整晶体理论的计算值有显著的分歧.因此,长期以来,晶体缺陷的主攻目标是金属的范性和强度问题.金属中存在着一种称为位错的缺陷,一般将晶体的缺陷分为点缺陷和线缺陷,点缺陷指空位和填隙原子,线缺陷就是指位错,位错先是为了解释实际金属的范性和强度,作为一种假设提出来的.在金属和高分子材料中,这个假设在 20 世纪 50 年代已为实验所证实.从此,以位错和其他缺陷为基础的固体强度理论有所发展,但是离实用阶段还很远.

在发生范性形变后,如再加工,这时发现硬度增加,即再使它发生范性形变较前困难了.这是由于,当已有剩余应变 OO'后,再加工时,应力与应变将沿 $O'C$ 发生变化,这时只有达到和 C 点相当的应力才会发生范性形变.这种加工后硬度增大的现象称为**加工硬化**.

物质在范性形变后的硬化现象有各种各样的应用.例如,工程上将预先加工过的钢筋制成预应力钢筋混凝土,用锤锤打刀口可以使刀口更加锋利,碾压过的物质要比没有碾压过的物质更硬等.

加工后的金属变硬变脆,同时电导率、磁导率、抵抗侵蚀的能力都减小.为了恢复金属原来的性能,将金属加热到适当高的温度,然后再缓慢而均匀地冷却,可以使加工引起的变化得到恢复.这种热处理称为退火.

为了掌握范性的规律,从而达到利用和控制范性的目的,就需要了解形成范性的微观机构.

以单晶体做拉伸实验,当应力超过弹性极限时,范性形变开始发生,用高倍显微镜观察,发现表面上出现条痕,随着应力的增大,表面上各处都出现条痕,图7-28(a)中照片所示为300 ℃时锌单晶体的滑移.分析实验结果可得出这样的结论:条痕的出现是由于晶体的一部分相对于另一部分,沿着一定的平面(滑移面)和一定的方向(滑移方向)发生了滑动.这种现象称为**滑移**,滑移的模型如图7-28(b)所示.滑移层在晶体表面上表现出不均匀的阶梯形带,这也就是用显微

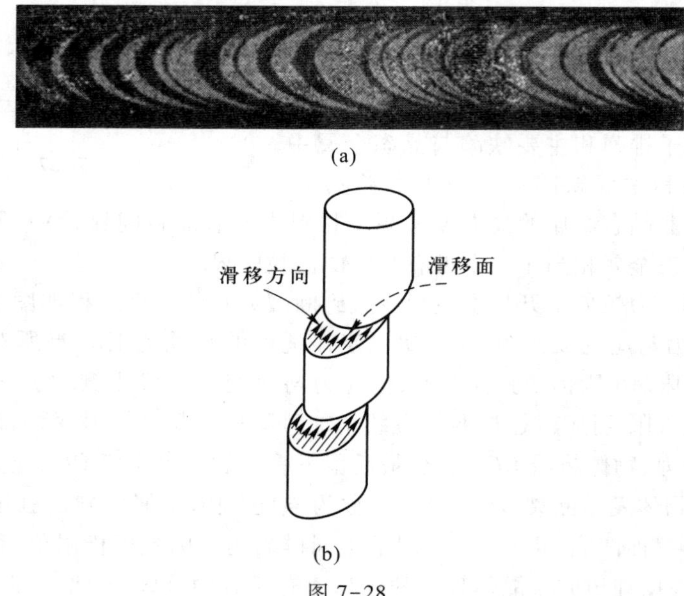

(a)

(b)

图 7-28

镜观察到的条痕.滑移面和滑移方向对于一定晶体来说是一定的,它们是最易发生滑移的平面和方向.例如,空间点阵为六方体的锌单晶体,在室温下它的滑移面为六方体的底面,它的滑移方向为六角形的对角线,即有三个互成120°角的滑移方向,至于到底沿哪一个滑移方向滑移,要看滑移面上的切应力在各个方向投影的大小而定,哪一个方向最大就沿哪一方向滑移.图7-29中(a)表示这种晶体滑移前的情形,(b)表示滑移后的情形,切应力的方向是 OA,它在 OC、OD、OE 这三个滑移方向上的投影,以 OD 为最大,结果就沿 OD 方向发生滑移.一般地说,在金属单晶体中,滑移面通常与解理面重合,即与原子排列紧密而彼此间距

离最远的晶面重合.

如果对没有缺陷的理想晶体计算晶体开始滑移时需要的力,则可发现理论值比实验值大数百倍,甚至数千倍.从理想晶体的角度来考虑,滑移的微观机制,如图 7-30 所示.在滑移过程中,两相邻晶面 A 与 A'中对应的粒子 α、α',β、β',γ、γ',…各个错开而形成新的对应局面如 β、α',γ、β',δ、γ',….要将所有晶面 A'上的粒子相对于晶面 A 都移动一个粒子间的距离,所需要的力可以根据理论计算出来.由于理论值与实验值的巨大差别,因此不得不放弃理想晶体的滑移模型.

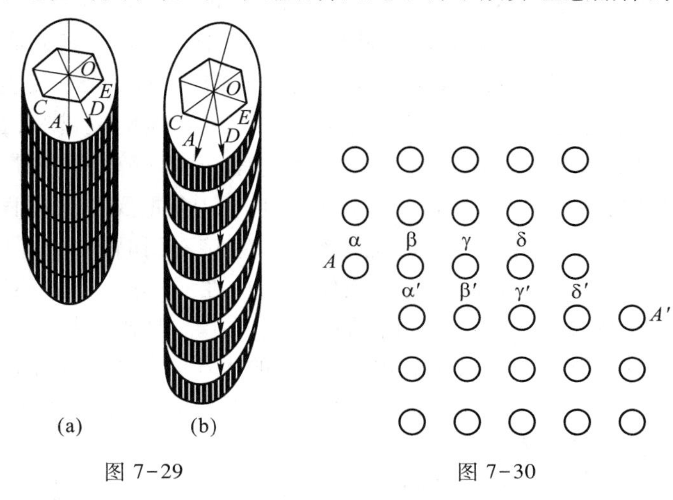

图 7-29　　图 7-30

现在认为滑移是位错这一种缺陷在晶体中传播运动后的结果.图 7-31 是位错的一种形式,即直线位错.图中 AB 表示滑移方向,滑移面的上半部比下半部多一个铅直的粒子面,在图中圆形区域滑移面上的铅直层和滑移面下的铅直层是不对齐的,在中心处错开最多,用符号 ⊥ 表示图上直线位错的中心.这种直线位错与游标尺上的游标很相似,位错中心上方的晶体处在被两侧压缩的状态中,下方的晶体则处在被拉伸的状态中.当位错跑出晶体达到晶体表面时,就相当于晶体上方相对于下方滑出一个粒子间距离,也就是发生了滑移.由于位错的运动而产生滑移的过程如图7-32所示.

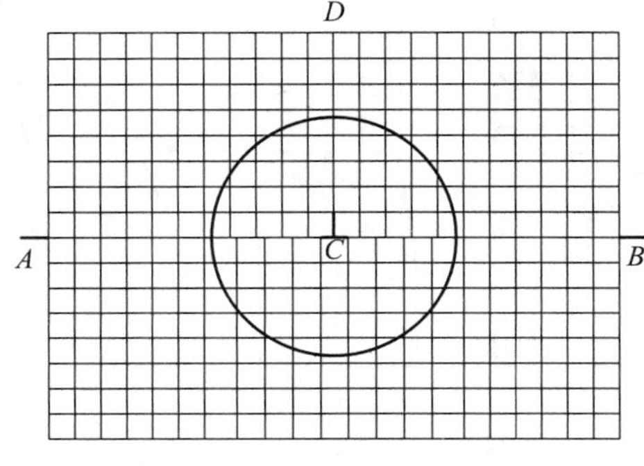

图 7-31

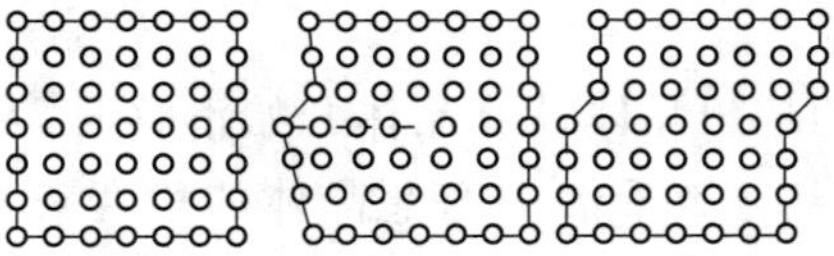

图 7-32

因为在切应力作用下，位错是从内部逐步移向表面的，在移动时，只是位错中心附近的原子重新排列.因此每做一次移动所需的外力很小，所以发生滑移时的切应力很小，这说明了真实晶体弹性极限很低（即很容易滑移）的现象.加工后，位错增多，由于位错之间能够相互阻碍运动，使范性形变难于发生，因而表现为硬度增大，即加工硬化现象.除了直线位错以外还有螺旋位错等，这里不再讨论.总之，位错理论成功地说明了晶体的滑移过程，说明了滑移时切应力小的原因.此外，在晶体的成长、固体状态在高温下发生的许多重要变化过程中，位错也有十分重要的作用.现在用电子显微镜已经可以直接看到晶体中的位错.

多晶体的范性形变一方面决定于晶体固有的性质，另一方面还决定于晶粒之间的相互作用.实验指出，在室温时晶粒之间的结合要比晶粒本身的结合强，因此范性形变和断裂都发生在晶粒内部.晶粒的大小对于多晶体的范性形变有很大作用，由于晶体间界有阻碍晶粒内发生范性形变的性质，因而晶粒较小的多晶体比晶粒较大的多晶体不易发生范性形变.

除了以滑移方式发生范性形变以外，还有另一种称为**孪生**的方式.孪生在对称性比较低的金属里发生得比较普遍，如锌和锡一般都以这种方式发生形变.在孪生过程中，晶体受到外力的作用，可以使各层粒子相对于某一晶面移动到镜面对称的位置.图7-33(a)中的 $ABCD$ 部分，在所受外力不大时发生切变，移动到图(b)所示的位置，如所受外力比较大，则发生图(b)中的切变后立刻转到一个新的平衡位置，如图(c)所示.形变部分粒子的排列和上面未形变的部分对 AB 面是镜面对称的，即一个是另一个在镜面 AB 中成的像.形变部分和下面未形变部分对 CD 面也是镜面对称的.由于镜面对称位置是平衡位置，因此外力撤去后形变仍将保留，即发生的是范性形变.

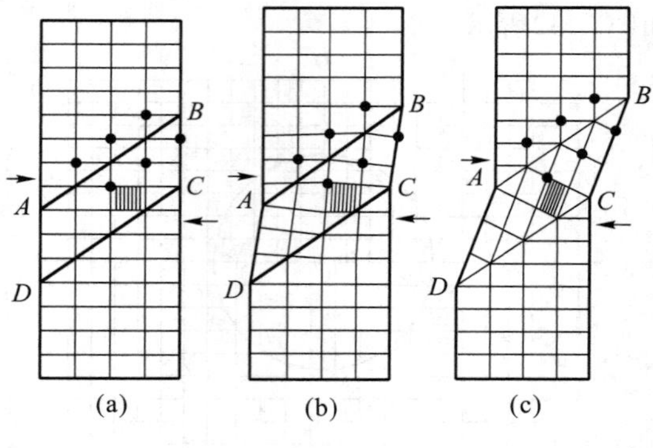

图 7-33

第七章思考题

1. 何谓晶面、晶棱与顶点?

2. NaCl 晶体的外形可以是立方体,也可以是八面体或立方和八面体混合体,这些不同的外形有什么共同的特点?

3. 晶体有哪些宏观特性?

4. 说明单晶体、多晶体和非晶体的主要区别.

5. 说明下列物理量的意义:

(1) 平移周期;

(2) 原胞;

(3) 晶格常量.

6. 根据什么原则去选择原胞? 以体心立方和面心立方为例说明这一点.

7. 说明七个晶系和十四种晶格的特点.

8. 化学键主要有哪五种类型? 说明这五种化学键的特点.

9. 结合力有什么普遍特征?

10. 相互作用能 E_p 可以写成什么形式?

11. 何谓结合能? 怎样由相互作用能 E_p 求结合能的数值?

12. 对离子晶体来说,说明吸引能的幂指数 n 等于 1.

13. 何谓马德隆常量? 以一维点阵为例说明求它的方法.

*14. 怎样由绝热压缩率的观测值,求离子晶体排斥能的幂指数 m?

15. 从微观上定性说明晶体的弹性.

16. 何谓杜隆-珀蒂定律? 它的适用范围如何?

17. 热缺陷有哪几种基本类型? 热缺陷的数目与温度有什么样的关系?

18. 如何从微观上说明固体中扩散的宏观规律? 扩散系数和温度有什么关系? 怎样说明?

19. 说明下列名词的物理意义:

(1) 比例极限;

(2) 弹性极限;

(3) 强度极限.

20. 何谓加工硬化? 用应力应变曲线加以说明.

21. 晶体的范性形变有几种主要形式? 说明与这些主要形式有关的理论.

第七章习题

1. 立方晶格的晶格常量为 a,在体心立方情况下,求:

(1) 原胞的体积;

(2) 原胞的结点数;

(3) 最邻近结点间距离;

(4) 最邻近结点的数目;

(5) 以顶点到体心连线为边所形成的菱面体[图 7-8(b)]作为原胞,此原胞的体积和包含的结点数.

*2. n 重旋转对称指的是,晶体绕旋转轴转动 $2\pi/n$ 后晶体与自身完全重合这种对称性.证明一个晶体不可能有五重旋转对称.

(提示:设 a 为点阵最小的平移周期,A、B、C 为三个相邻结点,如图7-34所示.使晶体绕通过结点 B 并垂直于纸面的旋转轴逆时针方向转过 $2\times\frac{2\pi}{5}$ 角度,这时 C 点转到 C' 点的位置.如晶体有五重旋转对称,因要使晶体经旋转$\frac{4\pi}{5}$后能与自身完全重合,那么 C' 点必须是结点,证明 $AC'<a$.)

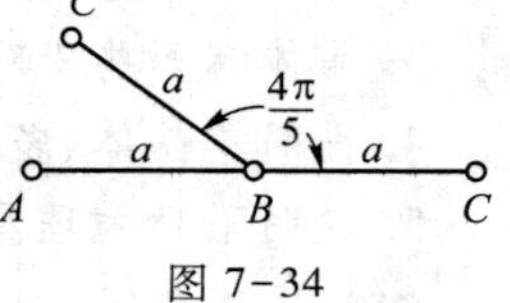

图 7-34

*3. 证明一个晶体不可能有七重旋转对称.

4. 由例题 2 中讨论,知离子晶体的相互作用能为

$$E_p = \frac{A_m}{r^m} - \frac{A_n}{r^n} = N\left(\frac{a_m}{r^m} - \frac{\alpha e_1 e_2}{4\pi\varepsilon_0 r}\right) ,$$

已知对 NaCl 来说,$m=9.4$,$\alpha=1.75$,$e_1=e_2=e$,并知平衡状态时相邻离子间距离为 $r_0=0.281$ nm,求常量 a_m 的值.

5. 已知 NaBr 晶体在平衡状态时相邻两离子间距离为 $r_0=0.298$ nm,马德隆常量 $\alpha=1.75$,排斥能幂指数 $m=9.6$,求 NaBr 的结合能.

*6. 已知 KCl 晶体在平衡状态时相邻两离子间距为 $r_0=0.314$ nm,马德隆常量 $\alpha=1.75$,等熵压缩率为 $\kappa_S=4.8\times10^{-11}\ \mathrm{m^2/N}$,求 KCl 晶体排斥能的幂指数 m.

7. 在排斥势不变的情形下,使离子的电荷加倍,问

(1) 晶格常量发生什么变化?

(2) 绝热压缩系数发生什么变化?

(3) 结合能发生什么变化?

*8. 由于平衡位置附近相互作用能曲线的不对称性,可以设相对于平衡位置(在这位置时 $E_p=-E_{p0}$)的势能为

$$V(x) = E_p - (-E_{p0}) = E_p + E_{p0} = cx^2 - gx^3 - fx^4$$

式中 x 表示离开平衡位置的位移.利用玻耳兹曼分布律,在小位移的情形下,证明位移 x 的平均值 $\bar{x}$ 为

$$\bar{x} = \frac{3kTg}{4c^2}$$

从而说明 $\bar{x}$ 与温度 T 成正比,即说明了热膨胀现象.

提示:

$$\bar{x} = \frac{\int_{-\infty}^{\infty} x\mathrm{e}^{-V(x)/kT}\mathrm{d}x}{\int_{-\infty}^{\infty} \mathrm{e}^{-V(x)/kT}\mathrm{d}x}$$

求积分时可以将指数函数用幂级数展开,在考虑小位移的情况下只取前几项就可以了.

9. 已知将一个钠原子从钠晶体的内部移到表面上所需要的能量为$u'=1$ eV,

（1）计算室温（300 K）下空位的数目占粒子总数的百分比；

（2）如邻近空位的钠原子跳到空位上去所需要的能量为

$$\Delta u' = 0.5 \text{ eV},$$

原子的振动频率为 $10^{12}\ s^{-1}$ 相邻两钠原子之间距离为 0.371 nm，计算室温下钠的自扩散系数.

第八章 液　　体

§8-1 液体的微观结构 液晶

一、液体的微观结构

液体的性质介于气体与固体之间.一方面,它像固体那样具有一定的体积,不易压缩;另一方面,它又像气体那样,没有一定的形状,具有流动性,而且,在物理性质上也是各向同性的.液体的这种宏观特征是由它的微观结构所决定的.

1. 液体分子的排列情况 在熔化或结晶时,大多数物质的体积只改变10%左右,因此分子间平均距离只改变3%左右.这说明,液体中的分子和固体中的分子一样,也是密集在一起的,相互作用力的数量级也是相同的.用伦琴射线研究熔化和结晶过程时发现,液体分子在很小范围内(线度与分子距离同一个数量级),在一个短暂时间中排列保持一定的规则性,具有近程有序的特点,而不像晶体那样,在很大范围内排列都是有规则的,即液体不具有远程有序的特点.液体中这种能近似保持规则排列的微小区域是由诸分子暂时形成的,边界和大小随时都在改变,有时这种区域会完全瓦解,有时新的区域又会形成.在区域内部,液体分子的排列是近程有序的.因此,液体是由许多彼此之间方位完全无序的这种微小区域构成的,在宏观上就表现为各向同性.液体的这种结构和非晶体完全相同.例如,对非晶体金属说,原子排列不具有远程有序的特点,较为无序,约在小于1.5 nm的范围内具有近程有序的特点.因此,非晶体可以认为是"冷冻了"的液态金属.

2. 液体分子热运动的情况 由于液体分子间的距离很小,分子间的相互作用力很大,因此液体分子的热运动与固体相近,主要是在平衡位置附近做微小振动.但是与固体相比,液体的结构毕竟松散些,分子间空隙大一些,因此液体分子不会长时间在一个固定的平衡位置上振动,仅仅能保持一个短暂的时间.在某一平衡位置上振动一段时间后,就转到另一个平衡位置上去振动,经过一段时间后,又转到第三个平衡位置上去振动,从而液体分子可以在整个体积中移动.液体分子在各个平衡位置振动的时间长短不一,但在一定的温度及压强下,各种液体都有其一定的平均值,称为定居时间.对于液态金属,其数量级为 10^{-10} s.为了形象化,可以把液体分子的热运动譬喻为游牧生活,短时间的搬迁和比较长期的定居生活交替进行.定居时间比起分子在平衡位置附近振动的周期来，还是很大的，所以分子的排列虽然不断变化着，但就一个分子附近的情况来说，在分子排列有较大变化之前，已经振动过千百次以上，定居时间 τ 的大小既体现了分子力的作用，又体现了热运动的作用.分子排列得越紧密，分子间的相互作用就越大，分子也就越不容易移动，因而 τ 就越大.温度升高时，分子热运动的能量增大，定居时间 τ 就减小.在通常情况下，外力作用在液体上的时间总比定居时间 τ 大得很多，在这时间内，分子已可以有很大的移动，因而液体将在外力作用下流动，这就是流动性.如果外力的作用时间小于 τ，这时就能发生弹性形变、脆性断裂等一系列典型的固体所特有的力学现象.在非常强的冲击力作用下，液体会像玻璃似的裂成碎块.

二、液晶

某些有机化合物在加热时，并不直接由固态变为液态，而是要经过一个（或几个）介于固态与液态之间的过渡状态，这种处在过渡状态的物质称为**液晶**.液晶的力学性质像液体，它具有液体的流动性，液晶的光学性质像晶体，它具有晶体的有序性.从某个方向看来，液晶的分子排列比较整齐，具有远程有序特点，但从另一个方向看时，分子是杂乱排列的，只是有近程有序特点，没有不可改变的固定结构.因此，它既具有液体的流动性，又具有晶体的光学各向异性等性质.液晶只能存在于一定的温度范围内，这个温度范围的下限 T_1 称为熔点，其上限 T_2 称为清亮点.温度 $T<T_1$ 时为普通的晶体，温度 $T>T_2$ 时为各向同性的液体.只在这个温度范围内，物质才处于液晶态，才具有种种奇特的性质和许多特殊的用途.目前由有机物合成的液晶材料已有几千种之多.

根据分子的不同排列情况，液晶可分为下列三种类型：

1. 向列型液晶　如图 8-1(a)所示，分子呈棒状，分子的质心没有长程的有序性，分子排列方式很像一大把筷子，分子沿上下方向排列比较整齐，但沿前后左右方向排列可以变动，并不规则.具有不易变形的棒状分子这种形态的化合物都能形成向列型液晶.向列型液晶材料一般是人工合成的有机物质，目前常用的是一类叫做甲亚胺族的化合物.在两块镀有透明的导电电极的玻璃间夹有一薄层向列型液晶（厚度在 10 μm 左右），如图 8-2(a)和图 8-2(b)所示.当电极间未加电压时，液晶的分子呈平行排列，液晶盒是透明的，如图 8-2(a)所示，当外加电压超过某一值时（约几十伏），液晶中产生了湍流，液晶盒就变成混浊的了，就像磨砂玻璃一般，如图 8-2(b)所示，图中液这个字看不见了.去掉外电压，盒子又立刻恢复透明，这种现象称为**动态散射**.利用这一效应可以制作各种显示器件，如仪器上数码文字和图像的显示，电控亮度玻璃窗等.用作数码显示时，因为观察的是反射光，而不是透射光，情形正好和观察透射光时相反.图8-2(c)是在数码上不加电压时情形，这时数码 8 这一个字看不见，而在数码上加电压时，数码 8 这一个字就显示出来了，如图 8-2(d)所示.

2. 胆甾型液晶　如图 8-1(b)所示，它包含着许多层分子，每层分子的排列方向相同，但相邻两层分子排列方向稍有旋转，夹角约为 15′，这样层层地叠起来

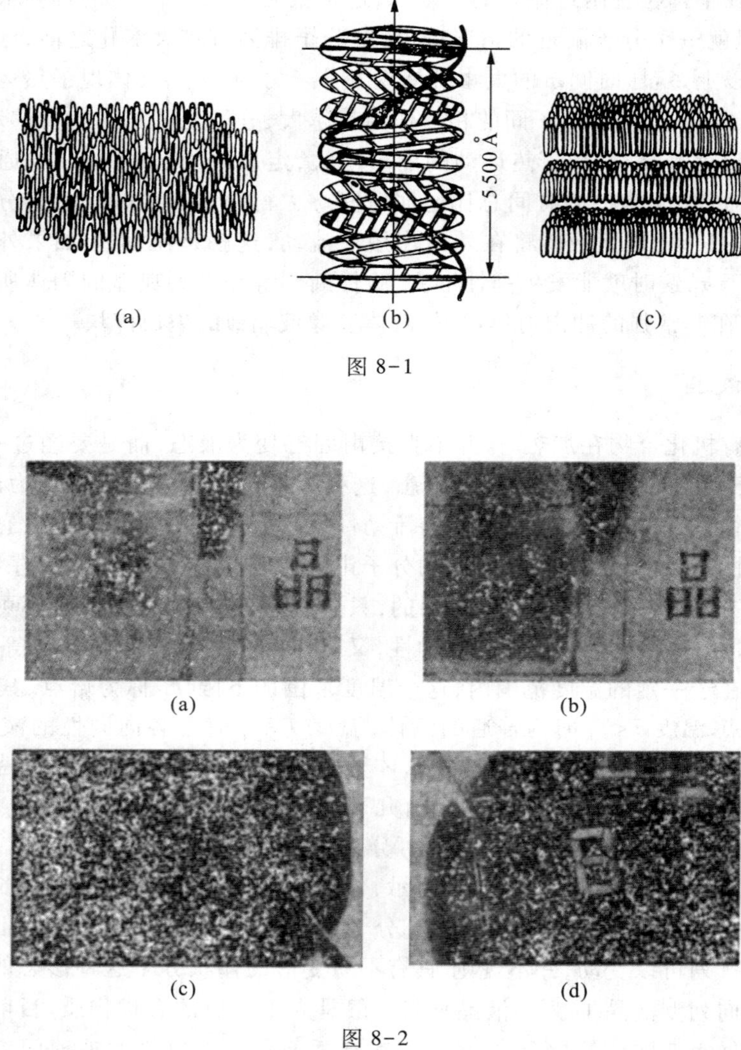

(a)　(b)　(c)

图 8-1

(a)　(b)

(c)　(d)

图 8-2

形成螺旋结构.当分子层的排列旋转了 360°时就又回到原来方向,这种分子层排列完全相同的两层间的距离称为胆甾型液晶的螺距.胆甾型液晶一般是用胆固醇作主要原料再与某些有机酸(例如壬酸、油酸、苯甲酸等)反应所成的酯类化合物.胆甾型液晶具有引人注目的温度效应,随着温度的变化,有选择地反射光.这是由于胆甾型液晶的螺距对温度非常敏感,而当螺距与光的波长一致时,就产生了强烈的选择性反射,在日光下使用时,随着温度的升高,色彩按红、橙、黄、绿、青、蓝、紫的顺序变化,温度下降时又按相反顺序变色.灵敏度高的在不到1 ℃的温差内就可显出整个色谱.利用这种温度效应,可以探测微电子学中热点(短路处),检查制冷机的漏热,以及诊断疾病,探查肿瘤(如癌可以热点形式检查出来,动脉梗塞可以冷点形式检查出来),探知金属材料和零件的缺陷等.

3. 近晶型液晶　如图 8-1(c)所示,分子呈棒状,排列成层,各层之间的距离可以变动,但分子不会来往于层间,只能在本层中活动.这类液晶在排列的有序程度上和晶体相近,故称为近晶型.

液晶的独特性质是它对各种外界因素(如热、电、磁、光、声、应力、气氛、辐射等)的微小变化都很敏感,很小的外界能量就能使它的结构发生变化,从而使相应的功能发生变化.前面已提到的动态散射是一种电光效应,现已发现有 15 种以上的电光效应.温度效应则是一种热效应,此外还有磁效应、光生伏特效应、超声效应、应力效应、物理化学效应、辐照效应等.

液晶早在 1881 年就已发现,从 20 世纪 30 年代到 50 年代一直有少数学者从事这方面工作,但由于当时的条件所限,对液晶的结构和性质了解甚少,亦缺乏实际应用.直到 1968 年发现了液晶的动态散射现象,继之又发现了很多的电光效应和其他效应,液晶在电子工业、航空工业、生物、医学等领域内,才获得重要的进展和广泛的应用.需要着重指出的是,基于电光效应而制成的液晶显示器,在进入 21 世纪之后,显示技术有了飞跃式的发展,从而对液晶电视和智能手机的发展起着十分重要的推动作用(参阅附录 8-1).

§ 8-2　液体的彻体性质

一、热容

实验表明,在固体熔化前后,固体的热容与液体的热容相差很少,如表 8-1 所示.

表 8-1　固体在熔化前后的摩尔定压热容

物　质	钠 Na	汞 Hg	铅 Pb	锌 Zn	铝 Al	氯化氢 HCl	甲烷 CH_4
$C_{p,m}$(固态)/($J\cdot mol^{-1}\cdot K^{-1}$)	31.82	28.05	30.14	30.14	25.71	51.37	41.87
$C_{p,m}$(液态)/($J\cdot mol^{-1}\cdot K^{-1}$)	33.50	28.05	32.24	33.08	26.17	61.81	56.52

但气态物质的热容和液态物质的热容相差较大.例如,气态汞的摩尔定容热容 $C_{V,m}$ 约为 20.9 $J\cdot mol^{-1}\cdot K^{-1}$,而液态汞的摩尔定容热容为 25.1 $J\cdot mol^{-1}\cdot K^{-1}$.这些数据说明液体和固体内部热运动的情况相近,而液体和气体内部热运动的情况则差别较大.气体分子的热运动包括平动、振动和转动,固体分子的热运动主要是热振动.因此,从液体的热容和固体的热容相近这一事实说明,液体中分子热运动的主要形式也是热振动.由于液体的热膨胀系数比固体的热膨胀系数大得多,因此,对液体来说,定压热容和定容热容相差较大,如表 8-2 所示.

表 8-2 液体的摩尔定压热容与摩尔定容热容

物质	氢 H_2	氩 Ar		汞 Hg		钾 K	水 H_2O	
	20K	93.9K	140.4K	273K	373K	347K	298K	330K
$C_{p,m}$($J\cdot mol^{-1}\cdot K^{-1}$)	18.42	44.46	64.52	28.14	27.51	33.33	75.41	75.78
$C_{V,m}$($J\cdot mol^{-1}\cdot K^{-1}$)	11.72	23.06	19.47	25.00	22.82	30.35	74.64	73.90

二、热膨胀

温度升高时液体体积增大的现象称为热膨胀.热膨胀的原因之一,是分子间引力及斥力的不对称性,这和固体热膨胀的原因相同;原因之二是液体内部孔隙的出现,这种孔隙使液体具备海绵的特点.在温度改变量 Δt 不大时,体积的相对增量$\frac{\Delta V}{V}$是和 Δt 成正比的,即

$$\frac{\Delta V}{V}=\beta\Delta t \tag{8.1}$$

β 就是液体的体膨胀系数.液体的体膨胀系数比气体要小,并随着温度的升高而增大,随着压强的增大而减小,如表 8-3 和表 8-4 所示.

表 8-3 液体的体膨胀系数和温度的关系

物质	CO_2			酒精			乙醚		
温度/℃	-37	-20	0	-90	-50	-10	0	60	100
压强/atm	42	42	42	1	1	1	1.2	1.2	1.2
β/K^{-1}	0.002 30	0.002 44	0.002 70	0.001 24	0.001 31	0.001 47	0.001 52	0.002 14	0.002 79

表 8-4 液体的体膨胀系数和压强的关系

物质	甲醇	乙醇	二硫化碳
$\frac{\beta_1}{\beta_{12\,000}}$	4.29	4.50	5.47
$\beta_{12\,000}/K^{-1}$	2.89×10^{-4}	2.68×10^{-4}	2.62×10^{-4}

表中 β_1 和 $\beta_{12\,000}$分别表示 1 大气压和 12 000 大气压下的体膨胀系数.

三、热传导

液体中热传导的机制和固体相似，也是靠热振动之间的相互联系，将热运动能量逐层传递的.由于热传导系数很小，所以由这种机制所传递的热量是很小的.例如，如果将水倒入试管中，并用酒精灯的火焰将试管的上端加热以避免发生对流，就可以发现水的导热系数是很小的（图 8-3）.这时很容易使试管中上部的水沸腾，下部的水仍是冷的.如果水温原来是 0 ℃，用一个砝码把一些冰块坠到管底，则将发现冰块不会熔化.因液体的导热系数很小，所以，在需要加速热交换时，总是要利用对流现象.熔化的金属因有自由电子气导热，所以导热系数很大，而且和电导率是成正比的.表 8-5 列出了几种液体的导热系数的值.表中导热系数 κ 的单位为$J\cdot m^{-1}\cdot s^{-1}\cdot K^{-1}$.

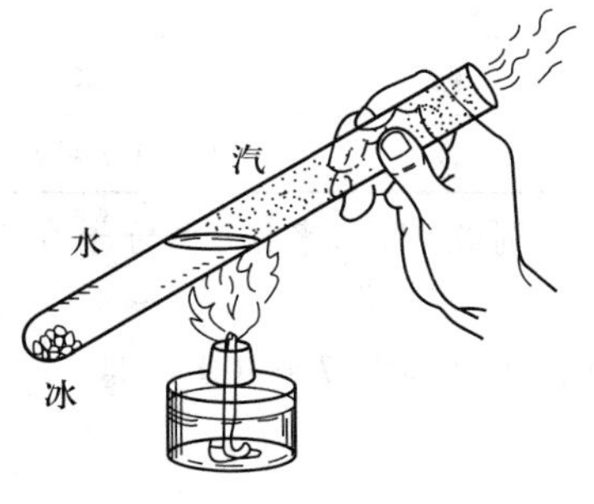

图 8-3

表 8-5　液体的导热系数

物　质	水（20 ℃）	乙醇（250 ℃）	甘油
$\kappa/(J\cdot m^{-1}\cdot s^{-1}\cdot K^{-1})$	5.97×10^{-1}	1.80×10^{-1}	2.85×10^{-1}

四、扩散

实验的结果表明，液体中物质的扩散系数比固体中稍大，而气体中物质的扩散系数要比固体和液体中物质的扩散系数大十万倍.这说明液体分子的热运动情况和固体粒子热运动情况相似，扩散的机制也相似.自扩散系数为

$$D=\frac{1}{6}\frac{\delta^2}{\tau}\tag{8.2}$$

式中 τ 为定居时间，δ 为两相邻平衡位置间平均距离（数量级为液体分子之间的平均距离）.因为定居时间 τ 和温度 T 之间的关系近似为

$$\tau=\tau_0 e^{\frac{\Delta W}{kT}}\tag{8.3}$$

式中 k 为玻耳兹曼常量，ΔW 是分子从一个平衡位置转向另一个平衡位置时的激活能，τ_0 是分子在平衡位置振动的周期.所以，扩散系数

$$D=\frac{1}{6}\frac{\delta^2}{\tau_0}e^{-\frac{\Delta W}{kT}}=D_0 e^{-\frac{\Delta W}{kT}}\tag{8.4}$$

式中 D_0 是一个和温度关系不大的系数.可见扩散系数随着温度的增高增加得很快，这一点和实验结果是完全符合的.由于液体的扩散系数很小（表 8-6），扩散过程缓慢，因而没有搅动或对流时，液体浓度不容易趋向均匀.当对流不存在时，气体浓度趋于均匀的过程可以在几秒钟或几分钟内完成，而在液体中则可能延长到几天或几个月.

表 8-6 液体中物质的扩散系数

扩散物质	扩 散 于	温度/℃	扩散系数/($m^2\cdot s^{-1}$)
食盐	水	10	9.3×10^{-10}
糖	水	18	3.7×10^{-10}
金	铅熔液	490	4.6×10^{-12}

例如,对水来说,水分子在平衡位置的振动周期为

$$\tau_0 \approx 10^{-13}\ \mathrm{s}, \Delta W \approx 1.3\times10^4\ \mathrm{J\cdot mol^{-1}}$$

因而在室温下 $T\approx300$ K 时,

$$\tau = \tau_0 e^{\frac{\Delta W}{kT}} \approx 10^{-11}\ \mathrm{s}$$

这一数字表明,平均说来,水分子在平衡位置振动 100 次以后,即经过 10^{-11} s 的时间,才从一个平衡位置转向另一个平衡位置.两相邻平衡位置的平均距离为 $\delta\approx3\times10^{-10}$ m.所以,水的自扩散系数为

$$D = \frac{1}{6}\frac{\delta^2}{\tau} \approx 1.5\times10^{-9}\ \mathrm{m^2\cdot s^{-1}}$$

五、黏性

液体的黏度比气体大得多,不仅如此,黏度与温度的关系也截然不同.在气体的情况下,温度越低,黏度越小,黏度 η 与绝对温度 T 的平方根成正比.在液体的情形下,温度越低,黏度越大,而且随着温度的降低黏度 η 是近似地按指数规律增大的.表 8-7 中列举了几种不同温度下水的黏度的值.液体的黏度的这种特点是由液体中热运动的特点所引起的.液体分子的热运动,主要是在平衡位置附近做微小的振动.平均说来,每隔一段时间 τ(即 § 8-1.中所讲的定居时间)就变换一次平衡位置.分子改变平衡位置的次数越少,液体的流动性就越小,而黏度也就越大,可见,定居时间 τ 越大,液体的黏度 η 也就越大,因而,液体中黏度 η 是和定居时间 τ 成正比的.由于定居时间 τ 近似地为 $\tau=\tau_0 e^{\frac{\Delta W}{kT}}$,所以

$$\eta = \eta_0 e^{\frac{\Delta W}{kT}} \tag{8.5}$$

式中 η_0 是一个和温度关系不大的系数.对于液体的黏度,有一经验公式:

表 8-7 水的黏度与温度的关系

温度/℃	黏度/($N\cdot s\cdot m^{-2}$)
0	0.001 793
20	0.001 006
40	0.000 675
80	0.000 356
100	0.000 284

$$\eta=\frac{c}{(a+t)^{n}},\tag{8.6}$$

式中常量 a、c 和 n 对于各种液体有不同的数值，如表 8-8 所示. 计算结果和实验数据符合得还算不错.

表 8-8　几种液体的常量 a、c 和 n 的数值

物　质	c	a	n
水(5.47～100℃)	5.984 9	43.252	1.542 3
戊烷	19.459 0	165.950	1.729 5
三氯甲烷	20.424 4	168.330	1.619 6
乙醇	251 908 000	209.630	4.373 1

§ 8-3　液体的表面性质

一、表面张力

很多现象说明，液体的表面有如紧张的弹性薄膜，有收缩的趋势. 例如，钢针放在水面上不会下沉，仅仅将液面压下，略见弯形；荷叶上的小水珠和焊接金属时熔化后的小滴焊锡是呈球形的. 既然液体表面像紧张的弹性薄膜，则表面内一定存在着张力. 在表面上想象地画一根直线，直线两旁的液膜之间一定存在着相互作用的拉力，拉力的方向和所画的线段垂直，液体表面上出现的这种张力，称为表面张力. 表面张力类似于固体内部的拉伸应力，只不过这种应力存在于极薄的表面层内，而且不是由于弹性形变所引起的，是表面内分子力作用的结果.

表面张力的大小可以用表面张力系数 γ 来描述. 设想在液面上作一长为 L 的线段，则张力的作用表现在，线段两边液面以一定的拉力 F 相互作用，而且力的方向恒与线段垂直，大小与线段长 L 成正比，即

$$F=\gamma L\tag{8.7}$$

比例系数 γ 就是液体的**表面张力系数**，它表示**单位长度直线两旁液面的相互拉力**.

下面我们从外力做功的角度给出表面张力系数 γ 的另一定义. 液面因存在表面张力而有收缩的趋势，要加大液体表面，就得做功. 设想一沾有液膜的铁丝框 $ABCD$(图 8-4)，其中长为 L 的 BC 边是可以滑动的. 由于液膜有上下两个表面，所以，按(8.7)式，有力 $2\gamma L$ 作用在 BC 边上. 要使 BC 边保持不动，必须加一个力 F'，方向和液膜给 BC 的力相反，大小则和它相等，即

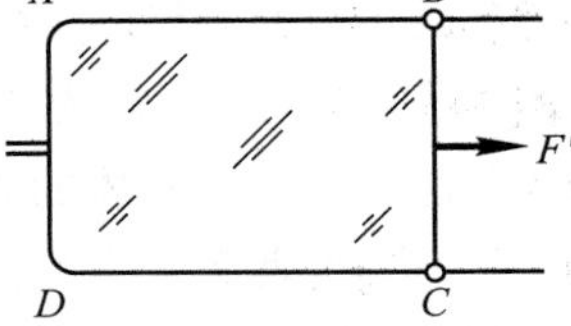

图 8-4

$$F' = 2\gamma L$$

设想 BC 边移动一距离 Δx,则在这个过程中,外力 F'所做的功为

$$\Delta A = F'\Delta x = 2\gamma L \cdot \Delta x = \gamma \Delta S$$

式中 $\Delta S = 2L\Delta x$ 是在 BC 边移动过程中所增加的液面面积.由此可见,表面张力系数 γ 等于增加单位表面积时,外力所需做的功.这就是表面张力系数 γ 的另一个定义.还可以从能量的角度给出表面张力系数 γ 的定义.由于在移动过程中,外力 F'始终与液面给 BC 边的力大小相等,方向相反,因而外力 F'所做的功 ΔA 完全用于克服表面张力,从而转变为液膜的所谓表面能 E.液膜所增加的表面能 ΔE,即为外力 F'所做的功 ΔA,所以

$$\Delta E = \Delta A = \gamma \Delta S$$

因而

$$\gamma = \frac{\Delta E}{\Delta S} \tag{8.8}$$

这就说明,表面张力系数 γ 在数值上等于增加单位表面积时所增加的表面能.严格说来,表面能是在等温条件下能转化为机械能的表面内能部分,在热力学中称为表面自由能.所以,从能量角度看,表面张力系数 γ 就是增加单位表面时所增加的表面自由能,这是表面张力系数的第三个定义.或者说,表面张力系数γ 就是单位表面的表面自由能.

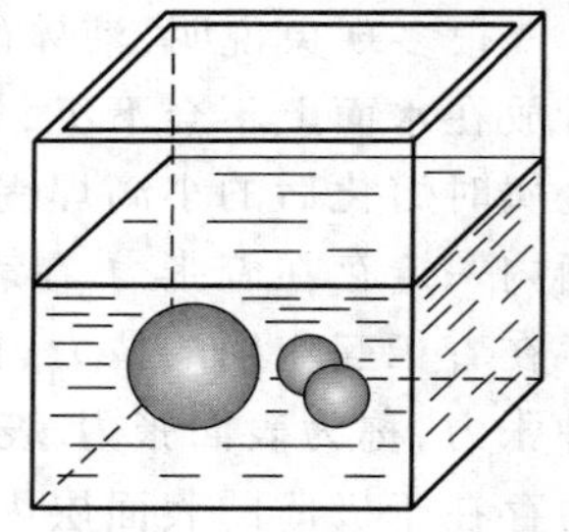

图 8-5

不受任何合外力作用的液体,即液体所受的重力和其他外力的合力为零时,在表面张力的作用下应使表面自由能为极小.因表面自由能与表面面积成正比,所以液体应取表面积为最小的球体形状.这一论断可以用实验来验证.使水和酒精混合物的密度等于橄榄油的密度,混合物中的橄榄油就因重力与浮力抵消而所受合外力为零,这时橄榄油在水和酒精的混合物中呈球形(图 8-5).

各种液体表面张力系数 γ 的数值是很不相同的,如表 8-9 所示.从表中可以看出,表面张力系数首先与液体的成分有关,密度小的、容易蒸发的液体的表面张力系数较小,特别是液氢和液氦的表面张力系数很小,而熔化金属的表面张力系数则很大.其次,表面张力系数与温度有关,温度升高,γ 就减小,实验表明,γ 与温度的关系近似地为一线性关系.再者,γ 的大小还与相邻物质的化学性质有关.例如,20 ℃时,在水与苯为界的情形,水的表面张力系数为 33.6×10^{-3} N/m,在与醚为界的情况下,则为 12.2×10^{-3} N/m.最后,表面张力系数还与杂质有关,加入杂质能显著改变液体的表面张力系数,有的杂质能使表面张力系数减小,而有的杂质却能使表面张力系数增大.能使表面张力系数减小的物质称为表面活性物质.肥皂就是最常见的,能使水的表面张力系数显著减小的表面活性物质.肥皂水的表面张力系数(约为 40×10^{-3} N/m)比水的表面张力系数小得多.一般说来,醇、酸、醛、酮等有机物质大都是表面活性物质.在冶金工业上,为了促使液态

金属结晶速度加快，就在其中加入表面活性物质. 在钢液结晶时，加入少量的硼就是为了这个目的. 硼的浓度在 0.1% 以下时，能使钢的表面张力系数大大减小，如表 8-10 所示.

表 8-9　几种液体的表面张力系数

物　质	t/℃	$\gamma/(10^{-3}\ \mathrm{N\cdot m^{-1}})$
水	18	73
液体空气	-190	12
酒精	18	22.9
苯	18	29
醚	20	16.5
汞	18	490
铅	335	473
铂	2 000	1 819
水-苯	20	33.6
水-醚	20	12.2
汞-水	20	472

表 8-10　钢的表面张力系数和硼的含量的关系

硼的含量/%	0.00	0.01	0.02	0.06	0.12
$\gamma/(\mathrm{N\cdot m^{-1}})$	1 380	1 280	1 240	1 180	1 200

［**例题 1**］　水和油边界的表面张力系数 $\gamma=1.8\times10^{-2}$ N/m，为了使 1.0×10^{-3} kg 质量的油在水内散布成半径 $r=10^{-6}$ m 的小油滴，需要做多少功？散布过程可以认为是等温的，油的密度为

$$\rho = 90\ \mathrm{kg/m^3}$$

［**解**］　一个大油滴在等温地散布成大量的小油滴时，能量仅仅消耗在形成增加的表面积上，因而所需做的功为

$$A = \gamma\Delta S$$

式中 ΔS 是增加的表面积. 设 N 是小油滴的数目，R 是大油滴的半径，则

$$\Delta S = 4\pi(Nr^2 - R^2)$$

因油的质量 m 不变，所以

$$m = \frac{4}{3}\pi R^3\rho = N\cdot\frac{4}{3}\pi r^3\rho$$

由此得到

$$N^{\frac{1}{3}} = \frac{R}{r}$$

因而

$$\Delta S = 4\pi N^{\frac{2}{3}} r^2 (N^{\frac{1}{3}} - 1)$$

小油滴的数目 N 可由

$$m = N \cdot \frac{4}{3}\pi r^3 \rho$$

求得,其值为

$$N = 3m/4\pi r^3 \rho$$

因 1 与 $N^{\frac{1}{3}}$ 比较可以忽略,最后求得

$$A = \frac{3m\gamma}{r\rho} = 6.0 \times 10^{-2}\ \mathrm{J}$$

功 A 与 r 成反比可以这样理解,即小油滴的数目 $N \propto \frac{1}{r^3}$,小油滴总面积 $S \propto r^2 N$,因而 $S \propto \frac{1}{r}$,在小油滴总数 N 很大时 $\Delta S \approx S$,所以做的功 A 就与 r 成反比.

二、表面层内分子力的作用

从微观的角度看来,液体的表面并不是一个几何面,而是有一定厚度的薄层,称为表面层.表面层的厚度等于分子引力的有效作用距离 s.由于表面层内分子力的作用,表面层内出现了张力,这种张力就是表面张力.事实上,由于分子力是吸引力和排斥力两部分组成的,所以,因液体分子间相互作用而引起的应力,也可以分为吸引力所引起的引应力和排斥力所引起的斥应力这两部分.在液体内部,引应力和斥应力的大小都和所取截面的方位无关.在表面层内则不然.排斥力的有效作用距离很短,可以认为是分子在接触时才起作用,因而除液体的极表面以外,表面层中其他各点处的斥应力,其大小仍与所取截面的方位无关.对引应力来说,情况就不同了.考虑表面层中任一点 O(图 8-6),因球心为 O,半径为 s 的球内所有分子都能与 O 点处分子有引力相互作用,所以图中箭头所指的方向情况就各不相同.因此,表面层内引应力的大小应与所取截面的方位有关,方向也不一定与截面垂直.表面张力就是由表面层中引应力的这种各向异性所引起的.

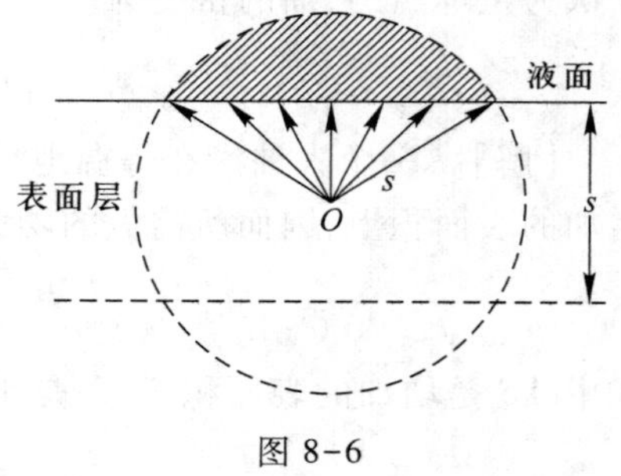

图 8-6

首先,我们简单地从能量的观点,说明表面层中存在着张力.表面层中分子,和内部分子相比,缺少了一些能吸引它的分子(图 8-6 中画斜线的部分),因此,由引力所引起的负势能少了一些,也就是势能高了一些.表面越大,在表面层中的分子数就越多,整个表面层的势能就越大.液体表面增大时,表面层的势能就要增大,反之则要减小.因为势能总是有减小的倾向,因此表面就有收缩的趋势,

从而说明表面上存在有张力.从微观看来,表面自由能就是在等温的条件下表面层中所有分子的势能.

其次,在表面层中作一垂直于液面的截面 dA(图 8-7),我们将从微观上证明,截面 dA 两边分子间的引力 $F_{引}$ 大于斥力 $F_{斥}$,从而直接说明表面层中存在有张力.为此,我们在表面层内再取一个平行于液面的截面 dA',大小与 dA 相等,其中心在表面层中高度与 dA 相同.截面 dA'两边分子间引力和斥力分别用 $F'_{引}$ 和 $F'_{斥}$ 来表示.设想在表面层中作一圆柱体,下底面在 dA'上,上底面在液体表面上.由于作用在液柱四周的力都垂直于柱面,又由于轴对称,因此液柱所受的水平方向各力的合力为零,所以,考虑液柱的平衡条件时,只需要考虑垂直方向的三个力,即只需考虑通过上底面作用在液柱上的力,通过下底面作用在液柱上的力,以及液柱所受的重力.由于 $F'_{引}$ 和 $F'_{斥}$ 都很大,约为 10^4 大气压力,所以,通过上底面作用在液柱上的大气压力,和液柱所受的重力,都可以忽略不计.因而,由液柱的平衡条件得到

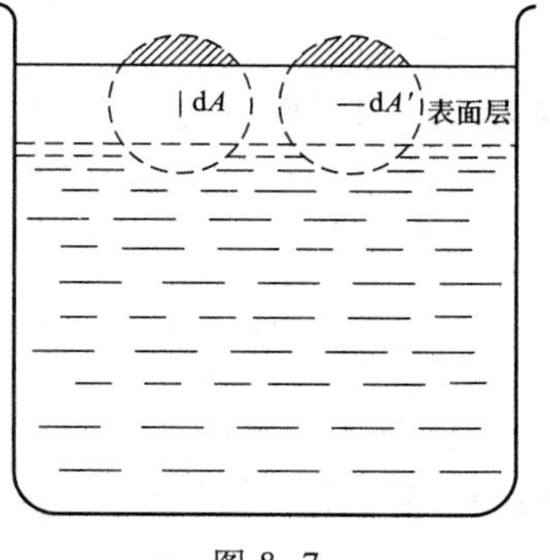

图 8-7

$$F'_{引} = F'_{斥} \tag{8.9}$$

因为斥力的有效作用距离 s' 比引力的有效作用距离 s 小得多,即 $s' \ll s$,因而除了液体的极表面以外,在厚为 s 的表面层中其他各处,单位截面两旁液体之间的斥力,与所取截面的方位无关,也就是说

$$F_{斥} = F'_{斥} \tag{8.10}$$

但是,表面层中各处引力的大小却是与截面的方位有关的.例如,以 dA 和 dA'来说,$F_{引} > F'_{引}$.这一点可以从两个方面说明.图 8-8 中每一条连线表示可能在截面 dA 或 dA'上产生引力的分子对.由图可见,参与产生 $F_{引}$ 的分子对数目,比参与产生 $F'_{引}$ 的分子对数目要多.这是由于参与产生引力的分子对数目,在垂直于截面的方向最多,对 dA 说,液体外没有分子的结果,减少的只是原来与 dA 方向平行的数目很少的连线,而对 dA'说,减少的却是与 dA'方向垂直的原来很密集的连线.另一方面,由于 $F_{引}$ 和 $F'_{引}$ 都分别垂直于 dA 和 dA',因此,计算每一分子对对引力的贡献时,只需要考虑它在垂直于截面方向的分力.所以,同样的吸引力,越靠近垂直于截面的方向,对引力的贡献也越大.对 dA 说,缺少的分子对是对引力贡献小的部分,而对 dA'来说,缺少的分子对是对引力贡献大的部分.由此可见,参与产生 $F_{引}$ 的分子对数目既多,又密集在靠近于与 dA 垂直的方向,这两种因素都使 $F_{引}$ 大于 $F'_{引}$.结果得到

$$F_{引} > F'_{引}$$

将(8.9)式与(8.10)式代入上式,最后得到

$$F_{引} > F_{斥}$$

从而直接地说明了表面层中存在张力.

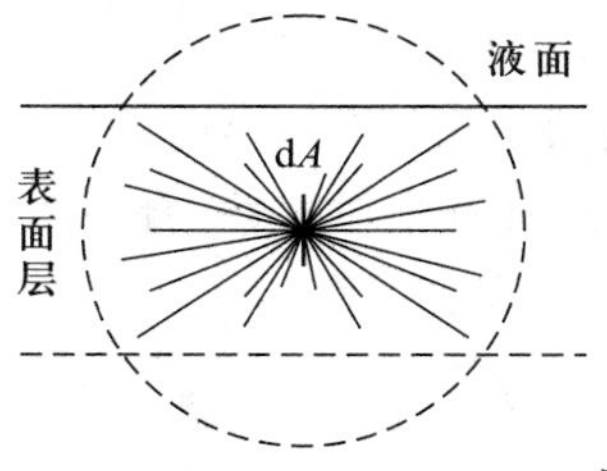

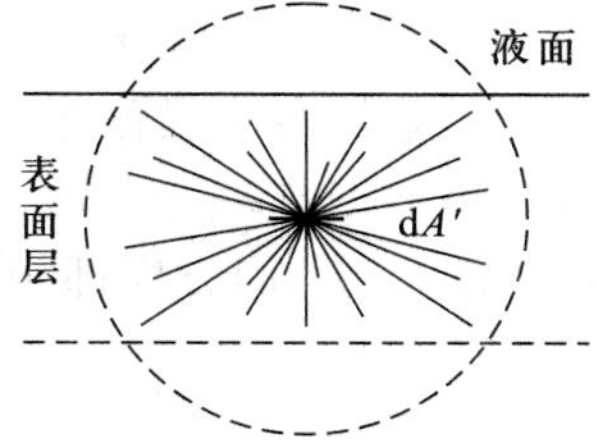

图 8-8

［例题 2］ 水的表面张力系数 $\gamma=7.3\times10^{-2}$ N/m，表面层厚度 $d=1.0\times10^{-9}$ m，用应力（单位面积上的作用力）表示表面张力，计算表面应力的大小.

［解］ 在液面上作一长度为 l 的线段，线段两边液面以一定的拉力 F 相互作用，

$$F=\gamma l$$

因为表面层的厚度为 d，所以，长度为 l 的表面层的截面积为 ld. 表面应力为

$$\frac{F}{ld}=\frac{\gamma}{d}=7.3\times10^{7}\ \mathrm{N/m^2}$$

三、球形液面内外的压强差

在肥皂泡、水中的气泡、液滴以及固体与液体接触的地方，液面都是弯曲的. 在某些情况下可能是凸液面（如液滴、水银温度计中水银面），在另一种情况下，则可能是凹液面（如水中的气泡、细玻璃管中水面）. 这时，由于表面张力的存在，液面内和液面外有一压强差，称为附加压强. 在凸面的情形下，附加压强是正的，即液面内部的压强大于液面外部的压强（如大气压强）；在凹面的情况下，附加压强是负的，即液面内部的压强小于液面外部的压强.

我们来研究半径为 R 的球形液面下的附加压强. 如图 8-9 所示，设在液面处隔离出一个球帽状的小液块，分析它的受力情况，可以看出，这小液块受三部分力的作用，一部分是通过小液块的边线作用在液块上的表面张力；第二部分是由附加压强 p 引起的，通过底面（面积为 πr^2）作用于液块的力 $p\pi r^2$，实际上下部液体通过底面 πr^2 有压力作用于液块，外部介质（如大气）通过球形液面也有压力作用于液块，这个力就是两个压力之差；第三部分就是小液块所受的重力，它比起前两部分力来，小得很多，可以忽略不计. 下面我们根据小液块平衡时，所受合力为零这一条件，去求球形液面下的附加压强.

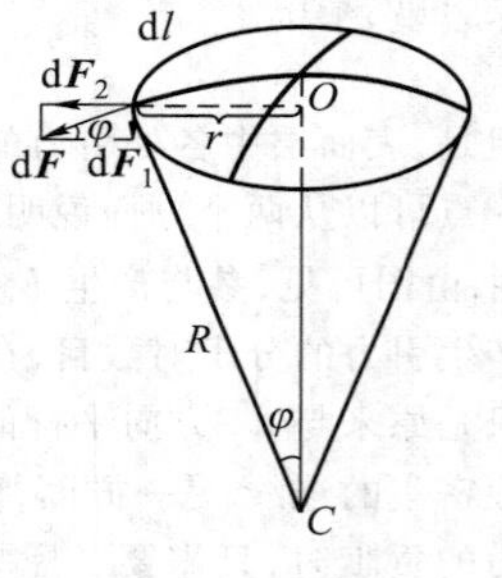

图 8-9

通过边线上每一微段 dl 作用在液块上的张力 $\mathrm{d}F=\gamma\mathrm{d}l$，可以分成垂直于底面的分力

$$\mathrm{d}F_1=\mathrm{d}F\sin\varphi=\gamma\mathrm{d}l\sin\varphi$$

和平行于底面的分力

$$\mathrm{d}F_2=\mathrm{d}F\cos\varphi=\gamma\mathrm{d}l\cos\varphi$$

这两部分. 通过整个边线各个微段作用在液块上的表面张力，其平行于底面方向的各个分力 $\mathrm{d}F_2$，因方向都垂直于轴线 OC 并具有轴对称性，合力为零；其垂直于底面方向的各个分力 $\mathrm{d}f_1$，因方向都相同，合力为

$$F_1=\int\mathrm{d}F_1=\int\gamma\mathrm{d}l\sin\varphi$$

$$=\gamma\sin\varphi\int\mathrm{d}l=\gamma\sin\varphi\cdot2\pi r$$

将 $\sin\varphi=\dfrac{r}{R}$,代入上式,得到

$$F_1=\frac{2\pi r^2\gamma}{R}$$

根据平衡条件,F_1 应等于 $p\pi r^2$,因而得到

$$p=\frac{2\gamma}{R}\tag{8.11}$$

由此可见,表面张力系数越大,球面的半径越小,附加压强 p 也就越大.上式适用于凸液面.如果是凹液面,则液体内部压强小于液体外部压强,附加压强是负的,即

$$p=-\frac{2\gamma}{R}\tag{8.12}$$

对于一个球形液膜(如肥皂泡)来说,液膜具有内外两个表面,因液膜很薄,内外表面的半径可看作相等,所以球形液膜内 C 点和液膜外 A 点(图 8-10)的压强差可以计算如下.在液膜中取一点 B,A、B、C 三点的压强分别用 p_A、p_B、p_C 表示.液膜外表面是一个凸液面,所以

$$p_B-p_A=\frac{2\gamma}{R}$$

液膜的内表面是一个凹液面,凹液面的附加压强是负的,因而

$$p_B-p_C=-\frac{2\gamma}{R}$$

从上两式中消去 p_B,最后得到

$$p_C-p_A=\frac{4\gamma}{R}\tag{8.13}$$

为了验证这个结论,可以做一个实验.图 8-11 所示为一连通管,装有开关 C_1、C_2 和 C_3.首先关闭 C_3,打开 C_1、C_2,在 A 端吹出一个大肥皂泡.然后关闭 C_2,打开 C_1、C_3,在 B 端吹出一个小肥皂泡.最后,关闭 C_1,打开 C_2、C_3.这时,我们会看到一个有趣的现象,小肥皂泡不断缩小,大肥皂泡不断增大,这就是由于小肥皂泡中空气的压强比大肥皂泡中空气的压强大,因而空气不断地从小肥皂泡流入大肥皂泡,而这正是(8.13)式的结论.这一结论在吹制玻璃器件时要用到,开始吹时,压强要比较大,吹大后要减小压强.

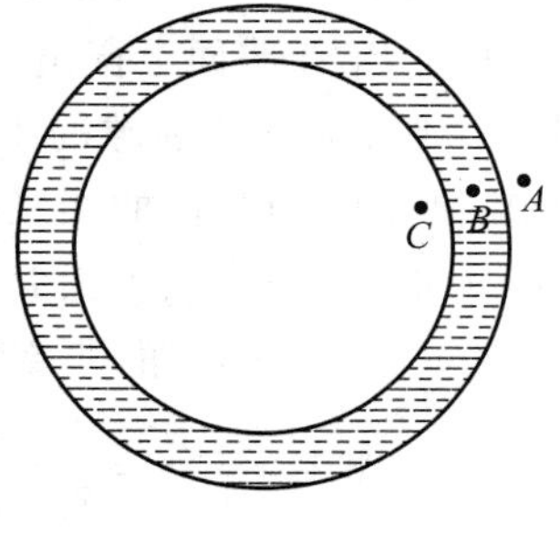

图 8-10

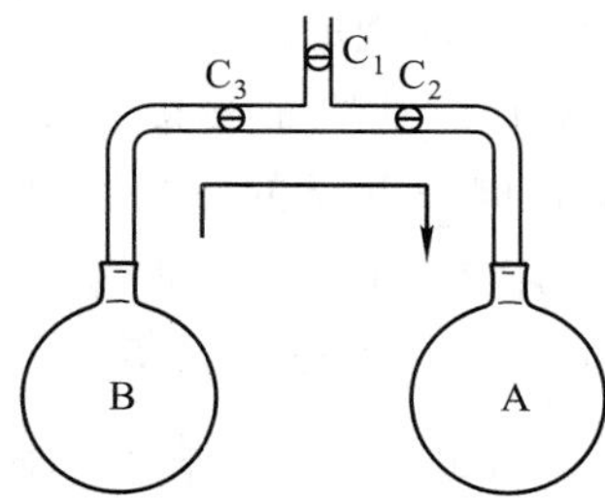

图 8-11

[例题 3] 将压强为 $p_0=10^5$ Pa 的空气等温地压缩进肥皂泡内，最后吹成半径为 $r=2.5$ cm 的肥皂泡.设肥皂泡的胀大过程是等温的，求吹成这肥皂泡所需做的总功.设肥皂水的表面张力系数 $\gamma=4.5\times10^{-2}$ N/m.

[解] 设 p 表示泡内空气的压强，p_0 表示泡外的大气压强，γ 表示表面张力系数，则

$$p=p_0+\frac{4\gamma}{r}$$

用于增大肥皂泡内外表面的面积所需做的功为

$$A_1=\gamma\cdot 8\pi r^2$$

因为肥皂泡的膨胀是等温进行的，所以压强为 p_0 的空气是等温地压缩到压强为 p 的状态的，而压缩过程所需做的功为

$$\begin{aligned}A_2&=pV\ln\frac{p}{p_0}\\&=p_0\left(1+\frac{4\gamma}{rp_0}\right)\cdot\frac{4}{3}\pi r^3\ln\left(1+\frac{4\gamma}{rp_0}\right)\end{aligned}$$

由于$\dfrac{4\gamma}{rp_0}\ll1$，所以

$$\ln\left(1+\frac{4\gamma}{rp_0}\right)\approx\frac{4\gamma}{rp_0}$$

而

$$A_2\approx\frac{2}{3}\cdot 8\pi r^2\gamma=\frac{2}{3}A_1$$

因此，吹成此肥皂泡所需做的总的功为

$$\begin{aligned}A&=A_1+A_2=8\pi r^2\gamma\left(1+\frac{2}{3}\right)\\&=\frac{40}{3}\pi r^2\gamma=1.2\times10^{-3}\ \text{J}\end{aligned}$$

*四、任意弯曲液面内外的压强差

现在我们来研究任意弯曲液面下的附加压强.图 8-12 中 O 点是曲面上的任意一点，过 O 点作曲面的法线 ON，包含 ON 的平面 P_1 在曲面上截出的曲线 A_1B_1 称为正截口.对任意的球面来说，正截口都是一个圆，半径即为球的半径.对任意曲面来说，通过同一点 O 的各个不同的正截口，是不同的几何曲线，因而也有不同的曲率半径.图中画出由平面 P_2 截出的另一个正截口 A_2B_2，平面 P_2 与平面 P_1 垂直，正截口 A_2B_2 的曲率半径 R_2，一般说来，与正截口 A_1B_1 的曲率半径 R_1 不同.微分几何中证明，任意一对相互垂直的正截口的曲率之和 $C=\dfrac{1}{R_1}+\dfrac{1}{R_2}$都是相同的，量 C 称为曲面在 O 点的平均曲率，曲率中心在液面内时，R_1 和 R_2 取正值，在

液面外时则取负值.

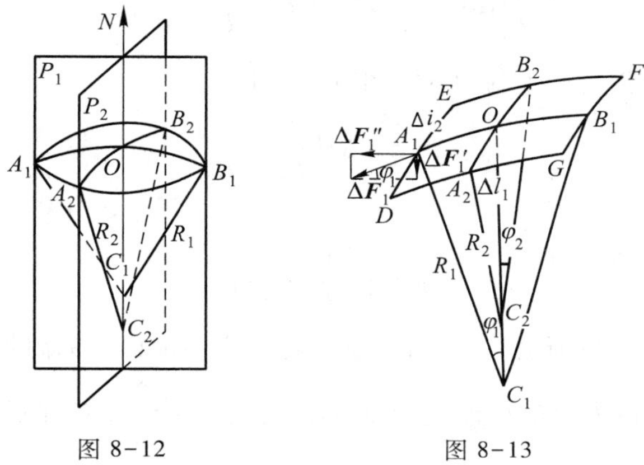

图 8-12　　　　图 8-13

在任意弯曲的液面上取一点 O,通过这一点作两个互相垂直的正截口 A_1B_1 和 A_2B_2,曲率半径各为 R_1 和 R_2,并在 O 点附近的曲面上,作一微小的曲线四边形 $DEFG$(图 8-13).以 Δl_1 表示$\widehat{A_1B_1}=\widehat{DG}=\widehat{EF}$之长,以 Δl_2 表示$\widehat{A_2B_2}=\widehat{DE}=\widehat{GF}$之长,则曲线四边形的面积 ΔS 近似地等于 $\Delta l_1 \cdot \Delta l_2$.

以下的讨论和球面的情况完全相似.弯曲液面的这一部分受的力有三种:通过边线$\widehat{DE}$、$\widehat{EF}$、$\widehat{DG}$和$\widehat{GF}$作用在小液块上的表面张力;由附加压强 p 所引起的垂直于底面的力 $p\Delta S$,ΔS 为底面的面积;重力.重力比其他两种力小得多,可以忽略不计.根据小液块平衡时各力的合力为零这一条件,就可以求出附加压强 p.

通过边线$\widehat{DE}$作用在小液块上的张力为 $\Delta F_1=\gamma\Delta l_2$,可以分成平行于 OC_1 的分力 $\Delta F_1'$ 和垂直于 OC_1 的分力 $\Delta F_1''$.由图 8-13 可知

$$\Delta F_1' = \Delta F_1 \sin\varphi_1 \approx \Delta F_1 \cdot \varphi_1 = \gamma\Delta l_2 \cdot \frac{OA_1}{OC_1}$$

$$= \frac{\gamma}{2R_1}\Delta l_1\Delta l_2 = \frac{\gamma}{2R_1}\Delta S$$

通过边线$\widehat{FG}$作用在小液块上的表面张力 ΔF_2,也可以分成与 OC_1 平行的分力 $\Delta F_2'$和垂直于 OC_1 的分力 $\Delta F_2''$.$\Delta F_2'$ 与 $\Delta F_1'$ 的大小和方向都相同,$\Delta F_2''$ 与 $\Delta F_1''$ 的大小相同方向相反,因而互相抵消.由此可见,通过边线$\widehat{DE}$和$\widehat{FG}$作用在小液块上的表面张力的合力,方向和 OC_1 平行,大小等于

$$\Delta F_1' + \Delta F_2' = \frac{\gamma}{R_1}\Delta S$$

同理,可以证明通过边线$\widehat{DG}$和$\widehat{EF}$作用于小液块上的表面张力的合力,方向也和 OC_1 平行,大小则等于$\frac{\gamma}{R_2}\Delta S$.因此,作用在小液块上的表面张力的合力为

$$\frac{\gamma}{R_1}\Delta S + \frac{\gamma}{R_2}\Delta S = \gamma \Delta S\left(\frac{1}{R_1} + \frac{1}{R_2}\right)$$

这力应与附加压强所产生的力 $p\Delta S$ 相平衡,即

$$p\Delta S = \gamma \Delta S\left(\frac{1}{R_1} + \frac{1}{R_2}\right)$$

因而

$$p = \gamma\left(\frac{1}{R_1} + \frac{1}{R_2}\right) \tag{8.14}$$

(8.14)式称为拉普拉斯公式,它可以确定任意弯曲液面下的附加压强.对球形液面说,$R_1 = R_2$,即得表示球形液面附加压强的公式$p = \frac{2\gamma}{R}$. 对柱形液面说,$R_1 = R$,$R_2 = \infty$,附加压强为 $p = \frac{\gamma}{R}$

如液膜两边压强相等,即附加压强 $p = 0$,则由(8.14)式得到

$$\frac{1}{R_1} + \frac{1}{R_2} = 0$$

因而

$$R_1 = -R_2$$

这说明,曲面上任意一点的两正截口,曲率半径的大小相等而符号相反.用两相同的漏斗得到的薄膜,就是这种形状的曲面(图 8-14).图中 C 为曲弧 EF 的中点,CO 与 CQ 为曲面在 C 点处的两正截口的曲率半径,曲率中心 O 与曲率中心 Q 在薄膜的两方,Q 点在对称轴 AB 上.

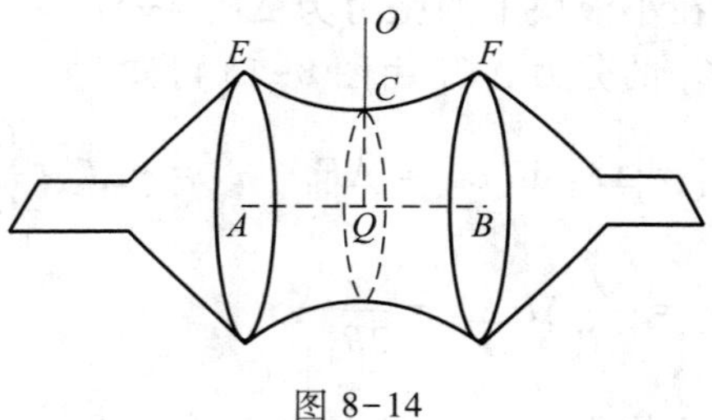

图 8-14

五、液面与固体接触处的表面现象

在玻璃板上放一小滴水银,它总是近似呈球形的,能在玻璃上滚动而不附着在上面,这时我们说水银不润湿玻璃.在无油脂的玻璃板上放一滴水,水不仅不收缩成球形,而且要沿着玻璃面向外扩展,附着在玻璃上,形成薄层,这时我们说水润湿玻璃. 润湿和不润湿现象就是液体和固体接触处的表面现象.润湿和不润湿决定于液体和固体的性质.同一种液体,能润湿某些固体的表面,但不能润湿另一些固体的表面.例如,水能润湿玻璃,但不能润湿石蜡;水银不能润湿玻璃,

却能润湿干净的锌板、铜板、铁板.

润湿和不润湿是由固、液分子间的相互吸引力(称为附着力),大于或小于液、液分子间相互吸引力(称为内聚力)这种因素决定的.设固体分子与液体分子间引力的有效作用距离为 l,液体分子间引力的有效作用距离为 d,则在液体与固体接触处有一层液体,其厚度为 d 和 l 中的大者,称为附着层,和表面层分子一样,其中分子也处于特殊的状态.只有在附着层内各处,液体分子才受到接触面的影响.

我们先简单地从能量的观点,说明润湿和不润湿现象.考虑附着层中任一分子 A 的受力情况.在内聚力大于附着力的情况下[图 8-15(a)],A 分子受到的合力 f 垂直于附着层指向液体内部.这时,要将一个分子从液体内部移到附着层,必须反抗合力 F 做功,结果使附着层中势能增大.因为势能总是有减小的倾向,因此附着层就有缩小的趋势,从而使液体不能润湿固体.反之,在附着力大于内聚力的情况下[图 8-15(b)],A 分子所受的合力垂直于附着层,但指向固体.这时,

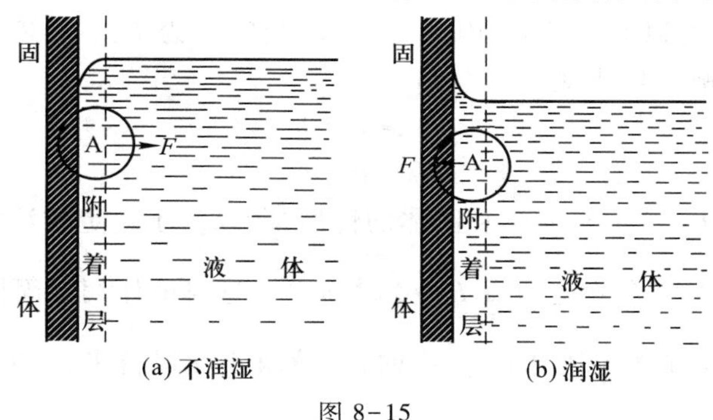

图 8-15

分子在附着层内比在液体内部具有较小的势能,液体分子要尽量挤入附着层,结果使附着层扩展,从而使液体润湿固体.在液体与固体接触处,作液体表面的切线与固体表面的切线,这两切线通过液体内部所成的角度 θ(图 8-16),称为接触角.θ 为锐角时,液体润湿固体;$\theta=0$ 时,液体将展延在全部固体表面上,这时液体完全润湿固体;θ 为钝角时,液体不润湿固体;$\theta=\pi$ 时,液体完全不润湿固体.

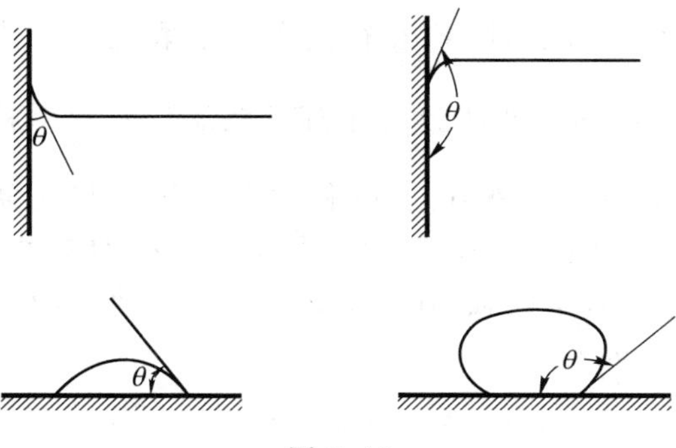

图 8-16

为了说明决定接触角的因素,我们来分析图 8-17 中用虚线截出的三角形小液块(具有一定厚度)的平衡条件.将重力忽略,则小液块受到的力可以分为两部分.一部分是固体给小液块的力 F_A.由于整个固体给任一液体分子的力都垂直于固体表面,所以力 F_A 也垂直于固体表面,而且指向固体内部.另一部分是虚线下面的液体给小液块的力.这一部分决定于小液块底面处的应力.底面可分为附着层内部Ⅰ、液体内部Ⅱ和表面层内部Ⅲ这三个区域.设通过区域Ⅰ作用在小液块上的力是使液体沿固体表面展延的压力 F_C,通过区域Ⅲ作用在小液块上的力是张力 F_T,通过区域Ⅱ作用在小液块上的力,与 F_C 和 F_T 比较,可以忽略不计.因此,小液块受的力为 F_A、F_C 和 F_T 这三个力.由小液块的平衡条件得到

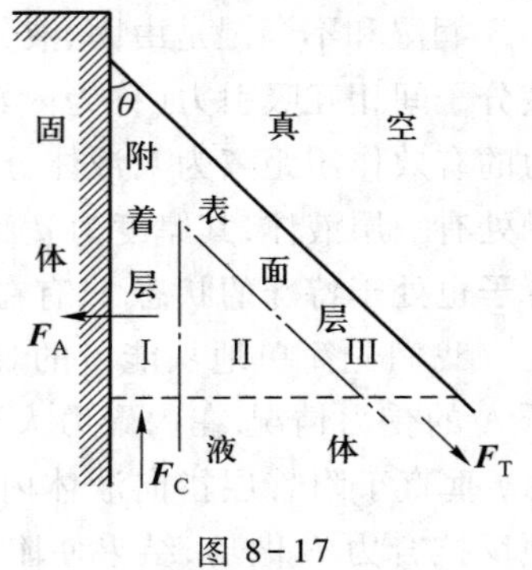

图 8-17

$$F_T\cos\theta = F_C$$
$$F_T\sin\theta = F_A$$

因为 F_A、F_C 和 F_T 决定于液体和固体的性质,所以对于一定的液体和一定的固体,接触角 θ 具有完全确定的值.$F_C>0$ 时,$\theta<\frac{\pi}{2}$,这时液体润湿固体;$F_C=F_T$ 时,$\theta=0$,这时液体完全润湿固体;$F_C>F_T$时,小液块不能保持平衡,θ 也为零;$F_C<0$ 时,$\theta>\frac{\pi}{2}$,这时液体不润湿固体;$F_C=-F_T$ 时,$\theta=\pi$,这时液体完全润湿固体;最后,$F_C<-F_T$ 时,小液块不能保持平衡,θ 也为 π.

润湿和不润湿现象在工业上有很重要的应用.例如,在浮选矿石时,把矿物细末与一定的液体混成泥浆,然后加入一定量的酸使之与砂石反应生成气泡,矿粒与气泡相接触时,由于矿粒与液体不润湿,矿粒就黏附在气泡上而为气泡带到表面上去,砂石因与液体润湿仍留在槽底,就这样将矿粒与砂石分离开来.在制备金属陶瓷时,液体金属是否能将陶瓷颗粒黏结起来,以及金属陶瓷在烧结后的组织结构及性能,都在很大程度上取决于液体金属与陶瓷颗粒间的润湿程度,在 $\theta<\frac{\pi}{2}$时,液体金属才有可能流到陶瓷颗粒间并将它们黏结起来.接触角越小,黏结情况越好.往往利用合金化来改变金属与陶瓷间润湿情况.例如,纯镍与 TiC 间接触角是 30°,当镍中含有 10%的钼时,接触角就降为零.液体金属中加入微量的钛(0.1%)后,与氧化物间的接触角就有可能由大于 90°转而为小于 90°.

六、毛细现象

将极细的玻璃管插入水中时,可以看到,管子里的水面会升高,而且管的内

径越小,水面升得越高.如果将这些玻璃管插入水银中,情形正好相反,管子里的水银面会降低,而且管的内径越小,水银面降得越低.这种润湿管壁的液体在细管里升高,而不润湿管壁的液体在细管里降低的现象,称为**毛细现象**.能够发生毛细现象的管子叫做毛细管,如纸张、灯芯、纱布、土壤以及植物的根、茎等都是.这种重要现象是由表面张力和接触角所决定的.

动画:毛细现象

我们先来研究液体润湿管壁的情形.这时,当毛细管刚插入液体中时,由于接触角为锐角,液面就变为凹面,使液面下方 B 点的压强比液面上方的大气压小,而在平液面处与 B 点同高的 C 点的压强仍与液面上方的大气压相等.根据流体静力学的基本原理,流体静止时同高两点的压强应相等,因此,液体不能平衡而要在管子中上升,一直升到 B 点和 C 点的压强相等为止(图 8-18).

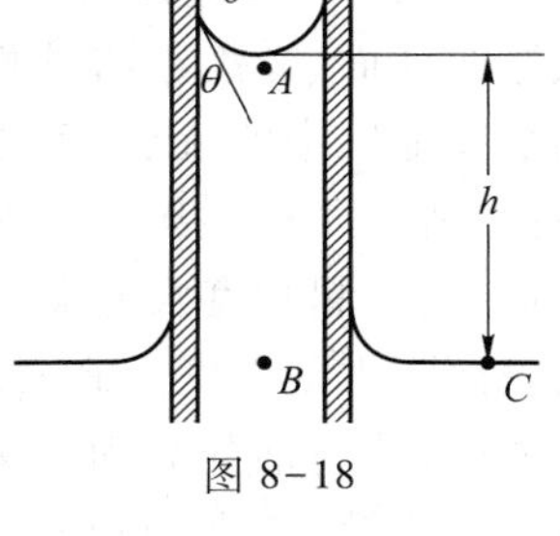

图 8-18

设细管截面为圆形,则凹面可以近似地看作半径为 R 的球面,因此 A 点的压强比大气压 p_0 小一量$\frac{2\gamma}{R}$,即

$$p_A = p_0 - \frac{2\gamma}{R}$$

式中 γ 是液体表面张力系数.因 B 点与 A 点的高度差为 h,所以,根据流体静力学的基本原理,B 点的压强为

$$p_B = p_A + \rho g h = p_0 - \frac{2\gamma}{R} + \rho g h$$

B 点与 C 点高度相同,压强也应相同,而 C 点的压强即为大气压强 p_0,所以

$$p_B = p_0 - \frac{2\gamma}{R} + \rho g h = p_0$$

因而

$$\frac{2\gamma}{R} = \rho g h$$

由图 8-18 可知

$$R = \frac{r}{\cos\theta}$$

式中 r 为毛细管的半径,θ 为接触角.将上式代入前式后得到

$$h = \frac{2\gamma\cos\theta}{\rho g r} \tag{8.15}$$

这说明毛细管中液面的上升高度与表面张力成正比,与毛细管的半径成反比.因而,管子越细,液面上升就越高.这关系可以用来准确测定液体的表面张力.

在液体不润湿管壁的情形下,管中液面为凸面,附加压强是正的,因此液面要下降一段距离 h,直到同高的两点 A 与 B 压强相等为止(图 8-19).用同样的方法可以证明,这时(8.15)式仍适用.由于接触角 θ 是钝角,因此(8.15)式得出的 h 是负的,而负号就表示这时管中液体不是上升,而是下降.

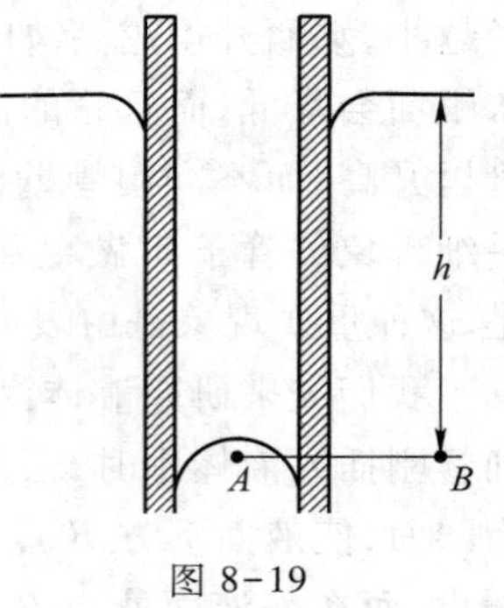

图 8-19

石油和地层水、天然气一起贮存在地层的多孔砂岩中.这些多孔砂岩的孔道都是极细小的毛细管,在这些毛细管中,石油与水在和天然气的接触处形成弯曲液面.这些弯曲液面所产生的附加压强阻碍石油在地层中的流动,降低石油流动的速度,使产量降低,情况严重时甚至使油井作废.因此在石油开采工业中,控制和克服毛细管压力是一个重要问题.现在人们正在试用各种方法,按表面张力随温度升高而减小的原理,将加入表面活性物质的热水或热泥浆打入岩层,使石油的表面张力变小,从而减小由弯曲液面而产生的附加压强,使石油易于流动.有时还同时加入稀盐酸,一方面降低表面张力,另一方面又可以腐蚀砂岩中的毛细管使其变大,油就容易流出,有时这种石油竟占全部储量的50%以上,加表面活性物质降低油与岩石的润湿的程度后就可大大提高石油的开采量.

保持土壤中的水分是农业增产的一个极重要的问题.土壤中的水分根据储存情况的不同,分为重水,吸附水和毛细水三种.重水在土壤中不能长久保持,很快就会渗到地层深处,被吸附在土壤颗粒上的吸附水,不能被植物吸收,所以这两种水对植物的生长来说效用较低.毛细水不仅能被植物吸收,而且能很好保存,所以毛细水是植物吸收水分的主要来源.对于一般植物(水稻、茭白之类除外),土壤的含水量为60%左右最为适合.过多则毛细管全部为水分充满,空气不能流通,过少则植物得不到充足的水分,这对植物的生长都不利.灌溉时必须适量的原因就在于此.有的土壤毛细管结构不好,植物不能很好生长.增加腐殖质不仅增加肥料,还可以改变土壤的毛细结构,增加毛细水的贮量.旱天播种后常常把地面压紧,这样可以使土壤颗粒构成很好的毛细管,水分沿管上升到地面,浸润种子使其发芽.而冬耕的主要目的之一就是破坏土壤的毛细管,使水分不易上升至地面蒸发掉.

毛细现象在生理学中有很大作用,因为植物和动物的大部分组织,都是以各种各样的管道连通起来的.

[例题 4]　如图 8-20 所示两铅垂玻璃平板部分浸入水中,设其间距为 $d=0.50$ mm,问两板间水上升高度 h 为多少? 水的表面张力系数 $\gamma=7.3\times 10^{-2}$ N/m,接触角 θ 可视为零.

[解]　两玻璃平板间水面是柱面,考虑到接触角 θ 等于零,两相互垂直的正截口的曲率半径分别为

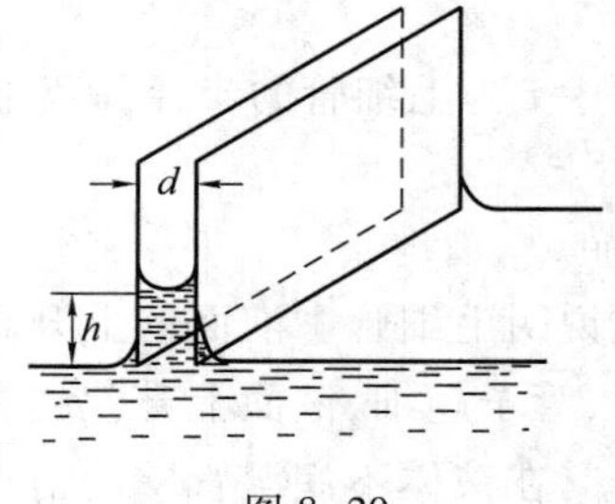

图 8-20

$$R_1=\frac{d}{2},R_2=\infty$$

根据拉普拉斯公式,附加压强为

$$p=\gamma\left(\frac{1}{R_1}+\frac{1}{R_2}\right)=\frac{2\gamma}{d}$$

因而,根据流体静力学的基本原理,水上升高度为

$$h=\frac{p}{\rho g}=\frac{2\gamma}{\rho g d}=3.0\times10^{-2}\ \mathrm{m}$$

[例题 5]　如图 8-21 所示在内半径 $r=0.30$ mm 的毛细管中注水,一部分水在管的下端形成一水滴,其形状可以认为是半径为 $R=3$ mm 的球的一部分,求管中水柱的长度 h.水的表面张力系数 $\gamma=7.3\times10^{-2}$ N/m.

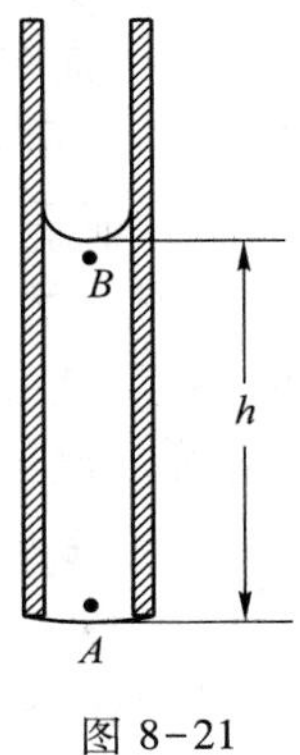

图 8-21

[解]　A 点的压强 p_A 等于大气压强 p_0 与附加压强 $\frac{2\gamma}{R}$ 两者之和,即

$$p_A=p_0+\frac{2\gamma}{R}$$

B 点的压强 p_B 等于 p_0 与附加压强 $\frac{2\gamma}{r}$ 之差,即

$$p_B=p_0-\frac{2\gamma}{r}$$

根据流体静力学的基本原理

$$p_A-p_B=\rho g h$$

因而

$$h=\frac{p_A-p_B}{\rho g}=\frac{\frac{2\gamma}{R}+\frac{2\gamma}{r}}{\rho g}=\frac{2\gamma}{\rho g}\left(\frac{1}{R}+\frac{1}{r}\right)=5.5\times10^{-3}\ \mathrm{m}$$

附录 8-1　液晶的应用

从上个世纪七十年代开始,液晶在显示器领域的应用打开了液晶显示器(Liquid Crystal Display-LCD)行业的开端。从最早的液晶显示手表,到夏普的液晶显示的计算器,那时的液晶显示都是黑白的。同时,黑白的液晶电视也在开发。从液晶种类上看,先是扭曲向列型(Twist Nematic-TNLCD)液晶分子扭曲角度为 90°,而后是超扭曲向列型(Super Twist Nematic-STN LCD)液晶分子的扭转角度加大,呈 180°或 270°,再后来是双层超扭曲向列型(Double Layer STN-DSTN LCD)。直到九十年代初,薄膜晶体管型(Thin Film Transistor-TFT LCD)液晶显

示模式的出现才使液晶显示器有了较大的发展。特别是进入二十一世纪之后,液晶显示技术有了飞跃式的发展,作为液晶显示主要应用的液晶电视,先后战胜了背投电视、等离子体电视等,成了电视的主流产品。随着技术与工艺的发展,液晶电视的厚度越来越薄,尺寸越来越大(到 2014 年年底为止,世界上最大尺寸的液晶电视是我国深圳制造的 110 英寸显示屏,显示面积达 3.34 m^2)。同时,液晶电视的分辨率,也完全满足全高清电视(Full High Definition Television,或称高分辨率电视)的标准。实际物理分辨率能达到 1 920×1 080P(也就是水平方向的分辨率要达到 1 920 个像素,垂直分辨率要达到 1 080条扫描线)。

液晶显示器的另一个重要应用是在智能手机上,像高清晰液晶电视一样,最近几年智能手机的发展也经历着日新月异的变化,每年都有推陈出新的产品,国外的品牌如苹果、三星等,国内品牌如华为、中兴、小米等。智能手机正改变着人们的生活,它已经远远超出了传统手机电话的功能,利用 WiFi,或者 3G、4G 网络,乃至 5G 网络,它能使人们足不出户就能掌握最新的资讯、网上学习、网上买卖、电影电视、游戏娱乐……

除了以上叙述的两大应用之外,液晶显示器还广泛地应用在办公设备、仪器仪表和生活用品的方方面面。

在这里,还要特别提一下,液晶可以作为一种物理光学器件,通过调节加在它上面的电压,可使通过它的两种偏振光的位相差随着电压而变化。它可以是二分之一波片或者四分之一波片,也可以是任意相位差的补偿器。有兴趣的读者,可以从物理光学的专著中,找到更详细的内容。

第八章思考题

1. 说明液体分子的排列情况和热运动情况.

2. 为什么说定居时间 τ 的大小既体现了分子力的作用,又体现了热运动的作用?

3. 液晶的特点是什么?它存在于什么温度范围内?它有哪三种类型?各有什么特点和应用?

4. 在熔化前后,固体热容与液体热容相差很少这一事实说明什么问题?

5. 液体的热膨胀系数与温度有什么关系?与压强有什么关系?

6. 说明液体中热传导的机制.

7. 为什么液体中物质的扩散系数随着温度的升高增加得很快?

8. 为什么液体的黏度和温度的关系与气体截然不同?

9. 扩大液面要做多少功?所做的功转化为什么能量?

10. 一滴较大的水银掉到地面上,分成许多小的水银滴,需要供给多大的能量?

11. 吹肥皂泡时,当管的一端不继续吹气时,为什么在管的另一端所吹出的肥皂泡要慢慢缩小？

12. 大小两个肥皂泡，用玻璃管连通着，其中哪一个肥皂泡要缩小，缩小到什么程度为止？

13. 何谓接触角？何谓湿润与不湿润？从微观上加以说明.

14. 为什么毛细管插入水中时，管子里的水面会升高，插入水银中时，管子里的水银面会降低？

15. 一半径为 r 的毛细管插入水中，如图 8-22 所示. 问图中 A、B、C、D、E 各点的压强多大？

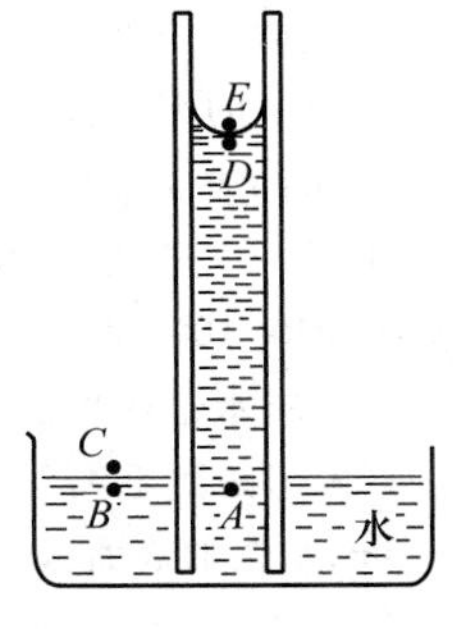

图 8-22

第八章习题

1. 在 20 km^2 的湖面上，下了一场 50 mm 的大雨，雨滴半径

$$r = 1.0 \text{ mm}$$

设温度不变，求释放出来的能量.

2. 图 8-23 是测表面张力系数的一种装置，先将薄铜片放入待测液体中，慢慢提起铜片，使它绝大部分都露出液面，刚要离开但还没有离开液面，测得此时所用的上提力 F，即可测得表面张力系数. 设待测液体与铜片的接触角 $\theta=0$，铜片的质量 $m=5.0\times10^{-4}$ kg，铜片的宽度 $l=3.977\times10^{-2}$ m，厚度 $d=2.3\times10^{-4}$ m，$F=1.07\times10^{-2}$ N，求液体的表面张力系数.

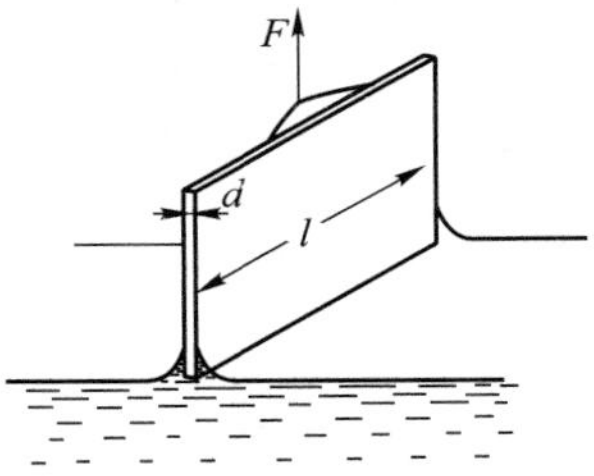

图 8-23

3. 一球形泡，直径等于 1.0×10^{-5} m，刚处在水面下，如水面上的气压为 1.0×10^{5} Pa，求泡内压强. 已知水的表面张力系数 $\gamma=7.3\times10^{-2}$ N/m.

4. 一个半径为 1.0×10^{-2} m 的球形泡，在压强为 1.0136×10^{5} Pa 的大气中吹成. 如泡膜的表面张力系数 $\gamma=5.0\times10^{-2}$ N/m，问周围的大气压强多大，才可使泡的半径增为 2.0×10^{-2} m？设这种变化是在等温情况下进行的.

5. 在深为 $h=2.0$ m 的水池底部产生许多直径为 $d=5.0\times10^{-5}$ m 的气泡，当它们等温地上升到水面上时，这些气泡的直径多大？水的表面张力系数 $\gamma=7.3\times10^{-2}$ N/m.

6. 将少量水银放在两块水平的平玻璃板间. 问什么负荷加在上板时，能使两板间的水银厚度处处都等于 1.0×10^{-4} m，并且每板和水银的接触面积都为 4.0×10^{-3} m^2？设水银的表面张力系数 $\gamma=0.45$ N/m，水银与玻璃的接触角 $\theta=135°$.

7. 在图 8-24 所示的 U 形管中注以水. 设半径较小的毛细管 A 的内径为 $r=5.0\times10^{-5}$ m，半径较大的毛细管 B 的内径为 $R=2.0\times10^{-4}$ m，求两管水面的高度差 h. 水的表面张力系数 $\gamma=7.3\times10^{-2}$ N/m.

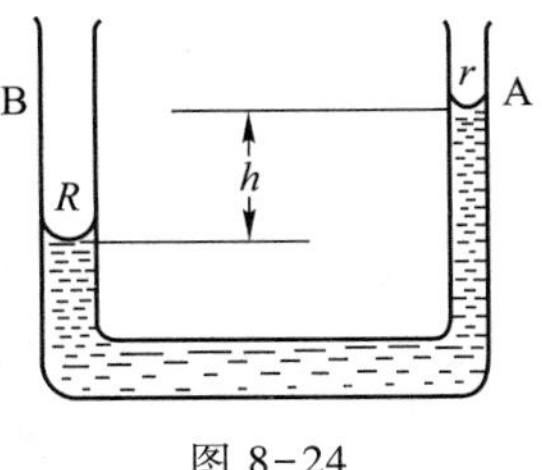

图 8-24

8. 在内径为 $R_1=2.0\times10^{-3}$ m 的玻璃管中，插入一半径为 $R_2=1.5\times10^{-3}$ m的玻璃棒，棒与管壁间的距离是到处一样的，求水在管中上升的高度. 已知水的密度 $\rho=1.00\times10^{3}$ kg/m^3，表面张力系数 $\gamma=7.3\times10^{-2}$ N/m与玻璃的接触角 $\theta=0$.

9. 玻璃管的内直径 $d=2.0\times10^{-5}$ m，长为 $l=0.20$ m，垂直插入水中，管的上端是封闭的.问插入水面下的那一段的长度应为多少，才能使管内外水面一样高？已知大气压 $p_0=1.013\times10^5$ Pa，水的表面张力系数 $\gamma=7.3\times10^{-2}$ N/m，水与玻璃的接触角 $\theta=0$.

10. 将一充满水银的气压计下端浸在一个广阔的盛水银的容器中，读数为 $p=0.950\times10^5$ Pa.

（1）求水银柱高度.

（2）考虑到毛细现象后，真正的大气压强多大？已知毛细管的直径 $d=2.0\times10^{-3}$ m，接触角 $\theta=\pi$，水银的表面张力系数 $\gamma=0.49$ N/m.

（3）若允许误差 0.1%，求毛细管直径所能允许的极小值.

11. 一均匀玻璃管的内径为 $d=4.0\times10^{-4}$ m，长为 $l_0=0.20$ m，水平地浸在水银中，其中空气全部留在管中，如果管子浸在深度为 $h=0.15$ m 处，问管中空气柱的长度 l 等于多少？已知大气压强 $p_0=1.013\times10^5$ Pa，水银的表面张力系数 $\gamma=0.49$ N/m，与玻璃的接触角 $\theta=\pi$.

第九章　相　　变

自然界中许多物质都是以固、液、气三种聚集态存在着的，它们在一定的条件下可以平衡共存，也可以互相转变.例如，在一大气压下，在 0 ℃时，冰与水可以平衡共存，这时，在加热时冰可以熔化为水，在提取热量时水可以凝结成冰，即冰与水可以互相转化.所谓相，指的是系统中物理性质均匀的部分，它和其他部分之间有一定的分界面隔离开来.因此，在冰和水的组成系统中，冰是一个相，水也是一个相，共有两个相.又如，酒精可以溶解于水，因而水和酒精的混合物只是一个相.冰和水组成的系统虽然有两个相，但只有一种化学成分不同的物质，这种系统称为单元复相系.单元指的是单一物质，复相指的是有两个以上的相.纯金属是单元系，合金是多元系.上面说的水和酒精的混合物是一个二元系.对固体说，不同的点阵结构对应于不同的物理性质，因此，固体可以有多种不同的相.例如，金刚石和石墨是碳的两个固相；α 铁、β 铁、γ 铁和 δ 铁是铁的四个固相；冰有七个固相.一些棒状的高分子材料，由固相转变为液相时，在中间还会形成一些中介相，即液晶，液晶也可以有几种不同的相.不同相之间的相互转变称为相变.相变是十分普遍的物理过程，在生产和科学技术的各个部门中（如热力工程、冶金工程、化学工业、气象学等）都广泛地涉及各种相变过程.

§9-1　单元系一级相变的普遍特征

物质的相变通常是由温度变化引起的.在一定压强下，当温度升高到或降低到某一值时，相变就会发生.也就是说，在一定压强下，相变是在一定的温度下发生的.众所周知，在一大气压下，冰在 0 ℃时熔化为水，水在 100 ℃时沸腾而变为蒸汽.由于相变时，固、液、气三相每摩尔物质所占体积不同，所以，对于单元系固、液、气三相的相互转变来说，相变时体积要发生变化.其次，在单元系固、液、气三相的相互转变过程中，还要吸收或放出大量的热量，这种热量称为相变潜热.例如，0 ℃和一大气压下，1 kg 冰要吸收 3.33×10^5 J 的热量才能转化为同温度时的水，100 ℃和一大气压下，1 kg 水要吸收 2.27×10^6 J 的热量才能转化为同温度的水蒸气.可见，单元系固、液、气三相的相互转变过程，具有两个特点，即相变时体积要发生变化，并伴有相变潜热.在有几个固相时，固相之间相互转变也具有这两个特点.凡具有这两个特点的相变都称为一级相变.另有一类相变，在相变时体积不发生变化，也没有相变潜热，只是热容、体膨胀系数、等温压缩率这些物理量发生突变.这类相变称为二级相变.例如，铁磁性物质在温度升高时转变为顺磁性物质，氦在温度降低时由正常氦转变为超流性氦,在无外磁场的情况下,温度降低时超导物质由正常态转变为超导态等等,这类相变都是二级相变.顺便提及,相变的分类所依据的是,相变时吉布斯自由能($G=U+pV-TS$)及其导数的连续性.一级相变时,G 本身连续,但它对温度的一阶导数不连续.二级相变时,G 及其一阶导数都连续,但二阶导数不连续.推而广之,$n(n\geqslant2)$级相变时,G 及其从 1 到 $n-1$ 阶导数都连续,但 n 阶导数不连续.二级和二级以上相变统称为连续相变.目前,自然界中只观察到一级相变和二级相变.本章只讨论单元系的一级相变.

一、相变时体积变化

在液相转变为气相时,气相的体积总是大于液相的体积的.例如,在一个大气压下,水的沸点为373.15 K,此时水的比体积为 $1.043\ 46\times10^{-3}\ m^3/kg$,水蒸气的比体积为 $1.673\ 0\ m^3/kg$.在固相转变为液相时,对大多数的物质说,熔化时体积要增大,但也有少数物质,如水、铋、灰铸铁等,在熔化时体积反而要缩小.所以在浇铸钢锭时,锭模的顶部要加帽口,以便使浇铸的钢水体积稍多一点,来补偿凝固时的收缩.由于灰铸铁凝固时体积反而要膨胀,使铸件的形状直到细微部分都和模型很好地符合.铸造印刷用的铅字时,要在铅中加入锑、铋等金属,也是利用这种合金在凝固时体积膨胀的性质,以保证字形细微部分的清晰.冬季露在外面的水管,要采取妥善的保温措施(例如包扎稻草),不然因为结冰时体积膨胀,有可能将水管冻裂.

二、相变潜热

设 u_1 和 u_2 分别表示 1 相和 2 相单位质量的内能,v_1 和 v_2 分别表示 1 相和 2 相的比体积,即单位质量的体积,则根据热力学第一定律,单位质量物质由 1 相转变为 2 相时,所吸收的相变潜热 l 应等于内能的增量 u_2-u_1 加上克服恒定的外部压强 p 所做的功 $p(v_2-v_1)$,即

$$l=(u_2-u_1)+p(v_2-v_1) \tag{9.1}$$

因此,潜热 l 可以分为两部分:一部分是 u_2-u_1,它表示两相的内能之差,称为内潜热;另一部分是 $p(v_2-v_1)$,它表示相变时克服外部压强所做的功,称为外潜热.如用 h_1 和 h_2 分别表示 1 相和 2 相单位质量的焓,则由

$$h_1=u_1+pv_1$$
$$h_2=u_2+pv_2$$

可将(9.1)式写成

$$l=h_2-h_1 \tag{9.2}$$

(9.2)式就是用焓表示相变潜热的公式.表 9-1 列出了一些物质的摩尔汽化热和沸点.

表 9-1 一些物质的摩尔汽化热和沸点

物 质		摩尔汽化热 $l_v/(10^3\text{J}\cdot\text{mol}^{-1})$	沸点/K
氖	Ne	1.740	27.2

续表

物　　质		摩尔汽化热 $l_v/(10^3\mathrm{J}\cdot\mathrm{mol}^{-1})$	沸点/K
氩	Ar	6.531	87.3
氟	F_2	6.540	85.0
氯	Cl_2	20.42	239
氯化氢	HCl	16.16	188
氮	N_2	5.569	77.3
氧	O_2	6.825	90.2
水	H_2O	40.68	373
二氧化硫	SO_2	24.54	263
氨	NH_3	23.36	240
甲　烷	CH_4	8.166	112
四氟化碳	CF_4	12.60	145
乙　烷	C_2H_6	14.72	185
钠	Na	91.28	1 156
汞	Hg	59.03	630
锌	Zn	116.1	1 180
铅	Pb	192.6	1 887

表 9-2 列出了一些物质的摩尔熔化热和熔点.

表 9-2　一些物质的摩尔熔化热和熔点

物　　质		摩尔熔化热 $l_m/(\mathrm{J}\cdot\mathrm{mol}^{-1})$	熔点 T_m/K
钠	Na	2 550	370.7
钾	K	2 300	336.1
铷	Rb	2 180	312
铜	Cu	11 300	1 356
银	Ag	11 300	1 235
锌	Zn	7 500	692.5
镉	Cd	6 300	594.0
铊	Tl	6 150	563
汞	Hg	2 340	234.1
氖	Ne	335	24.5
氩	Ar	1 120	83.8
氪	Kr	1 630	116

[例题 1] 在外界压强 $p=1.013\times10^5$ Pa 时,水的沸点为 100 ℃,这时汽化热为 $l=2.26\times10^6$ J/kg.已知这时水蒸气的比体积 $v_2=1.673\ \mathrm{m^3/kg}$,水的比体积为 $1.04\times10^{-3}\ \mathrm{m^3/kg}$,求内潜热和外潜热.

[解] 外潜热为

$$p(v_2-v_1)=1.013\times10^5\times(1.673-0.001)\ \mathrm{J/kg}$$
$$=1.69\times10^5\ \mathrm{J/kg}$$

内潜热为

$$u_2-u_1=l-p(v_2-v_1)$$
$$=2.09\times10^6\ \mathrm{J/kg}$$

[例题 2] (1) 求温度为 250 ℃时水的汽化热;

(2) 求压强为 1.52×10^6 Pa 时水的沸点和汽化热.

[解] (1) 由"水蒸气热力特性表"①书中的表 I 可以查得,250 ℃时水和水蒸气的焓分别为

$$h_1=1.09\times10^6\ \mathrm{J/kg}$$
$$h_2=2.80\times10^6\ \mathrm{J/kg}$$

因而由公式(9.2)求得汽化热为

$$l=h_2-h_1=1.71\times10^6\ \mathrm{J/kg}$$

(2) 由"水蒸气热力特性表"一书中的表 Ⅱ,查得压强 $p=1.52\times10^6$ Pa 时水的沸点为

$$t_b=197.36\ ℃$$

在这温度下,水和水蒸气的焓分别为

$$h_1=8.46\times10^5\ \mathrm{J/kg}$$
$$h_2=2.79\times10^6\ \mathrm{J/kg}$$

由此求得汽化热为

$$l=h_2-h_1=1.95\times10^6\ \mathrm{J/kg}$$

§9-2 气液相变

一、蒸发与凝结 饱和蒸气压

物质由气相转变为液相的过程叫做凝结,相反的过程叫做汽化.1 kg 液体汽化时所需吸收的热量,称为汽化热.汽化热与汽化时温度有关.温度升高时汽化热减小.这是由于,随着温度的升高,气相与液相之间的差别逐渐减小的缘故.

液体的汽化有蒸发和沸腾这两种不同的形式.蒸发是发生在液体表面的汽化过程,任何温度下都在进行.沸腾是在整个液体内部发生的汽化过程,只在沸点下才能进行.虽然如此,但从相变的机制看,两者并无根本区别.在沸腾时相变仍在气液分界面上以蒸发的方式进行,只是液体内部大量涌现小气泡,因而大大

① 水利电力出版社 1972 年出版.

增加了气液之间的分界面.

从微观上看,蒸发就是液体分子从液面跑出的过程.因为分子从液面跑出时,需要在表面层中克服液体分子的引力做功,所以能跑出去的只是那些热运动动能较大的分子.这样,如果不从外界补充能量,蒸发的结果将使留在液体中的分子的平均热运动动能变小,从而使液体变冷.例如,身上沾水后会感到凉快就是这个缘故.另一方面,蒸气分子还不断地返回液体中去,凝结成液体.因此,液体蒸发的数量,实际上是上述两种相反过程相抵消后的剩余部分,也就是液体分子跑出液面的数目,减去蒸气分子进入液面的数目.

对于同一种液体,影响蒸发的因素很多,主要有以下几种:① 表面积:由于蒸发过程发生在液体的表面,所以表面积越大,蒸发就越快,例如,晾开的湿衣服要比团在一起的湿衣服干得快;② 温度:温度越高,液体分子热运动的平均动能越大,能够跑出液体表面的分子数就越多,因而蒸发也就越快,用太阳晒或火烤使物体干燥,就是根据这个道理;③ 通风:液面上通风情况好,可以促使液体中跑出来的分子更快地向外扩散,减少它们重新返回液体的机会,因而蒸发就会加快,有风时湿衣服干得快就是这个原因.

前面谈到的是液面敞开时的蒸发现象.这时蒸气分子向远处扩散,返回液体的分子数总是小于跑出液面的分子数,因此液体不断蒸发,直到液体全部转变为蒸气时,蒸发过程才停止.在密闭的容器里,情况就不是如此.这时随着蒸发过程的进行,容器内蒸气的密度不断增大,因而返回液体的分子数也不断增多,直到单位时间内跑出液体的分子数等于单位时间内返回液体的分子数时,宏观上看来蒸发现象就停止了.这种与液体保持动态平衡的蒸气叫做饱和蒸气,它的压强叫做饱和蒸气压,容易蒸发的液体饱和蒸气压大,不易蒸发的液体饱和蒸气压小.例如,乙醚在 20 ℃时饱和蒸气压为 5.82×10^{4} Pa,水在 20 ℃时饱和蒸气压为 2.33×10^{3} Pa,酒精在 20 ℃时的饱和蒸气压为 5.93×10^{3} Pa.温度越高,具有足够速度能跑出液面的分子数就越多,因此,与液体保持动态平衡的饱和蒸气的密度也应越大.这说明饱和蒸气压随温度的升高而增大.由于在一定温度下,单位时间内返回液体的分子数,只决定于蒸气的密度,因此,当两相达到平衡时,蒸气的密度具有恒定的值,这就使得饱和蒸气压与蒸气所占的体积无关,也和这体积中有无其他气体没有关系.

饱和蒸气压的大小还与液面的形状密切有关.由图 9-1(a)可见,在凹液面情形下,分子逸出液面所需做的功比平液面时大,因要多克服图中画斜线部分液体分子的引力而做功.因此,单位时间内逸出凹液面的分子数比平液面时少,从而使饱和蒸气压比平液面时小.同理可知,分子逸出凸液面所需做的功,要比平液面时小,因不必克服图 9-1(b)中画斜线部分液体分子的引力而做功,从而使凸液面上方饱和蒸气压比平液面时大.需要指出的是,由于引力的有效作用距离很短(数量级为 10^{-9} m),所以弯曲液面与平液面上方饱和蒸气压之间的差别,只有当气液分界面的曲率半径很小时,如形成小液滴或小气泡,才会显示出来.

在蒸气凝结的初阶段,形成的液滴很小,相应的饱和蒸气压就很大.因此,有时蒸气压超过平面上饱和蒸气压几倍以上也不凝结,这种现象叫**过饱和**,这种蒸

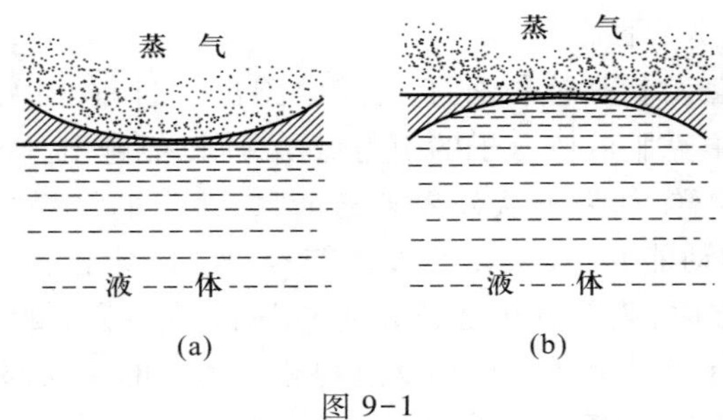

(a) (b)

图 9-1

气叫做过饱和蒸气.但在通常条件下,凝结很易发生,这是由于蒸气中充满了尘埃和杂质等小微粒,它们起着凝结核的作用.当这些微粒表面凝上一层液体后,便形成半径相当大的液滴,凝结就易于发生.在有凝结核时,蒸气压只需超过饱和蒸气压1%,液滴便可形成.

视频:大雨和小雨

带电的粒子和离子都是很好的凝结核,静电吸引力使蒸气分子聚集在它的周围而形成液滴.原子核物理中所用的云室就是根据这现象设计的.高能量的带电基本粒子在其运动途径中会形成离子,这些离子就成为凝结核,使云室中的过饱和水蒸气凝结在它上面,形成雾状踪迹,因而就可以观察到粒子的轨迹.

由水滴构成的云称为暖云,在暖云中有大小水滴共存时,由于各水滴上的饱和蒸气压不同,平衡不能维持,小的水滴将蒸发,蒸汽将在大的水滴上凝结,大水滴不断长大,最后落到云外成雨.温度低于0 ℃时云中水滴形成冰晶,这种云称为冷云,但往往有一部分水滴不凝固而与冰晶共存,这种云称为混合云.在冷云和混合云中,由于冰晶大小不同,或由于冰晶上的饱和蒸气压小于水滴上的饱和蒸气压,有些冰晶不断长大,最后落到云外就成为雪和雨.

在不降水的冷云或混合云中,水滴、蒸汽、冰晶呈相对的稳定状态.如用人工的方法使在云中产生大量冰晶,就可以破坏这种状态而达到人工降水的目的.常用的方法有降温和引入凝结核两种.例如,将干冰(固态 CO_2)引入云中,就可以用降温的方法在云中形成大量冰晶,而将碘化银粉末引入云中时就可以作为凝结核而产生大量冰晶.

对于不降水的暖云来说,要人工降水,常用小水滴或饱和食盐水作为凝结核.

二、沸腾

在一定压强下,加热液体达某一温度时,液体内部和器壁上涌现出大量的气泡,整个液体上下翻滚剧烈汽化,这种现象称为沸腾,相应的温度称为沸点.例如,在一大气压下水的沸点是100 ℃.沸点与液面上的压强有关,压强越大,沸点越高.沸点与液体的种类有关,各种液体具有不同的沸点.化工上就是利用这一点去分馏各种混合液体的.沸腾时由于汽化的剧烈进行,外界供给的热量全部用于液体的汽化上,所以沸腾的温度不再升高,直到液体全部变成气体为止.

首先,我们定性地说明液体沸腾的条件.一般液体的内部和器壁上,都有很多小的气泡.气泡内部的蒸气,由于液体的不断蒸发,总是处在饱和状态,其压强为饱和蒸气压 p_0.随着温度的升高,p_0 不断增大,从而使气泡不断地胀大,但只要气泡内部饱和蒸气压 p_0 小于外界的压强 p,气泡还能维持平衡.一当气泡内部饱和蒸气压 p_0 等于外界压强 p 时,气泡无论怎样胀大也不能维持平衡,此时气泡将骤然胀大,并在浮力的作用下迅速上升,到液面时破裂开来,放出里面的蒸气,整个液体都在翻滚而温度保持不变,从而出现沸腾现象.由此可见,液体沸腾的条件就是饱和蒸气压和外界压强相等.由于沸腾时液体内部大量涌现小气泡,而且小气泡迅速胀大,从而大大地增加了气液之间的分界面,使汽化过程在整个液体内部都在进行,这和蒸发情形下的汽化方式很不相同,蒸发时汽化仅在液体表面上才能发生.需要指出的是,蒸发和沸腾只是汽化的方式不同而已,相变的机制是相同的,都是在气液分界面处以蒸发的形式进行.

现在,我们来定量地分析小气泡的平衡条件.泡内的压强就是泡内气体的压强$\frac{mRT}{MV}$和这温度下的饱和蒸气压 p_0 这两部分之和,式中$\frac{m}{M}$是泡内气体的物质的量(ν),泡外的压强就是气泡处的外加压强 p.在平衡时,泡内外的压强差应等于由表面张力所引起的附加压强

$$\Delta p=\frac{2\gamma}{r}=2\gamma\left(\frac{4\pi}{3}\right)^{1/3}\frac{1}{V^{1/3}}=\frac{\beta}{V^{1/3}}$$

式中的 γ 是液体的表面张力,r 是气泡的半径,V 是气泡的体积,$\beta=2\gamma\left(\frac{4\pi}{3}\right)^{1/3}$.所以平衡条件为

$$\left(p_0+\frac{\nu RT}{V}\right)-p=\frac{\beta}{V^{1/3}}$$

即

$$p+\frac{\beta}{V^{1/3}}=p_0+\frac{\nu RT}{V}$$

温度升高时,饱和蒸气压增大,这时必须增大体积 V 才能保持平衡.体积增大时,$\frac{\nu RT}{V}$比$\frac{\beta}{V^{1/3}}$减少得快些,因此可以达到新的平衡.随着温度的升高,气泡不断胀大.当饱和蒸气压 p_0 增大到外界压强 p 时,就不能再靠气泡的胀大维持平衡,这时附在器壁上和杂质微粒上的气泡便急剧地胀大,到气泡所受的浮力能挣脱器壁或杂质微粒上的吸力时便从液体中涌现出来.这时汽化不仅在液面上发生,在小气泡急剧胀大的过程中,液体也在小气泡内部急剧地汽化,因此随着大量气泡的冒出,液体就急剧汽化.可见,沸点就是饱和蒸气压等于外界压强的温度.因为饱和蒸气压必须增大到和外界压强相等时才能沸腾,所以沸点随外界压强的增大而升高.

在密闭容器中,由于液面上的压强至少等于饱和蒸气压(因可能还有其他

气体存在),所以液体内气泡永远形不成.因此,密闭容器中的液体不能沸腾,如果我们用在容器上方浇冷水等方法降低液面上气体的温度,使液面上的蒸气压低于这时液体的饱和蒸气压,则沸腾仍能发生.

沸腾时,液体内部和器壁上的小气泡起着所谓汽化核的作用,它使液体在其周围汽化.久经煮沸的液体,因缺乏气泡,即缺少汽化核,可以加热到沸点以上还不沸腾,这种液体称为过热液体.过热液体中虽缺少小气泡,但由于涨落,有些地方的分子具有足够的能量可以彼此推开而形成极小的气泡.这种气泡的线度只数倍于液体分子间的距离,因此内部的饱和蒸气压很微小.当过热液体继续加热而使温度大大高于沸点时,极小气泡中的饱和蒸气压就能超过外界的压强,这时气泡胀大,而同时饱和蒸气压也迅速增大,使气泡膨胀得非常之快,甚至发生爆炸而将容器打破.这种现象称为暴沸.为了避免暴沸,锅炉中的水在加热前,要加进一些溶有空气的新水或放进一些附有空气的细玻璃管的碎片和无釉的陶瓷块等.

前面提到过,在云室中观察带电粒子轨迹的原理是,带电粒子通过过饱和蒸气时会产生凝结核.与这类似,带电粒子通过过热液体时,会在其轨迹附近产生汽化核,因而形成气泡,从而显示出带电粒子的轨迹.在基本粒子研究中用到的气泡室,就是根据这个原理制成的.在气泡室中的液体(丙烷、液体氢等)处于高度的过热状态,这时,如有带电粒子通过液体,就可用闪光照相摄取所形成的无数小气泡,从而显示出带电粒子的轨迹.

三、等温相变

使气体液化有各种不同的方法.为了便于掌握气液相变过程的规律,我们先以二氧化碳气体为例,讨论用等温压缩方法使气体液化的过程.

将一定量的 CO_2 气体等温压缩,压缩的过程中压强和体积的关系曲线称为等温线,实验结果如图 9-2 中 $ABCD$ 所示.图中 AB 段是液化以前气体的等温压缩过程,压强随体积的减小而增大,继续压缩时就出现液体.在液化过程 BC 中,压强保持 p_0 不变,气液两相的总体积则由于气体数量的减小而减小.BC 过程中每一状态都是气液两相平衡共存的状态,因此压强 p_0 就是这一温度下的饱和蒸气压.图中 C 点相当于气体全部液化时的状态,而 CD 段就是液体的等温压缩过程.

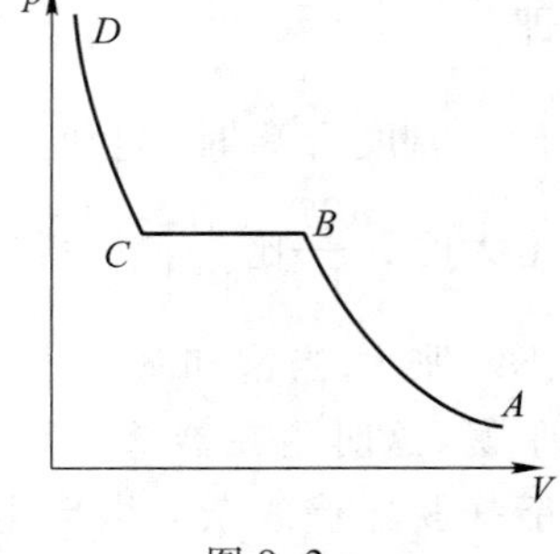

图 9-2

图 9-3 画出了实验测得的各种不同温度的等温线.温度越高,饱和蒸气压越大,因而图中气液相变的水平线就越往上移.同时,随着温度的升高,液体的比体积(单位质量物质的体积)越接近气体的比体积,因而图中水平线也越短,B、C 两点越加靠拢.当温度到达某一值 T_k 时水平线消失,B、C 两点重合于 K 点.T_k 称为临界温度,相应的等温线称为临界等温线.温度高于临界温度 T_k 时,等温线上不出现水平部分,即等温压缩的过程中不会出现气液两相平衡共存的状态,这时

无论压强多大，气体也不会液化.

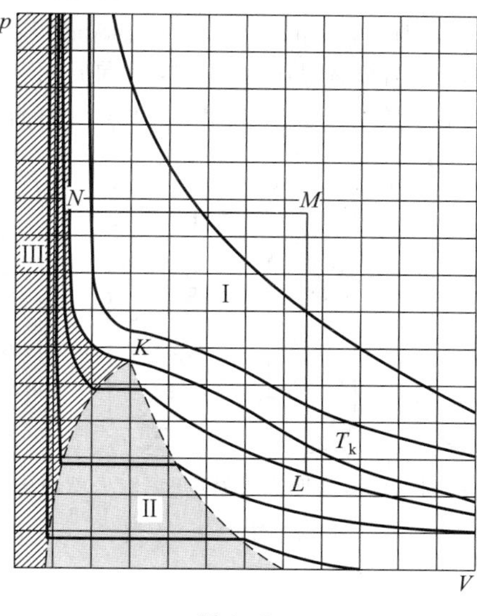

图 9-3

所以，要用压缩的方法使气体液化，首先需使气体的温度降到临界温度以下.表 9-3 列出几种物质的临界温度.

表 9-3 临界温度

物质	水	乙醚	氨	二氧化碳	氧	氮	氢	氦
临界温度/℃	374.2	193.4	135.2	31.10	-118.8	-147.16	-239.95	-268.12

从表中可以看出，许多物质（如氨、二氧化碳）的临界温度高于或接近于室温，在常温下压缩就可使之液化.但有些物质（如氧、氮、氢、氦等）的临界温度却很低，所以在 19 世纪上半叶时还没有办法使它们液化.当时人们曾称这些气体为“永久气体”或“真正气体”.在认识到物质具有临界温度这一事实以后，人们就努力提高低温技术，结果在 19 世纪的后半叶到 20 世纪初所有的气体都液化了.在进一步提高低温技术后，又做到使所有的液体都凝成固体.最后一个被液化的气体是氦，它在 1908 年被液化，并在 1928 年被进一步凝成固体.

我们知道，$p-V$ 图上的每一个点代表物质的一个状态.图9-3中的虚线把$p-V$图分成三个区域.虚线下面的区域Ⅱ中每一点都是气液两相共存的状态，其中气相是饱和蒸气.虚线左侧和临界等温线左下侧的区域Ⅲ中每一点都是单一的液态.虚线右侧和上方的区域Ⅰ中的每一点都是单一的气态.

在临界等温线上的拐点 K 叫做**临界点**. 在 K 点液体及其饱和蒸气间的一切差别都消失了，如表面张力等于零，汽化热等于零等，气液之间的分界面也不见了.在临界等温线上 K 点以左的各点都是气液不分的状态.这种现象可用图 9-4 所示的实验显示出来.在一个坚固的玻璃管内封入适量的乙醚，加热使其温度升高，当达到一定的温度即临界温度时，液面就消失了.需要指出的是，从实验中观察到的现象并不是液面逐渐下降，液态乙醚逐渐汽化，以至最后全部汽化，而是当液面还很高时，液面就逐渐模糊进而消失.这就是由于上面提到的，在临界点，液体和饱和蒸气的比体积相等，两者之间的一切差别都消灭，因而液面消失.

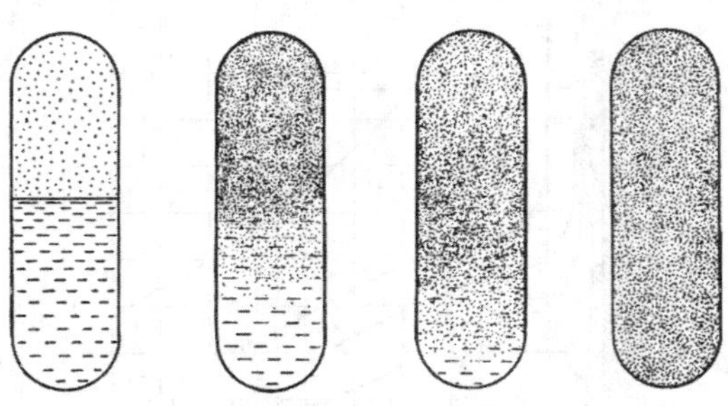

达到一定温度即临界温度时，液面就消失了

图 9-4

临界点的压强和体积分别称为临界压强和临界体积.在临界点时液体具有最大的比体积，因而一定质量液体的体积，最大不能超过临界体积.临界压强是饱和蒸气压的最高限度.

如前面提到的，气体液化的方法是多种多样的，等温压缩只是一种可能的方法.我们还可以设想物质原来处于气态 L（图 9-3），通过等体加热到达状态 M，然后再在定压下冷却到液态 N，在这个转变过程中物质始终以单相存在.因此，只要绕过临界点 K，就可以不经过两相平衡共存的阶段，而由气相连续地转变为液相.

[例题 3] 将 1.0 kg 温度为 250 ℃ 的水蒸气等温压缩，问

(1) 能否全部液化？

(2) 在压强多大时开始液化？

(3) 从开始液化到全部液化外界做的功有多大？

[解] (1) 由表 9-3 知水的临界温度为 374.0 ℃，250 ℃ 在临界温度以下，所以，可以用等温压缩的方法将水蒸气全部液化.

(2) 由"水蒸气热力特性表"的表 I 查得，$t=250$ ℃ 时的饱和蒸气压为

$$p_0 = 4.0\times10^6\ \text{Pa}$$

所以当压强增大到 p_0 时水蒸气开始液化.

(3) 由"水蒸气热力特性表"的表 I 还可查得，$t=250$ ℃ 时 1.0 kg 水和 1.0 kg 水蒸气的体积分别为

$$V_1 = 0.001\ 251\ 2\ \text{m}^3$$

$$V_2 = 0.050\ 05\ \text{m}^3$$

所以，从开始液化到全部液化，外界做的功为

$$A = p_0(V_2 - V_1) = 4.0\times10^6\times0.049\ \text{J} = 2.0\times10^5\ \text{J}$$

四、气液二相图

以 $p-T$ 图表示气液两相存在的区域比 $p-V$ 图更为方便.图 9-2 中的等温压缩过程在 $p-T$ 图中表示出来即为一铅直线,如图 9-5 所示.图 9-2 中水平线 BC 所表示的状态,温度和压强都相同,因此,在图 9-5 中以同一点表示.不同的温度具有不同的饱和蒸气压,因此 $p-V$ 图中整个两相平衡共存的区域在 $p-T$ 图中就对应着一条曲线 OK,称为汽化曲线.汽化曲线的左方表示液相存在的区域,汽化曲线的右方表示气相存在的区域,而汽化曲线上的点就是两相平衡共存的区域.所以,汽化曲线也可以说是液态和气态的分界线.这种表示气液两相存在区域的 $p-T$ 图称为气液二相图.

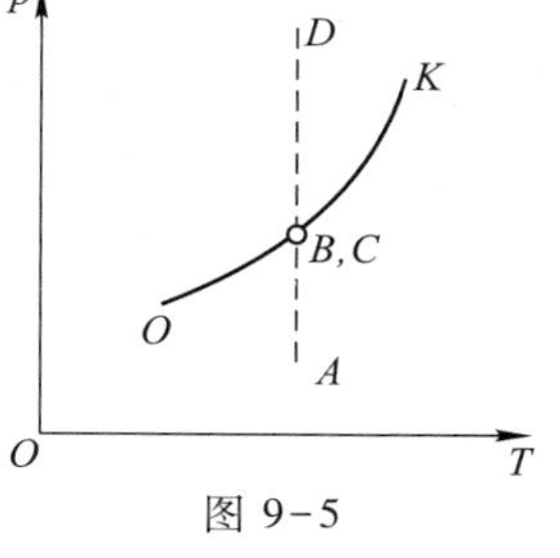

图 9-5

汽化曲线的终点就是临界点 K,K 点以上不存在气液两相平衡共存的状态,汽化曲线的始点是 O,在 O 点以下,气相只能与固相平衡共存.

汽化曲线上一点的压强,就是两相平衡共存时的压强,即饱和蒸气压.因此,汽化曲线还可以表示饱和蒸气压与温度的关系.因为沸腾时,外界的压强就等于饱和蒸气压,对应的温度就是沸点,所以汽化曲线也能表示出沸点与外界压强的关系.

§9-3　克拉珀龙方程

一、方程的推导

大家知道,沸点随压强而变,例如,压强小于 1.013×10^5 Pa 时,水的沸点低于 100 ℃;压强大于 1.013×10^5 Pa 时,水的沸点高于 100 ℃.熔点也随压强而变,例如,当压强为 1.317×10^7 Pa 时,冰的熔点为 -1 ℃.这说明,两相平衡时的温度 T 和压强 p 有函数关系.这个函数关系可以在 $p-T$ 图上用曲线表示出来,如图 9-6 中相平衡曲线 AB 所示.相平衡曲线 AB 上的点 M 所对应的压强 p 和温度 T 表示两相平衡共存时的压强和温度.在汽化情况下,p 和 T 就是气相和液相平衡共存时的压强和温度,AB 就是汽化曲线,AB 上的每一点的温度 T 和该点压强 p 下的沸点相对应.温度低于沸点时,只存在液相,因此 AB 左方的区域表示液相单独存在的状态;AB 右方的区域表示气相单独存在的状态.这样的 $p-T$ 图也就是上一节中讨论的气液二相图.在熔化情况下,相平衡曲线上每一点的温

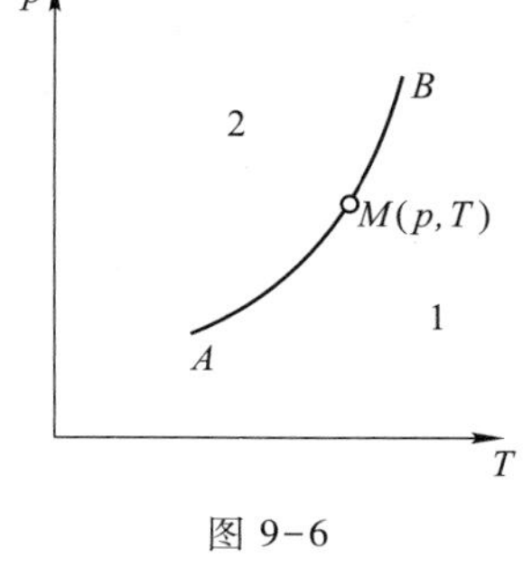

图 9-6

度 T 和该点压强 p 下熔点相对应，相平衡曲线左方的区域表示固相单独存在的状态，相平衡曲线右方的区域则表示液相单独存在的状态.这时，曲线 AB 就表示熔化曲线.熔化曲线上任一点对应于固液平衡共存的状态，其左方为纯固态，其右方为纯液态.所以，熔化曲线也可以说是固态和液态在 $p-T$ 图上的分界线.这样的$p-T$图就是固液二相图.一般说来，设相平衡曲线右方为 1 相，相平衡曲线左方为 2 相，则在相平衡曲线 AB 上 1 相和 2 相平衡共存，而相平衡曲线 AB 就是 1 相和 2 相的分界线.

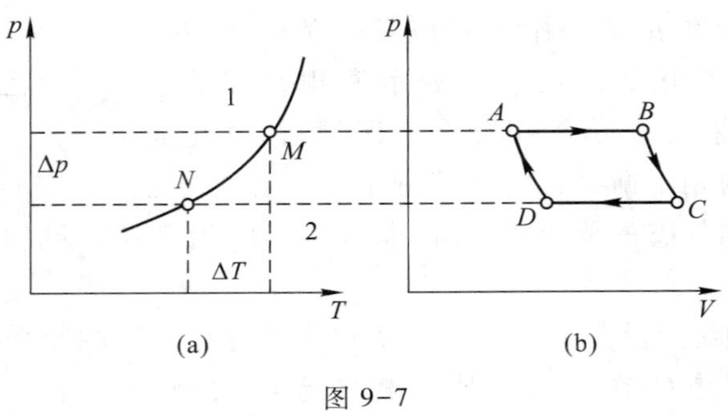

图 9-7

由热力学第二定律可以求出相平衡曲线的斜率$\frac{\mathrm{d}p}{\mathrm{d}T}$.为此，设想一定量的物质做微小的可逆卡诺循环.在压强 p 和温度 T 时，设有质量为 m 的物质由 1 相转变为 2 相，相变过程在 $p-V$ 图上由过程曲线 AB 表示(见图 9-7).然后再经过一绝热过程 BC，使温度由 T 减小到 $T-\Delta T$，压强由 p 减小到 $p-\Delta p$，相应地，两相平衡共存的状态由 $p-T$ 图上的 M 点移到 N 点.这时使质量为 m 的物质由 2 相转变为 1 相，相变过程在 $p-V$ 图上由过程曲线 CD 表示.最后再经过一绝热过程 DA 使温度回到 T，压强回到 p，即由 $p-T$ 图上的 N 点回到 M 点.设单位质量的相变潜热为 l，则在这一微小的可逆卡诺循环中，由高温热源(温度为 T)吸取的热量为

$$Q_1 = ml$$

设 1 相的比体积为 v_1，2 相的比体积为 v_2，则在相变过程 AB 中所增加的体积为 $m(v_2-v_1)$，即 $p-V$ 图中 AB 的长度为 $m(v_2-v_1)$.当 ΔT 很小时，CD 与 AB 的长度差别很小，$ABCD$ 可看作平行四边形.循环过程中对外界所做的功 A，就是平行四边形 $ABCD$ 的面积，即

$$A = m(v_2 - v_1) \cdot \Delta p$$

循环的效率为

$$\eta = \frac{A}{Q_1} = \frac{m(v_2 - v_1) \cdot \Delta p}{ml} = \frac{(v_2 - v_1) \cdot \Delta p}{l}$$

根据卡诺定理

$$\eta = 1 - \frac{T - \Delta T}{T} = \frac{\Delta T}{T}$$

因而得到

$$\frac{(v_2 - v_1) \cdot \Delta p}{l} = \frac{\Delta T}{T}$$

在 ΔT 无限小时，即得

$$\frac{\mathrm{d}p}{\mathrm{d}T} = \frac{l}{T(v_2 - v_1)} \tag{9.3}$$

这个式子称为克拉珀龙方程.它是热力学第二定律的直接推论，它将相平衡曲线的斜率$\frac{\mathrm{d}p}{\mathrm{d}T}$，和相变潜热 l、相变温度 T，以及相变时体积的变化 v_2-v_1 联系起来了.(9.3)式中各个量都是可以直接测量的，因此，(9.3)式是否成立，可以用实验来确证，从而可以验证热力学第二定律的正确性.

二、沸点与压强的关系

首先，我们利用(9.3)式来考察沸点随压强的变化关系.令 1 相为液相，2 相为气相.由于液相变为气相时要吸热，所以 $l>0$，又由于气相的比体积 v_2 总是大于液相的比体积 v_1，即 $v_2>v_1$，因此由(9.3)式可知，对于液气相变

$$\frac{\mathrm{d}p}{\mathrm{d}T} > 0$$

这说明，沸点随压强的增加而升高，随压强的减小而降低.例如，在 $p=1.013\times10^5$ Pa 时，水的沸点是 $T=373.15$ K，由实验测得此时水蒸气和水的比体积分别为 $v_2=1.6730\ \mathrm{m^3/kg}$ 和 $v_1=1.04346\times10^{-3}\ \mathrm{m^3/kg}$，水的汽化热为 $l_v=2.256\times10^6$ Pa.因此

$$\frac{\mathrm{d}p}{\mathrm{d}T} = \frac{l_v}{T(v_2 - v_1)} = 3.617 \times 10^3\ \mathrm{Pa/K}$$

实验测得的值为 3.607×10^3 Pa/K.可见，计算结果与实验测得的值很相符合.

大气压是随高度的增加而减小的，所以水的沸点也随着海拔高度的增加而降低.在高原地区，水的沸点低于 100 ℃，食物常不易煮熟，因而要使用压力锅来煮食物.压力锅盖可以旋紧而不漏气，因而锅内压力升高，水温可升到 100 ℃以上，食物能较快地煮熟.

利用 $p-T$ 图上的相平衡曲线，可以从测量水的沸点来测得当地的大气压，再根据大气压随高度的变化规律，还可间接地测量当地的海拔高度.

在一定压强下，任何一种液体都在一定的温度下沸腾，这个温度就是该种液体的沸点.利用各种液体沸点不同的特点，可以在不同温度下使液体汽化，使混在一起的各种成分分开来，这就是分馏法.从原油中提取汽油、柴油等，从液态空气中提取氮、氧等就是采用的分馏法.

三、熔点与压强的关系

其次，我们利用(9.3)式来考察熔点随压强的变化关系.令 1 相为固相，2 相为液相.由于固相转变为液相时要吸热，所以 $l>0$.

$$\text{如 } v_2 > v_1,\quad \text{则}\frac{\mathrm{d}p}{\mathrm{d}T} > 0;$$

$$\text{如 } v_2 < v_1,\quad \text{则}\frac{\mathrm{d}p}{\mathrm{d}T} < 0.$$

也就是说,如熔化时体积膨胀,则熔点随压强的增加而升高,反之,如熔化时体积缩小,则熔点随压强的增加而降低.例如,冰在 1.013×10^5 Pa 下的熔点是 $T=273.15$ K,实验测得,在此情况下,冰和水的比体积分别是 $v_1=1.090\ 8\times10^{-3}\ \mathrm{m^3/kg}$ 和 $v_2=1.000\ 21\times10^{-3}\ \mathrm{m^3/kg}$,熔化热 $l_m=3.34\times10^5$ J/kg,由(9.3)式求得

$$\frac{\mathrm{d}T}{\mathrm{d}p}=\frac{T(v_2-v_1)}{l_m}=-\frac{273.15\times0.090\ 6\times10^{-3}\ \mathrm{K}}{3.34\times10^5\ \mathrm{J/m^3}}$$

$$=-7.41\times10^{-8}\ \mathrm{K/Pa}$$

这结果和实验测得的值 -7.41×10^{-8} k/Pa 符合得很好.由这个结果可见,每增加 1.013×10^5 Pa,冰的熔点才降低 0.007 5 K,即熔点随压强的变化是很不显著的.

冰的熔点随压强的增大而降低的现象,可以由图 9-8 所示的实验显示出来.将一根钢丝跨在冰块上,下面挂一重物.我们就可以看到,钢丝会逐渐嵌入冰块,不断下陷,最后钢丝穿过冰块,而冰块并未被切割成两半.这是因为在钢丝下面的冰受到较大的压力,熔点降低,熔化为水,使钢丝下陷;但已熔化的水在钢丝上面不再受到它的压力,又复凝结成冰.

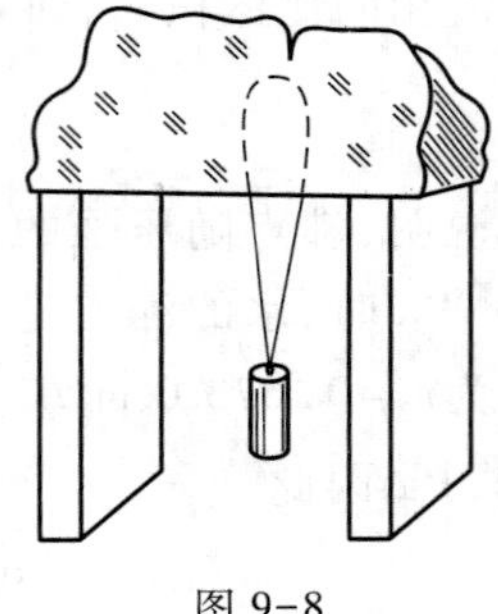

图 9-8

[**例题 4**] 水从温度 99 ℃升高到 101 ℃时,饱和蒸气压从 9.78×10^4 Pa 增大到 1.05×10^5 Pa.假定这时水蒸气可看作理想气体,求 100 ℃时水的汽化热.

[**解**] 由克拉珀龙方程得到

$$l=T\frac{\mathrm{d}p}{\mathrm{d}T}(v_2-v_1)$$

因为 100 ℃比水的临界温度 374 ℃小很多,所以

$$v_2\gg v_1$$

因而近似地

$$l=T\frac{\mathrm{d}p}{\mathrm{d}T}v_2$$

因将水蒸气看作理想气体,所以

$$v_2=\frac{RT}{Mp}$$

于是得到

$$l=\frac{RT^2}{Mp}\frac{\mathrm{d}p}{\mathrm{d}T}$$

$$=\frac{8.32\times373^2}{18\times10^{-3}\times1.01}\times\frac{(1.05-0.978)}{(101-99)}\ \mathrm{J/kg}$$

$$= 2.29 \times 10^6 \text{ J/kg}$$

［**例题 5**］　在 700~739 K 温度范围内，镁的蒸气压 p 与温度 T 的关系为

$$\lg p = -\frac{7\ 527}{T} + 8.589$$

式中 p 是用相应水银柱高度表示的蒸气压.将镁的饱和蒸气看作理想气体，求镁的升华热（l_s）（即由固相转变为气相所需吸收的热量）.

［**解**］　因为气相的体积总是比固相的体积大很多，所以

$$v_2 \gg v_1$$

将镁的蒸气看作理想气体，所以

$$v_2 = \frac{RT}{Mp}$$

由克拉珀龙方程得到

$$l_s = \frac{RT^2}{Mp}\frac{\mathrm{d}p}{\mathrm{d}T} = \frac{R}{M}\frac{\mathrm{d}p/p}{\mathrm{d}T/T^2} = -\frac{R}{M}\frac{\mathrm{d}\ln p}{\mathrm{d}(1/T)}$$

$$= -2.30\frac{R}{M}\frac{\mathrm{d}\lg p}{\mathrm{d}(1/T)}$$

由所给蒸气压方程求得

$$\frac{\mathrm{d}\lg p}{\mathrm{d}(1/T)} = -7\ 527$$

因而求得升华热为

$$l_s = \frac{2.30R}{M} \times 7\ 527 = 5.99 \times 10^6 \text{ J/kg}$$

*§ 9-4　临界温度很低的气体的液化　低温的获得

如上所述，只有降低到临界温度 T_k 以下才能将气体液化.利用焦耳-汤姆孙效应使气体液化，是一种常用的方法.要使节流膨胀后的气体变冷，即要得到焦耳-汤姆孙正效应，必须使膨胀前的气体预冷至上转换温度（温度降低时，焦汤系数由负开始转变为正的温度）以下.大部分气体的上转换温度都在室温以上，不必预冷；氢和氦等气体是例外，在 1.5×10^7 Pa 以下，氢的上转换温度约为 193 K，氦的上转换温度约为 40 K.因此，在高压下节流膨胀时，氢、氦等气体必须设法预冷才能用林德机液化.

图 9-9 是林德机的示意图.事先用水冷却的气体经压缩机高压压缩，沿 A 管经节流阀膨胀.每次节流膨胀时，温度的降低一般并不大.为将冷却效应积累起来，机器使用热交换器.最简单的热交换器是两根并排地焊接在一起的铜管（图 9-10）.较热的高压气体由一管流入液化器，节流膨胀后的较冷气体沿另一管流出液化器，这样就使节流膨胀前的高压气体得到了预冷.如此反复进行，就可使气体的温度降到临界温度以下而液化.对于氢、氦等上转换温度低的气体，还必须设置另外的预冷设备.

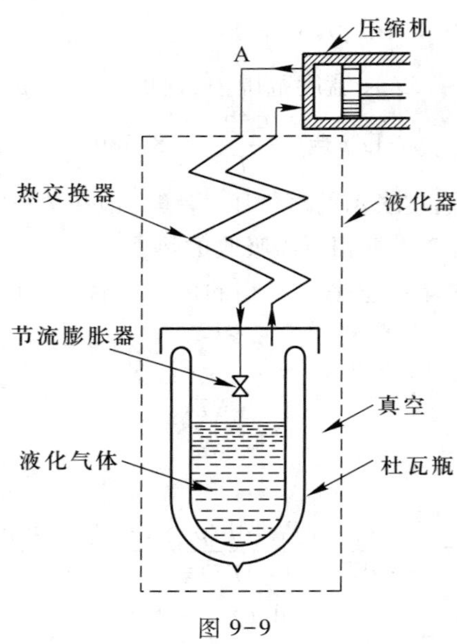

图 9-9

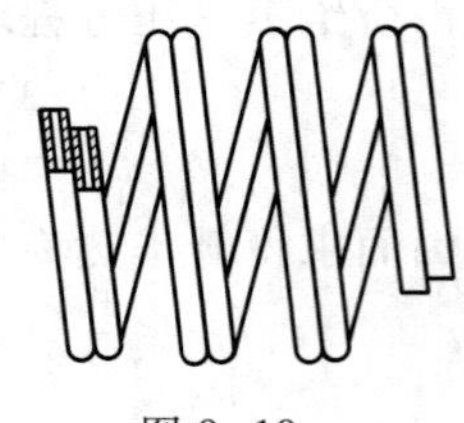
图 9-10

除节流膨胀法外，还常用绝热膨胀法使气体液化.在热力学部分曾提到，当物质进行绝热膨胀而对外做功时，内能要减少，这就导致温度和压强的降低.因此，利用绝热膨胀过程，可以起到降低温度的作用.实现绝热膨胀制冷的机器称为膨胀机.膨胀机可以分为活塞式和轮机式这两种基本形式.

液态气体在一大气压下的沸点如表 9-4 所示.因此，将空气、氢、氮等液态气体置于一大气压下，就可以获得很低的温度.液态空气在一个大气压下的沸点为 80 K.

表 9-4　液态气体在一个大气压下的沸点

液态气体	氮	氩	氨	氢	空气	氦	氧	氖	氯
一大气压下的沸点/℃	-195	-185.8	-33.5	-252.8	-193	-268.8	-183	-245.9	-34.5

在这温度以下的温度范围，称为低温.4 K 以上的低温可用液化气体的方法得到.空气的上转换温度在室温以上，可以用林德机直接得到液态空气，因而获得 80 K 的低温.用液态空气使氢预冷至它的上转换温度以下，再经节流膨胀可得液态氢.一大气压下液态氢的沸点为 20 K，因此可以得到 20 K 的低温.用液态氢使氦预冷至它的上转换温度以下，就可以获得液态氦.一大气压下液态氦的沸点为 4 K，因此可以获得 4 K 的低温.

利用绝热膨胀的氦制冷机，设备比较庞大，而且需要用液氮或液氢预冷，还得另外配备液化机.在需要的制冷量（由低温热源吸取的热量）较小的情况下，例如，现代电子技术要求高灵敏度、低噪声，需要将一些小型的电子设备冷却到 20 K 以下的超低温，这时有一种微型氦制冷机，不需要用液氮或液氢预冷，也能得到低温.这种小型制冷机的工作原理就是逆向斯特林循环（见 § 5-8 例 3），其优点是结构紧凑，不需要用液氮或液氢预冷，并且还可以用来在实验室中制备少量液氮.

1~4 K 之间的低温可以用降低蒸气压方法获得.在装有液态气体的杜瓦瓶上加一个盖，盖上留有与抽气机相通的口子（图 9-11）.当抽气机工作时，就可以将蒸气抽走而将蒸气压降低，蒸发速度因而增大，使温度降低到它的沸点以下.这种方法用在氦上，能降到 0.71 K，用在氦的同位素 ^{3}He 上，能降低到 0.2 K.

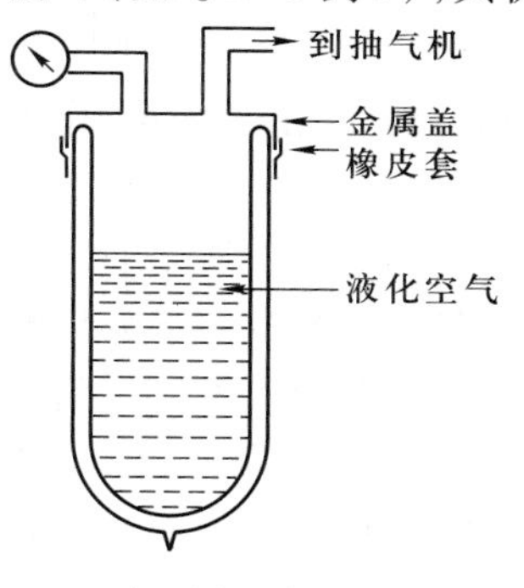

图 9-11

1 K 以下的低温一般用绝热去磁法获得.铬钒等顺磁性物质，在绝热时撤除外磁场，温度会降低.这种效应可以用来获得极低的温度 10^{-3} K .如使原子核去磁，则可达到 10^{-6} ~ 10^{-5} K 的低温.20 世纪 80 年代以来，物理学家发明了用激光冷却中性原子的方法获得低温.1995 年用这种方法获得了 2×10^{-8} K 的极低温度.

物质在低温条件下能显示出某些在常温下所不能显示的特点和规律，如超导电性和超流动性以及大多数二级相变等.研究这些现象可以使我们深刻地认识和掌握物质运动的规律，这对于研究物质的性质和基本物理规律是十分重要的.低温在工业上有一系列的应用，如钢铁用液化空气冷却后可提高硬度，在低温下可以制造塑料机器，分馏液化空气可大量制造氧气，液态氢可作为火箭燃料等.1986 年之后对高临界温度超导材料的研究和探索为超导应用展现了十分广阔的前景.此外，在物理、化学、医学、现代电子技术等各个方面低温也都有广泛的应用.正因为低温的研究具有重大的理论意义和实际意义，所以低温物理已经形成一门新的学科.

§ 9-5　范德瓦耳斯等温线　对比物态方程

一、范德瓦耳斯等温线

考虑分子力作用的范德瓦耳斯方程，不仅能比理想气体物态方程更好地描述实际气体的状态，还能在一定程度上描述液体的状态和气液相变的某些特点.

根据范德瓦耳斯方程得到一条等温线如图 9-12 所示.与这温度时的实验等温线比较，可以看到 AB 部分相当于未饱和的蒸气，CD 部分则相当于液体.因此，范德瓦耳斯方程能在一定程度上描述液体的状态.

与实际等温线不同的是，弯曲部分 $BEGFC$ 代替了直线部分 BC.弯曲部分 $BEGFC$ 段表示气体以单相存在的方式连续地转变为液体.EGF 段中任一状态，体积增大时压强反而增大，体积减小时压强反而减小，因而内外压强稍有偏差，就会使偏差越来越厉害，情况正如平衡于针尖上的物体一样．因此，这种状态实际上是不能实现的，而单相转变 *BEGFC* 实际上也是不可能的．所以，实际上转变只能以双相存在的方式进行．在转变过程中，处于状态 *B* 的气体，只能一部分一部分地转变为状态 *C* 的液体，其余部分不发生任何变化．

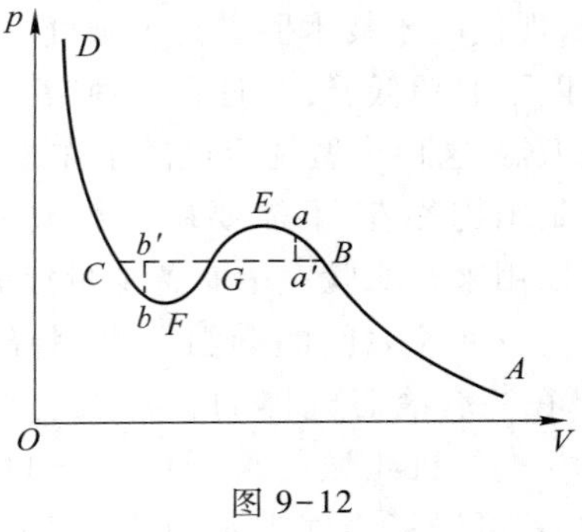

图 9-12

图中 *BE* 段相当于过饱和蒸气，*CF* 段相当于过热液体，在凝结核和汽化核不存在时，实际上都是可以达到的．过饱和蒸气和过热液体比双相共存的状态稳定性差，扰动稍大时，单相状态 *a* 与 *b* 就将分别转变为双相状态 *a′* 和 *b′*（图 9-12）．这种对小的扰动稳定对较大的扰动就不稳定的状态称为**亚稳态**．因此，范德瓦耳斯方程能够说明亚稳态的存在．

用热力学第二定律可以求出双相共存时的压强，即饱和蒸气压．设想一定量的物质做可逆循环 *BEGFCGB*（图 9-13），循环过程中对外界做的功为面积 *CGBMNC* 与面积 *CFGEBMNC* 之差，即面积 *CGFC* 与面积 *GEBG* 之差．这时物质只和温度为 *T* 的热源交换热量，因此，根据热力学第二定律，物质在循环过程中不可能对外做正功，即面积 *CGFC* 不能大于面积 *GEBG*．考虑循环过程 *BGCFGEB*，同理可得面积 *GEBG* 不能大于面积 *CGFC* 的结论．所以，决定饱和蒸气压的平线 *BC*，应划得使面积 *GEBG* 等于面积 *CGFC*，这称为**等面积法则**．

如图 9-14 所示，随着温度的升高，等温线上极大 *E* 与极小 *F* 之间的距离就接近起来，到某一温度 T_k 时，*E* 与 *F* 合而为一，等温线上出现拐点 *K*，温度再高时，等温线上就没有弯曲部分了．有拐点 *K* 的等温线就是临界等温线，T_k 就是临界温度，*K* 点就是临界点．

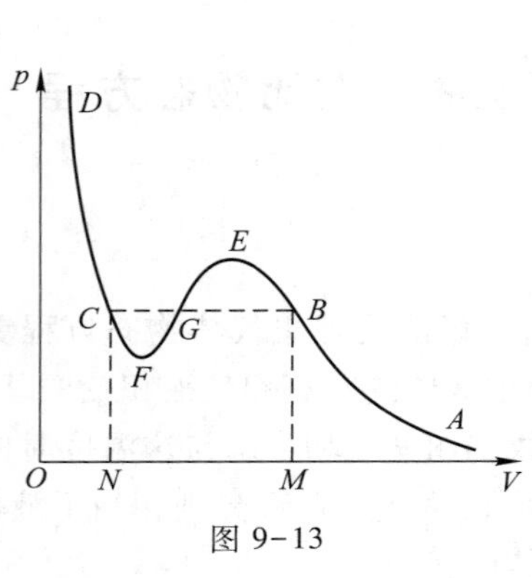

图 9-13

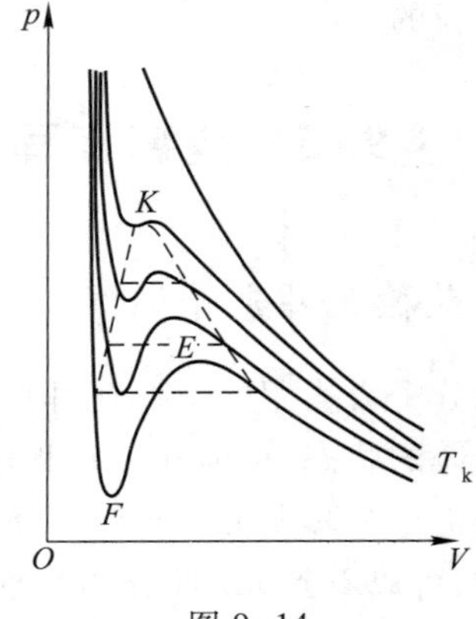

图 9-14

我们可以根据拐点处$\left(\frac{\partial p}{\partial V_m}\right)_{T=T_k}=0$和$\left(\frac{\partial^2 p}{\partial V_m^2}\right)_{T=T_k}=0$的条件，求出临界点 K 处的温度 T_k、压强 p_k 和体积 V_{mk}. 1 mol 气体的范德瓦耳斯方程为

$$\left(p+\frac{a}{V_m^2}\right)(V_m-b)=RT$$

即

$$p=\frac{RT}{V_m-b}-\frac{a}{V_m^2}$$

式中 V_m 表示 1 mol 气体的体积. 在某一温度 T 时

$$\left(\frac{\partial p}{\partial V_m}\right)_T=-\frac{RT}{(V_m-b)^2}+\frac{2a}{V_m^3}$$

$$\left(\frac{\partial^2 p}{\partial V_m^2}\right)_T=\frac{2RT}{(V_m-b)^3}-\frac{6a}{V_m^4}$$

在临界点 K 处，$\left(\frac{\partial p}{\partial V_m}\right)_{T=T_k}=0$，$\left(\frac{\partial^2 p}{\partial V_m^2}\right)_{T=T_k}=0$. 将 K 点的状态参量代入后，得到

$$-\frac{RT_k}{(V_{mk}-b)^2}+\frac{2a}{V_{mk}^3}=0$$

$$\frac{2RT_k}{(V_{mk}-b)^3}-\frac{6a}{V_{mk}^4}=0$$

由上两式得到

$$T_k=\frac{2a(V_{mk}-b)^2}{RV_{mk}^3}$$

$$T_k=\frac{3a(V_{mk}-b)^3}{RV_{mk}^4}$$

将上两式相除后得到

$$3(V_{mk}-b)=2V_{mk}$$

即

$$V_{mk}=3b$$

因而

$$T_k=\frac{2a(V_{mk}-b)^2}{RV_{mk}^3}=\frac{8a}{27Rb}$$

$$p_k=\frac{RT_k}{V_{mk}-b}-\frac{a}{V_{mk}^2}=\frac{a}{27b^2}$$

因此求得临界点的状态参量为

$$\left.\begin{aligned}T_k&=\frac{8a}{27bR}\\V_{mk}&=3b\\p_k&=\frac{a}{27b^2}\end{aligned}\right\}\qquad(9.4)$$

由此可见，由范德瓦耳斯方程中的常量 a 与 b 可以确定临界点 K 的状态参量. 实际上，往往反过来去求常量 a 与 b.

由(9.4)式可见,p_k,V_{mk},T_k 之间有下列简单的关系:

$$\frac{RT_k}{p_k V_{mk}} = \frac{8}{3} = 2.667 \tag{9.5}$$

$K_k = \frac{RT_k}{p_k V_{mk}}$这一量纲为 1 的比值,称为临界系数.因此,根据范德瓦耳斯方程,这系数对于一切物质都相同,而且等于 2.667.但实际上,如表 9-5 所示,不同物质的 K_k 具有不同的值,而且与 2.667 相差甚大,只有像氦和氢等最难液化的气体才比较接近.由此可以看出范德瓦耳斯方程的近似性.

表 9-5 几种气体的临界系数

气体	He	H_2	N_2	O_2	CO_2	H_2O	SO_2	C_6H_6
K_k	3.13	3.03	3.42	3.42	3.49	4.46	3.60	3.76

[例题 6] 氦的临界温度为 $T_k = 5.3\ K$,临界压强为 $p_k = 2.28\times10^5\ Pa$,计算 1 mol 的氦气体的范德瓦耳斯方程中常量 a 与常量 b.

[解] 由(9.4)式求得

$$a = \frac{27R^2}{64}\frac{T_k^2}{p_k}$$

$$b = \frac{R}{8}\frac{T_k}{p_k}$$

所以

$$a = \frac{27 \times [8.31\ m^3 \cdot Pa/(mol \cdot K)]^2}{64} \times \frac{(5.3\ K)^2}{2.28 \times 10^5\ Pa}$$
$$= 2.84 \times 10^{-3}\ m^6 \cdot Pa/mol^2$$

$$b = \frac{8.31\ m^3 \cdot Pa/(mol \cdot K)}{8} \times \frac{5.3\ K}{2.28 \times 10^5\ Pa}$$
$$= 24 \times 10^{-6}\ m^3/mol$$

二、对比物态方程

状态参量与临界点状态参量的比值 $\pi = \frac{p}{p_k}$,$\omega = \frac{V_m}{V_{mk}}$,$\tau = \frac{T}{T_k}$分别称为对比压强,对比体积和对比温度.将 p、V_m、T 以 π、ω、τ 表示以后代入范德瓦耳斯方程中,得到

$$\left(\pi p_k + \frac{a}{\omega^2 V_{mk}^2}\right)(\omega V_{mk} - b) = R\tau T_k$$

将(9.4)式中 p_k、V_m、T_k 的值代入上式得到

$$\left(\pi \frac{a}{27b^2} + \frac{a}{\omega^2 9b^2}\right)(\omega \cdot 3b - b) = R\tau \frac{8a}{27bR}$$

化简后即得

$$\left(\pi + \frac{3}{\omega^2}\right)(3\omega - 1) = 8\tau \tag{9.6}$$

(9.6)式称为对比物态方程.(9.6)式中除 π、ω、τ 之外都是数字,不出现任何气体特性常量.因此,它是适用于任何气体的普遍方程.

由(9.6)式可见,一切物质在相同的对比压强 π 和对比温度 τ 下,就有相同的对比体积,这个结论称为对应态定理. 实验证明,只有对于化学性质相似而临界温度相差也不很大的物质,对应态定理才具有很高的精确度,一般情况下,与实际情形是有偏离的.

不同物质 π、ω 和 τ 都相同的状态,称为对应态. 处于对应态的各种物质,许多性质(如压缩模量、热膨胀系数、黏度、折射率等)都具有简单的关系,因此可以不用实验而能相当精确地确定物质的某些性质.这种方法在物理化学中广泛应用.

§ 9-6 固 液 相 变

一、熔化

物质从固相转变为液相的过程称为熔化;从液相转变为固相的过程称为结晶或凝固.

在一定的压强下,晶体要升高到一定的温度才熔化,这温度称为熔点.在熔化过程中温度保持不变,但要吸收热量,熔化 1 kg 的晶体所需的热量称为熔化热.表 9-6 中列举了几种物质的熔点与熔化热.

表 9-6 几种物质的熔点与熔化热

物 质	铝	钨	铁	钢	铜	镍	锡	铅
熔点/℃	659	3 357	1 528	1 300~1 400	1 083	1 452	232	328
熔化热/(10^3 J·kg^{-1})	387	—	207	—	174	285	61.1	26.4

对晶体来说,熔化是粒子由规则排列转向不规则排列的过程,实质上就是由远程有序转为远程无序的过程.熔化热是破坏点阵结构所需的能量,因此熔化热可以用来衡量晶体中结合能的大小.

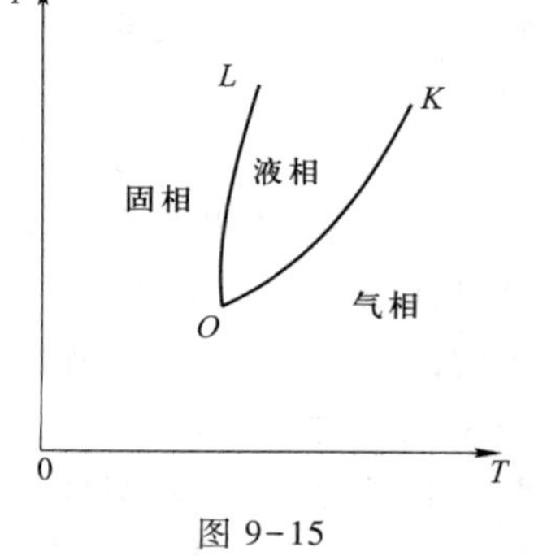

图 9-15

熔化时,物质的物理性质要发生显著的变化,其中最重要的是体积变化、饱和蒸气压(和固相或液相平衡共存的气相的压强)的变化、电阻率的变化以及溶解气体的能力所发生的变化.

在熔点时固液两相平衡共存,低于熔点时物质以固相存在,高于熔点时则以液相存在.因此,在 $p-T$ 图中画出熔点与压强的关系曲线 OL,就可以表示固液两相存在的区域(图9-15).曲线 OL 称为熔化曲线.OL 的左方是固相存在的区域,OL 与汽化曲线 OK(气相与液相平衡共存的相平衡曲线)之间是液相存在的区域.OL 与 OK 的交点 O,称为三相点,它既在熔化曲线上,又在汽化曲线上,因此三相可以平衡共存.例如,对水来说,$T=273.16\ \mathrm{K}$,$p=6.107\times10^2\ \mathrm{Pa}$时,蒸汽、水、冰三相可以平衡共存.

熔化曲线的斜率和汽化曲线一样,也决定于克拉珀龙方程:

$$\frac{\mathrm{d}p}{\mathrm{d}T}=\frac{l}{T(v_2-v_1)}$$

这时 l 表示熔化热,T 表示熔点,v_2 表示液体的比体积,v_1 表示固体的比体积.因为液体的比体积与固体的比体积差别不大,因此曲线的斜率一般都很大,即熔点随压强的改变是不显著的.例如,要想使冰的熔点改变 1 ℃,就必须使压强改变 132 个大气压.

视频:雪花

对大多数物质说,熔化时体积要膨胀,v_2 大于 v_1,因此熔化曲线的斜率$\frac{\mathrm{d}p}{\mathrm{d}T}$是正的,即熔点随着压强的增大而升高.水和铋等物质是例外,它们在熔化时体积要收缩,v_2 小于 v_1,因此熔化曲线的斜率$\frac{\mathrm{d}p}{\mathrm{d}T}$是负的,这时熔点随着压强的增大而降低.

二、结晶

晶体的熔液凝固时形成晶体,这个过程称为结晶.结晶过程对科研和生产有重大的意义.因为几乎所有的金属材料,还有很多的固体材料,在未制成一定形状并具有一定性能的零件以前,都曾处于熔液状态并经过结晶这一过程,而且金属材料的性能在很多方面都与结晶过程有着密切关系.结晶过程是无规则排列的原子形成空间点阵的过程.在这个过程中,总是先有少数原子按一定的规律排列起来,形成所谓晶核,然后再围绕这些晶核生长成为一个个晶粒.因此,结晶过程就是生核和晶体生长的过程,而且这两个过程是同时并进的.生核是指在液体内部产生一些晶核,这些晶核可以由液体中本身原子聚集起来而自发形成,也可以由外来杂质的质点为基础而非自发形成,还可以人为地加入一小块单晶体作为晶核,晶体生长指的是,围绕着晶核的原子继续按一定规律排列在上面,使晶体点阵得以发展长大.由于不同的晶面具有不同的单位表面能量,因此显露在晶体外表面的,总是单位表面能量小的晶面.实际上,沿晶面法线方向晶体的生长速度是和单位表面能量成正比的,单位表面能量小的晶面,其法向生长速度小,在生长过程中容易显露出来.一般情形下,熔液中往往同时有大量晶核出现,所以到结晶完成约50%时,生长着的晶粒之间就要互相接触,使晶粒只能朝着尚存有液体的方向生长,从而使晶粒具有不规则的外形,最后凝成的是多晶体.

设在一定压强下，固、液两相平衡共存的温度为 T_s，T_s 称为平衡结晶温度．实际上，要使熔液结晶，必须有一定程度的“过冷”，才能进行结晶过程．所谓过冷，就是指实际结晶温度 T_n 低于平衡结晶温度 T_s 这种情形．$n=T_s-T_n$ 称为过冷度．生长速度与过冷度 n 之间的关系，以及生核率（单位时间内晶粒生成的数目）与 n 之间的关系，分别如图 9-16 中曲线（1）和（2）所示．尽管这种关系对于实际液体金属结晶过程的意义并不很大，但对于分析研究结晶过程还有一定的参考价值．由图 9-16 可见，在平衡结晶温度 T_s 时，即过冷度 n 为零时，曲线（1）和曲线（2）都为零，结晶不进行．随着 n 的增加，（1）、（2）逐渐增至最大值，而后又趋于下降．如果过冷度很大时，则（1）、（2）趋近于零，这意味着液体强烈过冷而不发生结晶．由于硅酸盐和有机物极易过冷，因此凝固为非晶体．液体金属一般不易强烈过冷，所以不易形成非晶态金属，只有在急冷（冷却速度为 $10^6\sim10^{10}$ K/s）过程中才能形成这种高度无序结构的非晶态金属．对各种金属说，n 通常只要几摄氏度，最多不过几十摄氏度，就能开始结晶．例如，锑的平衡结晶温度为 631 ℃，而锑的熔液要过冷到590 ℃才开始结晶，过冷度 n 为 41 ℃．过冷度对于由自发晶核所形成的晶粒的大小起很大的作用．例如，冷却速度小时，结晶时的过冷度也小，而对金属说，这时生核率不大，因而在一定的结晶生长速度下，获得较大的晶粒．在提高冷却速度时，过冷度增大，金属中晶核出现的数目激增，而结晶生长速度却变化不厉害，因而形成的晶粒较小．晶粒的大小与金属的机械性能有密切关系．晶粒越小，晶粒间界越多．因为晶粒间界抗拒形变的能力强，所以晶粒减小可以使金属的强度有所提高．需要指出的是，在结晶过程中，靠控制冷却速度去控制过冷度，从而控制晶粒的大小，其范围是十分有限的．实践证明，人工加入各种杂质产生晶核的方法是最先进的、最有效的方法．

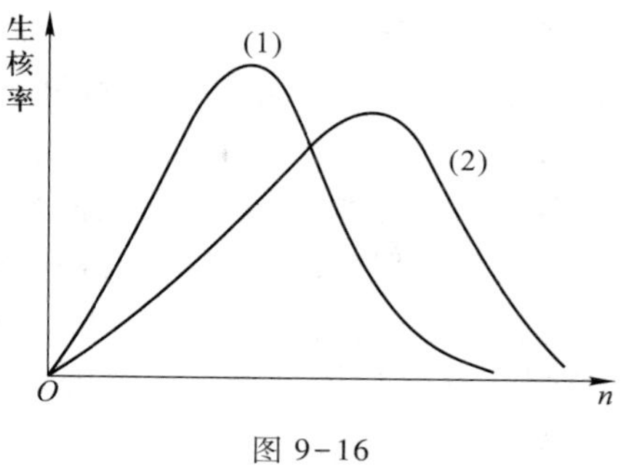

图 9-16

液态金属和合金中的不熔杂质，是使液体沿之结晶成长的现成晶核．晶核的自发形成比较困难，因而这种由杂质形成的非自发晶核往往在数量上大大超过自发晶核．实践证明，人工加入杂质以产生晶核的方法，是最有效的控制晶粒大小的方法，因而也是最有效的控制金属性能的方法．

人工控制晶粒的大小及形状的方法称为变质处理，所加入的物质称为变质剂．例如，在钢结晶之前加入 0.05%～0.07%的铝，铝和钢中的氧化合而成的 Al_2O_3 固体微粒就分布于整个体积之内，起着晶核的作用而使晶粒细化，提高了钢的机械性能．又例如，工程上广泛地用作铸件的灰口铁中，极大部分的碳呈石墨状态以片状析出，夹杂的石墨片好像充填着石墨的裂缝，大大降低灰口铁的强度使其变脆．在灰口铁中加入少量的铝（0.1%～0.2%）或硅铁、铜甚至碎的石墨，都可以达到使夹杂的石墨细化的目的．用镁作变质剂加入灰口铁中时,石墨片呈球状,这种灰口铁称为球墨铸铁,它的机械性能可与普通碳钢相比拟,但它的成本却比钢低得多,因此,可以在一定情形下代替铸钢制成各种重要零件.

单晶体的制备具有很大的科学价值和重大的实际意义,在半导体物理、金属物理等科研领域里,常常需要用单晶体做实验.特别是半导体工业的发展,要求有很高纯度的单晶锗和单晶硅等单晶体,以便用扩散方法和离子注入法把某些元素的原子加进去,从而获得所需要的制作各种半导体器件的基本材料.图 9-17 所示,是一种人工制造单晶的设备.在拉晶轴的下端放一小块单晶体,称为籽晶.用电阻或高频感应加热器将坩埚里的锗或硅熔化,再使籽晶与液面接触,拉晶轴不断转动并徐徐提起.控制熔液各部分温度,使熔液内部不形成新的晶核,只使晶体在单一的籽晶下部不断生长.拉晶轴向上提拉的速度应和单晶体晶面法向生长速度相等.为了防止氧化,拉单晶要在氢气或真空中进行.

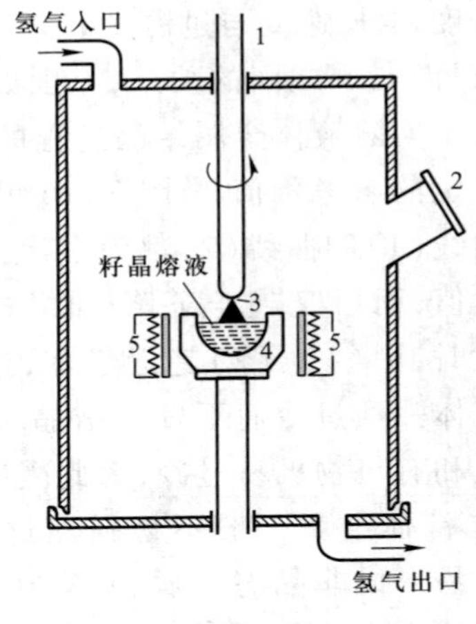

图 9-17
1—拉晶轴;2—窗口;3—籽晶;4—坩埚;5—加热器

§9-7　固气相变　三相图

一、固气相变

物质从固相直接转变为气相的过程称为**升华**,从气相直接转变为固相的过程称为**凝华**.实际上,在压强比三相点压强低时,将固体加热,就能使固体直接转变成气体,发生升华现象.在常温和常压下,碘化钾、干冰、硫、磷、樟脑等物质都有很显著的升华现象.衣箱里的樟脑丸重量会减轻,冬天晾在室外的结了冰的衣服会变干,就是这个原因.

前面提到,在不降水的冷云中撒布干冰就能进行人工降水.实际过程是,干冰是一种制冷剂,它的熔点为-78 ℃,它一进入云体,很快升华,升华时吸收大量的热,使周围空气的温度急剧地下降,从而使云中的水汽凝华成冰晶,还使过冷水滴(温度低于 0 ℃仍不结冰的水滴)冻结成冰晶,并使这些冰晶继续长大.当冰晶增大到一定大小后下降,一路上把水汽和过冷水滴吞并进去,形成更大的冰晶,在下降到近地层中遇到较暖的空气层后,便化为雨降落到地面.

升华时粒子直接由晶体结构转变成气体分子,因此,一方面要克服粒子间的结合力做功,另一方面还要克服外界的压强做功.使 1 kg 的物质升华时所吸收的热量称为**升华热**,它等于熔化热与汽化热之和.由于升华时要吸收大量热量，因此固体的升华可用来制冷，例如干冰就是一种用途广泛的制冷剂.由于它在制造、运输和使用等方面都很简便，并且没有副作用，因此在食品冷藏和科学研究中都有广泛的应用.

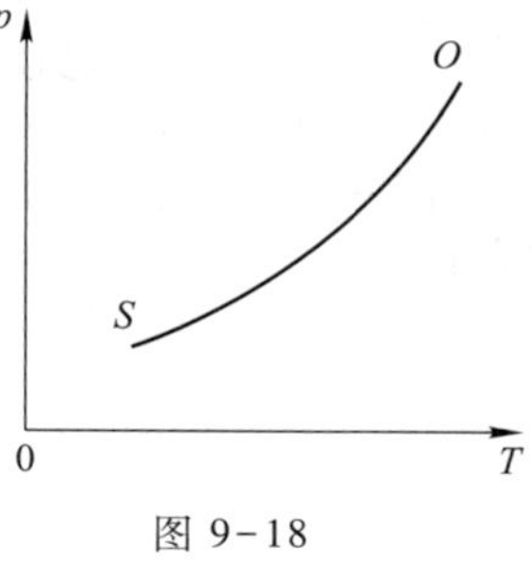

图 9-18

在升华情况下，和固体平衡的蒸气的压强即为固体上方的饱和蒸气压，它与温度的关系在 $p-T$ 图上为升华曲线 OS 所表示(图 9-18). O 点为三相点，升华曲线是固相与气相的分界线，曲线上的点是固气两相平衡共存的状态.而且升华曲线的斜率也同样由克拉珀龙方程所决定.

表 9-7 列出了冰的饱和蒸气压 p_0 与温度 t 的关系.

表 9-7 冰的饱和蒸气压 p_0 与温度 t 的关系

t/℃	p_0/Pa	t/℃	p_0/Pa	t/℃	p_0/Pa	t/℃	p_0/Pa	t/℃	p_0/Pa
-60	1.077	-19	113.86	-14	181.45	-9	284.11	-4	437.30
-50	3.940	-18	125.19	-13	189.65	-8	310.11	-3	475.69
-40	12.88	-17	137.46	-12	217.58	-7	338.24	-2	517.29
-30	38.12	-16	150.92	-11	237.98	-6	368.64	-1	562.22
-20	103.46	-15	165.45	-10	259.98	-5	401.70	0	610.48

[例题 7] 在三相点 O 处，水的汽化热为 $l_v=2.54\times10^6$ J/kg，升华热为 $l_s=2.88\times10^6$ J/kg，气相的比体积为 $v_g=2.1\times10^2$ m^3/kg，液相的比体积 v_1 与固相的比体积 v_s 比起 v_g 来都可以忽略不计.证明在三相点处，汽化曲线 OK 和升华曲线 OS 的斜率是不同的.

[解] 汽化曲线 OK 在 O 点的斜率为

$$\frac{\mathrm{d}p}{\mathrm{d}T}=\frac{l_v}{T(v_g-v_1)}=\frac{2.54\times10^6\ \mathrm{J/kg}}{273\ \mathrm{K}\times2.1\times10^2\ \mathrm{m^3/kg}}=44.3\ \mathrm{Pa/K}$$

升华曲线 OS 在 O 点的斜率为

$$\frac{\mathrm{d}p}{\mathrm{d}T}=\frac{l_s}{T(v_g-v_s)}$$

$$=\frac{2.88\times10^6}{273\times2.1\times10^2}\ \mathrm{Pa/K}=50.2\ \mathrm{Pa/K}$$

因此，在三相点 O 处，汽化曲线 OK 的斜率和升华曲线 OS 的斜率是不同的.

二、三相图

如果我们在图 9-15 中画上升华曲线，则得到的图如图 9-19 所示.这样，我们就可以在 $p-T$ 图上标出固、液、气三相存在的区域，并可由汽化曲线、熔化曲线和升华曲线这三条曲线，知道固、液、气三相中任意两相平衡共存和相互转变的条件，以及三相平衡共存的条件.图9-19称为三相图.

因为汽化曲线 OK 是液、气两相的分界线，熔化曲线 OL 是固、液两相的分界线，升华曲线 OS 是固、气两相的分界线，所以在 OL 与 OS 之间是固相存在的区域，OL 与 OK 之间是液相存在的区域，OS 与 OK 之间是气相存在的区域.图 9-20 和图 9-21 分别给出了 CO_2 和 H_2O 的三相图，图中 p 和 T 坐标的标度是不均匀的.

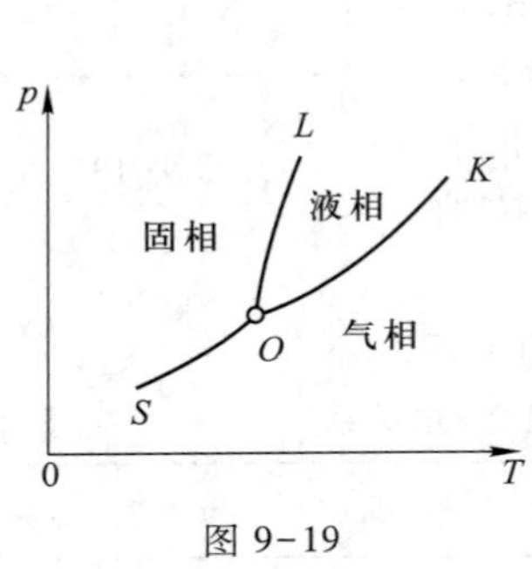

图 9-19

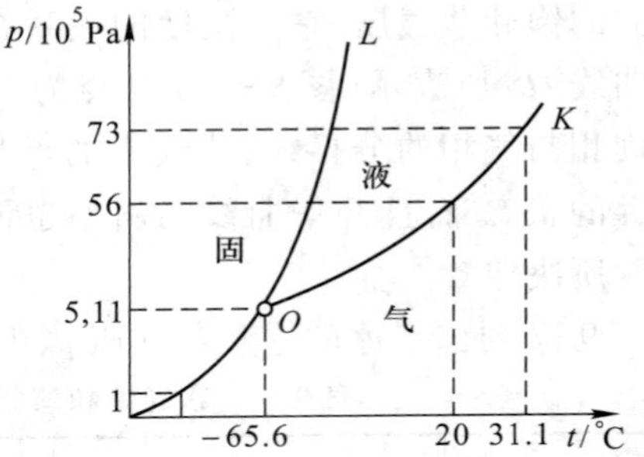

图 9-20

三条曲线共同的交点 O，即三相点，它对应于一个确定不变的温度，和一个确定不变的压强，它是固、液、气三相平衡共存的唯一状态.水的三相点的温度是 0.01 ℃(即 273.16 K)，压强是 6.107×10^2 Pa.水的三相点温度是国际温标中最基本的一个固定参考点.选三相点温度作温标的固定点比选沸点、熔点优越之处，在于它的确立不依赖于压强的测量.只要在没有空气的密闭容器内使水的三相达到平衡共存，那么其温度就是三相点的温度.

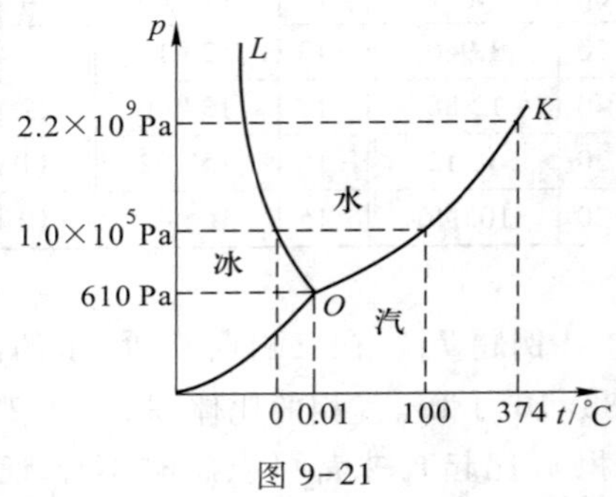

图 9-21

三相图还可以帮助我们分析一种物质在某一压强或温度下的状态，以及它将朝什么方向变化.以常用的冷却剂干冰为例.通常在室温下干冰是贮存在高压的钢筒内的，这时它处在气液两相平衡共存的状态.例如在 20 ℃时，钢筒内气压约为 5.6×10^6 Pa(见图 9-20).使用时，把钢筒的阀门打开，喷出的液态 CO_2 的气压由 5.6×10^6 Pa 骤然减到 10^5 Pa.从图 9-20 可以看出，在此压强下，二氧化碳不可能处于液态，在室温下只能处于气态.所以喷出的液态二氧化碳就迅速汽化，在汽化的过程中吸收大量的汽化热.这样，一部分二氧化碳的汽化导致另一部分冷却而凝固成干冰，其温度低达 -78 ℃左右.用容器收集起来，便可充当冷却剂用.

*§ 9-8 同素异晶转变

许多固体在不同温度和压强下能有各种不同的相，相应于各种不同的晶格结构.例如，铁有体心结构的 α 铁和面心结构的 γ 铁，碳可以生成石墨和金刚石，硫有正交晶硫和单斜晶硫等.固体从一种固相转变为另一种固相的过程,即从一种点阵结构变为另一种点阵结构的过程,称为同素异晶转变.

对于能发生同素异晶转变的物质,相图上出现的就不只三个相.例如,由于固态硫有单斜晶硫与正交晶硫两种,因此相图上就出现四个相,如图 9-22 所示.这时有六种两相共存的曲线和三个三相共存的状态.从这相图就可以了解硫在不同压强下加热或冷却时相变的规律.

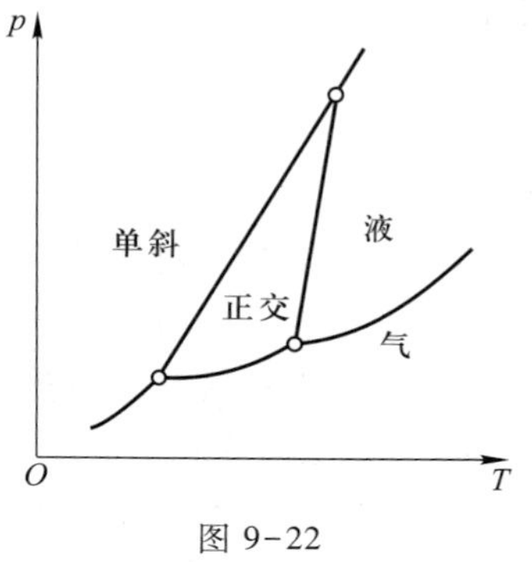

图 9-22

同素异晶转变也是一级相变,相变时也要发生体积变化,这是在热加工时发生内应力的原因,同时还要吸收或放出相变潜热.例如,在 1.013×10^5 Pa 和 910 ℃时 α 铁转变为 γ 铁,这时每摩尔要吸收 1 600 J 的热量.

同素异晶转变的特点在于容易形成亚稳态.蒸气或液体的过冷或过热,只在细心处理时才能实现,而同素异晶转变的推迟却是常有的现象.这是由于固相之间的转变比较困难.这时,如果引进新的晶核,就可使相变易于进行.例如,四方晶系结构的白锡转变为立方晶系结构的粉末状灰锡就是这样.在大气压强下,这两种固相于 18 ℃时保持平衡,白锡高于 18 ℃时稳定,灰锡低于 18 ℃时稳定.但是,当温度低于 18 ℃时,用锡焊接起来的物体以及锡制的器皿,可以保持很长的时间,即可以存在于亚稳态.只有当温度低到 0 ℃左右,而且要经过比较长的时间,当白锡上出现了灰斑(即灰锡的晶核)后,相变过程才较快地开始.但是向白锡上投些灰锡,就会使相变过程大大加速.

研究铁的同素异晶转变具有极重要的实际意义.纯铁由高温冷凝到1 390 ℃时,就从具有体心立方晶格的结构转变为面心立方晶格的结构.温度继续下降到 910 ℃时,又从面心立方晶格的结构转变为体心立方晶格的结构.正是由于铁能发生同素异晶转变,才能用热处理使钢铁改变组织结构,从而大大提高机械性能.例如,奥氏体是钢在高温时的组织,铁具有面心立方晶格的结构,碳则以填隙的方式位于晶格间隙中,在温度降低时应转变为含碳量较少的铁素体(铁具有体心立方晶格的结构),其余的碳以渗碳体的形式析出,但在快速冷却至室温时,虽然铁的晶格结构由面心转变为体心,但多余的碳原子因扩散困难并未析出,而使铁的晶格具有体心正方结构,晶胞内两轴之比 $c/a>1$(图 9-23),具有这种组织的钢称为马氏体.淬火热处理的目的就是使奥氏体转变为马氏体.由于马氏体具有很高的硬度,因此作切削工具等用的工具钢,淬火后可以保证很高的切削性能和耐磨性.

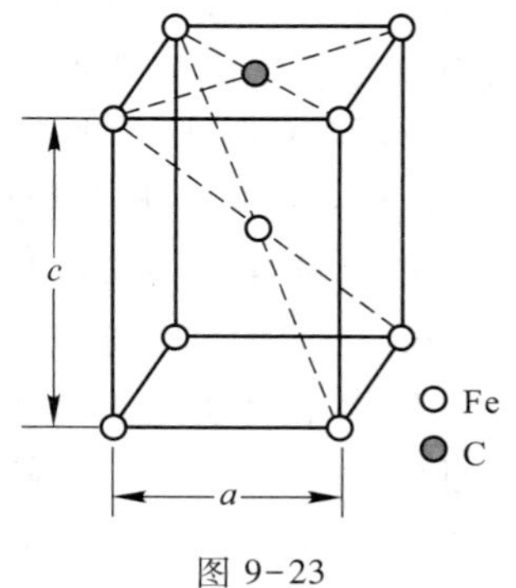

图 9-23

前面所讲的事实上都是纯物质的相变,即单元系的相变,控制相变的基本因素只有温度和压强,对于两种或两种以上物质组成的系统(如铁与碳形成的合金),即多元系,还可以从成分这一方面去控制相变过程.这时,相变的规律不能简单地用 $p-T$ 图表示出来,而必须将成分考虑进去.通常,在一定的压强下,用图表示不同成分不同温度下形成的各种相,这种相图对冶金、化工等部门有重大的实际意义.

第九章思考题

1. 何谓单元复相系?举例说明.

2. 单元系一级相变有什么普遍特征?

3. 何谓内潜热与外潜热?怎样由态函数焓计算潜热?

4. 为什么从克拉珀龙方程是否成立,可以验证热力学第二定律的正确性?

5. 用克拉珀龙方程说明:

(1) 液体沸点和压强的关系;

(2) 固体熔点和压强的关系.

6. 在夏天时,为什么池塘、湖和海等处水的温度,总是比周围空气的温度低?

7. 要使湿衣服变干,可以采取哪些措施?说明理由.

8. 何谓饱和蒸气压?它和温度有什么关系?它与蒸气所占体积有什么关系?如蒸气中还存在其他气体,饱和蒸气压会不会变化?为什么?

9. 饱和蒸气压和液面的形状有什么关系?为什么?

10. 说明蒸发和沸腾的异同,和发生沸腾的条件.

11. 要用等温压缩的方式使气体液化,需要满足什么条件?

12. 何谓临界温度、临界压强和临界体积?

13. 何谓气液二相图?汽化曲线有什么特点?

14. 设在温度 $T(T<T_k)$ 时将气体等温压缩,当压缩到部分气体转变成液体时,即当物质处在 $p-V$ 图中区域Ⅱ所示的状态(见图 9-3)时,然后升高温度,但始终处在区域Ⅱ中,一直升高到临界温度 T_k,以后又继续升高温度,使处于区域Ⅰ所示的状态.将这整个过程用 $p-T$ 图表示出来.

15. 说明获得低温的几种主要方法及其原理.

16. 用范德瓦耳斯等温线可以说明实际气体哪些性质?

17. 某种物质如果熔化时体积增大,用哪些方法可使它重新凝固?

18. 用什么方法可以使纯净的冰在 0 ℃以下才熔化?

19. 结晶过程是由哪两种过程组成的?为什么一般情形下熔液凝成多晶体?

20. 晶体生长速度和过冷度有什么关系?生核率与过冷度有什么关系?在什么条件下液态金属才能凝成非晶态金属?

21. 说明拉单晶的基本原理.

22. 当水处在三相点时，在下列情形下物态将如何变化？

(1) 增大压强；

(2) 降低压强；

(3) 升高温度；

(4) 降低温度.

23. 在水的三相共存的系统中，经过绝热压缩后，系统将发生什么变化？冰很多时情况如何，冰很少时情况又如何？如经过绝热膨胀，则系统又将发生什么变化？

24. 由 CO_2 的三相图（图 9-20），回答下列问题：

(1) 5×10^5 Pa 和 -80 ℃时 CO_2 处在什么状态？

(2) 1×10^8 Pa 和 40 ℃时 CO_2 处在什么状态？

(3) 1×10^6 Pa 下缓慢冷却至 -100 ℃，能获得干冰吗？

第九章习题

1. 在大气压强 $p_0=1.013\times10^5$ Pa 下，4.0×10^{-3} kg 酒精沸腾化为蒸气.已知酒精蒸气比体积为 0.607 m^3/kg，酒精的汽化热为 $l=8.63\times10^5$ J/kg，酒精的比体积 v_1 与酒精蒸气比体积 v_2 相比可以忽略不计，求酒精内能的变化.

2. 质量为 $m=0.027$ kg 的气体占有体积为 1.0×10^{-2} m^3，温度为 300 K.已知在此温度下液体的密度为 $\rho_1=1.8\times10^3$ kg/m^3，饱和蒸气的密度为 $\rho_g=4$ kg/m^3.设用等温压缩的方法可将此气体全部压缩成液体，问：

(1) 在什么体积时开始液化？

(2) 在什么体积时液化终了？

(3) 当体积为 1.0×10^{-3} m^3 时，液气各占多大体积？

3. 一密封容器的体积为 $V=6.0\times10^{-3}$ m^3，其中水的温度为 $T_1=393$ K，相应的饱和蒸气压为 $p_1=1.96\times10^5$ N/m^2.如在其中喷进 10 ℃的水，则水的温度降为 $T_2=373$ K，相应的饱和蒸气压为 $p_2=9.81\times10^4$ N/m^2，求喷进去的水的质量.已知水的比热容为 4.186×10^3 J/kg，汽化热为 2.26×10^6 J/kg，水蒸气的摩尔定容热容 $C_{V,m}=3R$，R 为普适气体常量.

4. 压强为 1.013×10^5 Pa 时水在 100 ℃沸腾，此时水的汽化热为 2.26×10^6 J/kg，比体积为 1.671 m^3/kg.求压强为 1.026×10^5 Pa 时水的沸点.

5. 接近 100 ℃时，水的沸点每当压强增大 4.0×10^2 Pa 时升高 0.11 ℃，求水的汽化热.

6. 要使冰的熔点降低 1 ℃，需要加多大的压力？已知冰的熔化热为 $l=3.34\times10^5$ J/kg，冰的比体积为 1.0905×10^{-3} m^3/kg，水的比体积为 1.000×10^{-3} m^3/kg.

7. 证明相变时内能的变化为

$$u_2-u_1=l\left(1-\frac{\mathrm{d}\ln T}{\mathrm{d}\ln p}\right).$$

8. 假定饱和蒸气为理想气体，并假定蒸气的比体积 v_2 比 v_1 大很多，在汽化热 l 看作常量的条件下，证明蒸气压方程为

$$\ln p=-\frac{l}{RT}+\text{const.}$$

9. 已知在 100 ℃时水的饱和蒸气压为 9.81×10^4 Pa,由习题 8 中的蒸气压方程求 15 ℃时水的饱和蒸气压.

10. 假定蒸汽可看作理想气体,由下表所列数据计算-20 ℃时冰的升华热.

温度/℃	-19.5	-20.0	-20.5
蒸气压/Pa	107.72	102.66	97.86

11. 假定蒸汽可看作理想气体,由下表所列数据计算 27 ℃时水的汽化热.

温度/℃	27.1	27.0	26.9
蒸气压/kPa	3.587	3.566	3.586

12. 已知范德瓦耳斯方程中的常量,对氧来说为 $a=0.137\ \mathrm{Pa\cdot m^6/mol^2}$,$b=3.1\times10^{-5}\ \mathrm{m^3/mol}$,求氧临界压强 p_k 和临界温度 T_k.

13. 固态氨的蒸气压方程和液态氨的蒸气压方程分别为

$$\ln p = 23.3 - \frac{3\ 754}{T}$$

和

$$\ln p = 19.49 - \frac{3\ 063}{T}$$

式中 p 是以 mmHg 表示的蒸气压.求:

(1) 三相点的压强和温度;

(2) 三相点处汽化热、熔化热和升华热.

常用物理学常量表

物　理　量	符号	数　　值	单位	相对标准不确定度
真空中的光速	c	299 792 458	$m \cdot s^{-1}$	精确
元电荷	e	$1.602\ 176\ 565(35) \times 10^{-19}$	C	2.2×10^{-8}
电子静质量	m_e	$9.109\ 382\ 91(40) \times 10^{-31}$	kg	4.4×10^{-8}
普朗克常量	h	$6.626\ 069\ 57(29) \times 10^{-34}$	$J \cdot s$	4.4×10^{-8}
阿伏加德罗常量	N_A	$6.022\ 141\ 29(27) \times 10^{23}$	mol^{-1}	4.4×10^{-8}
标准状态下的摩尔体积	V_m	$22.413\ 968(20) \times 10^{-3}$	$m^3 \cdot mol^{-1}$	9.1×10^{-7}
普适气体常量	R	8.314 4621(75)	$J \cdot mol^{-1} \cdot K^{-1}$	9.1×10^{-7}
玻耳兹曼常量	k	$1.380\ 6488(13) \times 10^{-23}$	$J \cdot K^{-1}$	9.1×10^{-7}

注:表中数据为国际科学联合会理事会科学技术数据委员员(CODATA)2010 年国际推荐值.
数值栏中圆括号内的数字是所引数值最后位数中的标准不确定度(即方均根误差).

物理量的单位

一、 国际单位制（SI）的基本单位

物理量	名称	符号
长度	米	m
质量	千克	kg
时间	秒	s
电流	安培	A
热力学温度	开尔文	K
物质的量	摩尔	mol
发光强度	坎德拉	cd

二、 本书主要物理量的国际单位制单位名称及符号

物理量	名称	符号
面积	平方米	m^2
体积	立方米	m^3
摩尔体积	立方米每摩尔	m^3/mol
比体积	立方米每千克	m^3/kg
频率	赫兹	Hz(1/s)
密度	千克每立方米	kg/m^3
摩尔质量	千克每摩尔	kg/mol
速度	米每秒	m/s
角速度	弧度每秒	rad/s
力	牛顿	N
压强	帕斯卡	$Pa(N/m^2)$
表面张力	牛顿每米	N/m
冲量、动量	牛顿秒	N · s
功、能量、热量、焓	焦耳	J(N · m)
摩尔内能、摩尔焓	焦耳每摩尔	J/mol
功率	瓦特	W(J/s)

续表

物　理　量	名　　称	符　　号
热容、熵	焦耳每开尔文	J/K
摩尔热容、摩尔熵	焦耳每摩尔开尔文	J/(mol·K)
比热容	焦耳每千克开尔文	J/(kg·K)
黏度	牛顿秒每平方米	$N\cdot s/m^2$
导热系数	瓦特每米开尔文	W/(m·K)
扩散系数	平方米每秒	m^2/s
电荷量	库仑	C(A·s)
电压、电动势	伏特	V(W/A)
电阻	欧姆	Ω(V/A)

参 考 书 目

[1] 顾建中.普通物理学:分子物理学部分.北京:人民教育出版社,1961.

[2] 福里斯 C.Э,季莫列娃 A.B.普通物理学:第 1 卷.梁宝洪,译.北京:高等教育出版社,1954.

[3] Halliday D,Resnick R.Physics:Part I.New York:John Wiley & Sons,Inc.,1977.

[4] 史特劳夫 E.A.分子物理学.戈革,等,译.北京:高等教育出版社,1959.

[5] Sears F.W.An Introduction to Thermodynamics,The Kinetic Theory of Gases, and Statistical Mechanics, Redwood City: Addison - Wesley Publishing Co.,1956.

[6] King A.L.Thermodynamics. New York:W.H.Freeman & Co.,1962.

[7] Keenan J.H.,Keys F.G.The Thermodynamic Properties of Steam.New York: John Wiley & Sons,Inc.,1936.

[8] Vergaftik N.B.Tables on The Thermophysical Properties of Liquids and Gases. New York:John Wiley & Sons,Inc.,1975.

[9] Lawrence N.C,et al.Thermodynamic Properties and Reduced Correlations for Gases.Houston:Gulf Publishing Co.,1967.

[10] Din F.Thermodynamic Functions of Gases, Vol. 1, 2. London:Butterworths Scientific Publications,1956.

[11] Groot S R De.不可逆过程热力学:第 1 章,第 10 章.詹励宾,译.北京:科学出版社,1960.

[12] Kleidon A,Lorenz R D.Non-equilibrium Thermodynamics and the Production of Entropy.Berlin:Springer-Verlag,2005.

[13] Linder Bruno.Thermodynamics and Introductory Statistical Mechanics.6th chapter.New York:John Wiley & Sons,Inc.,2004.

[14] 王竹溪.热力学:第 8 章.北京:高等教育出版社,1983.

[15] 李洪芳.热学.2 版.北京:高等教育出版社,2001.

[16] 范宏昌.热学.北京:科学出版社,2003.

读者意见反馈

为收集对教材的意见建议，进一步完善教材编写并做好服务工作，读者可将对本教材的意见建议通过如下渠道反馈至我社。

咨询电话　400-810-0598

反馈邮箱　hepsci@pub.hep.cn

通信地址　北京市朝阳区惠新东街4号富盛大厦1座
　　　　　高等教育出版社理科事业部

邮政编码　100029

防伪查询说明

用户购书后刮开封底防伪涂层，使用手机微信等软件扫描二维码，会跳转至防伪查询网页，获得所购图书详细信息。

防伪客服电话　（010）58582300